U0939926

土木工程结构试验

王　渠　吴庆雄　程浩德　唐　瑜　杨益伦　主　编

科学出版社

北　京

内 容 简 介

本书是适应"新工科"背景下土木工程实验教学改革，结合试验与检测的实际需求，依据现行技术标准、规范和规程编写而成的。全书共 13 章，可分为基本概念（第 1～3 章）、室内试验（第 4～9 章）和现场试验（第 10～13 章）3 个部分。本书着重介绍了土木工程专业结构试验的基本理论体系和技能方法，旨在培养学生独立完成土木工程结构试验规划和方案设计的能力。

本书可作为土木工程专业本科生、研究生的教学用书，也可以作为相关学科的科研人员、试验人员和工程技术人员的参考用书。

图书在版编目（CIP）数据

土木工程结构试验 / 王渠等主编. -- 北京 : 科学出版社, 2025. 6.
ISBN 978-7-03-082899-6

Ⅰ. TU317

中国国家版本馆 CIP 数据核字第 2025QD8519 号

责任编辑：张振华 / 责任校对：赵丽杰
责任印制：吕春珉 / 封面设计：东方人华平面设计部

科学出版社出版
北京东黄城根北街 16 号
邮政编码：100717
http://www.sciencep.com

三河市中晟雅豪印务有限公司印刷
科学出版社发行　各地新华书店经销
*
2025 年 6 月第　一　版　开本：787×1092　1/16
2025 年 6 月第一次印刷　印张：20 3/4
字数：480 000

定价：78.00 元

（如有印装质量问题，我社负责调换）
销售部电话 010-62136230　编辑部电话 010-62135120-2005

前　　言

技能人才，特别是高技能人才是中国式现代化建设和高质量发展的基础性、战略性支撑，是我国人才队伍的重要组成部分。党的十八大以来，党中央、国务院高度重视高技能人才的培养工作，党的二十大报告明确指出：“加快建设国家战略人才力量，努力培养造就更多大师、战略科学家、一流科技领军人才和创新团队、青年科技人才、卓越工程师、大国工匠、高技能人才。”立足新发展阶段，加强高技能人才队伍建设的意义重大，推动技能人才队伍建设与社会需求精准对接、与国家发展同频共振，打造一支爱党报国、敬业奉献、技艺精湛、素质优良、规模宏大、结构合理的高技能人才队伍，正成为我国推动高质量发展的重要发力点。

土木工程专业是典型的工科专业，是具有高度实践性和应用性特点的专业，在国家基础建设中占有极为重要的地位，但“一带一路”建设、“互联网+”的实施对工程技术人才提出了新的要求，“新工科”建设应运而生。“土木工程结构试验”是适应“新工科”背景下土木工程实验教学改革，面向土木工程专业本科生、硕士生和博士生的基础专业课程，覆盖结构工程、桥梁与隧道工程和防灾减灾工程及防护工程等方向。该课程着重土木工程专业基础的基本理论知识和技能试验的教学，旨在培养学生独立完成土木工程结构试验规划和方案设计的能力，掌握土木工程结构试验基本知识和技能，紧跟学科领域研究前沿动态，激励广大青年走技能成才、技能报国之路，为培养土木工程高技能人才和大国工匠准备扎实的理论和技术基础。同时，本书可供相关学科的科研人员、试验人员和工程技术人员参考。全书共分为 13 章：第 1 章为绪论；第 2 章介绍了相似理论与模型试验设计；第 3 章介绍了量测方法与数据处理；第 4～8 章分别介绍了土木工程结构普通静力试验、拟静力试验、拟动力试验、地震模拟振动台试验和疲劳试验的相关内容；第 9 章简要介绍了其他土木工程试验方法，包括冲击试验、风洞试验和抗火试验；第 10 章介绍了无损检测；第 11 章介绍了建筑结构鉴定；第 12 章介绍了桥梁结构检测与试验；第 13 章介绍了土木工程结构监测与进展。

本书得到了福建省本科高校教育教学研究项目《新工科背景下土木工程创新型人才“一专多能”实验教学改革与实践》（项目编号：FBJY20230045）、教育部产学合作协同育人项目（项目编号：230704429131511、220600641235857、240902554184800）和福州大学研究生教育教学改革项目（项目编号：优秀教材建设项目 3）等项目的资助。本书的编写成员均来自福州大学，具体编写分工如下：第 1 章由王渠高级实验师和吴庆雄研究员共同编写，第 4 章和第 7～9 章由王渠高级实验师编写，第 5 章和第 6 章由程浩德高级实验师编写，第 3 章、第 12 章和第 13 章由唐瑜实验师编写，第 2 章、第 10 章和第 11 章由杨益伦实验师编写，多媒体资料、教学案例和课程思政案例等得到了福州大学陈康明研究员、杨艳教授、陈秋兰副教授的指导，全书由王渠高级实验师负责统稿。本书由福建理工大学韦建刚教授和福州大学袁辉辉研究员共同担任主审，他们提出了许多宝贵的修改意见，在此表示衷心的感谢。

在编写本书的过程中，相关单位、同事同仁、同窗好友、师兄师弟们给予了许多无私帮助，提供了众多有价值的资料及图片，特此一并致谢。由于编者的业务水平有限，书中难免有不妥之处，敬请专家同行和读者批评指正。

目　　录

第1章 绪　　论

1.1 概　　述

土木工程结构试验是以各种土木工程结构为试验对象，利用各种试验方法和试验技术，量测试验对象在荷载或其他因素作用下，与结构性能有关的各种响应，判断结构的实际工作性能和承载能力，并用于检验和发展结构的计算理论。它是一门科学性、实践性很强的课程，是研究和发展土木工程结构新材料、新体系、新工艺及探索土木工程结构设计新方法、新理论的重要手段，在工程结构科学研究和技术创新等方面起着重要的作用。计算机技术的快速发展为使用数学模型进行计算分析创造了条件。但是，由于实际工程结构的复杂性，以及为了保证工程结构在全寿命周期内的安全性和耐久性，结构试验目前仍然是解决土木工程领域科研和设计中出现新问题时不可缺少的手段。

近年来，国内多次发生建筑物坍塌、道路和桥梁损毁的重大生产安全责任事故。例如，2024 年 7 月 19 日陕西柞水桥梁垮塌事故、2024 年 5 月 1 日广东梅大高速大埔往福建方向 K11+900m 附近高速公路路面塌陷事故、2023 年 7 月 23 日黑龙江齐齐哈尔体育馆重大坍塌事故、2022 年 4 月 29 日湖南省长沙市望城区金山桥街道金坪社区盘树湾组特别重大居民自建房倒塌事故、2020 年 3 月 7 日福建省泉州市鲤城区的欣佳酒店所在建筑物坍塌事故等。土木工程建设质量问题关系到千千万万人的生命安全和经济命脉，一旦发生安全事故，会造成严重的人员伤亡和财产损失。大多数安全事故的背后，都存在一些共性的问题：监管不力、制度漏洞、责任心缺失。政府部门多次提出深化建设施工领域“打非治违”和安全隐患排查治理，对未履行基本建设程序、施工单位超越资质等级范围或者以其他施工单位名义承揽工程、不按设计施工方案组织施工、出具检测鉴定虚假报告等违法行为予以坚决打击，并将违规信息记入信用档案，纳入联合惩戒管理。作为从业人员的我们，需引以为鉴，在大学阶段就树立正确的人生观、价值观和世界观，在学习专业知识的同时加强自身政治素养、职业操守和道德素质的培养，树立浩然正气，保持道德定力；相关企业应加强行业自律，增设有效的安全防护措施，按规定对从业人员进行安全生产教育和培训，保证从业人员具备必要的安全生产知识，熟悉有关的安全生产规章制度和安全操作规程，掌握本岗位的安全操作技能，了解事故应急处理措施，知悉自身在安全生产方面的权利和义务，发现违章行为应按规章制度严肃处理，遵循科学准确、客观公正、诚实守信、公平竞争的原则，依法依规诚信经营，让勇攀质量高峰成为行业的价值导向和职业精神；政府部门要进一步落实安全生产属地管理责任，应认真组织开展安全检查，督促企业建立、健全安全生产责任制；督促企业抓好事故隐患排查和整改，严格落实安全生产目标责任制，确保辖区安全生产形势稳定。

土木工程结构试验是研究和发展结构设计理论的重要实践，在土木工程科学研究和技术革新方面起着重要的作用。本书希望通过对目前常用的土木工程结构试验方法、试验装置、测试仪器设备和各种土木工程结构试验原理和示例的介绍，使读者对土木工程结构试验技术有一个基本的了解，进而获得今后从事土木工程结构的科研、设计或施工等工作时解决问题的能力，为培养造就更多高素质技能人才、能工巧匠、大国工匠，推动我国向技能强国转变，促进经济社会高质量发展，实现中华民族伟大复兴作出贡献。

1.2 土木工程结构试验的分类

1.2.1 按试验目的分类

土木工程结构试验在土木工程结构的科研、设计及施工等方面都起着重要的作用，根据试验目的和侧重点的不同，可以将试验分成三大类：基础性试验、生产性试验和科研性试验。

1. 基础性试验

基础性试验是针对土木工程结构最基本的结构性能进行的试验，主要用于模拟结构或构件承受静荷载作用下的工作情况，试验时可以观测和研究结构或构件的承载力、刚度、抗裂性等基本性能和破坏机理。例如，为了配合混凝土结构和钢结构试验进行的混凝土和钢材材料性能试验、教学演示需要进行的集中荷载下矩形截面适筋梁、少筋梁和超筋梁的正截面受弯破坏试验和斜截面受剪破坏试验等，如图 1-1 和图 1-2 所示。

（a）钢材拉伸试验

（b）混凝土强度试验

图 1-1 材料性能试验

图 1-2 适筋梁试验

2. 生产性试验

生产性试验具有直接的生产目的，它以实际结构或构件为实验鉴定的对象，通过试验检测是否符合规范或设计要求，并作出正确的技术结论。这类试验一般是针对具体产品或结构所要解决的问题而不是寻求普遍规律，试验主要在工程现场或在构件制作现场进行。试验项目主要包括针对新建结构的设计和施工质量进行的检验；针对已建结构判断和估计结构的剩余寿命而进行的可靠性检验；构件产品质量检验；既有结构改建或扩建后判断具体结构实际承载能力的检验。

3. 科研性试验

科研性试验主要解决科研和生产中的探索性、开创性问题，试验的针对性较强，试验对象一般为室内模型结构，需要利用专门的加载设备和数据测试系统，对受力模型的力学性能指标做连续量测和全面分析研究，从而找出其变化规律。科研性试验主要有以下 3 个方面的目的。

（1）验证新的结构分析理论、设计计算方法

在土木工程结构设计过程中，为便于计算和推广应用，需要对结构或构件的荷载作用计算图式和本构关系做一些具有科学概念的简化和假定，这些简化假设的正确性及适用性需要通过试验研究加以验证。例如，对剪力墙结构进行了一系列的拟静（动）力试验（滞回性能试验），重点考察不同参变量对此类构件的刚度、强度、延性和耗能能力的影响，如图 1-3 所示；对钢管 K 节点进行了普通静载试验，研究其静态受力性能，如图 1-4 所示；为了解木拱桥榫卯节点半刚性连接特性的特点，开展了节点受力性能试验研究，如图 1-5 所示。

图 1-3 剪力墙结构拟静力试验

图 1-4 钢管 K 节点静载试验

图 1-5 木结构榫卯节点试验

（2）为发展和推广新结构、新材料与新工艺提供实践经验

随着科技的不断进步，新结构、新材料与新工艺不断涌现，但当一种新的结构形式、新的土木工程结构材料或新的施工工艺刚提出来时，往往缺少设计和施工方面的经验。为了积累这方面的实际经验，人们常借助于试验进行验证。例如，通过拟静力试验研究某新型阻尼器对框架结构抗震性能的改善，如图 1-6 所示；通过压剪试验机开展某新型摩擦摆支座力学性能试验，如图 1-7 所示。

（3）为制定新的设计规范提供依据

随着设计理论的发展和设计观念的改变，如从按容许应力设计到按极限承载力设计，从确定性设计到按概率设计，设计规范也需要做相应的修改，而新规范的修改依据常来自相应的结构试验。事实上，现行各种规范采用的结构计算理论，几乎全部是以试验研究结果为依据和基础的。例如，为了检测海上风力发电机组基础灌浆连接段的疲劳性能，编制相关的设计规范，实验中心进行了超过 500 万次的疲劳试验，如图 1-8 所示。

图 1-6 带阻尼器的框架结构拟静力试验

图 1-7 摩擦摆支座力学性能试验

图 1-8 灌浆连接段疲劳性能试验

1.2.2 按试验对象分类

根据土木工程结构试验对象的不同，可以将土木工程结构试验分为原型试验和模型试验。

1. 原型试验

原型试验的对象一般是实际结构或构件。原型试验一般直接为生产服务，但也有部分试验以科研为目的。原型试验以实际结构为测试对象，试验结果真实地反映实际结构的工作状态。对于评价实际结构的质量、检验设计理论都比较直接可靠。特别是质量鉴定性试验，只能通过在实际结构上进行原型试验实现。但是，原型试验存在所需费用高、试验周期长、现场测试条件差等问题。

2. 模型试验

当进行土木工程结构原型试验在物质上或技术上存在某些困难时，往往采用模型试验。特别是科研性试验，更需要借助模型进行试验。模型是仿照真实结构，按照一定的比例关系复制成真实结构的试验代表物，它具有实际结构的全部或部分特征，但其尺寸比原型结构小得多。

如图 1-9 和图 1-10 所示，可以通过原型结构的荷载试验来验证桥梁性能是否达到设计要求，并通过模型结构振动台试验进一步验证桥梁的抗震性能。

图 1-9 原型结构荷载试验

图 1-10 模型结构振动台试验

根据试验目的的不同，可以将模型分成两类。一类是以解决生产实践中的问题为主的模型试验，这类试验的模型的设计制作要严格按照相似理论，使模型与原型之间满足几何相似、力学相似和材料相似的关系，以便模型能反映原型的特性，模型试验的结果可以直接返回原型结构。这种模型试验常用于解决一些目前难以用分析的办法解决的实际工程问题。

另外一类模型试验主要用来验证计算理论或计算方法。这类试验的模型与原型之间不必满足严格的相似条件，一般只要求满足几何相似和边界条件相似。将这种模型的试验结果与理论计算的结果对比校核，可用于研究结构的性能，验证设计假定与计算方法的正确性，并确认这些结果所证实的一般规律与计算理论可以推广到实际结构中去。

1.2.3 按荷载类型分类

根据土木工程结构试验荷载的不同，可以将土木工程结构试验分为静力试验和动力试验。

1. 静力试验

绝大部分土木工程结构工作时所受的荷载主要是静力荷载。静力试验是结构试验中最常见的试验类型，是了解土木工程结构特性的重要手段，可以用来直接解决结构的静力问题。在进行结构动力试验（如疲劳试验）时，一般也会先进行静力试验，以测定与结构有关的特性参数。静力试验一般可以通过重力或其他类型的加载设备实现。静力试验的加载过程一般是从零开始逐步递增，直至达到预定的荷载为止。静力试验的最大优点是加载设备相对来说比较简单，荷载可以逐步施加，还可以停下来仔细观测结构变形的发展，给人们明确和清晰的破坏概念。如图 1-11 所示，通过静力试验测试有机玻璃模型的极限承载能力。

（a）模型结构

（b）砝码加载

图 1-11 有机玻璃模型试验

2. 动力试验

对于在实际工作中承受动力作用的结构或构件，为了解结构在动力荷载作用下的工作性能，一般要进行动力试验，主要包括结构动力特性试验（图 1-12）和结构动力反应试验。结构动力特性试验是指结构受动力荷载激励时，在结构自由振动或强迫振动条件下，测量结构自身所固有的动力性能的试验；结构动力反应试验是指结构在动力荷载作用下，对结构或其特定部位的动力性能参数和动态反应进行测试的试验，如风洞试验、爆炸试验等。

（a）传感器布置

（b）采集系统

图 1-12 结构动力特性试验

1.2.4 其他分类

1. 短期荷载试验和长期荷载试验

结构受到静力荷载的作用实际是一个长期过程，但是在试验中一般采用短期荷载试验进行加载，即荷载从零开始施加到最后结构破坏，或者某一阶段进行卸荷的时间只有几十分钟、几小时或几天。

长期荷载试验研究结构在长期荷载作用下的性能，如混凝土收缩和徐变、预应力结构中的钢筋松弛、钢结构的锈蚀等，这类试验也称为持久试验。长期荷载试验将进行几个月或几年，通过试验获得结构参数随时间变化的关系。钢管混凝土构件收缩试验如图 1-13 所示，其原理为采用千分表测量钢管混凝土构件纵向两个螺钉杆的相对变形，此相对变形与其初始间距的比值即为钢管混凝土构件的收缩应变。预应力筋松弛试验如图 1-14 所示，其原理是通过频率法测试预应力筋的预应力损失。

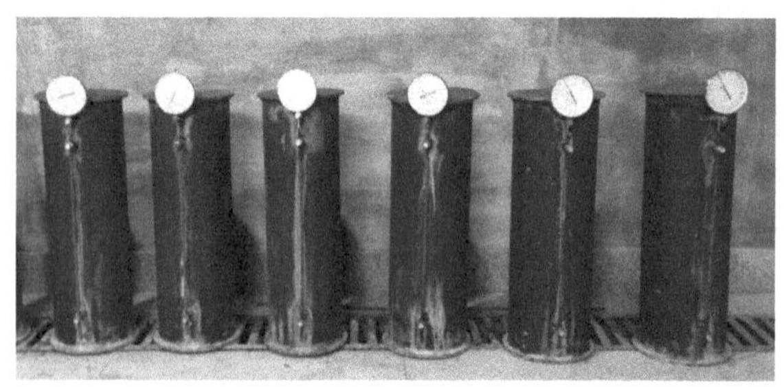

图 1-13 钢管混凝土构件收缩试验

图 1-14 预应力筋松弛试验

2. 室内试验和现场试验

室内试验具有良好的工作条件，可以使用精密和灵敏的仪器设备进行试验，因此试验结果具有较高的准确度。室内试验甚至可以创造出一个适宜的工作环境，以减少或消除各种不利因素对试验结果的影响，所以适宜进行研究性试验。现场试验的工作环境相对较为恶劣，不宜使用高精度的仪器设备进行试验，但是在解决生产性问题时，具有无可替代的优势。

3. 整体模型试验和局部模型试验

整体模型试验多用于研究结构整体的力学行为或模拟的结构施工过程。局部模型试验主要研究关键部位的最不利受力状态。

4. 弹性模型试验和强度模型试验

弹性模型试验主要研究原型结构在弹性阶段的受力行为。强度模型试验是为了预测原型结构的极限强度及其在各级荷载作用下直到破坏甚至产生极限变形时的性能，如研究钢筋混凝土结构非弹性阶段的受力性能。

1.3　土木工程结构试验的发展趋势

1.3.1　先进的大型和超大型试验设备

随着科技的不断进步，大型和超大型的综合模拟试验系统、电液伺服加载系统、风洞试验系统、地震模拟振动台、离心机和火灾模拟系统等的功能越来越强大，试验加载的能力也不断增强。工程人员和科研人员能够通过试验更准确地掌握结构性能，改善结构防灾、抗灾的能力，进一步发展结构设计理论。

1.3.2　结构远程协同试验技术

随着结构试验的大型化和复杂化，需要更为精确地模拟复杂工作条件，此时单个实验室的资源往往无法满足此类结构试验的要求。由于现场条件的限制，研究人员希望充分发挥有限的试验资源，把各地的大型结构实验室的资源都利用起来进行相应的实验室模型协同试验，实现资源共享。随着互联网技术的不断发展，使得远程通信和远程控制在结构试验中的应用价值越发凸显，互联网技术将分散在不同实验室的设备资源整合协同，形成一个规模庞大的网络化结构实验室。将结构试验的效率提高到一个新水平。基于网络的远程协同结构试验，集结构工程、地震工程、计算机科学、信息技术和网络技术于一体，充分体现了现代科学技术渗透、交叉、融合的特点。

1.3.3　先进的试验测试技术

试验测试技术的发展主要体现在传感器和数据采集方面。一方面，传感器是检测信号的工具，随着新材料、新技术的不断涌现，新型智能、高灵敏度的检测传感器不断出现，使得试验测试技术向更广阔的领域快速发展。另一方面，数据采集技术发展更为迅速，随着计算机存储技术和互联网技术的快速发展，长时间、大容量、无线远程快速的数据存储已成为现实。

土木工程结构试验技术的形成和发展与土木工程结构实践经验的积累和试验仪器设备及量测技术的发展具有极其密切的联系。土木工程结构试验将广泛应用于生产实践的各个环节，对土木工程科学的发展产生巨大的促进作用。

第 2 章　相似理论与模型试验设计

伴随着新结构和新材料的迅猛发展，结构的力学行为往往难以仅依靠理论计算加以准确分析。尽管试验研究是一种有效的手段，但由于真实的工程结构或构件受限于尺寸、重量、荷载等条件，大多数原型试验难以顺利开展。模型试验是相对于原型试验而言的，其采用的试验模型是原型结构的代表物，具有原型结构的全部或部分重要特征，两者之间满足一定的相似关系，并可据此将模型试验所获得的数据结果推演到原型结构上去，模型试验具有经济性好、试验环境可控、数据准确和针对性强等优点。

2.1　相似理论与相似条件

2.1.1　相似理论基础

相似理论是研究自然界和工程领域中两种现象之间相似的原理、相似现象的性质及将一个现象的研究结果推演到与其相似现象中去的基本方法。相似理论是模型与原型相似的理论基础，只有遵循相似理论进行模型设计才能使原型和模型在几何关系、材料参数、加载方式、边界条件等方面相似，才能确保模型试验的数据可以应用到原型结构上，相似理论由以下 3 个相似定理组成。

1. 相似第一定理

1848 年，法国科学院院士贝特朗（Bertrand）利用相似变换的方法建立了相似第一定理：两个相似的物理现象，单值条件相同，其相似准数的数值也相同。单值条件是指决定一个物理现象的特性并使它从一群现象中区分出来的条件（几何要素、物理参数、边界条件、初始条件等），确保试验结果在一定的条件下是唯一的。相似第一定理明确了两个相似现象在时间、空间上的相互关系，确定了相似现象的性质，以下以牛顿第二定律为例说明这些性质。式中，下标 p 代表原型，下标 m 代表模型。

对于实际的质量运动系统，有

$$F_{\mathrm{p}} = m_{\mathrm{p}} a_{\mathrm{p}} \tag{2-1}$$

对于模拟的质量运动系统，有

$$F_{\mathrm{m}} = m_{\mathrm{m}} a_{\mathrm{m}} \tag{2-2}$$

因为这两个运动系统相似，故它们各自对应的物理量成比例，即

$$F_{\mathrm{m}} = S_F F_{\mathrm{p}}\,,\quad m_{\mathrm{m}} = S_m m_{\mathrm{p}}\,,\quad a_{\mathrm{m}} = S_a a_{\mathrm{p}} \tag{2-3}$$

将式（2-3）代入式（2-2），得

$$\frac{S_F}{S_m S_a} F_p = m_p a_p \tag{2-4}$$

比较式（2-4）和式（2-1），显然，仅当

$$\frac{S_F}{S_m S_a} = 1 \tag{2-5}$$

时，式（2-4）才能与式（2-1）一致。

由此产生了相似现象的判别条件，S_F、S_m、S_a 被称为相似指标或相似条件。式（2-5）表明，两个现象若相似，则它们的相似条件等于 1。可见，各物理量的相似常数受相似指标约束，不能任意选取。

将式（2-3）代入式（2-5），还可得到

$$\frac{F_p}{m_p a_p} = \frac{F_m}{m_m a_m} \tag{2-6}$$

式（2-6）的等号左右均为无量纲比值，对于所有的力学相似现象，这个比值都是相同的，称为相似准数，通常用 π 表示，也称为 π 数。本例中，

$$\pi = \frac{F_p}{m_p a_p} = \frac{F_m}{m_m a_m} = \frac{F}{ma} = \text{常量} \tag{2-7}$$

相似准数 π 这个无量纲比值表达了相似系统中各物理量的相互关系，又称为“模型律”，利用它可将模型试验中的结果推演到原型结构中去。相似准数与相似常数的概念不同。相似常数是指在两个相似现象中，两个相对应的物理量始终保持的比例关系，但对于与它们相似的第三个现象，它可能是不同的比例常数；而相似准数则在所有互相相似的现象中始终保持不变。

2. 相似第二定理

1915 年，巴金汉（Buckinghan）提出了相似第二定理：对于由 n 个物理量的函数关系来表示的某现象，当这些物理量中含有 k 种基本量纲时，则可得到 $n-k$ 个独立的相似准数 $\pi_i(i=1,2,3,\cdots,n-k)$，即描述现象的函数关系也可由 $n-k$ 个独立相似准数的组合来表达。

$$q(x_1, x_2, x_3, \cdots, x_n) = g(\pi_1, \pi_2, \pi_3, \cdots, \pi_{n-k}) = 0 \tag{2-8}$$

相似第二定理也称为 π 定理，它为模型设计提供了可靠的理论保证，是量纲分析的基础，可指导试验人员按相似准数间关系所给定的形式处理模型试验数据，并将试验结果应用到原型结构中去。

3. 相似第三定理

相似第三定理：凡具有同一特性的现象，当单值条件彼此相似，且由单值条件的物理量所组成的相似准数在数值上相等时，则这些现象必定相似。

第一、第二相似定理是以现象相似为前提确定了相似现象的性质，给出了相似现象的必要条件。第三相似定理补充了前两个定理，明确了现象相似的充要条件，只要单值条件和由此导出的相似判据相等，即可实现现象相似，进一步完善了相似理论，使其成为一套科学的模型试验指导方法。

2.1.2 模型相似条件

相似系统中，各物理量之比称为相似常数、相似系数或相似比。与结构性能有关的主要物理量相似常数有几何相似、质量相似、荷载相似、物理相似、时间相似、边界条件相似和初始条件相似。

1. 几何相似

试验模型与原型结构的几何相似，即要求试验模型和原型结构之间所有对应部分的尺寸成比例，它们的模型比例常数称为长度相似常数。

下面以一片长、宽、高分别为 l、b、h 的矩形截面梁为例进行介绍。

长度相似常数：

$$S_l = \frac{l_\mathrm{m}}{l_\mathrm{p}} = \frac{b_\mathrm{m}}{b_\mathrm{p}} = \frac{h_\mathrm{m}}{h_\mathrm{p}} \tag{2-9}$$

式中，下标 m 和 p 分别表示试验模型和原型结构，下同。

面积相似常数：

$$S_A = \frac{A_\mathrm{m}}{A_\mathrm{p}} = \frac{h_\mathrm{m} b_\mathrm{m}}{h_\mathrm{p} b_\mathrm{p}} = S_l^2 \tag{2-10}$$

截面模量相似常数：

$$S_W = \frac{W_\mathrm{m}}{W_\mathrm{p}} = \frac{h_\mathrm{m}^2 b_\mathrm{m} / 6}{h_\mathrm{p}^2 b_\mathrm{p} / 6} = S_l^3 \tag{2-11}$$

惯性矩相似常数：

$$S_I = \frac{I_\mathrm{m}}{I_\mathrm{p}} = \frac{h_\mathrm{m}^3 b_\mathrm{m} / 12}{h_\mathrm{p}^3 b_\mathrm{p} / 12} = S_l^4 \tag{2-12}$$

根据变形体系的位移 x、长度 l 和应变 ε 之间的关系，位移的相似常数为

$$S_x = \frac{x_\mathrm{m}}{x_\mathrm{p}} = \frac{\varepsilon_\mathrm{m} l_\mathrm{m}}{\varepsilon_\mathrm{p} l_\mathrm{p}} = S_l S_\varepsilon \tag{2-13}$$

2. 质量相似

研究结构动力问题时要求结构的质量分布相似，即试验模型与原型结构对应部分的质量成比例。

质量相似常数：

$$S_m = \frac{m_\mathrm{m}}{m_\mathrm{p}} \tag{2-14}$$

对于具有分布质量的部分，模型和原型的密度相似常数为

$$S_\rho = \frac{\rho_\mathrm{m}}{\rho_\mathrm{p}} = \frac{m_\mathrm{m} V_\mathrm{p}}{V_\mathrm{m} m_\mathrm{p}} = \frac{S_m}{S_V} = \frac{S_m}{S_l^3} \tag{2-15}$$

3. 荷载相似

荷载相似要求试验模型和原型结构在对应点所受到的荷载方向一致，荷载大小成比例。

集中荷载相似常数：

$$S_P = \frac{P_m}{P_p} = \frac{\sigma_m A_m}{\sigma_p A_p} = S_\sigma S_l^2 \tag{2-16}$$

线荷载相似常数：

$$S_\omega = S_\sigma S_l \tag{2-17}$$

面荷载相似常数：

$$S_q = S_\sigma \tag{2-18}$$

弯矩或转矩的相似常数：

$$S_M = S_\sigma S_l^3 \tag{2-19}$$

当考虑重量对结构的影响时，要求模型和原型的重量分布相似，其相似常数用 S_{mg} 表示。

$$S_{mg} = \frac{m_m g_m}{m_p g_p} = S_m S_g = S_\rho S_l^3 \tag{2-20}$$

通常重力加速度的相似常数 $S_g = 1$。在模型设计中，常限于材料力学特性要求而不能同时满足 S_g 的要求，此时需要在模型上附加质量块（也称为配重）以满足 S_{mg} 的要求。

4. 物理相似

物理相似要求试验模型与原型的各相应点的应力与应变关系、刚度与变形关系相似。

弹性模量相似常数：

$$S_E = \frac{E_m}{E_p} \tag{2-21}$$

剪切模量相似常数：

$$S_G = \frac{G_m}{G_p} \tag{2-22}$$

泊松比相似常数：

$$S_\mu = \frac{\mu_m}{\mu_p} \tag{2-23}$$

正应力相似常数：

$$S_\sigma = \frac{\sigma_m}{\sigma_p} = \frac{E_m \varepsilon_m}{E_p \varepsilon_p} = S_E S_\varepsilon \tag{2-24}$$

剪应力相似常数：

$$S_\tau = \frac{\tau_m}{\tau_p} = \frac{G_m \gamma_m}{G_p \gamma_p} = S_G S_\gamma \tag{2-25}$$

式中，γ_m、γ_p 为剪应力系数。

由刚度和位移（变形）的关系可得到刚度相似常数：

$$S_K = \frac{K_m}{K_p} = \frac{P_m x_p}{x_m P_p} = \frac{S_P}{S_x} = \frac{S_\sigma S_l^2}{S_l} = S_\sigma S_l \tag{2-26}$$

在上述模型试验的相似常数中，S_ε 和 S_μ 一般取 1。

5. 时间相似

在进行动力试验过程中，要求试验模型和原型结构的位移、速度、加速度在对应的时刻成比例，与其对应的时间也成比例。时间相似常数表示为

$$S_t = \frac{t_m}{t_p} \tag{2-27}$$

6. 边界条件相似

边界条件相似要求试验模型和原型结构在与外界接触的区域内的各种条件保持相似，即要求支承条件相似、约束情况相似、边界受力情况相似。模型的支承和结束条件可以通过采用与原型结构相同的条件来满足。

7. 初始条件相似

在结构的动力分析过程中，为了保证试验模型和原型结构的动力反应相似，还要保证初始时刻的运动参数相似，包括初始几何位置，质点的位移、速度和加速度等。

2.1.3 相似条件的确定方法

按模型设计的相似理论确定相似条件的方法有方程分析法和量纲分析法。

1. 方程分析法

根据相似理论，当所研究的物理过程中各物理量之间的函数关系相对清楚，对试验结果和试验条件之间的关系有明确的数学方程式时，可运用方程分析法确定相似条件。

下面通过两个常见的例子来说明方程分析法的确定过程。

【例 2-1】结构试验中常见的四点弯曲试验梁，如图 2-1 所示，假定只考虑在弹性范围内工作，且忽略收缩、徐变等因素对材料和结构性能的影响。下面用方程分析法来确定试验梁的相似条件。

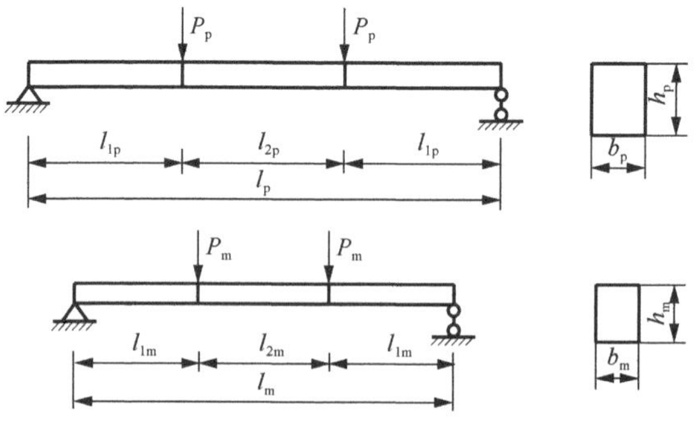

图 2-1 相似的四点弯曲试验梁

解：对于原型结构，由材料力学可知，l_{2p} 区段的弯矩为

$$M_p = P_p l_{1p} \tag{2-28}$$

l_{2p} 区段截面下缘的正应力：

$$\sigma_p = \frac{M_p}{W_p} = \frac{6P_p l_{1p}}{b_p h_p^2} \tag{2-29}$$

跨中截面处的挠度：

$$f_p = \frac{P_p l_{1p}}{24E_p I_p}(3l_p^2 - 4l_{1p}^2) \tag{2-30}$$

若要求模型和原型相似，则首先应满足几何相似条件：

$$S_l = \frac{l_m}{l_p} = \frac{l_{1m}}{l_{1p}} = \frac{l_{2m}}{l_{2p}} = \frac{b_m}{b_p} = \frac{h_m}{h_p} \tag{2-31}$$

同时，还应做到材料的弹性模量相似：

$$S_E = \frac{E_m}{E_p} \tag{2-32}$$

且作用于结构的荷载也应相似：

$$S_P = \frac{P_m}{P_p} \tag{2-33}$$

当模型梁上 l_{2m} 区段的应力和跨中挠度与原型结构对应相似时，应力和挠度的相似常数分别为

$$S_\sigma = \frac{\sigma_m}{\sigma_p}, \quad S_f = \frac{f_m}{f_p} \tag{2-34}$$

将式（2-29）～式（2-33）代入式（2-34）则可得

$$\sigma_m = \frac{S_\sigma S_l^2}{S_P}\frac{6P_m l_{1m}}{b_m h_m^2} \tag{2-35}$$

$$f_m = \frac{S_f S_E S_l}{S_P}\frac{P_m l_{1m}}{24E_m I_m}(3l_{1m}^2 - 4l_{1m}^2) \tag{2-36}$$

由式（2-35）、式（2-36）可见，仅当

$$\frac{S_\sigma S_l^2}{S_P} = 1 \tag{2-37}$$

$$\frac{S_f S_E S_l}{S_P} = 1 \tag{2-38}$$

时，才能得到模型与原型一致的应力和挠度表达式：

$$\sigma_m = \frac{M_m}{W_m} = \frac{6P_m l_{1m}}{b_m h_m^2} \tag{2-39}$$

$$f_m = \frac{P_m l_{1m}}{24E_m I_m}(3l_{1m}^2 - 4l_{1m}^2) \tag{2-40}$$

即只有式（2-37）和式（2-38）成立时，模型才和原型相似。因此，式（2-37）和式（2-38）是模型和原型相似的满足条件。这时就可以按相似条件从模型试验所获得的数据推算原型结构的相应结果，即

$$\sigma_{\mathrm{p}}=\frac{\sigma_{\mathrm{m}}}{S_{\sigma}}=\sigma_{\mathrm{m}}\frac{S_l^2}{S_P} \tag{2-41}$$

$$f_{\mathrm{p}}=\frac{f_{\mathrm{m}}}{S_f}=f_{\mathrm{m}}\frac{S_E S_l}{S_P} \tag{2-42}$$

【例 2-2】 对于图 2-2 所示的“弹簧–质量–阻尼”组成的单自由度系统，下面用方程分析法来确定相似条件。

解：分析图 2-2，可写出系统原型的动力平衡微分方程为

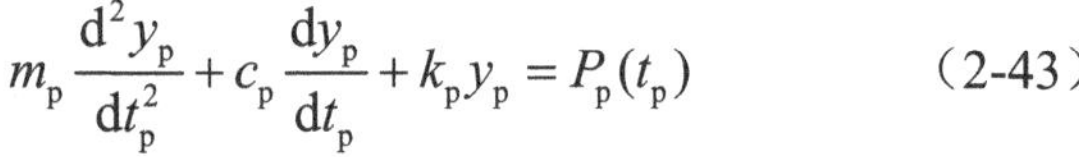

$$m_{\mathrm{p}}\frac{\mathrm{d}^2 y_{\mathrm{p}}}{\mathrm{d}t_{\mathrm{p}}^2}+c_{\mathrm{p}}\frac{\mathrm{d}y_{\mathrm{p}}}{\mathrm{d}t_{\mathrm{p}}}+k_{\mathrm{p}}y_{\mathrm{p}}=P_{\mathrm{p}}(t_{\mathrm{p}}) \tag{2-43}$$

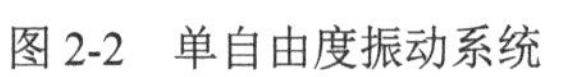

图 2-2　单自由度振动系统

式中，m_{p} 为质量；c_{p} 为阻尼系数；k_{p} 为弹簧常数；$P_{\mathrm{p}}(t_{\mathrm{p}})$ 为作用力；y_{p} 为位移；t_{p} 为时间。

对于模型，有动力平衡方程：

$$m_{\mathrm{m}}\frac{\mathrm{d}^2 y_{\mathrm{m}}}{\mathrm{d}t_{\mathrm{m}}^2}+c_{\mathrm{m}}\frac{\mathrm{d}y_{\mathrm{m}}}{\mathrm{d}t_{\mathrm{m}}}+k_{\mathrm{m}}y_{\mathrm{m}}=P_{\mathrm{m}}(t_{\mathrm{m}}) \tag{2-44}$$

系统物理量的相似常数为

$$S_m=\frac{m_{\mathrm{m}}}{m_{\mathrm{p}}},\ S_c=\frac{c_{\mathrm{m}}}{c_{\mathrm{p}}},\ S_k=\frac{k_{\mathrm{m}}}{k_{\mathrm{p}}},\ S_P=\frac{P_{\mathrm{m}}}{P_{\mathrm{p}}},\ S_y=\frac{y_{\mathrm{m}}}{y_{\mathrm{p}}},\ S_t=\frac{t_{\mathrm{m}}}{t_{\mathrm{p}}} \tag{2-45}$$

将式（2-45）代入式（2-44）替换掉模型的参数，可得

$$\frac{S_m S_y}{S_t^2 S_P}m_{\mathrm{p}}\frac{\mathrm{d}^2 y_{\mathrm{p}}}{\mathrm{d}t_{\mathrm{p}}^2}+\frac{S_c S_y}{S_t S_P}c_{\mathrm{p}}\frac{\mathrm{d}y_{\mathrm{p}}}{\mathrm{d}t_{\mathrm{p}}}+\frac{S_k S_y}{S_P}k_{\mathrm{p}}y_{\mathrm{p}}=P_{\mathrm{p}}(t_{\mathrm{p}}) \tag{2-46}$$

显然，只有

$$\frac{S_m S_y}{S_t^2 S_P}=1,\ \frac{S_c S_y}{S_t S_P}=1,\ \frac{S_k S_y}{S_P}=1 \tag{2-47}$$

式（2-46）才能与式（2-44）相同。式（2-47）即为相似条件。

2. 量纲分析法

当所研究的物理过程中各物理现象的规律未知，物理量之间的关系不能用明确的数学方程式来表达时，方程分析法不能用来求取相似条件，此时可以运用量纲分析法来建立相似条件，因为量纲分析法只需要知道影响试验测试值的物理量和这些物理量的量纲。

量纲分析法的理论基础是相似第二定理，它是根据量纲和谐原理，寻求物理过程中各物理量之间的关系而建立相似准数的方法。

（1）量纲系统

自然现象的变化遵循一定的规律，各物理量之间总是存在着符合这些规律的某种关系，由此人们常选择几个最简单的、相互独立的物理量作为基本量，这几个物理量的量纲即为基本量纲。其余物理量可以表示为基本量的组合，称为导出量，其量纲可以表示为基本量纲的积。

在量纲分析中，有两个基本量纲系统：绝对系统和质量系统。绝对系统的基本量纲为长

度 L、时间 T 和力 F，质量系统的基本量纲是长度 L、时间 T 和质量 M。对于诸如应变、角度这种无量纲的量则用 1 表示。

量纲就是被测物理量的种类，同一类型的物理量具有相同的量纲，它实质上是广义的量度单位，代表了物理量的基本属性，如长度、距离、位移、裂缝宽度、高度等具有相同的量纲 L；应力、弹性模量、面力的量纲均为 FL^{-2}。

当前物理学中只有 7 个基本量（长度、质量、时间、电流、热力学温度、发光强度和物质的量），对应 7 个基本量纲（L、M、T、I、Θ、J 和 N）和 7 个国际标准单位（m、kg、s、A、K、cd 和 mol），而其他任意物理量对应的单位 U 和量纲 D 皆可以通过 7 个单位和量纲导出，即

$$\begin{cases} U = f(\mathrm{m},\ \mathrm{kg},\ \mathrm{s},\ \mathrm{A},\ \mathrm{K},\ \mathrm{cd},\ \mathrm{mol}) \\ D = g(\mathrm{L},\ \mathrm{M},\ \mathrm{T},\ \mathrm{I},\ \Theta,\ \mathrm{J},\ \mathrm{N}) \end{cases} \tag{2-48}$$

式中，$f()$ 和 $g()$ 表示两种函数形式。根据量纲与国际标准单位的一一对应性，式（2-48）中函数 $f()$ 和 $g()$ 的形式应该完全相同，即

$$\begin{cases} U = f(\mathrm{m},\ \mathrm{kg},\ \mathrm{s},\ \mathrm{A},\ \mathrm{K},\ \mathrm{cd},\ \mathrm{mol}) \\ D = f(\mathrm{L},\ \mathrm{M},\ \mathrm{T},\ \mathrm{I},\ \Theta,\ \mathrm{J},\ \mathrm{N}) \end{cases} \tag{2-49}$$

Maxwell 认为：对于经典力学问题而言，任一物理量 X 的量纲在长度、质量和时间的 L-M-T 量纲体系中，均可表示为

$$[X] = \mathrm{L}^{\alpha}\mathrm{M}^{\beta}\mathrm{T}^{\gamma} \tag{2-50}$$

式中，系数 α、β 和 γ 为实数。当这 3 个系数均为 0 时，表示该物理量为无量量纲：

$$无量量纲 = \mathrm{L}^0\mathrm{M}^0\mathrm{T}^0=1 \tag{2-51}$$

表 2-1 列出了基于两个量纲系统的常用物理量及物理常数的量纲。

表 2-1　常用物理量及物理常数的量纲

物理量	质量系统	绝对系统	物理量	质量系统	绝对系统
长度	L	L	面积二次矩	L^4	L^4
时间	T	T	质量惯性矩	ML^2	FLT^2
质量	M	$FL^{-1}T^2$	表面张力	MT^{-2}	FL^{-1}
力	MLT^{-2}	F	应变	1	1
温度	Θ	Θ	相对密度	1	1
速度	LT^{-1}	LT^{-1}	密度	ML^{-3}	$FL^{-4}T^2$
加速度	LT^{-2}	LT^{-2}	弹性模量	$ML^{-1}T^{-2}$	FL^{-2}
角度	1	1	泊松比	1	1
角速度	T^{-1}	T^{-1}	动力黏度	$ML^{-1}T^{-1}$	$FL^{-2}T$
角加速度	T^{-2}	T^{-2}	运动黏度	L^2T^{-1}	L^2T^{-1}
压强、应力	$ML^{-1}T^{-2}$	FL^{-2}	线膨胀系数	Θ^{-1}	Θ^{-1}
力矩	ML^2T^{-2}	FL	导热率	$MLT^{-3}\Theta^{-1}$	$FT^{-1}\Theta^{-1}$
能量、热能	ML^2T^{-2}	FL	比热	$L^2T^{-2}\Theta^{-1}$	$L^2T^{-2}\Theta^{-1}$
冲力	MLT^{-1}	FT	热容量	$ML^{-1}T^{-2}\Theta^{-1}$	$FL^{-2}\Theta^{-1}$
功率	ML^2T^{-3}	FLT^{-1}	导热系数	$MT^{-3}\Theta^{-1}$	$FL^{-1}T^{-1}\Theta^{-1}$

（2）量纲分析法的流程

量纲分析法建立相似条件的主要过程如下。

1）确定研究问题的主要影响因素 $x_1, x_2, x_3, \cdots, x_{n-1}, x_n$ 及相应的量纲和基本量纲个数 k。将问题用这些物理量的函数形式表示：

$$q(x_1, x_2, x_3, \cdots, x_{n-1}, x_n) = 0 \tag{2-52}$$

2）根据 π 定理，将式（2-52）改写成 π 函数方程：

$$g(\pi_1, \pi_2, \pi_3, \cdots, \pi_{n-k}) = 0 \tag{2-53}$$

式中，π 数的一般形式为

$$\pi = x_1^{a_1} x_2^{a_2} x_3^{a_3} \cdots x_n^{a_n} \tag{2-54}$$

3）引入各物理量的量纲，将式（2-52）变成量纲表达式：

$$1 = [x_1^{a_1} x_2^{a_2} x_3^{a_3} \cdots x_n^{a_n}] \tag{2-55}$$

或将任意一个量的量纲表示为其余量的量纲组合：

$$[x_i] = [x_1^{a_1} x_2^{a_2} x_3^{a_3} \cdots x_n^{a_n}], \quad i = 1, 2, \cdots, n-k \tag{2-56}$$

4）根据量纲和谐原理，即量纲表达式中各个物理量对应的每个基本量纲的指数之和等于零。列出基本量纲指数关系的联立方程。

5）求解所列出的联立方程，因未知数个数多于方程数，故该联立方程为不定方程组，可通过确定部分未知数，求得相似准数 π 。

6）根据相似第三定理，相似现象相应的 π 数相等，代入相似常数，并结合物理量之间关系的基本判断确定各相似条件。

用量纲分析法确定无量纲 π 数（相似准数）时，只要明确物理现象所包含的物理量具有的量纲，就无须知道描述该物理现象的具体方程和公式。因此，寻求较复杂现象的相似准数时，用量纲分析法是很方便的。量纲分析法虽能确定出一组独立的 π 数，但 π 数的取法有一定的任意性，而且当参与物理现象的物理量越多时，其任意性越大。所以量纲分析法中物理参数的选择具有决定性意义。物理参数的选择取决于模型设计者的专业知识及对所研究的问题初步分析的正确程度。甚至可以说，如果不能正确选择有关的参数，量纲分析法就无助于模型设计。

【例 2-3】 用量纲分析法确定例 2-1 的相似条件。

解： 1）确定影响因素及基本量纲个数。

根据材料力学知识，受横向荷载作用的梁的正应力 σ 和跨中挠度 f 是截面抗弯模量 W、荷载 P、梁跨度 l、弹性模量 E 和截面惯性矩 I 的函数，用函数形式表示为

$$q = (\sigma, f, P, l, E, W, I) \tag{2-57}$$

因所涉及的物理量个数 n=7，基本量纲个数 k=2，故独立的 π 数个数为 $n-k=5$。

2）根据 π 定理，将式（2-57）改写成 π 函数方程：

$$g(\pi_1,\pi_2,\pi_3,\pi_4,\pi_5)=0 \tag{2-58}$$

其中，

$$\pi=\sigma^{a_1}f^{a_2}P^{a_3}l^{a_4}E^{a_5}W^{a_6}I^{a_7} \tag{2-59}$$

3）引入各物理量的量纲，将式（2-57）变成量纲表达式。取绝对系统，本系统的基本量纲为长度 L 和力 F，得量纲表达式：

$$1=[\sigma^{a_1}f^{a_2}P^{a_3}l^{a_4}E^{a_5}W^{a_6}I^{a_7}] \tag{2-60}$$

$$1=(\mathrm{FL}^{-2})^{a_1}\mathrm{L}^{a_2}\mathrm{F}^{a_3}\mathrm{L}^{a_4}(\mathrm{FL}^{-2})^{a_5}\mathrm{L}^{3a_6}\mathrm{L}^{4a_7} \tag{2-61}$$

4）根据量纲和谐原理，式（2-61）中各个物理量对应的每个基本量纲的指数之和应等于零。

关于 L：

$$-2a_1+a_2+a_4-2a_5+3a_6+4a_7=0 \tag{2-62}$$

关于 F：

$$a_1+a_3+a_5=0 \tag{2-63}$$

一般可将量纲相对简单者的指数用先确定的未知数表示，在本例先确定 a_1，a_2，a_5，a_6，a_7，得

$$a_3=-a_1-a_5 \tag{2-64}$$

$$a_4=2a_1-a_2+2a_5-3a_6-4a_7 \tag{2-65}$$

将式（2-64）、式（2-65）代入式（2-59），得

$$\pi=\sigma^{a_1}f^{a_2}P^{-a_1-a_5}l^{2a_1-a_2+2a_5-3a_6-4a_7}E^{a_5}W^{a_6}I^{a_7} \tag{2-66}$$

进一步得到

$$\pi=\left(\frac{\sigma l^2}{p}\right)^{a_1}\left(\frac{f}{l}\right)^{a_2}\left(\frac{El^2}{p}\right)^{a_5}\left(\frac{W}{l^3}\right)^{a_6}\left(\frac{I}{l^4}\right)^{a_7} \tag{2-67}$$

通过分别确定 5 组未知数，可得式（2-58）中的 5 个独立的 π 数：

$$a_1=1,\ a_2=a_5=a_6=a_7=0,\ \pi_1=\frac{\sigma l^2}{p} \tag{2-68}$$

$$a_2=1,\ a_1=a_5=a_6=a_7=0,\ \pi_2=\frac{f}{l} \tag{2-69}$$

$$a_5=1,\ a_1=a_2=a_6=a_7=0,\ \pi_3=\frac{El^2}{p} \tag{2-70}$$

$$a_6=1,\ a_1=a_2=a_5=a_7=0,\ \pi_4=\frac{W}{l^3} \tag{2-71}$$

$$a_7=1,\ a_1=a_2=a_5=a_6=0,\ \pi_5=\frac{I}{l^4} \tag{2-72}$$

5）由相似第三定理，相似现象相应的 π 数相等，有

$$\frac{\sigma_\mathrm{m}l_\mathrm{m}^2}{P_\mathrm{m}}=\frac{\sigma_\mathrm{p}l_\mathrm{p}^2}{P_\mathrm{p}},\ \frac{f_\mathrm{m}}{l_\mathrm{m}}=\frac{f_\mathrm{p}}{l_\mathrm{p}},\ \frac{E_\mathrm{m}l_\mathrm{m}^2}{P_\mathrm{m}}=\frac{E_\mathrm{p}l_\mathrm{p}^2}{P_\mathrm{p}},\ \frac{W_\mathrm{m}}{l_\mathrm{m}^3}=\frac{W_\mathrm{p}}{l_\mathrm{p}^3},\ \frac{I_\mathrm{m}}{l_\mathrm{m}^4}=\frac{I_\mathrm{p}}{l_\mathrm{p}^4} \tag{2-73}$$

代入相似常数，再结合跨中挠度 f 与荷载 P、弹性模量 E 之间的基本关系，得出与方程分析法同样的相似条件：

$$\frac{S_\sigma S_l^2}{S_P}=1,\ \frac{S_f S_E S_l}{S_P}=1 \tag{2-74}$$

【例 2-4】用量纲分析法确定例 2-2 的相似条件。

解：1）确定影响因素及基本量纲个数。

“弹簧-质量-阻尼”单自由度系统的相关物理量有质量 m、阻尼系数 c、弹簧常数 k、外加力 $P(t)$、位移 y、时间 t。振动系统用函数形式表示为

$$q(m,c,k,P,y,t)=0 \tag{2-75}$$

因所涉及的物理量个数 n=6，基本量纲个数 k=3，故独立的 π 数个数为 $n-k=3$。

2）根据 π 定理，将式（2-75）改写成 π 函数方程：

$$g(\pi_1,\pi_2,\pi_3)=0 \tag{2-76}$$

其中，

$$\pi=m^{a_1}c^{a_2}k^{a_3}P^{a_4}y^{a_5}t^{a_6} \tag{2-77}$$

3）引入各物理量的量纲，将式（2-75）变成量纲表达式。取绝对系统，本系统的基本量纲为长度 L、力 F 和时间 T，得量纲表达式：

$$1=[m^{a_1}c^{a_2}k^{a_3}P^{a_4}y^{a_5}t^{a_6}] \tag{2-78}$$

$$1=(\mathrm{FL^{-1}T^2})^{a_1}(\mathrm{FL^{-1}T})^{a_2}(\mathrm{FL^{-1}})^{a_3}\mathrm{F}^{a_4}\mathrm{L}^{a_5}\mathrm{T}^{a_6} \tag{2-79}$$

式中，质量量纲为$\mathrm{FL^{-1}T^2}$，阻尼系数量纲为$\mathrm{FL^{-1}T}$，弹簧常数量纲为$\mathrm{FL^{-1}}$。

4）根据量纲和谐原理，式（2-79）中各个物理量对应的每个基本量纲的指数之和应等于零。

关于 L：

$$-a_1-a_2-a_3+a_5=0 \tag{2-80}$$

关于 F：

$$a_1+a_2+a_3+a_4=0 \tag{2-81}$$

关于 T：

$$2a_1+a_2+a_6=0 \tag{2-82}$$

5）求解由式（2-80）～式（2-82）组成的不定方程组，对于 6 个未知数，先确定 3 个来表示量纲相对简单者的指数，本例先确定 a_1，a_2，a_3，得

$$a_6=-2a_1-a_2 \tag{2-83}$$

$$a_4=-a_1-a_2-a_3 \tag{2-84}$$

$$a_5=a_1+a_2+a_3 \tag{2-85}$$

将式（2-83）～式（2-85）代入式（2-77）得

$$\pi=m^{a_1}c^{a_2}k^{a_3}P^{-a_1-a_2-a_3}y^{a_1+a_2+a_3}t^{-2a_1-a_2} \tag{2-86}$$

进一步得到

$$\pi=\left(\frac{my}{Pt^2}\right)^{a_1}\left(\frac{cy}{Pt}\right)^{a_2}\left(\frac{kl}{P}\right)^{a_3} \tag{2-87}$$

通过分别确定 3 组未知数，可得式（2-76）中 3 个独立的 π 数：

$$a_1=1,\ a_2=a_3=0,\ \pi_1=\frac{my}{Pt^2} \tag{2-88}$$

$$a_2=1,\ a_1=a_3=0,\ \pi_2=\frac{cy}{Pt} \tag{2-89}$$

$$a_3 = 1,\ a_1 = a_2 = 0,\ \pi_3 = \frac{kl}{P} \tag{2-90}$$

6）由相似第三定理，相似现象相应的 π 数相等，有

$$\frac{m_{\mathrm{m}}y_{\mathrm{m}}}{P_{\mathrm{m}}t_{\mathrm{m}}^2} = \frac{m_{\mathrm{p}}y_{\mathrm{p}}}{P_{\mathrm{p}}t_{\mathrm{p}}^2},\ \frac{c_{\mathrm{m}}y_{\mathrm{m}}}{P_{\mathrm{m}}t_{\mathrm{m}}} = \frac{c_{\mathrm{p}}y_{\mathrm{p}}}{P_{\mathrm{p}}t_{\mathrm{p}}},\ \frac{k_{\mathrm{m}}l_{\mathrm{m}}}{P_{\mathrm{m}}} = \frac{k_{\mathrm{p}}l_{\mathrm{p}}}{P_{\mathrm{p}}} \tag{2-91}$$

代入相似常数，得出与方程分析法同样的相似条件：

$$\frac{S_m S_y}{S_t^2 S_P} = 1\ ,\quad \frac{S_c S_y}{S_t S_P} = 1\ ,\quad \frac{S_k S_y}{S_P} = 1 \tag{2-92}$$

2.2　模型试验设计

2.2.1　模型试验的基本特点和应遵循的基本原则

1. 模型试验的基本特点

作为结构受力行为的重要研究方法，模型试验具有以下特点。

1）经济性好。相比原型结构，试验模型的尺寸可以小至原型的 1/2～1/50，甚至更小，不但能节省材料、节约场地，还可降低对设备与设施的能力要求。

2）针对性强。在设计结构模型与制定试验方案时，可以根据试验的目的，突出主要因素，简化次要因素。这对于结构性能的研究、新型结构的设计、结构理论的验证和推动新的计算理论的发展都具有一定的积极意义。

3）数据准确。由于试验模型尺寸相对较小且多在室内进行，可有效控制试验的开展并降低干扰因素的影响，保证试验结果的准确性。

4）适应性强。对于科研类试验，可以通过大量重复性试验获取充足的试验数据信息，深入研究新型结构的受力性能，发展新的结构设计计算理论；对于验证性试验，可以观察模型结构不同受力阶段的响应，以此来预测原型结构的受力行为。

5）结果直观。对于受力复杂的结构，当前的计算分析方法仍存在一定的局限性，而通过模型试验可获取直观结果，从而验证计算方法的适应性和计算参数取值的合理性。

2. 模型试验应遵循的基本原则

为了更好地保证模型试验具有原型结构的全部或部分重要特征，可将模型试验所获得的数据结果更真实地推演到原型结构上去，模型试验须遵循以下基本原则。

1）严格按照相似理论进行设计，要求模型和原型几何相似并保持一定的比例。

2）要求模型和原型的材料相同或具有某种相似关系。

3）要求施加于模型的荷载按原型荷载的某一比例缩小或放大。

4）要求确定模型结构试验过程中各参与的物理量的相似常数，并由此求得反映相似模型整个物理过程的相似条件。

一般而言，一个完整的模型试验通常包括试验规划、试验准备、试验加载和试验资料整理分析与总结 4 个环节，基本流程如图 2-3 所示。试验规划是关系到试验能否顺利完成的首

要环节，该阶段的主要任务是反复研究试验目的，充分了解试验的具体任务和要求，搜集有关资料，包括前人已进行的试验工作、试验方法、试验结果和存在的问题，在此基础上确定试验研究的主要参量和试件组数，并根据实验室的设备能力确定试件的大致尺寸、量测项目和量测要求，最后提出试验方案。

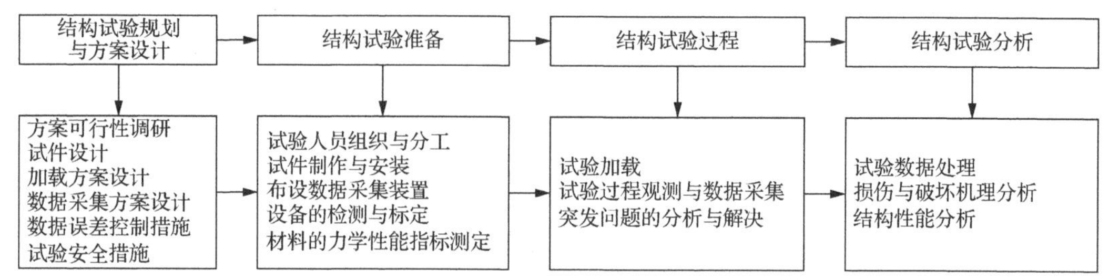

图 2-3　结构试验流程图

2.2.2　模型试验设计的基本类型

1. 结构静力模型设计

（1）线性弹性模型设计

线性弹性性能是工程结构的主要性能之一。无论采用何种结构类型，当结构的应力水平较低时，结构的性能都可以用线性弹性理论描述。按照线性弹性理论，结构所受荷载与结构产生的形变及应力之间均为线性关系。对于由同一种材料组成的结构，影响应力大小的因素有荷载 F、结构几何尺寸 L 和材料的泊松比 μ，于是，应力表达式可写为

$$\sigma = f(F, L, \mu) \tag{2-93}$$

通过量纲分析有

$$\frac{\mathrm{L}^2}{\mathrm{F}}\sigma = \varphi(\mu) \tag{2-94}$$

由式（2-94）可知，线性弹性结构的相似条件为几何相似、荷载相似、边界条件相同，不要求胡克定律相似，但要求泊松比相似，即

$$S_\mu = 1 \tag{2-95}$$

设计线性弹性模型时，要求

$$S_\sigma = \frac{S_F}{S_L^2} \tag{2-96}$$

（2）非线性结构模型设计

工程结构可能出现两类典型的非线性结构。一类是由材料的应力-应变关系为非线性关系引起的，称为材料非线性。例如，钢筋混凝土结构的强度模型一般具有材料非线性特征。另一类是由于结构产生较大的变形或转动使结构的平衡关系发生变化而引起的，称为几何非线性。例如，大跨度悬索桥中悬索的受力特性具有几何非线性特征。两种非线性的共同之处是结构荷载与结构变形之间均为非线性关系。但对于几何非线性的结构，结构的应力和应变之间可以保持线性关系。对于这种情况，应力与荷载、结构尺寸、材料弹性模量及泊松比有关，于是，应力表达式为

$$\sigma = f(F,\ E,\ L,\ \mu) \tag{2-97}$$

通过量纲分析，可将包含 5 个物理量的基本方程转化为包含 3 个无量纲量的方程。

π_1、π_2、π_3 的关系式为

$$\frac{L^2}{F}\sigma=\varphi\left(\frac{EL^2}{F},\mu\right) \tag{2-98}$$

或写成

$$\pi_1=\varphi(\pi_2,\pi_3) \tag{2-99}$$

式（2-98）和式（2-99）为考虑几何非线性的弹性结构模型的相似判据方程。为求得原型结构的应力，模型结构应与原型结构几何相似、荷载相似及边界条件相同。模型与原型应满足下列相似关系：

$$\left(\frac{EL^2}{F}\right)_m=\left(\frac{EL^2}{F}\right)_p,\quad \mu_m=\mu_p \tag{2-100}$$

由以上分析可知，采用与原型相同的材料制作的模型，可以模拟原型结构线性弹性阶段和几何非线性弹性阶段的受力性能。

（3）钢筋混凝土结构强度模型设计

钢筋混凝土结构的承载能力很大程度上取决于混凝土和钢筋的力学性能。当缩尺比例较大时，由于材料特性与其构成尺寸密切相关，钢筋混凝土结构强度模型很难做到完全相似。而模型设计的成功与否主要取决于材料特性的相似设计。

对钢筋混凝土结构强度模型选用的材料有较严格的相似要求，相似常数如表 2-2 所示。理想的模型混凝土和模型钢筋应与原型结构的混凝土和钢筋之间满足下列相似要求：①有几何相似的混凝土受拉和受压应力-应变曲线；②在承载能力极限状态下有基本相似的变形能力；③在多轴应力状态下有相同的破坏准则；④钢筋和混凝土之间有相同的黏结-滑移性能；⑤有相同的泊松比。

表 2-2　钢筋混凝土结构强度模型的相似常数

类型	物理量	量纲	理想模型	实际应用模型
材料性能	混凝土应力	FL^{-2}	S_E	1
	混凝土应变		1	1
	混凝土弹性模量	FL^{-2}	S_E	1
	混凝土泊松比		1	1
	混凝土相对密度	FL^{-3}	S_E/S_L	$1/S_L$
	钢筋应力	FL^{-2}	S_E	1
	钢筋应变		1	1
	钢筋弹性模量	FL^{-2}	S_E	1
	黏结应力	FL^{-2}	S_E	1
几何特性	线尺寸	L	S_L	S_L
	线位移	L	S_L	S_L
	角位移		1	1
	钢筋面积	L^2	S_L^2	S_L^2
荷载	集中荷载	F	$S_E S_L^2$	S_L^2
	线荷载	FL^{-1}	$S_E S_L$	S_L
	分布荷载	FL^{-2}	S_E	1
	弯矩或转矩	FL	$S_E S_L^3$	S_L^3

2. 结构动力模型设计

与结构静力性能相比，结构动力性能主要与结构本身的惯性作用有关。因此，结构动力模型的设计应仔细考虑与时间相关的物理量的相似关系，如表 2-3 所示。

表 2-3　结构动力模型的相似要求

物理量	相似常数	真实极限强度模型	附加质量的强度模型	忽略重力的线弹性模型	应变失真的强度模型
长度	S_L	S_L	S_L	S_L	S_L
时间	S_t	$S_L^{0.5}$	$S_L^{0.5}$	$S_L(S_E/S_\rho)^{-0.5}$	$(S_\varepsilon/S_L)^{0.5}$
频率	S_ω	$S_L^{-0.5}$	$S_L^{-0.5}$	$S_L^{-1}(S_E/S_\rho)^{0.5}$	$(S_\varepsilon/S_L)^{-0.5}$
速度	S_v	$S_L^{0.5}$	$S_L^{0.5}$	$(S_E/S_\rho)^{0.5}$	$(S_\varepsilon/S_L)^{-0.5}$
重力加速度	S_g	1	1		1
加速度	S_a	1	1	$S_L^{-1}S_ES_\rho^{-1}$	1
密度	S_ρ	S_E/S_L		S_ρ	$S_\varepsilon S_E S_L^{-1}$
应变	S_ε	1	1	1	S_ε
应力	S_σ	S_E	S_E	S_E	S_ES_ε
位移	S_x	S_L	S_L	S_L	S_LS_ε
力	S_F	$S_ES_L^2$	$S_ES_L^2$	$S_ES_L^2$	$S_ES_L^2S_\varepsilon$
弹性模量	S_E	S_E	S_E	S_E	S_ES_ε
能量	S_U	$S_ES_L^3$	$S_ES_L^3$	$S_ES_L^3$	$S_ES_L^3S_\varepsilon$

3. 热应力结构模型设计

温度是一个独立的物理量，其量纲属于基本量纲。工程结构可能处在不同的温度环境下，有时温度作用对结构性能有决定性的影响。例如，考虑温度应力，结构应设置伸缩缝；钢筋混凝土无铰拱桥，由于温度作用可能产生较大的约束力；大体积混凝土结构可能因水化热作用而发生开裂；火灾环境下混凝土结构的性能等都涉及温度作用下的结构模型试验。

在温度应力模型试验中也可能遇到应变畸变模型，在表 2-4 中称为应变失真模型。在结构静力和动力模型试验中，由于实现完全相似是十分困难的，有时只能采用应变失真模型。从表 2-4 中可以看出，对于应变失真模型，引入了两个独立相似常数，即线膨胀系数相似常数 S_α 和温度相似常数 S_θ，是因为模型中温度产生的应变（线膨胀）相对原型发生失真，因此需对其进行修正。

表 2-4　温度应力结构模型相似常量

物理量	量纲	相似常数	理想模型	模型与原型同材料同温度	应变失真模型
应力	FL^{-2}	S_σ	S_E	1	$S_\alpha S_\theta S_E$
应变		S_ε	1	1	$S_\alpha S_\theta$
弹性模量	FL^{-2}	S_E	S_E	1	S_E
泊松比		S_μ	1	1	1
线膨胀系数	Θ^{-1}	S_α	S_α	1	S_α

续表

物理量	量纲	相似常数	理想模型	模型与原型同材料同温度	应变失真模型
导热率	L^2T^{-1}	S_D	S_D	1	S_D
长度	L	S_L	S_L	S_L	S_L
位移	L	S_x	S_L	S_L	$S_\alpha S_\theta S_L$
温度	Θ	S_θ	$1/S_\alpha$	1	S_θ
时间	T	S_t	S_L^2/S_D	S_L^2	S_L^2/S_D

上述模型设计所得各物理量之间的相似关系均是在假定采用理想弹性材料的情况下推导求得的。实际上较多钢筋混凝土或砌体结构的强度模型要研究结构非线性性能，因此，对模型材料的相似要求更为严格，必须按实际情况建立相似关系。从表 2-3 可见 $S_E=S_\sigma$ 的关系，就是要求模型和原型结构的应力-应变关系曲线相似，这只有在选用与原型结构相同强度和变形的材料时才有可能。

在静力模型的相似关系中，当 $S_E=S_\sigma=1$ 时，密度 $S_\rho=1/S_L$，即要求模型材料密度为原型材料的 S_L 倍。这事实上是没有可能的。为此，当需考虑结构本身的质量和重量对结构性能的影响时，需要在模型上施加附加质量，以满足材料密度相似的要求。同样在动力模型中，模拟惯性力、重力时也必须考虑模型和原型结构材料密度的相似，由相似关系 $S_E/(S_gS_\rho)=S_L$，通常重力加速度相似常数 $S_g=1$，则要求模型材料的弹性模量应比原型的小或密度比原型的大，试验时也采用附加质量的方法来弥补材料密度不足产生的影响。

2.2.3　结构模型材料与选用

正确了解并掌握模型材料的物理力学性能及其对模型试验结果的影响，是成功地完成模型试验的先决条件。合理地选用模型材料是结构模型试验的关键之一。通常情况下，可以用来制作模型的材料有很多，但是没有绝对理想的材料。一般而言，模型材料可以分为 3 类：第一类是与原型结构材料完全相同的材料，如采用钢材制作的钢结构强度模型；第二类是模型材料与原型结构材料不同，但性能较接近的材料，如采用微粒混凝土制作的钢筋混凝土结构强度模型；第三类是模型材料与原型结构完全不同的材料，主要用于结构弹性反应的模型试验。对模型材料的要求原则上包括以下几方面。

1）相似要求。即要求模型设计满足相似条件，以使模型试验结果可按相似条件推算到原型结构。

2）量测要求。即要求模型材料在试验时能产生较大的变形，以便量测仪表能够精确地予以读数。因此，模型材料的弹性模量宜适当低些，但也不宜过低以致影响试验结果。

3）材料性能稳定。即要求模型材料不因温度、湿度的变化而变化。一般模型结构尺寸较小，对环境变化很敏感，以致其产生的影响远大于它对原型结构的影响，因此材料性能稳定很重要。

4）材料徐变小。由于徐变是时间、温度和应力的函数，故徐变对试验的结果影响很大，而真正的弹性变形不应该包括徐变。

5）加工制作方便。模型材料具有良好的可加工性能，对于降低模型费用非常重要。对于复杂的和形状不规则的结构，模型材料的选择将决定制造工艺的水平。但是，目前还很难找到一种理想的材料，既能满足力学性能，又具有良好的加工性能。

因此，材料选择主要有强度模型材料和弹性模型材料两种。

（1）强度模型材料

如果模型试验的目的在于研究结构的全部工作特性，包括超载直至被破坏，那么对模拟模型材料的要求更加严格，通常采用与原型极为相似的材料或与原型完全相同的材料来制作模型。

1）水泥砂浆。水泥砂浆曾被广泛地用来制作钢筋混凝土板壳等薄壁结构的模型。它的性能无疑与含有大骨料的混凝土不同，但对比其他材料来看，比较接近混凝土，可以通过调整细骨料含量和水灰比来满足力学性能的要求。但是，由于水泥砂浆缺乏级配，应力-应变曲线较难与混凝土相似，所以目前用得较少。

2）微粒混凝土。微粒混凝土同样是由细骨料、水泥和水组成的专门用于结构模型试验的一种新型材料。它是用粒径为 2.5～5.0mm 的粗砂代替普通混凝土中的粗骨料砾石，用粒径为 0.15～2.5mm 的细砂代替普通混凝土中的细骨料砂粒，并按一定级配和水灰比制成的。经级配设计在正确控制骨料用量和水灰比的情况下，其力学性能与普通混凝土相比有令人满意的相似性。骨料粒径要根据模型几何尺寸而定，一般最大粒径不大于截面最小尺寸的 1/3。模型钢筋一般是采用细钢丝。微粒混凝土是在砂浆的基础上，对按相似比缩小粒径的骨料进行级配，使模型材料的应力-应变曲线与原型相似。为了使弹性模量相似，有时可用掺入石灰浆的方法来降低模型材料的弹性模量。但是，非弹性性能较难模拟。缩尺比例不宜太小，一般为 1/2～1/25。其主要缺点是黏结应力模拟不好，不适用于研究最大裂缝宽度、抗压强度等。

3）模型钢筋。一般用盘状细钢筋，使用前先要将其拉直，拉直过程是一次冷加工。为了模拟实际结构中钢筋和混凝土的黏结情况，要求通过专用设备将钢筋表面压痕。以上的加工都会改变材料的性能，使用前要对其进行热处理，使它恢复到有明显的屈服点的程度，增加钢筋的延展性。

4）模型块材。为模拟砖石或砌块结构的强度模型，基本上使用与原型结构相同的砖或砌块。由于模型比例的要求，一般将原型的材料加工切割成小比例尺寸的砖或砌块，也可以向砖厂或砌块厂提出按尺寸特殊制作的要求。

（2）弹性模型材料

1）金属材料。金属材料的力学性能大多符合弹性理论的基本假定。如果原型结构为金属结构且对测量值的准确度有严格要求，则金属材料是最适宜的模型材料。常用的金属材料有钢材、铜和铝合金等。钢和铝合金的泊松比为 0.30，比塑料更接近混凝土的泊松比。钢和铜可以焊接，易于加工。近年来，铝合金材料用得较多，因为它具有允许有大的应变量、较低的弹性模量和良好的导热性等特点。金属的弹性模量比塑料、石膏等都要高，要求试验荷载大，也要求有足够强度和刚度的支承系统，但模型加工制作较困难。金属材料有时用于制作钢结构模型。金属平板易于制造，有各种厚度，可以选用较薄的板材来制作模型。

2）无机高分子材料。制作模型的无机高分子材料种类很多，具有热固性的有环氧树脂、聚酯树脂，具有热塑性的有聚氯乙烯、聚乙烯、有机玻璃。无机高分子材料作为模型材料的优点是在一定应力范围内具有良好的线性弹性性能，强度高而弹性模量低（为金属弹性模量的 1/10～1/70)，且容易加工；缺点是徐变较大，弹性模量受温度变化的影响也大，泊松比(0.35～0.50) 比金属和混凝土的都高，且导热性也差。另外，模型的接头强度比较低，设计模型时，应考虑这一问题。

无机高分子材料被大量地用来制作板、壳、框架等形状复杂的结构模型，其中有机玻璃使用得最多。有机玻璃是一种各向同性的均质材料，弹性模量为 2600～3200MPa，泊松比为 0.33～0.38，抗拉比例极限大于 30MPa。由于有机玻璃徐变较大，试验时为避免明显的徐变，要控制材料的应力不超过 7MPa，对应的应变已达 2000$\mu\varepsilon$ 以上，对于一般应变测量已能保证足够的测量精度。有机玻璃可以用一般的木工工具进行加工，可以用黏合剂结合成整体。如果模型具有曲面，可以将有机玻璃加热到 110℃软化，然后热压成形。商品有机玻璃有各种规格的板材、管材和棒材，给模型制作提供了便利。除有机玻璃外，一般的光弹性材料也是很好的模型材料，如环氧树脂可在半流体状态浇注成型，然后固化。将填充材料混合到聚酯树脂或环氧树脂中，可以改善和调整力学性能而保持良好的可加工性能。

3) 石膏。用石膏制作模型，其优点是容易加工，成本较低，与混凝土的泊松比十分接近，弹性模量可以改变。纯石膏的性质与混凝土比较接近，均属脆性材料，其优点是物源充足，易加工成型，价格低廉，泊松比为 0.17～0.21，极限抗压强度是抗拉强度的 5～10 倍，弹性模量 E 可调节性较大 (80MPa～10GPa)。对纯石膏材料而言，其物理力学性质主要取决于水膏比的大小。半水石膏变为二水石膏的硬化结晶过程中所需水量不到石膏质量的 1/5，未参加反应的多余水分在干燥过程中蒸发出来，使内部形成很多微小气孔，因此，随着拌和用水量的增多，材料的强度、弹性模量及密度均随之降低，故用作模型材料时应掺入一定的掺合料 (如硅藻土、塑料或其他有机物) 和缓凝剂来改善材料的性能。例如，石膏与硅藻土混合而成的石膏硅藻土也是具有较好的线性弹性的模型材料。在水膏比不变的情况下，随着硅藻土掺入量的增大，材料的极限强度、弹性模量及密度等随之增大，其应力-应变关系曲线和纯石膏材料相似。另外，纯石膏与其他材料的组合也可起到降低某一参数的作用。例如，将石膏、水、粉煤灰 (或浮石、锯木屑、橡皮屑、膨胀珍珠岩) 混合，可以起到降低弹性模量的作用；将石膏、水、水泥 (石英砂、铁粉、岩石粉) 混合可以起到提高弹性模量的作用。

4) 木质材料。软质木材比较松软，易于切割，粘接时不需要特定的胶水，也不需要较高的粘接技术。但是软质木材的纹理比较疏松，不适合制作模型结构件，对于具有构件性的木模型应采用比较坚实的木材来制作；硬质木材的加工比较困难，需要较高的加工技术，但是硬质木材确实是制作模型的上好材料。

5) 复合材料。复合材料是将一种或几种材料用人工的方法均匀地与另一种材料复合加工而成的新型工程材料。模型制作中典型的复合材料首推玻璃钢。热塑性玻璃钢是以玻璃纤维为增强体，以热塑性树脂为黏结剂制成的复合材料。热塑性玻璃钢同热塑性塑料相比，使用同等基体材料时，强度和疲劳性能可提高 2～3 倍，冲击性可提高 2～4 倍，蠕变抗力可提高 2～5 倍，达到甚至超过了某些金属的强度；热固性玻璃钢是以玻璃纤维为增强体，以热固性树脂为黏结剂制成的复合材料，它具有较高的强度比、良好的电绝缘性和绝热性、稳定的耐腐蚀性，根据需要可制成半透或特别的保护色和辨别色的材料，能承受超高温的短时间作用。

2.2.4 3D 打印技术的应用

作为一项新型技术，增材制造开始在各个领域展现出前所未有的巨大潜能，吸引了众多国家和产业巨头的目光，获得了大量的投入资金。增材制造，俗称三维打印、3D 打印或快速原型制造，它基于离散-堆积原理，是一种以数字模型文件为基础，将金属粉末、流体材质、塑料等各种类型的可黏合材料，通过计算机程序控制，使用逐层堆叠材料的方式构建物体的立体成型技术。3D 打印建筑设计理念于 2012 年在 3D 打印展上提出，3D 打印建筑应用计算机软件设计出立体的制作模型，然后通过特定成型设备（即 3D 打印机）用液化、粉末化、丝化的固体材料体逐层叠加打印出设计师所绘制的建筑实体。意大利发明家恩里科·迪尼（Enrico Dini）发明了世界首台大型建筑 3D 打印机。这台打印机的底部有许多喷嘴，可以喷射出镁质黏合物，并在黏合物上喷撒沙子，从而逐渐铸成石质固体，再通过一层层的黏合物和沙子的结合，最终形成石质建筑物。3D 打印还可以用于打印模具的支座，得到精准、个性化的模具，用于后续应用。3D 打印模型材料按照其组成或特性可以分为以下 4 种。

1）胶凝材料。具有一定的胶凝特性，在物理、化学作用下，能从浆体变成坚固的硬化体，并能胶结其他物料，形成有一定机械强度的无机非金属材料。该类材料主要包括水泥基材料（硅酸盐水泥、硫铝酸盐水泥、铝酸盐水泥、磷酸盐水泥等）、石膏材料、镁质胶凝材料等。胶凝材料的流动性、凝结机制、凝结速率、凝结时间和凝固制品的微观结构及力学性能等都对 3D 打印工艺参数及打印制品性能等有重要影响。

2）陶瓷材料。这里主要指能够烧结成以晶相材料为主要组分的结构材料或功能材料的天然或人工合成的氧化物或者非氧化物无机非金属材料，如氧化铝陶瓷材料、氧化锆陶瓷材料等。大部分耐火材料也属于该类材料的范畴。对于 3D 打印陶瓷材料可以是粉体材料、浆体材料或膏体材料，也可以是线材或片材。除激光选区熔化（selective laser melting，SLM）工艺外，3D 打印技术在陶瓷成形中通常只能制备陶瓷坯体，后续还需经过烧结等热处理工艺才能获得。因此，除打印工艺对所用陶瓷材料的流动性等成形性能有要求外，陶瓷坯体脱脂收缩性能、烧结性能等对所用陶瓷材料的组成及颗粒特性等也有一定要求。

3）玻璃材料。主要指 3D 打印玻璃制品所用的非晶态无机非金属固体材料，包括硅酸盐玻璃材料、硼酸盐玻璃材料、石英玻璃材料等。玻璃材料形态可以为粉体、块体，也可以为丝材。打印过程一般需通过高温熔化以挤出细丝成形。玻璃材料的软化成丝特性等是 3D 打印工艺关注的重点，是对所用玻璃材料的基本要求。

4）复合材料。这里主要指用于 3D 打印的基体材料或增强材料为由无机材料的多组分组成的混合材料，包括无机纤维增强的复合材料、无机颗粒增强的复合材料等。复合材料 3D 打印主要通过挤出无模成型技术（extrusion freeform fabrication，EFF）工艺，大多需要预先制成线材。因此，除复合材料内部各相的结合特性外，3D 打印工艺对材料的成丝特性、挤出特性等也有明确要求。

3D 打印的过程涉及一系列数据处理环节，主要流程如图 2-4 所示。首先，需要构建试验的三维模型。其次，通过立体光刻（stereolithography，STL）文件中三角形面片的位置和拓扑关系对 3D 模型进行快速分层和切片处理。切片处理完成后将生成的切片轮廓信息进行轮廓填充。最后，将切片生成的指令文件复制或者直接发送给 3D 打印设备，装好打印材料，调节好各项打印参数，通过打印机控制按钮发出打印指令。至此，数据传输完成，等待 3D 模型最终成型即可。

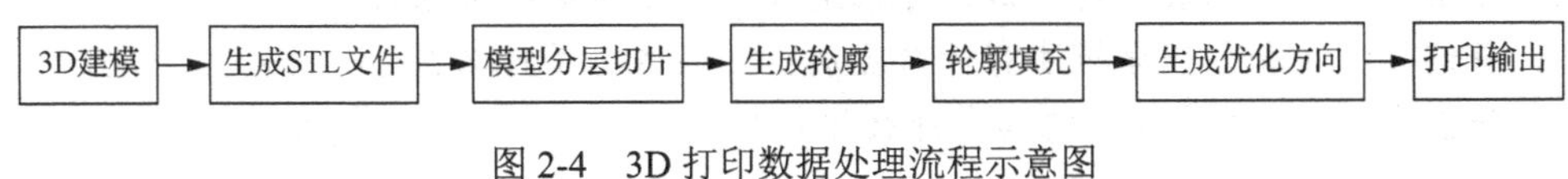

图 2-4　3D 打印数据处理流程示意图

2.3　模型试验的加载与量测设计

2.3.1　模型试验的加载设计

在选择试验荷载大小和加载方式时，应满足以下几点要求。

1）试验荷载的作用应符合实际荷载的作用方式，能使被试验对象再现其原型结构的边界条件，使控制截面或部件产生的内力与实际内力等效。

2）产生的荷载值应当明确，满足试验的准确度。同时，荷载值应能保持相对稳定，不会随时间、环境条件的改变和结构的变形而发生变化，保证试验荷载变化量的相对误差不超过允许的限值。

3）加载装置本身应有足够的强度和刚度，并有足够的安全储备。保证加载过程安全的同时，加载装置本身不应参与结构受力和结构变形，防止由于加载装置本身刚度不足影响被加载试件的受力状态或使被加载试件产生次应力。

4）所采取的加载方法应做到灵活调节和分级加（卸）载，易于控制加（卸）载速率，分级值应能满足加载和测试精度的要求。

2.3.2　量测设计要求

利用仪器或仪表对结构或构件的内力、变形等参数进行测量时，测点的选择和布置应满足以下几点要求。

1）在满足试验目的的前提下，应使测量项目的重点突出，测点数量不宜过多。

2）测点的位置必须有代表性，以便能对关键截面和关键参数进行测量。

3）测点的布置应便于试验的操作和测量的进行。

4）适当布置一定数量的校核测点，以便对测量结果进行校核。

5）对受环境温度、湿度影响较为明显的参数进行测量时，应同时记录下周围的温度和湿度。

6）重要的数据应做到边记录、边整理，同时计算出每级荷载的测量结果变化情况，并与预期的理论值进行比较，判断测量结果的正确性，及时调整下一级荷载的加载策略。

思　考　题

1. 结构模型试验的特点是什么？在模型试验设计中应注意哪些问题？
2. 模型结构的相似条件是什么？可采用什么方法确定相似条件？
3. 量纲分析法和方程分析法有什么区别？理论依据是什么？
4. 什么是3D打印技术？它具有什么优点？

第3章　量测方法与数据处理

土木工程结构试验的目的不仅是要得到有关结构性能的外观状态数据，更重要的是要取得确定结构性能的定量数据，只有取得了可靠的数据，才能对结构性能作出正确的结论，或为新的计算理论提供依据。量测技术的发展也是一个从简单到复杂、从单一学科到多学科互相渗透、从低级到高级的过程。目前，量测仪器的发展趋势主要体现在数字化与集成化两个方面，许多仪器均属声、光、电联合应用的复合式设备。因此，不仅要深刻理解被测参数的性质，还必须了解有关测量仪表的原理、功能和使用要求，选择正确的仪表，取得最佳的使用效果。

3.1　位移和变形量测

位移是工程结构承受荷载作用后最直观的反应，同时可反映结构的整体变形。通过位移和变形测定，不仅可以了解结构的刚度，还可区分结构的弹性和非弹性性质。量测位移的仪表主要有机械式、电子式和光电式等。

3.1.1　线位移量测

1. 接触式位移量测

（1）机械式位移传感器

机械式位移传感器主要有接触式位移计等，如图3-1所示。接触式位移计根据刻度盘上最小刻度值的不同，分为百分表（刻度值为0.01mm）、千分表（刻度值为0.001mm）和挠度计（刻度值为0.05mm或0.1mm）。接触式位移计通过磁性表座安装，安装时应注意保证仪器测杆与运动方向平行，被测物体表面一般应与仪器测杆垂直。当滑动的测杆跟随被测物体运动时，带动仪器内部的精密齿轮转动，精密齿轮机构将微小的直线运动放大为齿轮的转动，从表盘可读出线位移量。

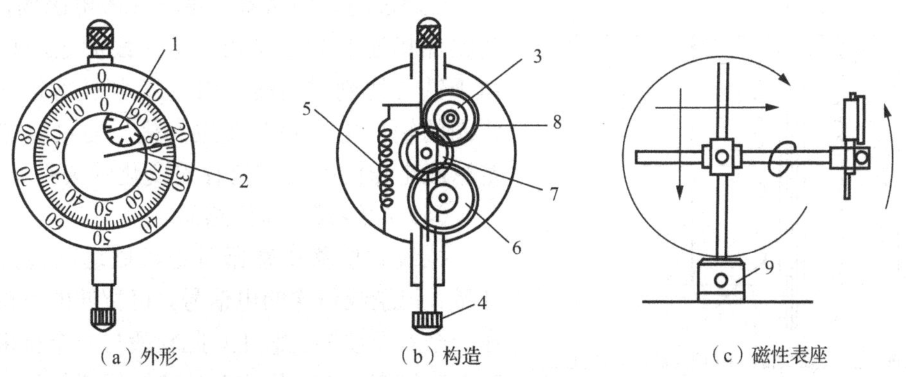

（a）外形　（b）构造　（c）磁性表座

1—短针；2—长针；3—齿轮弹簧；4—测杆；5—测杆弹簧；6、7、8—齿轮；9—表座。

图3-1　接触式位移计

（2）电阻应变式位移传感器

采用电阻传感元件可以制成多种位移测量仪表，较实用的有梁式位移计和滑线式位移计等。梁式位移计的测杆通过弹簧与一固定在其内的悬臂梁相连，如图 3-2 所示。在悬臂梁的根部粘贴电阻应变计。测杆移动时，带动弹簧使悬臂梁受力产生变形，通过电阻应变仪测量电阻应变计的应变变化，再转换为位移量。滑线式位移计的构造与测量原理如图 3-3 所示，其基本测量原理是将线位移的变化转换为传感器输出电阻的变化。与被测物体相连的弹簧片在滑线电阻上移动，使电阻的输出电压值发生变化，通过与电阻的参考电压值比较，即可得到电阻输出电压的改变量。

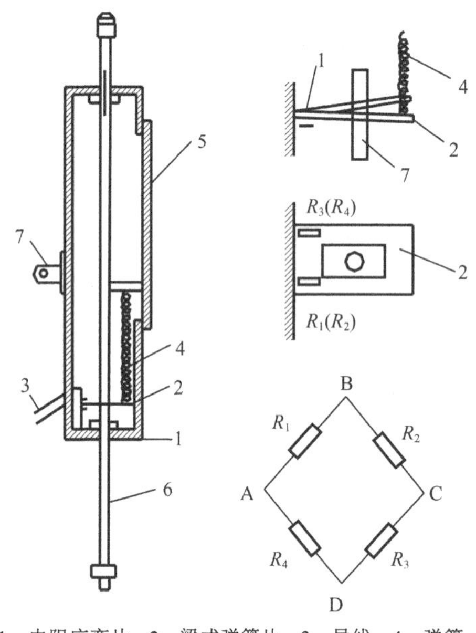

1—电阻应变片；2—梁式弹簧片；3—导线；4—弹簧；5—位移计外壳；6—测杆；7—固定座。

图 3-2 梁式位移计的构造与测量原理

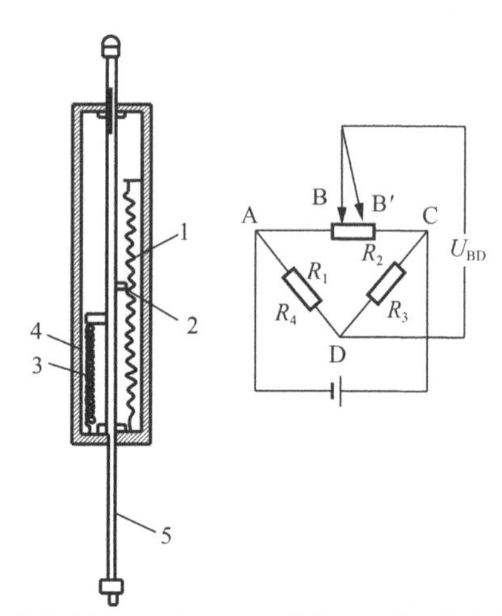

1—滑线电阻；2—触点；3—弹簧；4—位移计外壳；5—测杆。

图 3-3 滑线式位移计的构造与测量原理

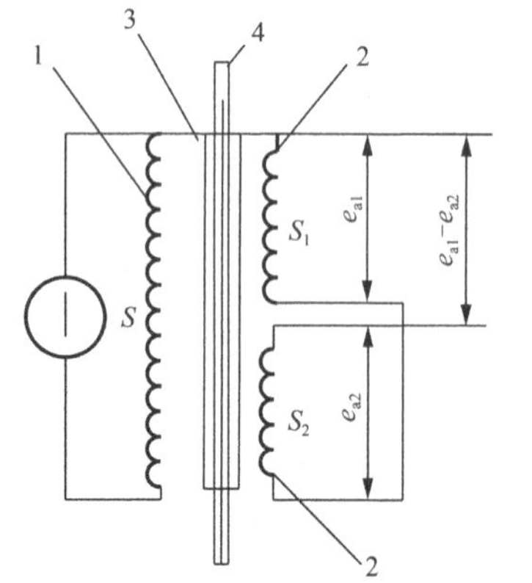

1—初级线圈；2—次级线圈；3—圆形筒；4—铁心。

图 3-4 线性差动电感式位移传感器的构造

（3）线性差动电感式位移传感器

线性差动电感式位移传感器的构造如图 3-4 所示，它通过高频振荡器产生一参考电磁场，当与被测物体相连的铁心在两组感应线圈之间移动时，由于铁心切割磁力线，改变了电磁场强度，感应线圈的输出电压随即发生变化。通过标定，可确定感应电压的变化与位移量变化的关系。

（4）拉线式位移传感器

拉线式位移传感器可把机械运动转换成可以计量、记录或传送的电信号，可拉伸的不锈钢绳绕在一个有螺纹的轮毂上，此轮毂与一个精密旋转感应器连接在一起。操作时，将拉线式位移传感器安装在固定位置上，拉线缚在移动物体上。运动发生时，一个内部弹簧保证拉绳的张紧度不变，拉绳伸展和收缩，带有螺纹的轮毂带动精密旋转感应器旋转，输出一个与拉绳移动距离成比例的电信号，测量输出信号可以得出运动物体的位移。

（5）光纤光栅位移传感器

光纤光栅位移传感器的基本原理是以光导纤维作为光传播的物理介质。与其他传感器相比较，光纤光栅位移传感器具有如下优点：不受电磁干扰，体积小、质量小，耗能少，可挠曲，可根据实际需要做成各种形状，灵敏度高，耐高温、高压，耐腐蚀，电绝缘、防爆性好，易与微机连接，便于遥测等。光纤光栅位移传感器主要分为功能型传感器和非功能型传感器：功能型传感器是利用光纤本身的某种敏感特性或功能制成的传感器；非功能型传感器则将光纤当作传输光的介质，用以传输其他敏感元件所产生的光信号。

1）光纤结构。光纤材料目前基本采用石英玻璃，有不同掺杂。光纤结构主要由中心（纤芯）、外层（包层）、护套（尼龙塑料）三部分组成，如图 3-5 所示。光纤维的导光能力取决于纤芯和包层的性质。纤芯的折射率 n_1 略大于包层的折射率 n_2（$n_1>n_2$）。

2）光纤的传输原理。光纤的传播是基于光的全反射。当光线以不同角度入射到光纤端面时，在端面发生折射后进入光纤，进入光纤后入射到纤芯（光密介质）与包层（光疏介质）的交界面，一部分透射到包层，一部分反射回纤芯，如图 3-6 所示。当光线在光纤断面中心的入射角 θ 减小到某一角度 θ_c 时，光线全部反射。光被全反射时的入射角 θ_c 称为临界角，只要 $\theta<\theta_c$，光线就会在纤芯和包层界面上经若干次全反射向前传播，最后从另一端面射出。

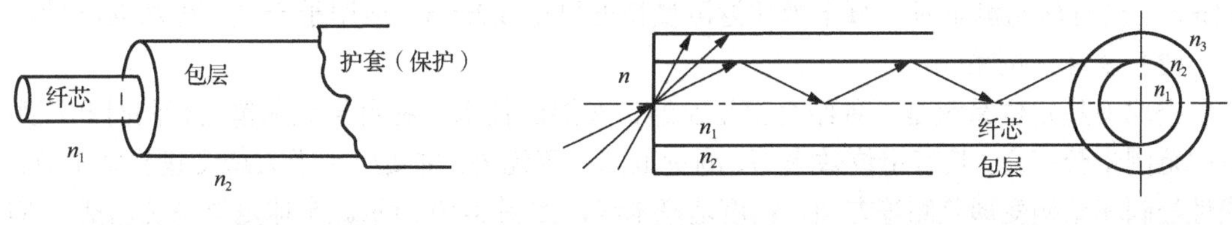

图 3-5　光纤的结构　　　　图 3-6　光纤传光示意图

3）光纤光栅位移传感器。光纤光栅位移传感器的工作原理如图 3-7 所示，利用轴向应变引起的光栅中心反射波长变化可实现无接触位移量测。光源经一束多股光纤将光信号传送至端部，并照射到被测物体上；另一束光纤接收反射的光信号，并通过光纤传送到光敏元件上，两光纤间的距离发生变化时，反射到接收光纤上的光通量也发生变化。两束光纤在被测物体附近汇合。当被测物体与光纤间的距离发生变化时，反射到接收光纤上的光通量也发生变化。再通过光电传感器检测出距离的变化量。反射式光纤光栅位移传感器一般是将发射和接收光纤捆绑组合在一起，根据组合形式的不同，有半分式、共轴式和混合式。

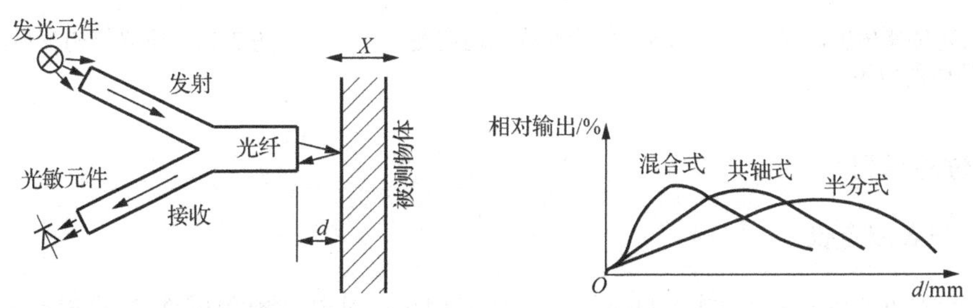

图 3-7　光纤光栅位移传感器的工作原理

2. 非接触式位移量测

（1）激光位移传感器

激光位移传感器主要利用激光良好的方向性来实现结构变形的量测。当进行结构变形量测时，将激光器安装在测试构件上，如图 3-8 所示。随着构件的变形，固定在构件上的激光器可通过激光光斑的位置变化精确测量被测物体的位置、位移等变化。激光位移传感器的优点有：精确、动态地对各种物体的位移进行测量（不需反射镜）；可见光容易对准被测物体；响应速度高，可调性好；测量精度高，功耗稳定，耗电量小，性能稳定；输出串口丰富，选择多等。

（2）光学测量设备

目前用于测量变形或位移的光学测量设备主要包括测量定位的全站仪和测量水准的水准仪等，如图 3-9 所示。最新的高精度全站仪测距精度可达 1mm±1.5ppm（当测量距离为 1000m 时，比例误差为 1.5mm），测角精度可达 0.5″。为了减少对中误差、提高检测信号强度，采用固定棱镜测量是保证测量精度的最好方式。但对一些跨度大、高度大的现场检测，采用免棱镜或反射片的模式更为便利，可参考有关测量误差分析，对测量精度作出估计。随着测量技术的发展，现在已发展出高精度智能型全站仪，俗称“测量机器人”，具有预学习、全向寻、自动记录等功能，配合固定棱镜，预先对各固定测点进行预扫描学习，即可自动定时测量结构的变形状态。新型的数字精密水准仪配合专用条形编码铟瓦尺，精度可达到 0.1mm，进行转站测量时，每千米往返测量精度可达 0.2mm，适用于一、二等水准测量。

（3）全球定位系统

全球卫星定位系统是一种结合卫星及通信发展的技术，利用导航卫星进行测时和测距，应用范围十分广泛，具有定位效率高、测量范围广等优势，主要应用于大跨度建筑施工放样、线性控制和结构变形监测等方面，精度达毫米级，如图 3-10 所示。全球定位系统包括我国的北斗卫星导航系统、美国的 GPS、俄罗斯的 GLONASS 和欧洲的“伽利略”系统等。

图 3-8 激光位移传感器在试验中的应用

图 3-9 桥梁结构现场监测

图 3-10 桥梁结构变形监测

3.1.2 角位移量测

1. 杠杆式测角仪

杠杆式测角仪的构造如图 3-11 所示，将刚性杆 1 固定在预测试件 2 的测点上，结构变形带动刚性杆转动，用位移计测出 3、4 两点的位移，即可得出转角。

2. 水准管式倾角仪

水准管式倾角仪的构造如图 3-12 所示。水准管 1 安置在弹簧片 4 上，一端被接于基座 6 上，另一端被微调螺钉 3 顶住。当用夹具 5 将仪器安装在测点上后，用微调螺钉使水准管的气泡居中，结构变形后气泡漂移，再扭动微调螺钉使气泡重新居中，度盘前后两次示数的差即为测点的转角。其优点为尺寸小、精度高，但缺点是受湿度及振动影响大，在阳光下暴晒会引起水准管爆裂。

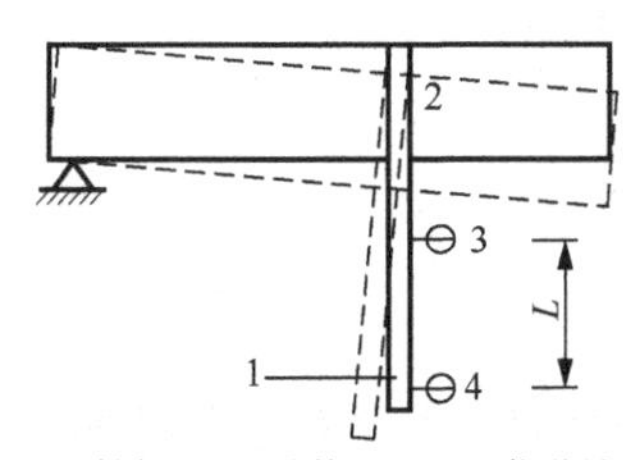

1—刚性杆；2—试件；3、4—位移计。

图 3-11　杠杆式测角仪的构造

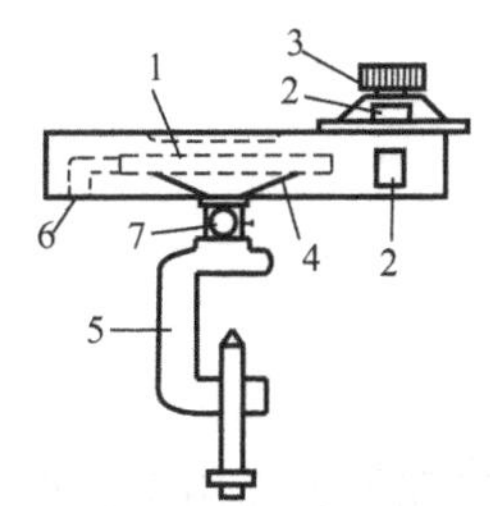

1—水准管；2—刻度；3—微调螺钉；4—弹簧片；5—夹具；6—基座；7—活动铰。

图 3-12　水准管式倾角仪的构造

3. 电子倾角仪

电子倾角仪的构造如图 3-13 所示，是一种通过电阻的变化测定结构某部位转动角度的传感器。其主要装置是一个盛有高稳定性导电液体的玻璃器皿，在导电液体中插入 3 根电极 A、B、C 并加以固定。电极等距离设置且垂直于器皿底面。当传感器处于水平位置时，导电液体的液面保持水平，3 根电极浸入液体内的长度相等，故 A、B 极之间的电阻值等于 B、C 极之间的电阻值。使用时将倾角仪固定在结构测点上，结构发生微小转动时，倾角仪随之转动。因导电液面始终保持水平，因而插入导电液内的电极深度必然发生变化，使 R_{AB} 减小 ΔR，R_{BC} 增大 ΔR。若将 AB 和 BC 视作惠斯通电桥的两个臂，则建立电阻改变量 ΔR 与转动角度 α 间的关系，就可以用电桥原理测量和换算倾角 α。

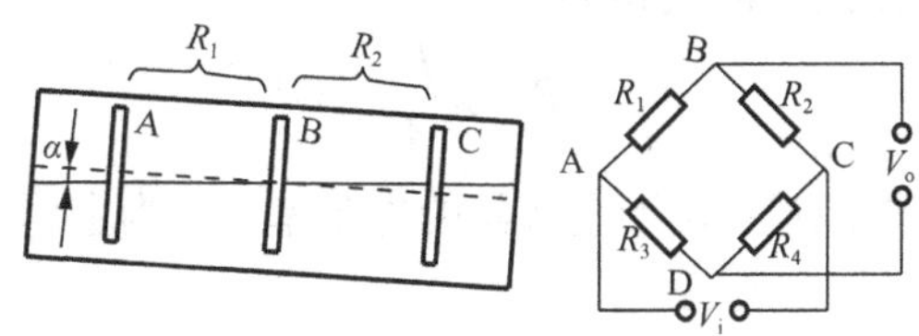

图 3-13　电子倾角仪的构造与测量原理

3.1.3　曲率量测

构件变形后曲率的确定，可以利用位移传感器（或百分表）先测出构件表面某一点及邻近两点的挠度差，然后根据杆件变形曲线，近似计算测区构件的曲率。用百分表测量曲率示意图如图 3-14 所示。

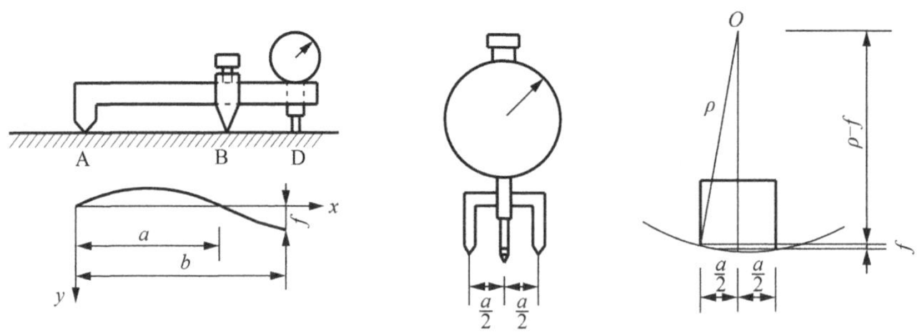

图 3-14　用百分表测量曲率示意图

3.2　应 变 量 测

试验对象在外力作用下会产生应力，了解其应力分布规律，尤其是危险截面的应力分布和应力极值，是评定结构工作状态、建立计算理论和方法的重要依据。应力测量在结构试验测量中占有极其重要的地位。但是，目前还没有较好的方法直接测定结构或构件的截面应力，通常的方法是先测量应变，然后通过本构关系间接测定应力。较为成熟的应变测试设备有电阻应变计、电阻应变仪、振弦式传感器、机械式应变仪、光纤光栅应变传感器等。

3.2.1　电阻应变计

1. *基本原理*

金属体都有一定的电阻，电阻值因金属的种类而异。当加有外力时，金属若变细、变长，则阻值增加；若变粗、变短，则阻值减小。如果发生应变的物体上安装有金属电阻，当物体伸缩时，金属电阻也按比例发生伸缩，从而电阻值也产生相应的变化。在结构测量领域中，电阻应变计应用极为广泛。

在结构测试中，将金属丝电阻应变片粘贴在被测对象表面，用来测量该处表面的变形。金属丝电阻值和长度与截面面积的关系为

$$R=\rho\frac{L}{A} \tag{3-1}$$

式中，R 为金属丝的原始电阻值；ρ 为金属丝的电阻率；L 为金属丝的长度；A 为金属丝的截面面积。

当被测对象发生变形时，与其一同发生变形的金属丝的电阻也发生改变。对式（3-1）进行微分，可得到电阻的变化与金属丝的电阻率、长度和截面面积的变化之间的关系式：

$$\frac{\mathrm{d}R}{R}=\frac{\mathrm{d}\rho}{\rho}+\frac{\mathrm{d}L}{L}-\frac{\mathrm{d}A}{A} \tag{3-2}$$

式（3-2）中，右侧各项均可写为与金属丝的应变 ε 相关的表达式，即

$$\frac{\mathrm{d}L}{L}=\varepsilon \tag{3-3}$$

$$\frac{\mathrm{d}A}{A}=-2\mu\frac{\mathrm{d}L}{L}=-2\mu\varepsilon \tag{3-4}$$

$$\frac{\mathrm{d}\rho}{\rho}=\lambda E\varepsilon \tag{3-5}$$

式中，μ、λ、E 分别为金属丝材料的泊松比、压阻系数和弹性模量。

将式（3-3）～式（3-5）代入式（3-2），则有

$$\frac{\mathrm{d}R}{R}=(1+2\mu+\lambda E)\varepsilon=K\varepsilon \tag{3-6}$$

式中，K 为与金属材料有关的系数。

2. 分类和技术指标

电阻应变计又称为电阻应变片，由表面覆盖层、电阻丝层和基底层组成。表面覆盖层起着保护、绝缘的作用；电阻丝层是应变片中最重要的部分，通常呈栅形排列，称为敏感栅，敏感栅固定在基底层上；基底层采用与被测材料黏合性好同时又具有绝缘性的材料制成。常用的电阻应变计有箔式电阻应变计、丝绕式电阻应变计、短接式电阻应变计、半导体电阻应变计和焊接电阻应变计等。电阻应变计的优点是稳定性和温度特性好，缺点是灵敏度系数小。电阻应变计的主要技术指标有如下 6 个。

1）几何尺寸：指电阻应变片敏感栅区域的尺寸。由于敏感栅内的电阻变化反映了区域内的平均应变，故应变片的选择需要考虑其尺寸大小。对于应力变化梯度较大的应力检测，应变片的尺寸不能过大，但当检测对象是混凝土时，因为集料尺寸效应，只能采用大标距尺寸的应变片。

2）标称电阻值：室温下应变片未参与工作时的电阻值，常有 60Ω、120Ω、200Ω、320Ω、350Ω、500Ω、1000Ω 等，以 120Ω 最为常见。电阻值越大，相应允许的工作电压越高，信号强度也越高，选用时，应考虑与电阻应变仪的配合。

3）绝缘电阻：用于衡量敏感栅与被测对象之间的绝缘程度，其值越大越好，一般应大于 $10^{10}\Omega$。绝缘程度下降或不稳定会导致零漂，严重影响测量的精确度。

4）允许电流：指通过敏感栅的最大电流，电流过大可能影响应变片的工作状态。允许电流的大小除了与应变片本身（敏感栅的结构、基底层的绝缘性）有关，还与黏结材料和其他环境因素有关。对于静态测量，一般允许电流为 25mA；对于动态测量，一般允许电流为 75～100mA。

5）灵敏系数：灵敏系数越大，单位应变引起的电阻变化越大，其值一般为 1.9～2.3，在使用时应使应变片的灵敏系数与应变仪的灵敏系数设置相协调。

6）温度适用范围：主要取决于胶合剂的性质。

3. 电阻应变片的粘贴

电阻应变片的粘贴技术如表 3-1 所示。

表 3-1　电阻应变片的粘贴技术

编号	内容		粘贴工艺及要点
1	检查分选	外观检查	应变片无气泡、霉点、锈点或断裂；栅极应平直、整齐、均匀
		阻值检查	应变片无短路或断路
2	测点处理	划线定位	在选定贴应变片的位置划出十字线，深度适中
		打磨表面	1）用打磨机或粗砂纸将测点局部磨平； 2）用细砂纸精磨，打磨出 45°交叉斜纹； 3）用环氧树脂胶（0.1mm）找平，待干燥后，用砂纸再次打磨
		清洁表面	1）用棉纱或脱脂棉花蘸丙酮清洁结构表面； 2）洗净后，不可再用手触摸测点
3	应变片粘贴	对正调整	1）用透明胶带将应变片与构件临时固定； 2）移动胶带位置使应变片到达正确定位
		点滴涂胶	1）在应变片反面涂上一滴胶水，胶水的用量不宜过多； 2）应变片放在测点上，方向对正
		粘贴施压	1）将塑料薄膜盖在应变片上，用拇指挤压出多余的胶水和气泡； 2）用手按压 1min，待胶水固化，轻轻揭去塑料薄膜，若室温较低则可适当延长时间
		粘贴接件	1）将应变片引线拉起至根部； 2）在紧邻应变片的下方用胶水粘贴端子
4	固化		1）自然固化需 1～2d，可用电吹风吹热处理，加速胶水固化； 2）用万用表测量应变片的绝缘电阻，一般应大于 20MΩ
5	导线连接	焊接引线	1）将引线焊接在端子上并剪去多余引线，焊点光滑牢固； 2）引线需形成弧线与接线片相连
		焊接导线	1）将导线焊接在端子上，并固定好导线； 2）用万用表再次检查导线是否有短路或断路
6	密封防护		1）在应变片周围涂上硅胶、凡士林或石蜡（防潮）、环氧树脂（防水）； 2）对于预埋在混凝土内的钢筋应变片，还应用纱布条粘环氧树脂缠绕，固化形成保护层

3.2.2　电阻应变仪

电阻应变片可以把试件的应变转换成电阻的变化，但一般情况下试件的应变较小，由此引起的电阻变化非常微小，需借助放大器放大。电阻应变仪就是电阻应变量测系统中把放大部分与显示部分组合在一起的量测仪器，主要由振荡器、测量电路、放大器、相敏检波器和电源等组成。

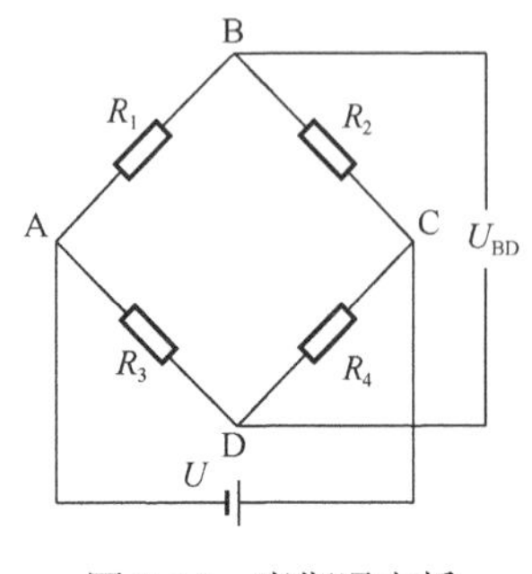

图 3-15　惠斯通电桥

1. 电阻应变仪的基本原理

电阻应变仪的基本原理就是利用惠斯通电桥实现对电阻值微小变化的放大和检测，如图 3-15 所示。

AB、BC、CD 和 AD 构成了电桥的 4 个桥臂，在各桥臂上分别接入 4 个电阻 R_1、R_2、R_3 和 R_4，并将 A 和 C 接入内部电源，输入电压为 U；B 和 D 作为输出端，输出电压为 U_{BD}，如图 3-15 所示。由电工学原理可知，输出电压 U_{BD} 的计算式为

$$U_{\mathrm{BD}}=\frac{R_1R_3-R_2R_4}{(R_1+R_3)(R_2+R_4)}U \tag{3-7}$$

当式（3-7）中的电阻满足 $R_1R_3=R_2R_4$ 时，则电桥的输出电压为零，这种状态称为电桥的平衡状态（$U_{\mathrm{BD}}=0$）。

若电桥的电阻发生变化，电桥从平衡状态进入不平衡状态，电阻 R_1、R_2、R_3 和 R_4 分别发生 ΔR_1、ΔR_2、ΔR_3 和 ΔR_4 的变化，则输出电压 U_{BD} 为

$$U_{\mathrm{BD}}=\left[\frac{R_2R_4}{(R_1+R_2)(R_3+R_4)}\left(\frac{\Delta R_1}{R_1}-\frac{\Delta R_2}{R_2}+\frac{\Delta R_3}{R_3}-\frac{\Delta R_4}{R_4}\right)\right]U \tag{3-8}$$

当采用相同的应变片时，

$$U_{\mathrm{BD}}=\frac{1}{4}KU(\varepsilon_1-\varepsilon_2+\varepsilon_3-\varepsilon_4) \tag{3-9}$$

根据桥臂上实际投入工作的应变片数量的不同，测量方式主要有全桥电路、半桥电路和1/4 桥电路，如图 3-16 所示。全桥电路中全部接工作应变片，工作片互为温度补偿片，主要用于传感器，一般应变测量电路中应用不多；半桥电路中有两路接入工作应变片，另两路为温度补偿片，在测量电路中广泛使用；1/4 桥电路中仅有一路接入工作应变片，但是由于没有温度补偿，要求环境温度变化不宜过大。

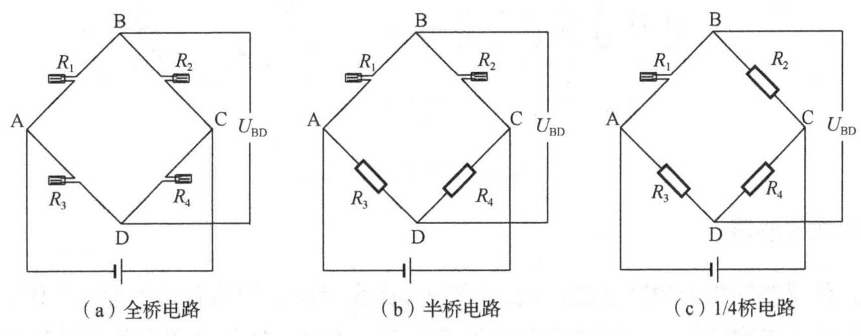

图 3-16　标准电路

2. 温度补偿

试验时，粘贴在试件上的应变片处在温度场中，若温度发生改变，则应变片产生变形和变形差，会引起电阻应变片的阻值发生变化，此现象称为温度效应。温度效应引起的应变是非受力引起的，因此必须被消除，消除的方法称为温度补偿。常用的方法有温度补偿片法和工作片互补法两种。

温度补偿片法是指 R_1 作为工作片，R_2 单独粘贴在与试验对象材料相同的块体上，试验时不受力，只感受温度。由于工作片与补偿片处于同一温度场，温度改变产生的应变相同，又由于工作片与补偿片接在桥臂的相邻位置，两个应变片产生的温度应变相互抵消，不会产生输出电压，从而消除温度效应的影响，如图 3-17 所示；工作片互补法是指当测试对象上存在应变大小相同、符号相反的成对测点时，可以将应变符号相反的两个应变片分别接在相邻的桥臂上，则温度产生的应变相互抵消，如图 3-18 所示。在实际的结构试验中，往往采用多点测量，为了节约应变片，常使用公共温度补偿片，这种桥路称为半桥公共补偿，如图 3-19 所示。

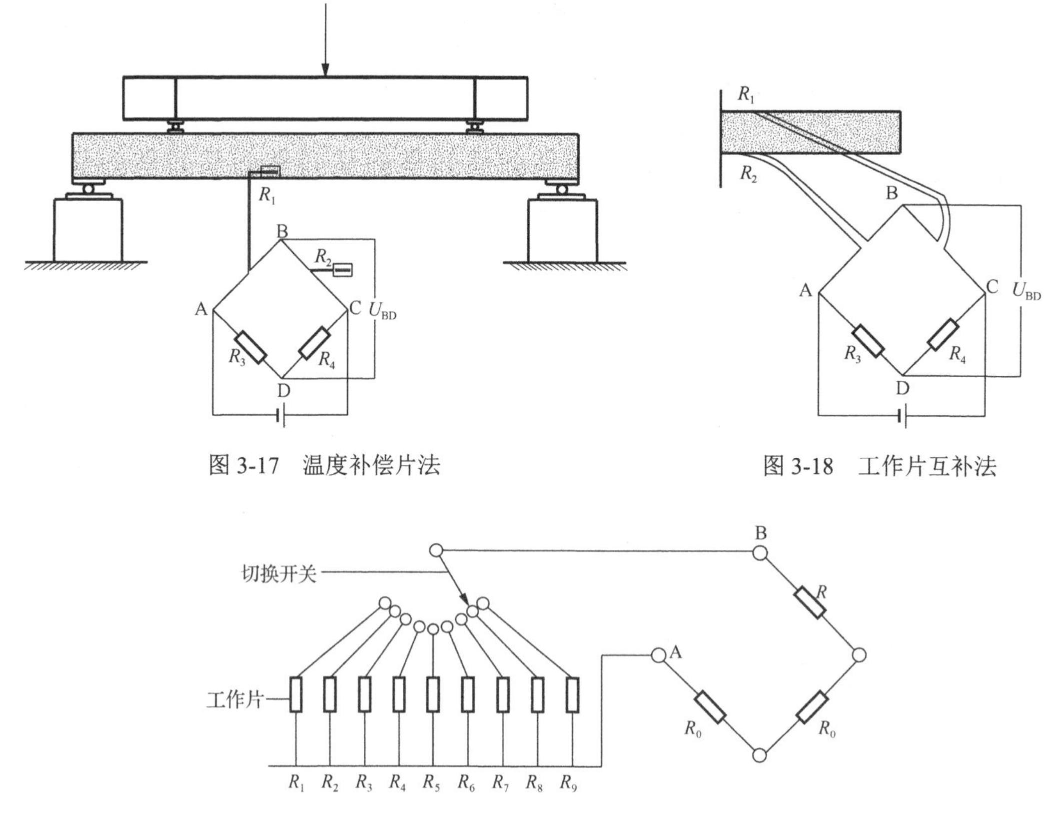

图 3-17 温度补偿片法

图 3-18 工作片互补法

图 3-19 公共温度补偿片

3.2.3 振弦式传感器

振弦式传感器的构造如图 3-20 所示，它依靠改变受拉弦的固有频率进行工作。钢弦被密封在金属管内，在钢弦中部，用激励装置拨动钢弦，再用同样的装置接收钢弦产生的振动信号，并将其传送至显示仪表或记录仪表。当应变计上的圆形端板与混凝土浇为一体时，结构发生的任何应变都将引起端板的相对移动，从而导致钢弦的原始张力或振动频率发生变化，由此换算求得结构内部的有效应变值。振弦式传感器的优点是具有较强的抗干扰能力，在进行远距离输送时信号失真非常小，测量值不受导线电阻、温度变化的影响，传感器结构相对简单，制作与安装过程比较方便。但是，由于工艺和材料原因，振弦式传感器不可避免地会产生钢弦松弛的情况，从而引起测量误差。

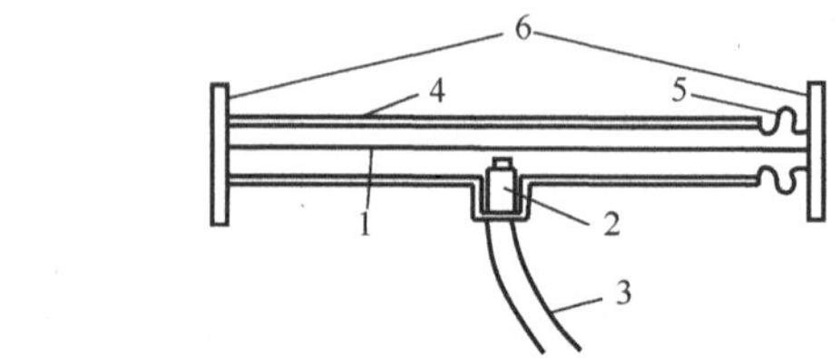

1—钢弦；2—激振丝圈；3—引出线；4—管体；5—波纹管；6—端板。

图 3-20 振弦式传感器的构造

3.2.4　机械式应变仪

机械式应变测量已经有很长的历史，其主要利用百分表或千分表测量变形前后测试标距内的距离变化，从而得到构件测试标距内的平均应变。机械式应变仪具有标距大、携带方便、操作简单、可直接读数和可重复使用等优点，但需要人工读数，费时费力，精度差。手持式应变仪是最常见的机械式应变仪，如图 3-21 所示，常用于现场测量实际结构的应变，标距一般为 50～250mm，操作步骤如下：首先，根据试验要求确定标距，在标距两端粘贴两个脚标（每边各一个）；其次，变形前后，分别用手持式应变仪测读；最后，得出变形前后的变形差，计算得到平均应变。

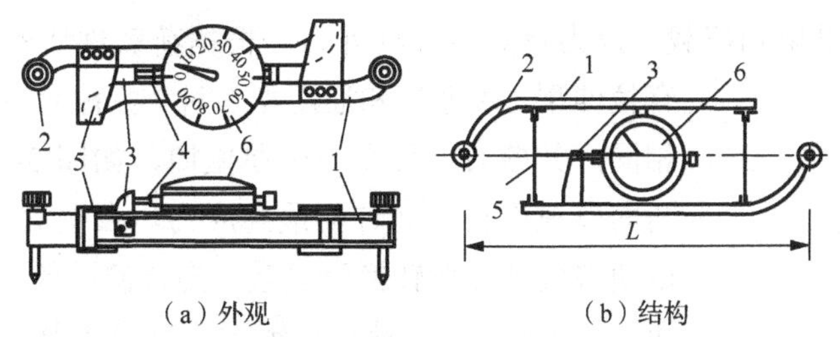

（a）外观　　（b）结构

1—刚性骨架；2—插销；3—骨架外凸缘；4—千分表插杆；5—薄钢片；6—千分表。

图 3-21　手持式应变仪

3.2.5　光纤光栅应变传感器

光纤光栅是利用光纤材料的光敏性，通过紫外光曝光的方法将入射光相干场图样写入纤芯，在纤芯内产生沿纤芯轴向的折射率周期性变化，从而形成永久性空间的相位光栅。其作用实质上是使光纤纤芯的折射率发生轴向周期性调制而形成衍射光栅，是一种无源滤波器件。光纤光栅应变传感器通过检测写入光纤内部的光栅反射或透射布拉格波长光谱实现被测对象应变的量测。其工作原理如图 3-22 所示。

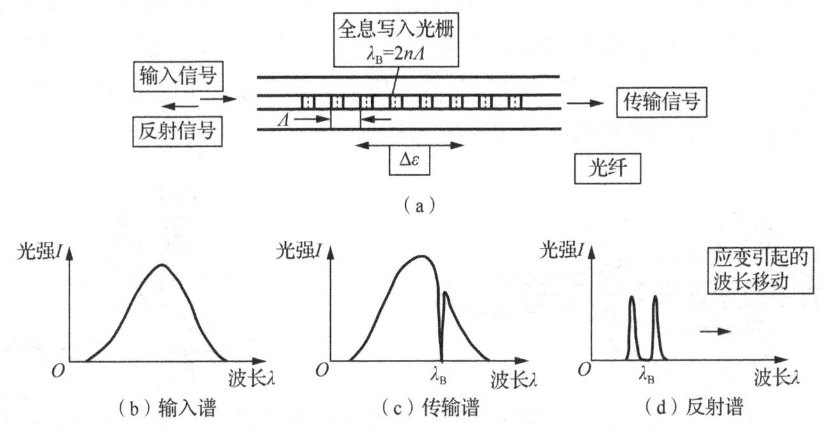

（b）输入谱　　（c）传输谱　　（d）反射谱

λ_B —波长；n —光纤芯的折射率；Λ —光栅周期；$\Delta\varepsilon$ —应变。

图 3-22　光纤光栅应变传感器的工作原理

3.3 力的量测

荷载及超静定结构的支座反力是结构试验经常需要测定的外力。当用油压千斤顶加载时，因其上附带的油压表示值较粗略，卸载时，压力表示值不能正确反映实际荷载值。因此，需在千斤顶和试件间安装测力传感器。量测所用的仪器分为机械式与电测两种。电测仪器具有体积小、反应快、精度高及便于自动化采集等优势，目前使用比较普遍。

3.3.1 荷载和反力量测

荷载传感器可以量测荷载、反力及其他各种外力。根据荷载性质的不同，荷载传感器有拉伸型、压缩型和通用型 3 种。各种荷载传感器的外形基本相同，其核心部件是一个厚壁筒，如图 3-23 所示，壁筒的横断面取决于材料允许的最高应力。在壁筒上贴有电阻应变片，以便将机械变形转换为电量。为方便设备或试件连接，在筒壁两端加工有螺纹。荷载传感器的负荷能力可达 1000kN 或更高。需要注意的是，必须选用力学性能稳定的材料做筒壁，选择稳定性好的应变片及黏合剂。荷载传感器投入使用后，应当定期标定以检查其荷载应变的线性性能和标定常数。

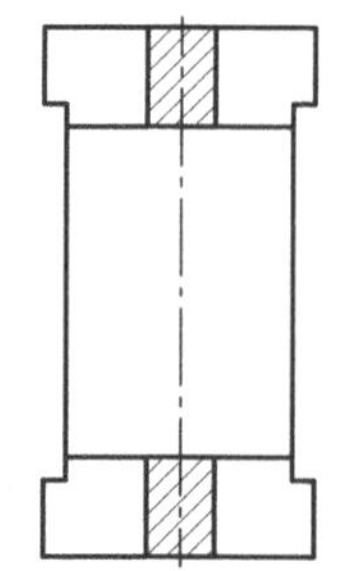

图 3-23 荷载传感器的厚壁筒

3.3.2 拉力和压力量测

在结构试验中，测定拉力和压力的仪器有各种测力计。测力计的基本原理是利用钢制弹簧、环箍或簧片在受力后产生弹性变形，将其变形通过机械放大后，用指针度盘来显示或借助位移计来反映力的数值。用于测量张拉钢丝或钢丝绳拉力的环箍式拉力计如图 3-24 所示，它由两片弓形钢板组成一个环箍。在拉力作用下，环箍产生变形，通过一套机械传动放大系统带动指针转动，指针在度盘上的示值即为外力值。图 3-25 所示是另一种环箍式拉、压测力计。它用粗大的钢环作“弹簧”，钢环在拉、压力作用下的变形经过杠杆放大后推动位移计工作，位移计示值与环箍变形关系应预先标定。

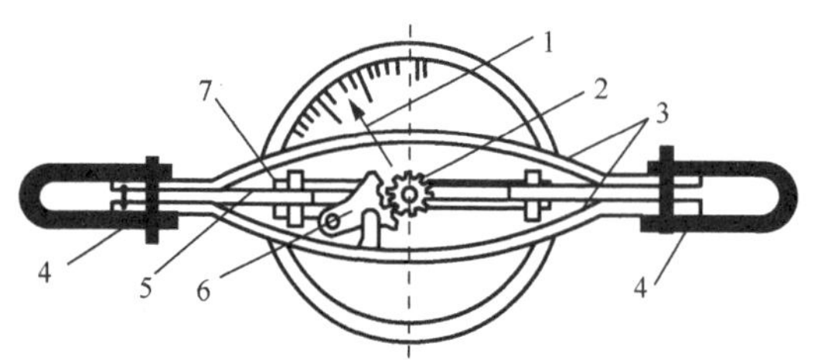

1—指针；2—中央齿轮；3—拱形弹簧；4—耳环；
5—连杆；6—扇形齿轮；7—可动接板。

图 3-24 环箍式拉力计

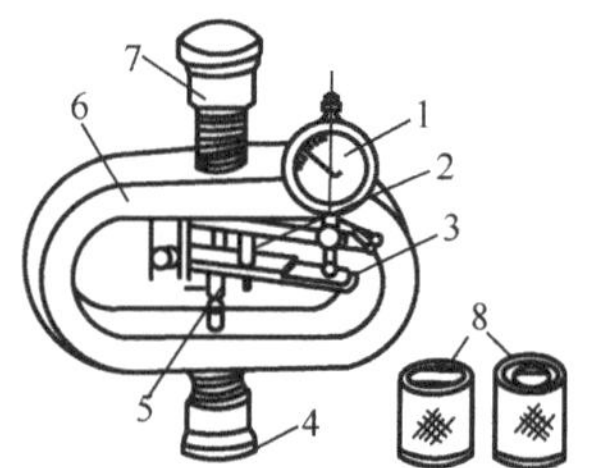

1—位移计；2—弹簧；3—杠杆（固定端）；4、7—下、上压头；
5—杠杆（测试端）；6—钢环；8—拉力夹头。

图 3-25 环箍式拉、压测力计

3.4　振动参数的量测

振幅、频率、相位及阻尼是动力试验中获得振型、自振频率、位移、速度、加速度等振动参量所需量测的基本参数。振动测量设备由感受、放大和显示记录三部分组成。振动测量中的感受部分常称为拾振器（也称为测振传感器），它和静力试验中的传感器有所不同。振动测量中的放大器不仅可将信号放大，还可将信号进行积分、微分和滤波等处理，分别测量振动参量中的位移、速度及加速度。显示记录部分是振动测量系统中的重要部分。在动力问题的研究中，不仅需要测量振动参数的大小量级，还需要测量振动参数随时间历程变化的全部数据资料。

3.4.1　拾振器的基本原理

由于振动具有传递作用，动力试验时很难找到一个静止点作为测振的基准点。为此，必须在测振仪器内部设置惯性质量弹簧系统，建立一个基准点，如惯性式拾振器，其力学模型如图 3-26 所示，主要由质量块（m）、弹簧（k）、阻尼器和外壳组成。使用时，将拾振器安放在振动体的测点上，并与振动体紧密固定成一体，拾振器的输出信号和质量块与振动体之间的相对运动有直接关系。

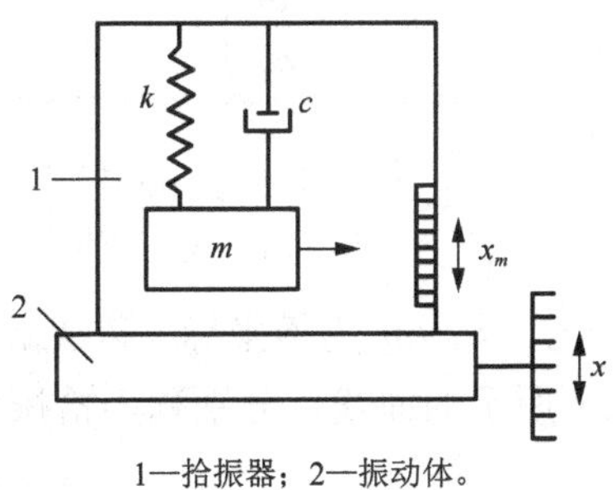

1—拾振器；2—振动体。

图 3-26　惯性式拾振器的力学模型

设计拾振器时，一般使惯性质量 m 只能沿 x 方向运动。弹簧质量和惯性质量相比，小到可以忽略不计。仪器外壳随振动体一起振动，设振动体按下列规律振动：

$$x = X_0 \sin(\omega t) \tag{3-10}$$

由质量块 m 所受的惯性力、阻尼力和弹性力之间的平衡关系可建立振动体系的运动微分方程：

$$m\frac{\mathrm{d}^2(x+x_m)}{\mathrm{d}t^2}+c\frac{\mathrm{d}x_m}{\mathrm{d}t}+kx_m=0$$

或

$$m\frac{\mathrm{d}^2x_m}{\mathrm{d}t^2}+c\frac{\mathrm{d}x_m}{\mathrm{d}t}+kx_m=mX_0\omega^2\sin(\omega t) \tag{3-11}$$

式中，x 为振动体相对于固定参考坐标的位移；X_0 为被测振动体的振幅；x_m 为质量块 m 相对于仪器外壳的位移；ω 为被测振动的角频率；c 为阻尼系数；k 为弹簧刚度。

式（3-11）是单自由度有阻尼的强迫振动方程，其通解为

$$x_m = Be^{-nt}\cos\left(\sqrt{\omega^2 - n^2}t + \alpha\right) + X_m\sin(\omega t - \varphi) \tag{3-12}$$

其中，$n=c/2m$，φ 为相位角。式（3-12）的第一项为自由振动解，由于阻尼而很快衰减，第二项为强迫振动解，而

$$X_m = \frac{X_0\left(\dfrac{\omega}{\omega_0}\right)^2}{\sqrt{\left[1-\left(\dfrac{\omega}{\omega_0}\right)^2\right]^2 + \left(2\zeta\dfrac{\omega}{\omega_0}\right)^2}} \tag{3-13}$$

$$\varphi = \arctan\frac{2\zeta\dfrac{\omega}{\omega_0}}{1-\left(\dfrac{\omega}{\omega_0}\right)^2} \tag{3-14}$$

式中，ζ 为阻尼比，$\zeta = n/\omega_0$；ω_0 为质量弹簧系统的固有频率。

将式（3-12）中的第二项与式（3-10）相比较，可以看出质量块 m 相对于仪器外壳的运动规律与振动体的运动规律一致，角频率都等于 ω，但振幅和相位不同，相位相差一个相位角 φ。质量块 m 的相对振幅 X_m 与振动体的振幅 X_0 之比为

$$\frac{X_m}{X_0} = \frac{\left(\dfrac{\omega}{\omega_0}\right)^2}{\sqrt{\left[1-\left(\dfrac{\omega}{\omega_0}\right)^2\right]^2 + \left(2\zeta\dfrac{\omega}{\omega_0}\right)^2}} \tag{3-15}$$

根据式（3-15）和式（3-14），以 ω/ω_0 为横坐标，以 X_m/X_0 和 φ 为纵坐标，并使用不同的阻尼作出如图 3-27 和图 3-28 所示的曲线，分别称为拾振器的幅频特性曲线和相频特性曲线。

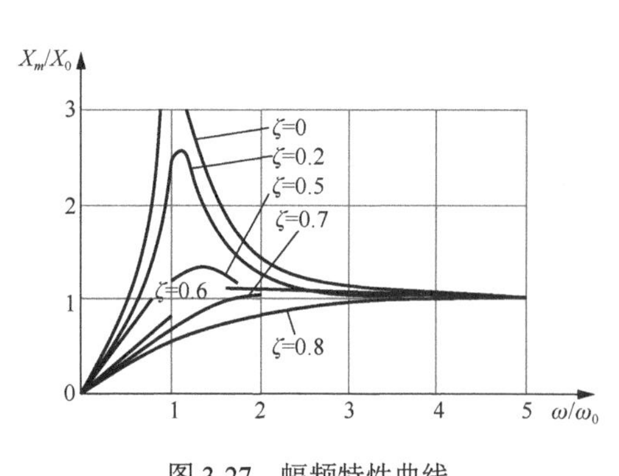

图 3-27　幅频特性曲线

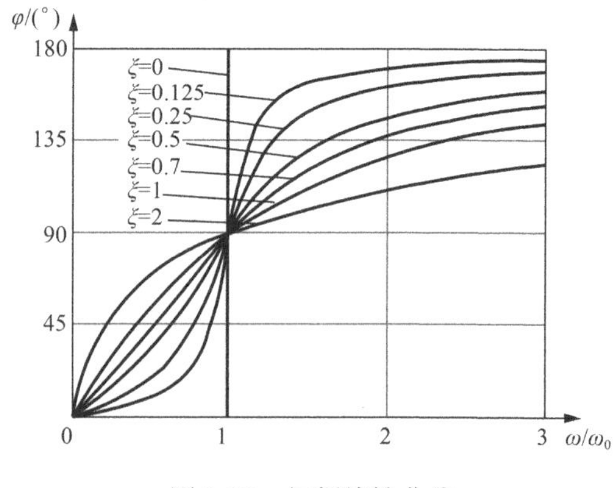

图 3-28　相频特性曲线

在试验过程中，阻尼比 ζ 可能随时发生变化。为使 X_m/X_0 和 φ 在试验时为常数，必须限制频率比 ω/ω_0。当取不同的频率比 ω/ω_0 和阻尼比 ζ 时，拾振器将输出不同的振动参数。

1）当 $\omega/\omega_0 \gg 1$，$\zeta < 1$时，$X_m \approx X_0$，$\varphi \approx 180°$。即振动体振动频率比仪器的固有频率大很多时，不管阻尼比ζ的大小，X_m/X_0趋近于 1，而φ趋近于 180°。也就是说，质量块的相对振幅和振动体的振幅趋近于相等而相位相反，这是测振仪器工作的理想状态。满足此条件的测振仪称为位移计。

2）当 $\omega/\omega_0 \approx 1$，$\zeta \gg 1$时，拾振器反应的示值与振动体的速度成正比，称为速度计。

3）当 $\omega/\omega_0 \ll 1$，$\zeta < 1$时，拾振器反应的示值与振动体的加速度成正比，称为加速度计。

3.4.2　拾振器的类别

拾振器除应正确反映结构物的振动外，还需将位移、速度、加速度等振动参量不失真地转换为电量输入放大器，有磁电式、压电式等。

1. 磁电式传感器

（1）磁电式速度传感器

磁电式速度传感器是基于电磁感应的原理制成的，其特点是灵敏度高、性能稳定、输出阻抗低、频率响应范围有一定宽度。通过调整质量、弹簧和阻尼系统的动力参数，可以使传感器既能测量非常微弱的振动，也能测量比较强的振动，是多年来工程振动测量常用的测振传感器。它一般适用于实际结构物的振动测量，因其体积大且质量较大，有时会对被测系统产生影响，所以使用范围较窄。

图 3-29 是一种典型的磁电式速度传感器，其内部磁钢和壳体相连，并通过壳体安装在振动体上，与振动体一起振动，芯轴和线圈组成传感器的系统质量，通过弹簧片与壳体连接。振动体振动时，系统质量与传感器壳体之间发生相对位移，因此线圈与磁钢之间也发生相对运动。根据电磁感应定律，感应电动势 E 的大小为

$$E = Blv \tag{3-16}$$

式中，E 为感应电动势；B 为线圈所在磁场的磁感应强度；l 为线圈导线的平均长度；v 为线圈以垂直于磁力线方向相对于磁场运动的速度。

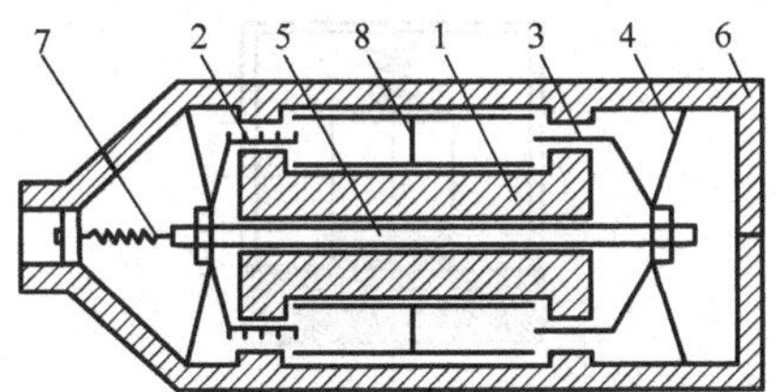

1—磁钢；2—线圈；3—阻尼环；4—弹簧片；5—芯轴；6—外壳；7—输出线；8—铝架。

图 3-29　磁电式速度传感器

从式（3-16）可以看出，对于确定的仪器系统，B、l 均为常量，所以感应电动势 E 和线圈相对于磁钢运动的线速度成正比。对于这种类型的拾振器，系统质量的位移反映被测振动的位移，而传感器输出的电压与振动速度成正比，所以也称为惯性式速度传感器。

（2）摆式拾振器

摆式拾振器的结构如图 3-30 所示，这种传感器是将质量弹簧系统设计成转动的形式，因而可以获得更低的仪器固有频率。建筑工程中经常用摆式拾振器测量 10Hz 以下甚至 1Hz 以下的低频振动。根据所测振动是垂直方向还是水平方向，摆式拾振器有垂直摆、倒立摆和水平摆等几种形式。摆式拾振器也属于磁电式传感器，输出电压也与振动速度成正比。

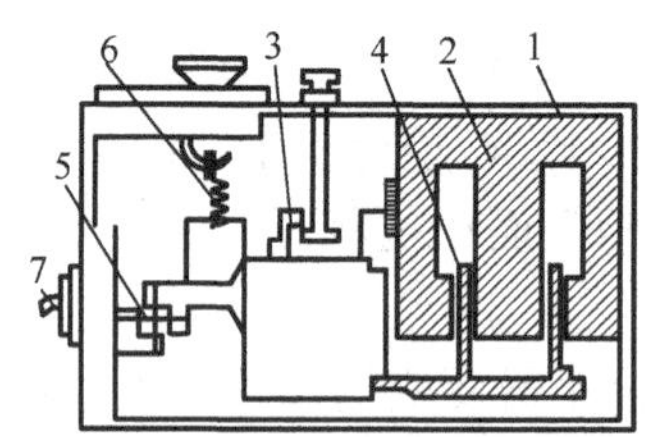

1—外壳；2—磁钢；3—重锤；4—线圈；5—十字簧片；6—弹簧；7—输出线。

图 3-30　摆式拾振器的结构

2. 压电式传感器

当一些晶体受到压力并产生机械形变时，在它们相应的两个表面上出现异号电荷，当去掉外力后，又重新回到不带电状态，这种现象称为压电效应。明显呈现压电效应的敏感功能材料称为压电材料。常见的压电材料分为 3 类：单晶压电晶体（如石英、酒石酸钾钠等）、多晶压电陶瓷（如钛酸钡、锆钛酸铅、铌镁酸铅等）和高分子材料（如聚偏二氟乙烯）。压电式传感器是一种可逆型换能器，利用晶体的压电效应把振动加速度转换成电荷量的机电换能装置，具有频带宽、灵敏度高、信噪比高、结构简单、工作可靠和质量小等优点。压电晶体受到外力产生的电荷 Q 为

$$Q = G\sigma A \tag{3-17}$$

式中，G 为晶体的压电常数；σ 为晶体的压强；A 为晶体的工作面积。

压电式加速度传感器的结构如图 3-31 所示，用硬弹簧将压电晶体片上的质量块夹紧在基座上。质量弹簧系统的弹簧刚度由硬弹簧的刚度和晶体片的刚度组成，质量块的质量较小，阻尼系数也较小，而刚度很大，因而质量、弹簧系统的固有频率很高，可达 100～200kHz。这种传感器具有动态范围大（可达 10^5g）、频率范围宽、质量小、体积小等特点，适用于模型试验，因此被广泛应用于振动测量的各个领域，尤其是在宽带随机振动和瞬态冲击等场合，几乎是唯一合适的测试传感器。

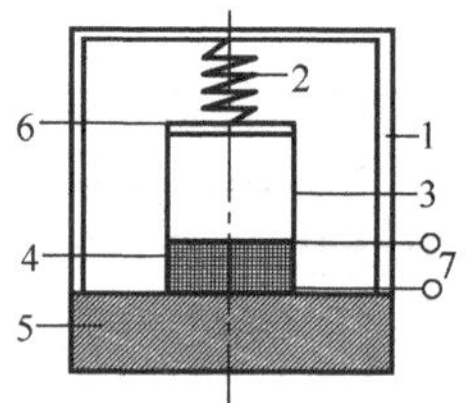

1—外壳；2—弹簧；3—质量块；4—压电晶体片；5—基座；6—绝缘垫；7—输出端。

图 3-31　压电式加速度传感器的结构

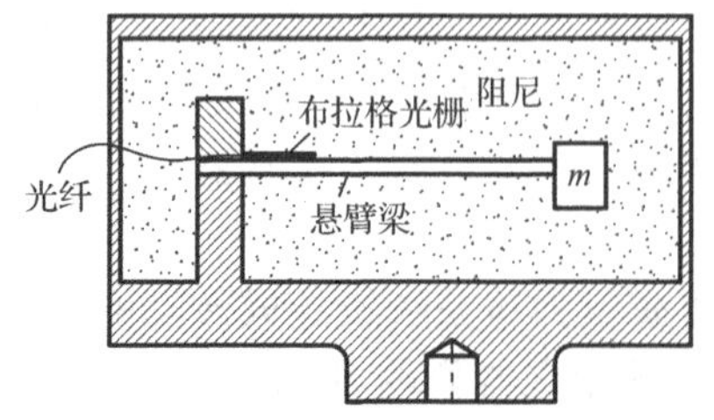

图 3-32　光纤光栅加速度传感器的结构简图

3. 光纤光栅加速度传感器

图 3-32 是光纤光栅加速度传感器的结构简图。图中悬臂梁一端固定在基座上，另一端放有质量块，把光纤光栅两端点粘贴在悬臂梁的固定端附近，有利于光栅在受力时的应变均匀。在量测物体振动时，把基座固定在振动源上，振动源与基座同

时振动，从而引起质量块的振动，在惯性力的作用下悬臂梁产生收缩和伸长，带动光纤光栅产生应变，从而引起布拉格波长的变化，通过探测布拉格波长的变化来实现振动的量测。

除上述拾振器外，还有非接触式拾振器和相对拾振器，其转换原理都是磁电式。非接触式拾振器是依靠振动体和传感器之间的间隙随振动的变化而使磁阻发生变化。当被测物体为非导磁材料时，需在测点处贴一导磁材料，其灵敏度与拾振器和振动体之间的间距、振动体的尺寸及磁导性等因素有关，测量的精度不高，可用在不允许将拾振器装在振动体上的情况，如高速旋转轴或振动体本身质量小，装上拾振器后拾振器的附加质量对它的影响很大等情况。相对拾振器能测量两个振动物体之间的相对运动，使用时，将其外壳和顶杆分别固定在被测的两个振动体上。当然，如将其外壳固定在不动的地面上，便可测振动体的绝对运动。

3.5　裂缝及温度量测

3.5.1　裂缝量测

在结构试验中，结构或构件裂缝发生的时刻和位置，裂缝的分布及长度、宽度和深度是反映结构性能的重要指标，对确定结构的开裂荷载、研究结构的破坏过程与结构的抗裂及变形性能均有十分重要的价值。特别是由混凝土结构、砌体结构等脆性材料组成的结构，裂缝量测是一项必要的测量项目。

1. 裂缝发生的时刻和位置

目前，发现开裂的简单方法是借助放大镜用肉眼观测。为了便于观察，试验前可将结构或构件表面刷一层白色石灰浆或涂料，当试件受荷载作用后，能够较为明显地将裂缝显示出来。常在结构或构件表面划分 50mm×50mm 左右的方形格栅，构成基本参考坐标系，便于分析和描绘结构构件在高应变场中的裂缝发展和走向，如图 3-33 所示。

还可以用细电线、应变计或导电漆膜来测量开裂，在测区连续布置细电线、应变计或导电漆膜。当某处开裂时，该处跨裂缝的细电线就会断裂、应变计读数发生突变或导电漆膜出现火花直至烧断，由此现象可以确定开裂。图 3-34 所示即为在焊缝周围粘贴细电线确认开裂时刻的典型事例。

图 3-33　钢筋混凝土梁裂缝观测

图 3-34　焊缝开裂观测

此外，如果需要监测某些材料或构件内部的裂纹扩展过程，可以采用声发射技术，其基本原理是将发射探头埋入试件内部或粘贴在试件表面，运用仪器接收来自试验对象内部的声发射信号，反演裂纹的扩展过程。

2. 裂缝的宽度

对于裂缝宽度的观察方法主要有裂缝宽度显微镜法、塞尺法或裂缝宽度对比卡法、裂缝宽度观测仪法等。

1）裂缝宽度显微镜法，用能放大一定倍数的显微镜观测，观测精度为 0.02～0.05mm，需要人工近距离调节焦距并读数和记录，如图 3-35 所示。此方法需要另外配置光源，测试速度较慢。

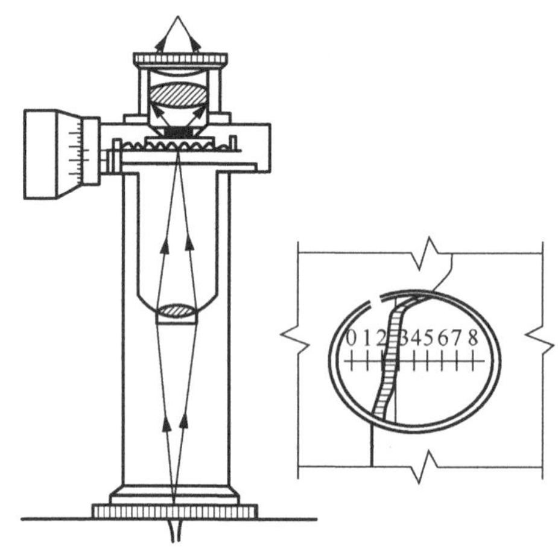

图 3-35 读数显微镜

2）塞尺法或裂缝宽度对比卡法，适用于粗略测量，测试精度低，如图 3-36 所示。

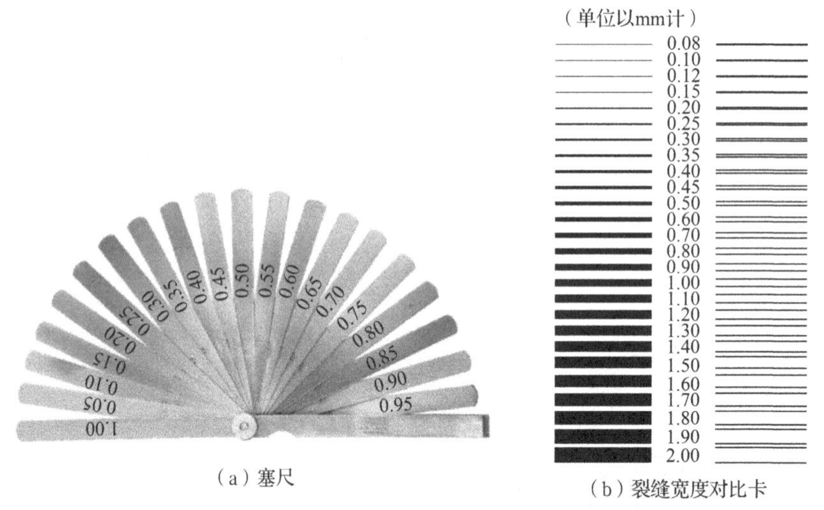

图 3-36 塞尺和裂缝宽度对比卡

3）裂缝宽度观测仪法，采用电子成像技术，将被测物体表面裂缝原貌实时显示在屏幕上，分为裂缝宽度人工判读和自动判读两种，最高测试精度可达 0.01mm，测试效率高，便于长时间观测，图像可储存，便于查看。

3.5.2 温度量测

温度作为基础物理量之一，同实际结构的应力分布、变形性能和承载能力都有着密切的联系。对于大体积混凝土结构，温度在浇筑阶段的水化热作用十分明显，是结构设计中的重要考虑因素。相对应的，在结构试验中，对温度的量测也是一项关键工作。测温的方法有很多，从测试元件与被测材料是否接触来分，可以分为接触式测温和非接触式测温两大类。接触式测温是基于热平衡原理，测温元件与被测材料接触，两者处在同一热平衡状态，具有相同的温度，如水银温度计和热电偶温度计。非接触式测温是利用热辐射原理，测温元件不与被测材料接触，如红外温度计。这里主要介绍温度量测仪器中的热电偶温度计和热敏电阻温度计。

1. 热电偶温度计

热电偶温度计的工作原理如图 3-37 所示。热电偶温度计由两种导体 A 和 B 组合成一个闭合回路，并使节点 1 和节点 2 处于不同的温度 T 及 T_0，闭合回路中产生电流或电压，其大小可由图中的电压表测量。试验表明，测得的电压随温度 T 的升高而升高。由于回路中的电压与两节点的温度 T 和 T_0 有关，故称其为热电势。一般在任意两种不同材料导体首尾相接构成的回路中，当回路的两接触点温度不同时，在回路中就会产生热电势，这种现象称为热电效应。由于热电势是以两节点存在温差为前提的，因而也称其为温差电势，这两种不同导体的组合称为热电偶，A 和 B 称为热电极。实用热电偶测温电路一般由热电极、补偿导线、热电势检测仪组成。热电偶温度计一般适用于 500℃以上的高温测量，如抗火试验。在混凝土结构内部进行温度测试时，常用直径较小的铠装热电偶。

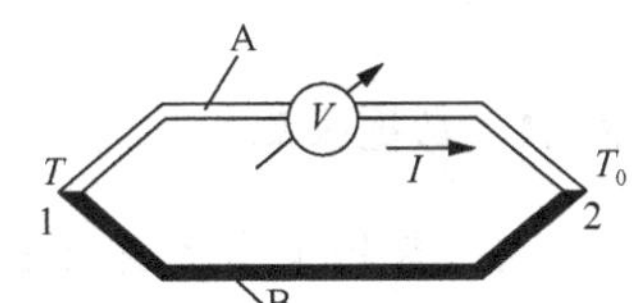

A、B—导体；1、2—节点。

图 3-37 热电偶温度计的工作原理

2. 热敏电阻温度计

当温度较低时，可采用金属丝热电阻或热敏电阻温度计。常用的金属测温电阻有铂热电阻和铜热电阻，这种电阻将温度变化转换为电阻变化的同时，温度的测量也转换为电阻的测量。类似于应变的测量转换为电阻应变计的电阻测量，可采用电阻应变仪测量热电阻的微小电阻变化。热敏电阻是金属氧化物粉末烧结而成的一种半导体，与金属丝热电阻相同，其电阻值也随温度的变化而变化，一般热敏电阻的温度系数为负值，即温度上升时电阻值下降，如图 3-38 所示。热敏电阻的灵敏度很高，可以测量 0.001～0.0005℃的微小温度变化。它还有体积小、动态响应速度快、常温下的稳定性好、价格低廉等优点。它的主要缺点是电阻值较分散、测温的重复性较差、老化较快。

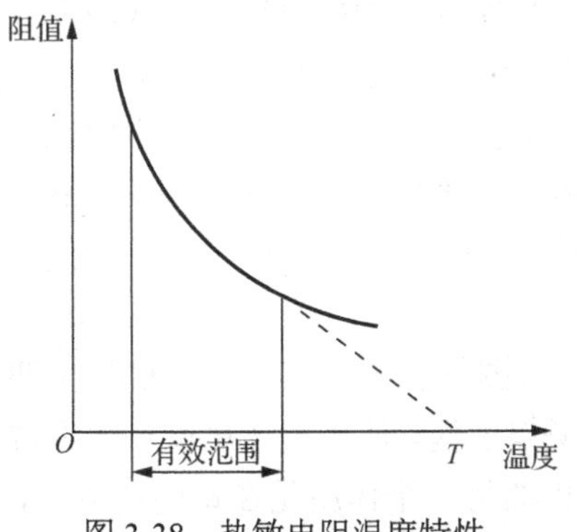

图 3-38 热敏电阻温度特性

3. 光纤温度传感器

光纤温度传感器的工作原理如图 3-39 所示，利用半导体材料的能隙随温度近似成线性变化的原理制成。敏感元件是一个半导体光吸收器，光纤用来传输信号。当光源的光以恒定的强度经光纤到达半导体薄片时，透过薄片的光由光纤传送到探测器，光强受温度的调制。温度升高，半导体能带宽度下降，材料吸收光波长向长波方向移动，半导体薄片透过的光强度发生变化，以此实现温度量测。

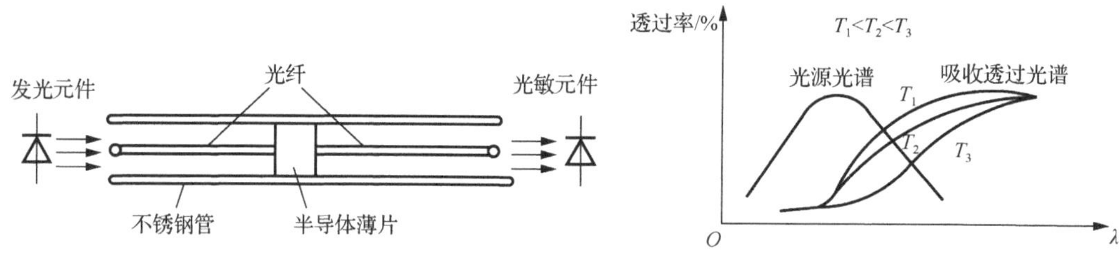

图 3-39 光纤温度传感器的工作原理

3.6 数据采集与处理

3.6.1 数据采集

1. 数据采集系统的组成

数据采集系统可以对大量数据进行快速采集、处理、分析、判断、报警、直读、绘图、储存等，还可以进行自动化数据采集和试验控制以及人机对话，它的采样速度可高达每秒几万个数据甚至更多。数据采集系统的硬件由传感器、数据采集仪和计算机（控制器）三部分组成。

1）传感器部分包括各种电测传感器。它的作用是感受各种物理变量，如力、线位移、角位移、应变和温度等，并把这些物理量转变为电信号。传感器输出的电信号可以直接输入数据采集仪，如果传感器的输出信号不能满足数据采集仪的输入要求，还需设置放大器。

2）数据采集仪的作用是对所有的传感器通道进行扫描，把扫描得到的电信号进行 A/D 转换，转换成数字量，再根据传感器特性对数据进行传感器系数换算（如把电压换算成应变或温度等），然后将这些数据传送给计算机。数据采集仪部分包括：①与各种传感器相对应的接线模块和多路开关。其作用是与传感器连接，并对各个传感器进行扫描采集。②数字转换器。对扫描得到的模拟量进行数字转换，转换成数字量。③主机。按照事先设置的指令或计算机发送的指令控制整个数据采集仪，进行数据采集。④存储器。存放指令、数据等。⑤其他辅助部件。

3）计算机部分包括主机、显示器、存储器、打印机、绘图仪和键盘等。计算机的主要作用是作为整个数据采集系统的控制器，控制整个数据的采集过程。计算机还可以对数据进行计算处理、实时打印输出、图像显示及存入磁盘。计算机的另一个作用是在试验结束后，对数据进行处理。

2. 数据采集的过程

数据采集过程的原始数据是反映试验结构或试件状态的物理量，如力、温度、线位移、角位移和应变等。这些物理量通过传感器，被转换为电信号；通过数据采集仪的扫描采集，进入数据采集仪；再通过 A/D 转换，将模拟信号转换为数字信号；通过系数换算，变成代表原始物理量的数值；然后，把这些数据打印输出、存入磁盘，或暂时存在数据采集仪的内存；通过连接数据采集仪和计算机的接口，存在数据采集仪内存的数据进入计算机；计算机再对这些数据进行计算处理，如把位移换算成挠度、把力换算成应力等；计算机把这些数据存入文件、打印输出，并可以选择其中部分数据显示在屏幕上，如荷载-位移曲线、应力-应变曲线等。典型的数据采集过程如图 3-40 所示。

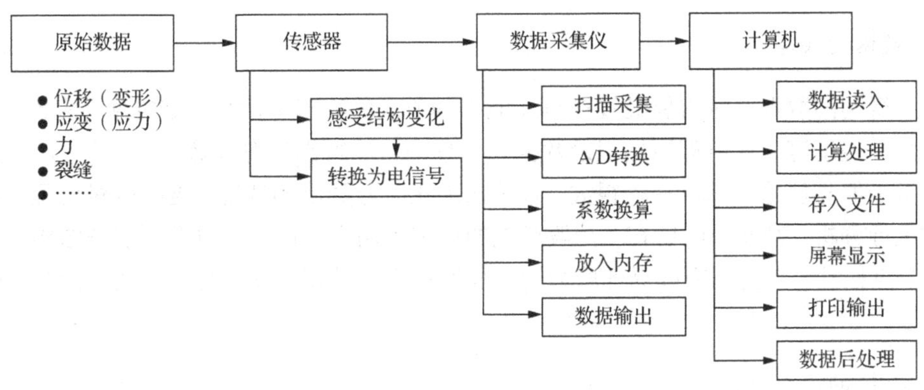

图 3-40　典型的数据采集过程

数据采集过程是由数据采集程序控制的。数据采集程序主要由两部分组成，第一部分的作用是为数据采集做准备，第二部分的作用是正式采集。数据采集过程结束后，所有采集到的数据都被存在磁盘文件中，进行数据处理时可直接从这些文件中读取数据。各类数据采集系统的数据采集过程基本相同，一般包括以下几个步骤。

1）用传感器感受各种物理量，并把它们转换成电信号。

2）通过 A/D 转换，将模拟量转换为数字量。

3）数据记录、打印输出或存入磁盘文件。

3.6.2　数据处理

在试验和检测后，获得了大量人工记录或计算机采集的量测数据，以及裂缝扩展过程和破坏特征描述，这些量测数据是试验和检测的原始数据，一般还需对原始数据进行数据处理和分析。试验数据处理是对数据的一种加工操作，从大量的、可能杂乱无章的、难以理解的数据中抽取有价值、有意义的数据部分，进行整理换算、统计分析和归纳演绎。

1. 数据的修约

有时采集到的数据杂乱无章，不同仪器得到的数据位数长短不一，应该根据试验要求和测量精度，按照国家标准《数值修约规则与极限数值的表示和判定》（GB/T 8170—2008）进行修约，把试验数据修约成规定有效位数的数值。数据修约按照以下的规则进行。

1）拟舍弃数字的最左一位数字小于 5 时，则舍去，即保留的各位数字不变。例如，15.1349 修约到一位小数得到 15.1。

2）拟舍弃数字的最左一位数字大于或等于 5，但其后跟有并非全部为 0 的数字，则进 1，即保留的末尾数字加 1。例如，17.65 和 17.505 修约为两位有效位数后均为 18。

3）拟舍弃数字的最左一位数字为 5，且其后无数字或皆为 0 时，若所保留的末尾数字为奇数则进 1，为偶数则舍弃。例如，43500 和 44500 修约为两位有效位数后均为 4.4×10^4。

4）负数修约时，先将它的绝对值按上述规则修约，然后在修约值前面加上负号。例如，-0.04655 和-0.04552 修约到 0.001，分别为-0.047 和-0.046。

5）拟修约数值应在确定修约位数后一次修约获得结果，不得按上述规则连续修约。例如，16.4546 修约到 1，正确的结果为 16.4546→16，而非 16.4546→16.455→16.46→16.5→17。

2. 数据的换算

采集得到的数据有时需要经过换算才能得到所求的物理量，如应变换算为应力，位移换算为转角、挠度等。在整理原始记录数据的过程中，应特别注意读数及读数值的反常情况，如仪表指示值与理论计算值相差很大，甚至出现正负号颠倒的情况，这时应对出现这些现象的规律进行分析，判断原因所在。一般可能的原因有两个方面：一方面可能是结构本身出现裂缝、节点松动、支座沉降或局部应力达到屈服而引起数据突变；另一方面可能是测试仪表安装不当。

3. 数据的误差分析

在结构试验中，必须对一些物理量进行测量。被测对象的值是客观存在的，称为真值，每次测量所得的值称为实测值（测量值），真值和测量值的差值称为测量误差，简称误差。由于测量原理的局限性或近似性、测量方法的不完善、测量仪器的精度限制、测量环境的不理想及测量者的试验技能等诸多因素的影响，只能做到试验数据测量相对准确。随着理论的不断完善，测量技术的不断提高，数据测量的误差被控制得越来越小，但是绝对不可能使误差降为零。

（1）误差分类

1）系统误差。在同样条件下，对同一物理量进行多次测量，其误差的大小和符号保持不变或随着测量条件的变化而有规律地变化，这类误差称为系统误差。系统误差的特征是具有确定性，它的来源主要有以下 4 个方面。

① 理论或条件因素：测量所依据的理论本身的近似性或试验条件不能达到理论公式所规定的要求而引起误差。

② 仪器因素：仪器本身的固有缺陷或没有按规定条件调整到位而引起误差，如仪器标尺的刻度不准确、零点没有调准，等臂天平的臂长不等、砝码不准或仪器没有放水平、偏心、定向不准等。

③ 环境因素：环境条件的变化所造成的误差，如测量过程中温度和湿度的变化等。

④ 人为因素：测量人员的主观因素引起的误差，主观因素是测量人员一些特有的习惯，如使用停表计时，有的人操之过急，有的人则反应迟缓。

对于一次实际的测量工作，系统误差的规律及其产生原因可能是已知的或未知的。已被确切掌握其大小和符号的系统误差称为可定系统误差；对于大小和符号不能确切掌握的系统误差称为未定系统误差。前者一般可以在测量过程中采取措施予以消除或在测量结果中进行修正，而后者一般难以进行修正，只能估计其取值范围。

2）随机误差。在相同条件下，多次测量同一物理量时，即使已经精心排除了系统误差的影响，也可能出现每次测量结果都不一样的情况。测量误差时大时小、时正时负，完全是随机的。在测量次数少时，测量误差显得毫无规律，但是当测量次数足够多时，可以发现误差的大小及正负都服从某种统计规律，这种误差称为随机误差。随机误差具有不确定性，它是由测量过程中一些随机的或不确定的因素引起的。例如，灵敏度和仪器稳定性有限，试验环境中的温度、湿度、气流变化，电源电压起伏，微小振动及杂散电磁场等都会导致随机误差。随机误差在测量中无法避免，具有以下几个特点。

① 在一定量测条件下，误差的绝对值不会超过一定的界限。

② 绝对值小的误差比绝对值大的误差出现的次数要多，近似于 0 的误差次数最多。

③ 绝对值相等的正误差和负误差出现的概率相等。

④ 误差的算术平均值随着测量次数的增加而趋于 0。

精密度反映随机误差大小的程度，它是对测量结果的重复性的评价。精密度高是指测量的重复性好，各次测量值的分布密集，随机误差小。对随机误差进行统计分析或增加测量次数，找出其统计特征值，就可以在数据处理中对测量结果进行修正。

3）过失误差。过失误差是由于试验者操作不当或粗心大意造成的，如看错刻度、读错数字、记错单位或计算错误等。过失误差又称为粗大误差。含有过失误差的测量结果称为“坏值”，被判定为坏值的测量结果应被剔除不用。试验中的过失误差不属于正常测量的范畴，应该严格避免。

（2）误差处理

1）系统误差处理。在实际试验中，系统误差、随机误差和过失误差同时存在。通过对误差进行检验，尽可能地消除系统误差，剔除过失误差，使试验数据反映事实。在静态数据测量中，系统误差一般难以发现，并且不能通过多次测量来消除。因此，要分析试验所依据的理论和试验方法是否有不完善的地方、检查理论公式所要求的条件是否得到了满足、量具和仪器是否存在缺陷、试验环境能否使仪器正常工作及试验人员的心理和技术素质是否存在造成系统误差的可能；另外，要不断改进测量方法，如交换测量条件进行多次测量、异号取平均值等。

2）随机误差处理。在数据测量中，随机误差是不可避免的，也不可能被消除。但是，可以根据随机误差的理论来估算其大小。通常认为随机误差服从正态分布，它的分布密度函数为

$$y=\frac{1}{\sqrt{2\pi\sigma}}\mathrm{e}^{-\frac{(x_i-x)^2}{2\sigma^2}} \tag{3-18}$$

正态分布有两个参数，即期望（均数）μ 和标准差 σ 。μ 是正态分布的位置参数，描述正态分布的集中趋势位置。概率规律为取与 μ 邻近的值的概率大，而取离 μ 越远的值的概率越小。σ 描述正态分布的离散程度，σ 越大，数据分布越分散，曲线越扁平；σ 越小，数据分布越集中，曲线越瘦高。

3）异常数据的舍弃。在测量中，有时会遇到个别测量值的误差较大，并且难以对其合理解释，这些个别数据就是异常数据，可以根据《计数抽样检验程序 第1部分：按接收质量限（AQL）检索的逐批检验抽样计划》（GB/T 2828.1—2012）、《数据的统计处理和解释 正态样本离群值的判断和处理》（GB/T 4883—2008）等规范把它从试验数据中剔除，这些通常属于过失误差。常用的方法包括3σ法、拉布斯法、狄克逊法、偏度-峰度法、拉依达法、奈尔法等。

4. 数据的统计分析

数据处理时，统计分析是一个常用的方法，可以利用统计分析从很多数据中找到一个或若干个代表值，也可以通过统计分析对试验的误差进行分析。

（1）平均值

平均值包括算术平均值、几何平均值和加权平均值，分别按照下列公式计算。

1）算术平均值：

$$\bar{x}=\frac{1}{n}\sum_{i-1}^{n}x_i \tag{3-19}$$

式中，x_i为一组试验值中第i个试验值，$i=1,2,3,\cdots,n$。

算术平均值是最常见的一种平均值，是在最小二乘法意义下所求真值的最佳近似。

2）几何平均值：

$$\bar{x}=\sqrt[n]{x_1x_2\cdots x_{n-1}x_n} \tag{3-20a}$$

$$\lg\bar{x}=\frac{1}{n}\sum_{i=1}^{n}\lg x_i \tag{3-20b}$$

当对一组试验值取常用对数，所得图形的分布曲线更加对称时，常采用这种方法。

3）加权平均值：

$$\bar{x}_w=\frac{w_1x_1+w_2x_2+\cdots+w_nx_n}{w_1+w_2+\cdots+w_n} \tag{3-21}$$

式中，w_i为第i个试验值x_i的权重。

（2）标准差

标准差反映了一组试验值在平均值附近的分散和偏离程度，标准差越大，表示分散和偏离程度越大，反之越小。其对一组试验值中的较大偏差反映比较敏感。

对于一组试验值$x_1,x_2,x_3,\cdots,x_n$，当它们的可靠程度一致时，其标准差σ为

$$\sigma=\sqrt{\frac{1}{n-1}\sum_{i=1}^{n}(x_i-\bar{x})^2} \tag{3-22}$$

当可靠程度不一致时，其标准差σ为

$$\sigma=\sqrt{\frac{1}{(n-1)\sum_{i=1}^{n}w_i}\sum_{i=1}^{n}w_i(x_i-\bar{x}_w)^2} \tag{3-23}$$

（3）变异系数

变异系数c_v用来衡量数据的相对偏差程度，它的定义为

$$c_v=\frac{\sigma}{\bar{x}} \tag{3-24a}$$

$$c_v = \frac{\sigma_w}{\overline{x}_w} \tag{3-24b}$$

式中，$\overline{x}$ 和 $\overline{x}_w$ 为平均值；σ 和 σ_w 为标准差。

（4）数据的表达

把试验数据按一定的规律、方法表达，以对数据进行分析、表示试验结果。表格、图像和函数等比文字描述更加直观、清楚。

思　考　题

1. 常用的位移传感器有哪些？挠度观测的主要方法有哪些？
2. 电阻应变片的主要技术指标有哪些？应变测量桥路有哪几种？
3. 简述电阻应变计的工作原理，并说明正确使用应变片的方法。
4. 简述裂缝观测的主要内容与方法。
5. 简述数据处理、分析的一般步骤。误差处理方法有哪些？

第 4 章　土木工程结构普通静力试验

荷载又称为作用，可分为直接作用和间接作用。直接作用包括结构自重和施加在结构上的外力等；间接作用包括温度变化、混凝土收缩、沉降等。结构试验除极少数是在实际荷载下进行的外，绝大多数是在模拟荷载下进行的，试验荷载的形式、大小、加载方式等一般根据试验的目的要求和实验室的设备及现场所具备的条件来选择。正确地选择试验所用的加载方法和加载设备，对顺利地完成试验工作和保证试验质量有着重要的影响。

4.1　结构试验荷载模拟

试验荷载模拟必须满足以下基本要求。

1）试验荷载的作用和试验结构的工作条件与实际一致，保证截面产生的内力与设计的计算等效。

2）产生的荷载值应当明确，满足试验的准确度，荷载值应能保持相对稳定，不会随时间、环境条件的改变和结构的变形而变化，相对误差绝对值保证不超过 5%。

3）加载设备本身应有足够的承载力和刚度，并有足够的储备，保证使用安全可靠。

4）加载设备不应参与结构工作，以致改变结构的受力状态或使结构产生次应力。

5）加载方法和加载设备应能做到方便调节和分级加（卸）载，易于控制加（卸）载速率，分级值应能满足精度要求。

6）尽量采用先进技术，方便加载，提高试验效率和质量。

4.1.1　重力加载法

重力加载就是借助一定的支撑装置，利用物体本身的重量作为荷载施加于准备试验的结构或构件设计荷载作用点。在实验室中可以利用的重物有标准铸铁砝码、混凝土立方试块、水等；在现场加载可以就地取材，如砂、石、砖块、钢锭、铸铁、废构件等。重物可以直接施加于试验结构或构件上，也可以通过杠杆间接加载。重物加载取材容易，加载设备简单，荷载值不随结构的变形而变化，通常加载劳动强度大，安全性差，对于破坏性试验，应采取措施降低重物（块）的坠落距离，防止试件破坏时的剧烈垮塌引发安全事故。

1. 直接加载法

重物荷载可直接有规则地堆放于结构或构件表面形成均布荷载，或置于荷载盘上，通过吊盘形成集中荷载，如图 4-1 所示。这类试验一般采用分级加载，具有设备简单、取材方便、荷载恒定及加载形式灵活等优点，但是也有荷载量不能太大、操作笨重而费工等缺点。同时也存在砂石等材料容易起拱，小颗粒及粉状材料的摩擦角可引起卸载，且容重随着大气湿度的变化而变化，在长期试验过程中应注意荷载值不易恒定的问题。此外，利用水作为重力加载用的荷载，也是一个简单方便且经济的方案，尤其是采用特殊的盛水装置作为均布荷载直接加于结构表面，特别适用于大面积的平板结构，如楼面、人行桥等，如图 4-2 所示。但是当结构产生较大变形时，应注意水荷载的不均匀性对结构受力产生的影响。同时，全部承载面被水掩盖，不利于布置测量仪表及进行裂缝观测。

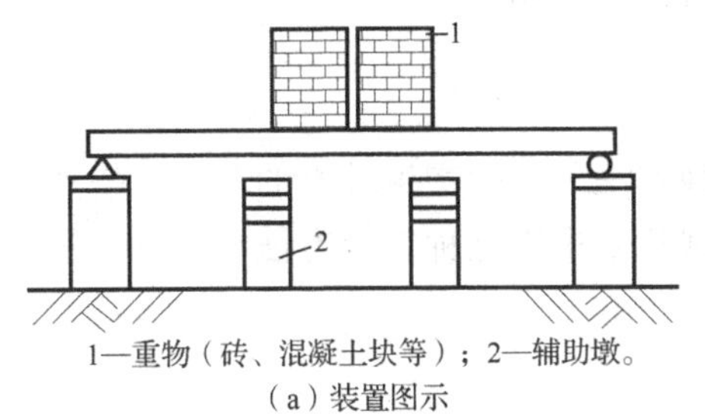

1—重物（砖、混凝土块等）；2—辅助墩。

（a）装置图示

（b）现场照片

图 4-1　用重物作为荷载的装置

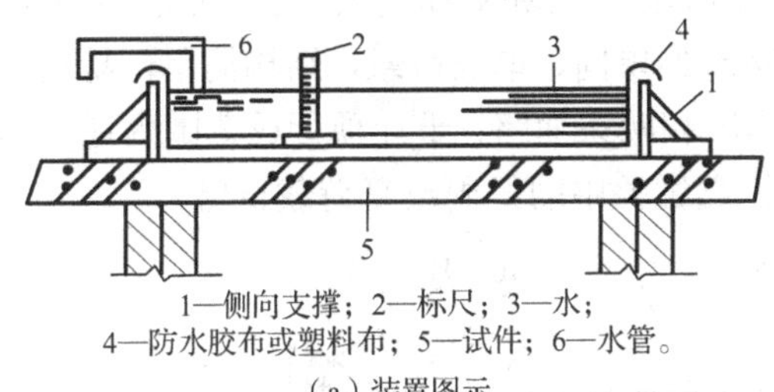

1—侧向支撑；2—标尺；3—水；
4—防水胶布或塑料布；5—试件；6—水管。

（a）装置图示

（b）现场照片

图 4-2　用水作均布荷载的装置

2. 杠杆加载法

当需要将重物转换为集中荷载进行试验时，可以利用杠杆原理将所加重物荷载进一步放大，这种加载方法就是间接加载法，又称为杠杆加载法，其原理如图 4-3 所示。这种加载方法要求杠杆有足够的刚度，杠杆比一般不宜超过 5。根据试验需要，当荷载不大时，可以用单梁式或组合式杠杆；当荷载较大时，则可采用桁架式杠杆，如图 4-4 所示。

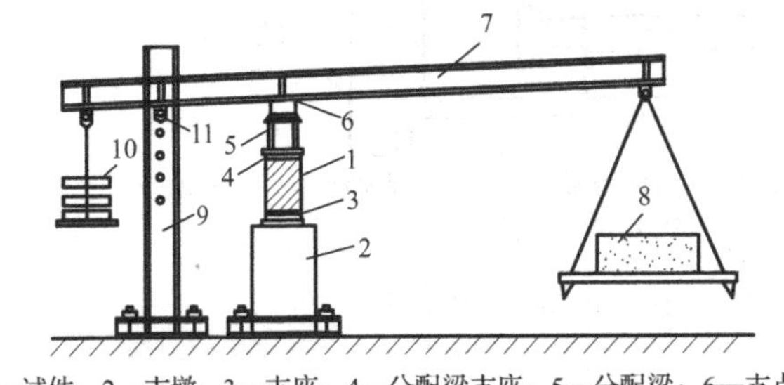

1—试件；2—支墩；3—支座；4—分配梁支座；5—分配梁；6—支点；
7—杠杆；8—重物；9—拉杆；10—平衡重物；11—插销。

（a）装置图示

（b）现场照片

图 4-3　杠杆加载法装置

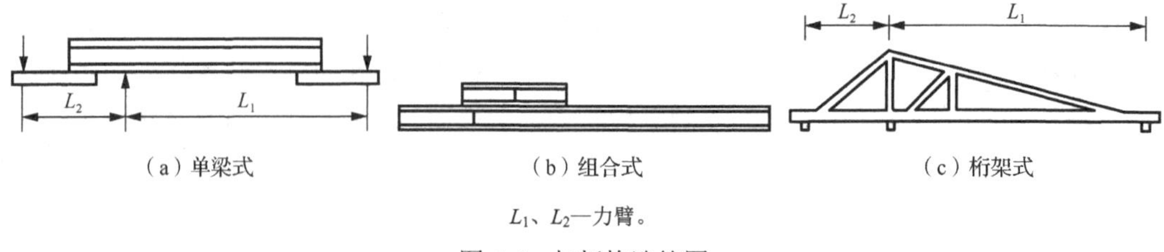

（a）单梁式　（b）组合式　（c）桁架式

L_1、L_2—力臂。

图 4-4　杠杆构造简图

4.1.2　液压加载法

液压加载法是结构试验中最常用的一种方法，它能产生较大的荷载，操作方便、加载速度快。点数多、吨位大的大型结构荷载试验常采用这种加载方法。其主要加载装置包括以下 4 类。

1. 液压千斤顶

液压千斤顶通过油压产生较大的荷载，试验操作安全方便，具有出力大、加载效率高、便于荷载分级等特点，按出力方向可划分为单作用式和双作用式两种，分别如图 4-5 和图 4-6 所示。单作用式液压千斤顶通过一条油路施加单向、单点荷载，结构简单，易实现多点同步加载。双作用式液压千斤顶则有两个工作缸和两条油路，千斤顶行程范围内通过油缸交替供油和回油施加拉、压作用，可用于结构抗震试验中的低周反复荷载试验。

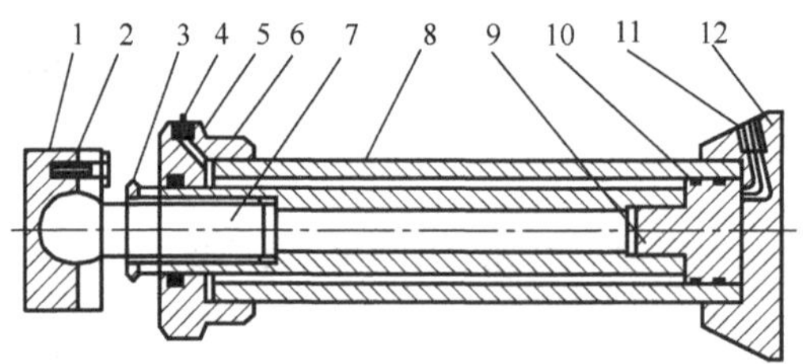

1—顶帽；2—球铰；3—备紧螺母；4—活塞复位油管接头；5、10—橡胶密封圈；6—油缸上法兰；7—活塞杆加长丝杆；8—油缸；9—活塞；11—工作压力油管接头；12—底座。

图 4-5　单作用式液压千斤顶

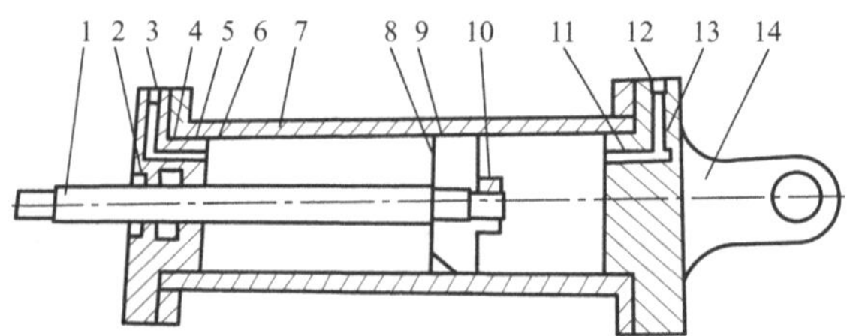

1—活塞杆；2—防尘圈；3、12—进油口；4、5、9、11—橡胶密封圈；6—油缸法兰；7—油缸；8—活塞；10—螺母；13—底座；14—固定耳环。

图 4-6　双作用式液压千斤顶

2. 同步液压加载设备

若多组液压千斤顶同时加载，则需要用到同步液压加载设备。同步液压加载设备由同步液压千斤顶、高压油泵、控制台、分油器、反力架、测力传感器等组成，解决了简单液压加载设备存在的荷载稳定性差、效率低、加载控制难、多点加载不同步等问题，且设备简单、购置费低、容易实现加载分级和加载控制。简单的同步液压加载设备如图 4-7 所示。

图 4-7　同步液压加载设备

3. 结构试验机

室内结构试验常用到的结构试验机是一种系统较完备的液压加载设备。其加载系统、荷载机构、控制系统采用一体化设计，系统整体性好。典型的结构试验机有长柱试验机、万能材料试验机和结构疲劳试验机等，分别如图 4-8～图 4-10 所示。长柱试验机由液压操纵台、大吨位的液压加载器和试验机架三部分组成，主要用于柱、墙板、砌体、节点与梁的受压、受弯等试验；万能材料试验机是集拉伸、压缩、弯曲、剪切等功能于一体的材料试验机，主要用于金属和非金属材料的力学性能试验；结构疲劳试验机用于进行金属、合金材料及其构件在室温状态下的拉伸、压缩或拉压交变负荷的疲劳特性、疲劳寿命、预制裂纹及裂纹扩展测定试验。高频疲劳试验机在配备相应试验夹具后，可进行正弦荷载下的三点弯曲试验、四点弯曲试验、薄板材拉伸试验、厚板材拉伸试验等疲劳试验。

图 4-8　长柱试验机

图 4-9　万能材料试验机

图 4-10　结构疲劳试验机

4. 电液伺服加载系统

电液伺服加载系统是集电气、液压、计算机为一体的组合控制系统，它既具备了电气控制操作简便、精度高及响应速度快的优点，又有液压控制高稳定性和大功率输出的特点，还能与计算机进行通信，从而实现各种复杂控制算法设计及强大的数据储存、处理能力，广泛用于抗震试验、疲劳试验、静力试验、拟静力试验和拟动力试验。电液伺服加载系统的工作原理如图 4-11 所示。

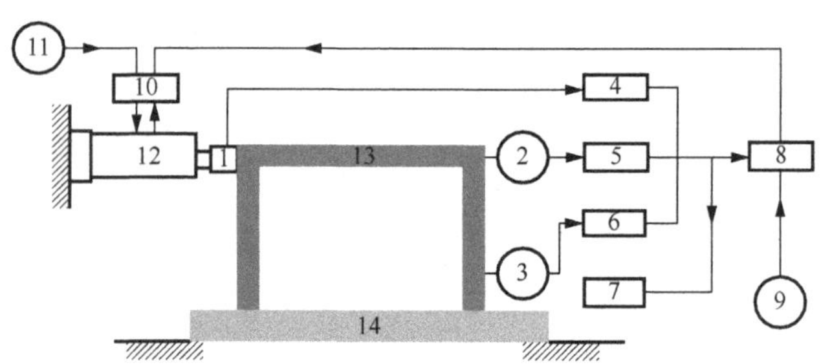

1—荷载传感器；2—位移传感器；3—应变传感器；4—荷载调制；5—位移调制；6—应变调制；7—记录显示；8—伺服控制；9—指令；10—电液伺服阀；11—液压源；12—液压加压装置；13—测试结构；14—试验台座。

图 4-11　电液伺服液压系统的工作原理

4.1.3　其他加载法

1. 机械力加载法

机械力加载法就是利用简单的机械机具对结构或构件进行加载，具有加载设备简单、索具加载时易改变方向的优点，但是能施加的荷载值较小。例如，绞车、卷扬机、吊链和花篮螺钉主要是配合钢丝或绳索对结构施加拉力，还可与滑轮组联合使用，改变作用力的方向和拉力大小。螺旋千斤顶是利用齿轮及螺杆式涡轮杆机构传动原理，当手摇手柄时，就带动螺旋杆顶升，对结构施加顶推压力。弹簧加载则常用于构件的持久荷载试验。

2. 气压加载法

气压加载法具有加（卸）载方便、荷载值稳定的优点，尤其适合于对结构施加均布荷载，但是受载面无法观测，具体包括正压加载法和负压加载法两种。正压加载法就是利用压缩空气产生的压力对结构施加荷载；负压加载法是利用抽真空产生负压对结构施加荷载。

3. 惯性力加载法

惯性力加载法是利用物体质量在运动时产生的惯性力对结构施加动力荷载，也可以利用弹药筒或小火箭在炸药爆炸时产生的反冲力对结构进行加载。其主要包括冲击力加载法、离心力加载法和直线位移惯性力加载法。下面仅对冲击力加载法和离心力加载法进行简单介绍。

1）冲击力加载法，荷载作用时间极其短促，在冲击力的作用下被加载结构产生自由振动，具体有初位移法和初速度法两种。初位移法是对结构或构件施加荷载，使其产生变形，然后突然卸掉荷载，使结构或构件产生自由振动的方法；初速度法是提高加载重物的势能水平，然后释放加载重物，势能转变为动能，加载重物以一定速度冲击试验对象，从而使试验对象获得冲击荷载。

2）离心力加载法是根据旋转质量产生的离心力对结构施加简谐振动荷载，其特点是具有周期性，作用力的大小和频率按一定规律变化。直线位移惯性力加载法常用于电液伺服加载系统，通过作动器带动质量块做水平直线往返运动，在低频条件下性能较好，可产生较大的激振力。

4.2 结构试验反力装置

在进行结构试验时，液压加载系统只有在其行程受到约束时，才会对试件产生推力；利用杠杆加载时，也必须要有一个支承点承受支点的上拔力。因此，进行结构试验加载时，除了前述各种加载设备，还必须要有一套具有足够强度和刚度的反力装置才能满足试验的加载要求。

4.2.1 反力装置

1. 反力墙

反力墙常采用混凝土墙或预应力混凝土墙，常见的有一字形和 L 形，墙体立面上沿水平和垂直方向每隔一定距离设置螺栓孔洞，以便在不同位置固定水平加载器，进行各类静力试验和动力试验。

2. 反力架

反力架一般采用钢结构，可移动，有竖向反力架和横向反力架之分。竖向反力架包括立柱和横梁，立柱与台座相连，横梁直接承受竖向加载时产生的反力，如图 4-12 所示，对横梁的强度和刚度要进行专门设计，并留有足够冗余度。水平反力架主要由三脚架、压梁及地脚螺栓组成。通过压梁用地脚螺栓将用钢材制成的三脚架固定在地面试验台座上，水平液压加载器固定在水平反力架的立柱上，如图 4-13 所示。由于受到刚度限制，反力架能够提供的反力远小于反力墙。

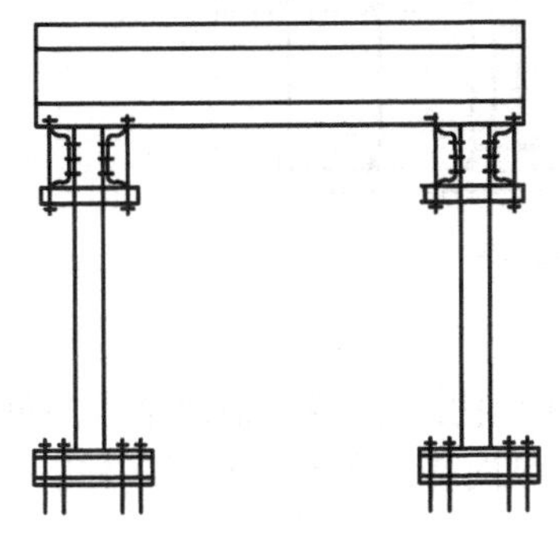

图 4-12 竖向反力装置

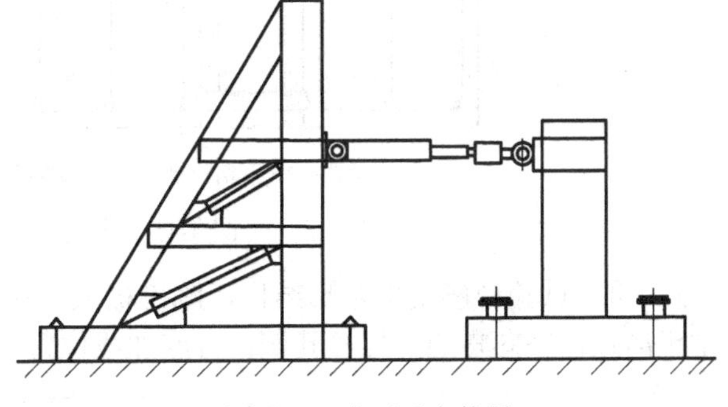

图 4-13 水平反力装置

4.2.2 台座

试验台座是结构实验室内永久性的固定设备，用于平衡施加在试验对象上的荷载产生的反力，其基本要求为：具有足够的强度和整体刚度；动力试验台座还应有质量和耐疲劳强度；静力台座和动力台座同时存在时，两者应分离设置。常用的试验台座按结构构造的不同可分为地脚螺栓式试验台座、槽式试验台座和箱式试验台座。

1）地脚螺栓式试验台座是在台面上每隔一定的间距设置一个地脚螺栓，螺栓下端锚固于混凝土内，顶端伸到台座表面的地槽内，如图 4-14 所示。该台座的最大缺点是受损后修理困难，同时反力架和试件的位置受到螺栓位置的限制。

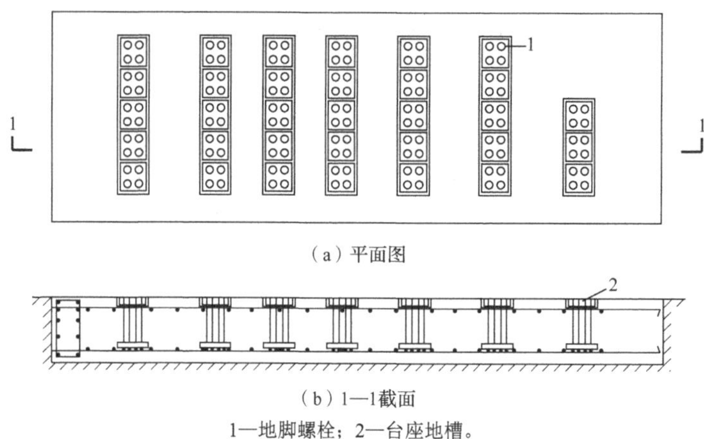

（a）平面图

（b）1—1截面

1—地脚螺栓；2—台座地槽。

图 4-14　地脚螺栓式试验台座

2）槽式试验台座是沿着台座纵向全长布置多条槽轨，槽轨一般采用纵向框架式结构，多由型钢制成，埋置在台座的混凝土内，槽钢翼缘和腹板内的空腔常灌注混凝土或设置加劲肋，以提高轨道的刚度，如图 4-15 所示。槽轨用于锚固加载支架，平衡试验结构上荷载作用产生的反力。试验加载时，立柱承受向上的拉力，槽轨和台座的混凝土部分必须连接良好，以保证立柱不被拔出。

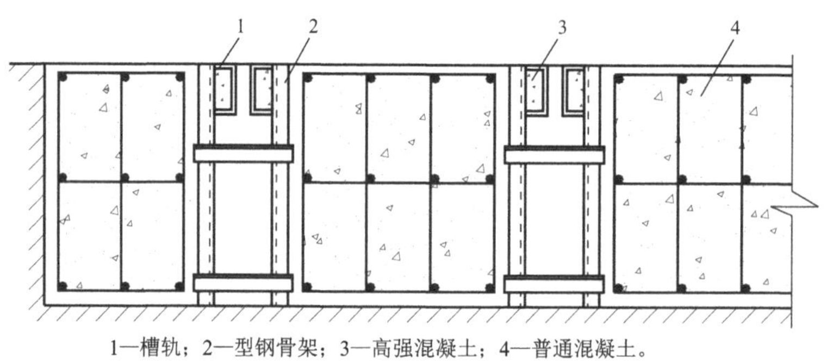

1—槽轨；2—型钢骨架；3—高强混凝土；4—普通混凝土。

图 4-15　槽式试验台座

3）箱式试验台座采用箱形结构，刚度极大，在箱形结构顶板上沿纵、横两个方向每隔一定距离预留竖向贯通的螺栓孔洞，台座加载位置可沿台座纵向任意变动，如图 4-16 所示。

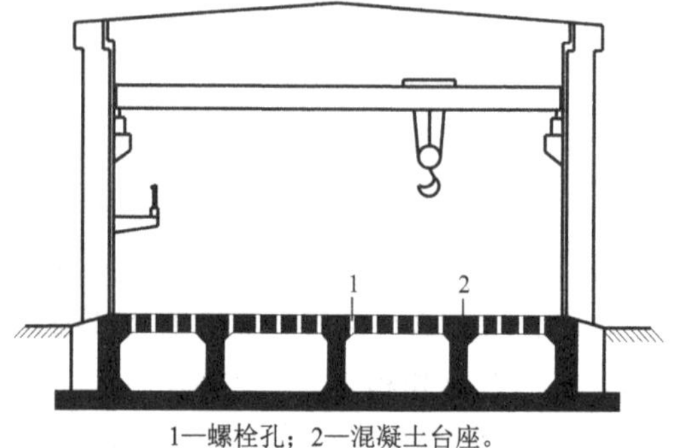

1—螺栓孔；2—混凝土台座。

图 4-16　箱式试验台座

4.2.3　其他加载装置

1. 分配梁

分配梁可将一个集中力分解成若干力，刚度应足够大，采用单跨简支形式，禁止使用多跨连续梁作为分配梁，配置不宜超过 3 层，以免失稳，如图 4-17 所示。

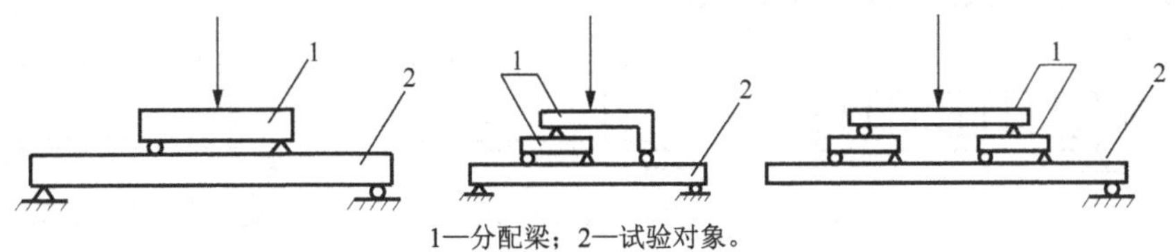

1—分配梁；2—试验对象。

图 4-17　分配梁加载示意图

2. 支座和支墩

支座是结构试验中支承、传递荷载的装置。支座一般采用钢结构，按受力性质的不同分为固结支座和铰支座。铰支座的基本要求是：保证结构在支座处能自由转动；保证结构在支座处力的正确传递；本身应有足够的强度和刚度储备。如图 4-18 所示，铰支座按自由度的不同分为滚动铰支座和固定铰支座，按形状的不同分为轴铰支座和球铰支座，按活动方向的不同分为单向铰支座和双向铰支座。

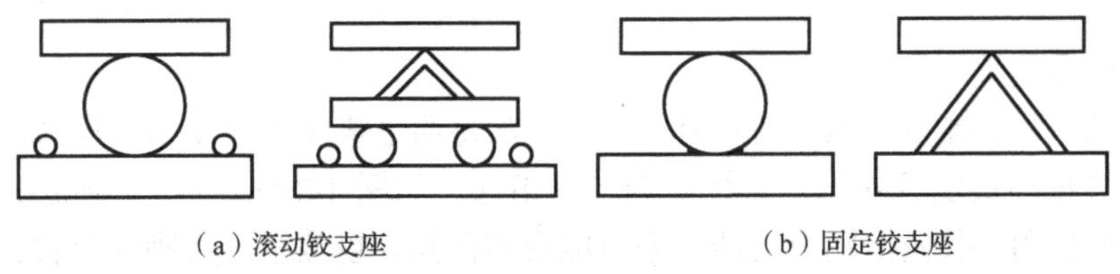

（a）滚动铰支座　　（b）固定铰支座

图 4-18　支座的形式和构造

支墩可以采用钢材、钢筋混凝土、砖或石块制作，支墩本身必须具有足够的承载能力，保证在试验过程中不发生变形，以免影响试验结果，带来试验误差。

4.3　常见构件静力试验

4.3.1　受弯试验和受剪试验

1. 加载方案

受弯试验和受剪试验在试验安装时一般采用正位试验，一端采用铰支座，另一端采用滚动铰支座，并在试验过程中保持牢固和稳定。采用等效均布荷载进行加载试验时，构件试验的荷载图式应符合设计规定和结构实际受载情况。当试验条件受限制时，可采用控制截面（或部位）上作用效应等效的原则进行加载，但应考虑等效荷载对结构构件试验结果的影响。荷载图式的设计应符合以下规定。

1）等效荷载产生的控制截面上的主要内力应与设计内力值相等。

2）等效荷载产生的主要内力图形与设计内力图形相近。

3）适当地修正由等效荷载引起的变形。

4）控制截面内力等效时，其他截面上的内力应与设计值接近。图 4-19 给出了受弯构件试验中常用集中荷载来代替均布荷载的四分点和八分点加载法，可见采用八分点集中荷载来进行加载试验将得到接近均布加载的实际情况。

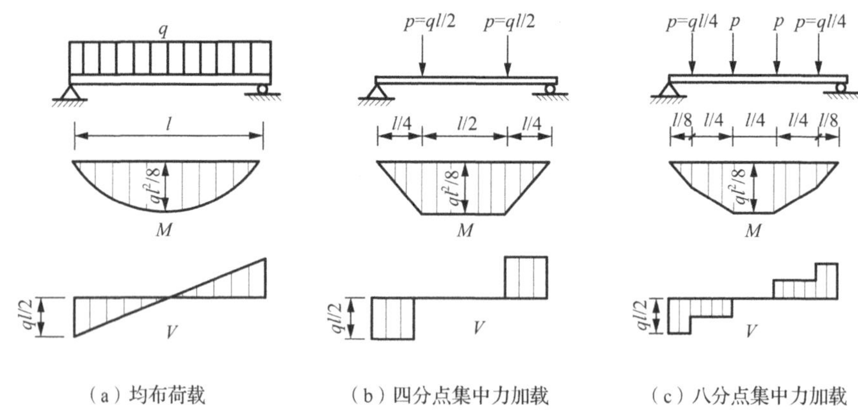

（a）均布荷载　（b）四分点集中力加载　（c）八分点集中力加载

图 4-19　简支梁试验等效荷载加载图示

2. 量测方案

（1）挠度量测

梁任何部位的异常变形或局部破坏（开裂）都将通过挠度或挠度曲线反映，因此梁的挠度值是量测数据中最能反映其工作性能的一项指标。如图 4-20 所示，一般情况下，在试验时由于荷载的作用，其两个端点处的支座可能会有沉陷，以致梁产生刚体位移。因此，如果跨中挠度是相对地面进行测定，量测梁的挠度时，应考虑支座沉陷的影响，所以最少要布置 3 个测点。对于跨度较大的梁和要求测定弹性挠度曲线时，最少布置 5 个测点，并沿梁的跨间对称布置。对于宽度大于 600mm 的梁，还应考虑扭曲的影响，可在截面的两侧布置测点，此时各截面的挠度取两侧仪器示数的平均值。对于预应力混凝土梁，尚需考虑构件在预应力作用下的反拱值对整体变形的影响。

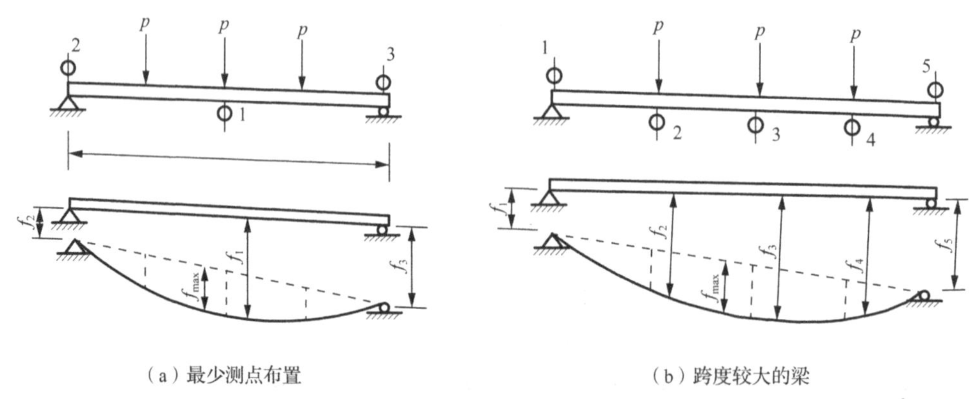

（a）最少测点布置　（b）跨度较大的梁

图 4-20　梁的挠度测量布置

（2）应变量测

在量测梁由于弯曲产生的应变时，一般在梁承受正负弯矩最大的截面或弯矩有突变的截面上布置测点。对于变截面的梁，则应在抗弯控制截面上（即在较弱或弯矩值较大的截面上）布置测点。有时，也需在截面突然变化的位置上布置测点。如果只要求量测弯矩引起的最大应力，则只需在该截面上、下边缘处粘贴应变计，如图 4-21（a）所示。为了求得截面上应力分布的规律和确定中和轴的位置，一般沿截面高度至少需要布置 5 个测点。测点越多，截面上应力分布的规律就越明显，如图 4-21（b）所示。靠近中和轴位置处的测点主要用于量测中和轴位置的变化规律。

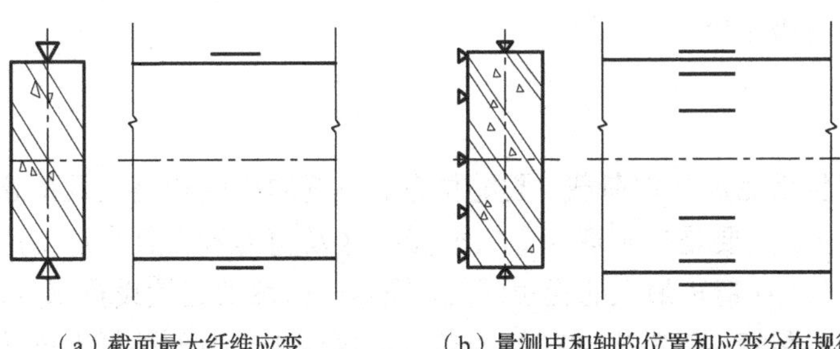

（a）截面最大纤维应变　　（b）量测中和轴的位置和应变分布规律

图 4-21　梁正截面应力分布的测点布置

1）弯曲应力量测。在梁的纯弯曲区段内，梁的截面上仅有正应力产生，故在该处截面上可仅布置单向的应变测点，如图 4-22 中截面 1—1 所示。此外，混凝土梁受拉区的混凝土开裂后退出工作，此时布置在混凝土受拉区的电阻应变计也退出工作，为进一步考察截面的受拉性能，尚应在受拉区的钢筋上布置测点，以便量测钢筋的应变，由此可获得梁截面上内力重分布的规律。

2）平面应力量测。在梁的剪弯段内，梁截面在荷载作用下存在正应力和剪应力，需要布置应变测点求得最大主应力值及作用方向，如图 4-22 中截面 2—2 所示。抗剪测点应设在剪应力较大的部位，如支座附近的中和轴处、薄壁截面的简支梁腹板与翼缘的交接处等。当要求量测梁沿长度方向的剪应力变化规律时，应在梁长度方向布置多个剪应力测点；当量测沿截面高度方向的剪应力变化时，则需沿截面高度方向布置测点。此外，还可在梁的弯起钢筋和箍筋上布置剪应变测点，如图 4-23 所示。

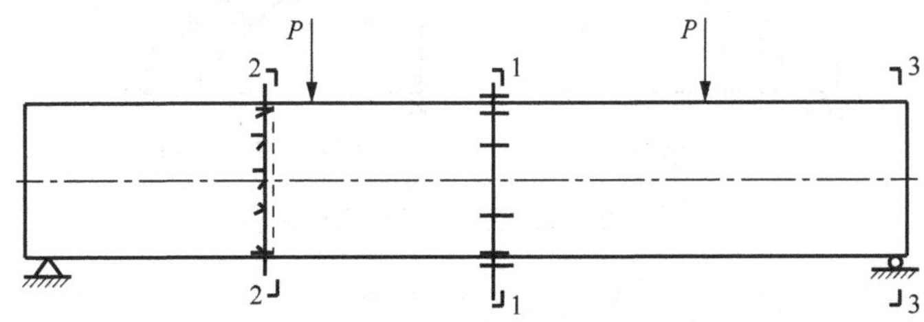

图 4-22　钢筋混凝土梁应变测点布置

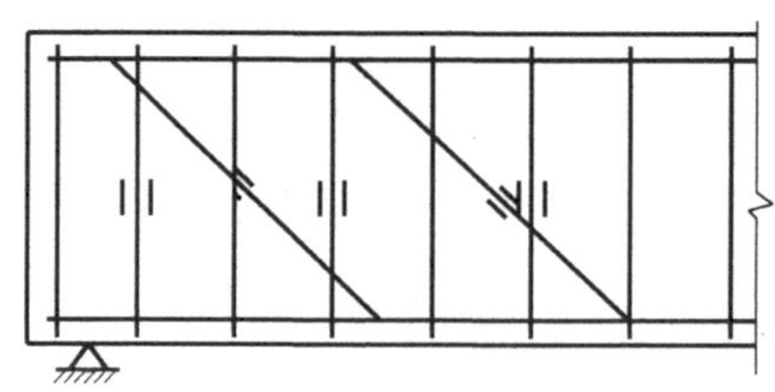

图 4-23 混凝土梁弯起钢筋和钢箍的应变测点

3）校核测点。为了校核试验量测的正确性，便于在整理试验结果时进行误差修正，经常在梁的端部凸角上的零应力处布置少量测点，如图 4-22 中截面 3—3 所示，以检验整个量测过程和量测结果是否正确。

3. 裂缝量测

裂缝量测主要包括测定开裂荷载、裂缝位置、裂缝的宽度和高度及描述裂缝的发展和分布。对于混凝土构件，主要是控制弯矩最大的受拉区及剪力较大且靠近支座部位的斜截面开裂。一般垂直裂缝产生在弯矩最大的受拉区段，在这一区段要连续设置测点，如图 4-24 所示。斜截面上的主拉应力裂缝，经常出现在剪力较大的区段内，由于混凝土梁的斜裂缝与水平轴约成 45°，则仪器标距方向应与裂缝方向垂直。有时为了进行分析，在测定斜裂缝的同时，也可同时设置量测主应力或剪应力的应变网络，如图 4-25 所示。量测时，每级荷载下出现的裂缝均须在试件上标明，即在裂缝的尾端注出荷载。以后每加一级荷载，裂缝长度有新的扩展，需在裂缝新的尾端注明相应的荷载。同时，应在距离裂缝的边缘 1～3mm 处平行画出裂缝的位置和走向。

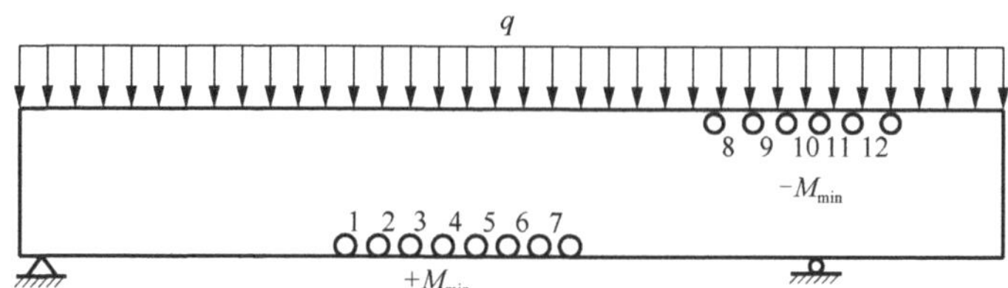

图 4-24 混凝土受拉区抗裂测点布置

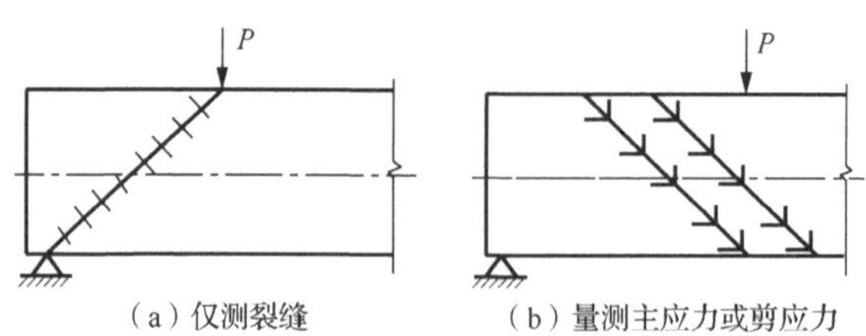

图 4-25 混凝土斜裂缝测点布置

4. 典型实例

受弯构件的试验加载，采用两点加载的方式利用分配梁在铰缝位置形成纯弯段进行加载。对于受剪构件，采用单点集中力进行加载，如图 4-26 和图 4-27 所示。

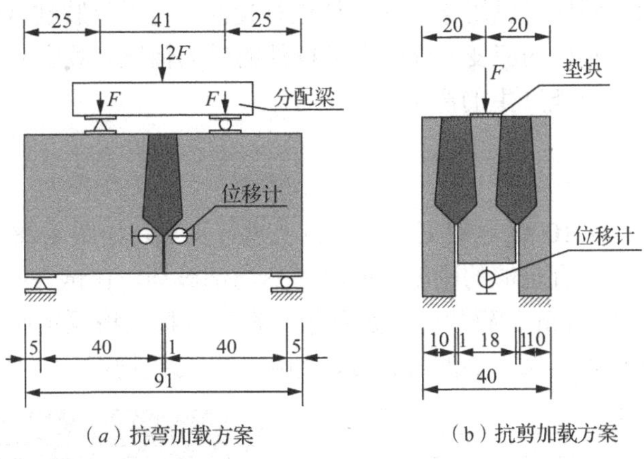

（a）抗弯加载方案　　（b）抗剪加载方案

图 4-26　加载方案（单位：cm）

（a）纯弯构件加载

（b）纯剪构件加载

图 4-27　局部模型试验加载照片

4.3.2　受压试验

1. 加载方案

受压试验可以采用正位或卧位试验加载方案。轴心受压柱安装时，一般先将构件进行几何对中，即将构件轴线对准作用力的中心线。构件在几何对中后再进行物理对中，即加载到20%～40%的试验荷载时，量测构件中央截面两侧或 4 个面的应变，并调整作用力的轴线，使其达到各点应变均匀为止。对于偏压试件，应在物理对中后，沿加力中线量出偏心距离，再把加载点移至偏心距的位置上。

2. 量测方案

受压构件的试验，一般需要量测其开裂、屈服和破坏荷载，各级荷载下的侧向挠度值及变形曲线，控制截面或区域的应力变化规律及裂缝开展情况。可用侧向五点布置法量测侧向挠度曲线。受压区边缘布置应变测点，可以单排布点于试件侧面的对称轴线上或在受压区截面的边缘两排对称布点。为验证构件平截面变形的性质，沿压杆截面高度布置 5～7 个应变测点。受拉区钢筋应变同样可以用电阻应变计进行量测。对于双肢柱试验，除量测肢柱各截面的应变外，还需量测腹杆的应变，以确定各杆件的受力情况。其中应变测点在各截面上均应成对布置，以便分析可能产生的弯矩。

3. 典型实例

某轴（偏）压试验在1000t电液伺服压力机上进行加载，如图4-28所示。试件下部边界为铰接，为保证试件上部有足够的刚度，同时避免局部破坏，在试件的上端用直径为12mm的螺栓连接一块厚为120mm的钢块作为加载板。在加载板上按预定偏心距设置相应的条形凹槽，刀铰对试件施加轴（偏）心的线荷载，加载板和刀铰均可重复使用。

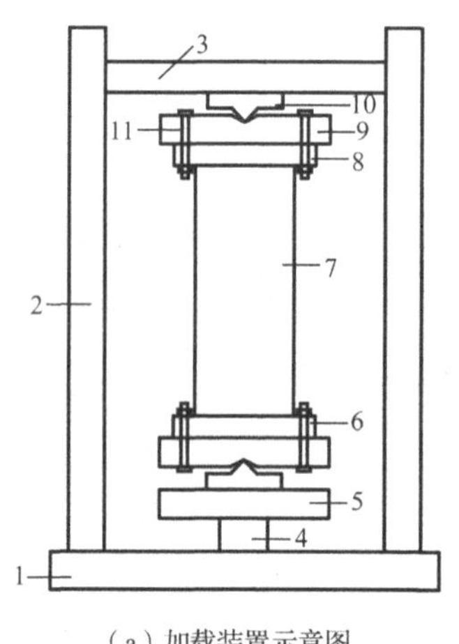

（a）加载装置示意图

（b）加载照片

1—基础；2—立柱；3—横梁；4—千斤顶；5—压力机承压板；6—试件底座；7—试件；8—试件柱帽；9—加载板；10—刀铰；11—螺杆。

图4-28　受压加载示意图与加载照片

4.3.3　扭转试验

扭转试验的加载装置为专门设计的扭转试验机，如图4-29所示，由固定装置、加载装置和反力测试装置组成。扭转试件一端嵌固在固定装置上，另一端嵌固在扇形板内。在扇形板圆周上的凹槽内放置$\phi24$的钢丝绳，并通过地锚上的滑轮反向连接到拉压千斤顶上进行加载。在千斤顶的端部串联压力传感器，用于量测拉力。试件端部为嵌固支承，具体采用开孔钢板连接到扭转试验机的加载端和固定端，试件端部弦管插入端板孔洞中，端板孔洞内侧涂抹二硫化钼，以减小试件与端板间的摩擦。试件的转角由数字倾角仪测读，同时在扭转臂上焊接同心钢圆筒，并在同心钢圆筒上悬吊重锤，用位移计量测，以进行校核。

（a）纯扭试验扭转机

（b）反力测试装置

（c）转角测量位移计

图4-29　扭转试验加载装置

思　考　题

1. 重力加载法的作用方式是什么？
2. 液压加载装置有哪几种类型？简述液压加载的特点及适用范围。
3. 简述常用的试验台座及其特点。
4. 简述受弯试验、受剪试验和扭转试验的区别。

第 5 章　土木工程结构拟静力试验

地震是因地球内部缓慢积累的能量突然释放而引起的地球表层的振动，其间会产生名为地震波的一种自然现象。地震造成的危害不仅是房屋、桥梁、道路等建筑物和构筑物的损毁，还会造成山体滑坡、泥石流、海啸、火灾、瘟疫等次生灾害的发生，是对人类生命和财产威胁最大的自然灾难，号称群灾之首，如 2004 年印度洋海域强震、2008 年四川汶川地震和 2010 年日本大地震。

在目前的科学技术水平下，人们还无法准确预测并防止地震的发生，但可以通过对工程结构进行抗震设计来降低地震带来的影响。结构抗震试验的目的在于研究开发具有抗震性能的新材料和新型结构体系，提出新的抗震设计方法，以及对实际结构进行模型试验，验证结构的抗震性能，评价其安全性。结构抗震试验一般包括拟静力试验、拟动力试验和地震模拟振动台试验。

拟静力试验又称为伪静力试验、低周往复荷载试验，是一种低频率往复的循环加载试验。试验中控制荷载的位移与荷载量，使结构在正、反两方向反复加载与卸载，模拟地震作用下结构的受力全过程：弹性—开裂—屈服—塑性发展—破坏。其目的是研究土木工程结构或构件在地震荷载作用下的恢复力特性，确定结构或构件恢复力的数学模型，为结构的计算机分析提供构件模型，并通过拟静力试验对结构模型参数做进一步的修正；通过拟静力试验所得的滞回曲线和曲线包围的面积可以获得结构的等效阻尼比及结构的耗能能力，从恢复力特性曲线上可得到和单调加载相接近的骨架曲线、结构的初始刚度和刚度退化等重要参数，同时通过拟静力试验还可以从强度、变形和能量 3 个方面判别和鉴定土木工程结构的抗震性能。

拟静力试验方法由于低周往复加载的每一个加载周期远远大于结构自身的基本周期，所以实质上是用静力加载方法来近似模拟地震作用，但不能模拟结构的地震反应过程。拟静力试验方法的优点是在试验过程中可以随时停下来观察结构的开裂破坏的状态，便于检验校核试验数据和仪器的工作情况，并可按试验需要修正和改变加载历程。拟静力试验方法的缺点是试验的加载历程是事先由研究者主观确定的，与地震记录无关；由于荷载是按力或位移对称反复施加，因此与任一次不确定性的非线性地震反应相差很远，不能反映出应变速率对结构的影响；拟静力试验比较复杂，试验软件与结构静力模型、结构类型、试件特征、作动器的位置安排、测量传感器的布置等均有密切关系。因此，大多数还是人工控制或半自动控制，与设备的发展不相适应。

5.1　拟静力试验方法

5.1.1　加载装置

拟静力试验加载装置多采用反力墙或专用抗侧力构架。过去主要采用机械式千斤顶或液压式千斤顶手动加载，试验加载过程不容易控制，易造成数据测量不稳定、不准确，试验结果分析困难。随着科学技术水平的提高，许多拟静力试验采用电液伺服结构试验系统，并使用计算机进行试验控制和数据采集。常见的土木工程结构与构件的拟静力试验加载装置如图 5-1 所示。其中，墙体试验装置如图 5-1（a）所示；对于梁柱节点的拟静力试验，当试件不要求考虑 P-Δ 效应时应采用图 5-1（b）所示的试验装置；当试件要求考虑 P-Δ 效应时应采用图 5-1（c）所示的试验装置。总的来说，拟静力试验装置包括以下几个部分。

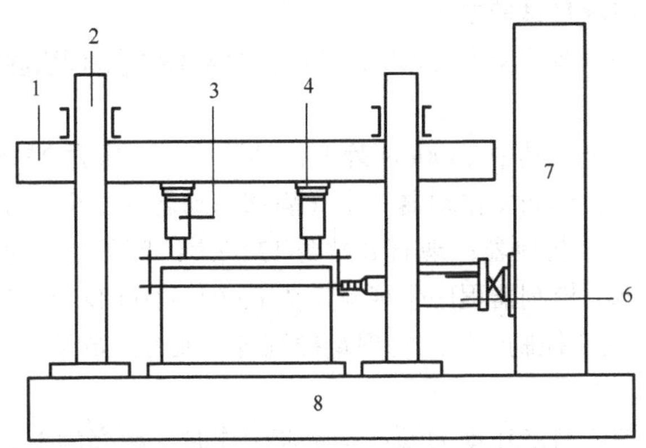

（a）墙体试验装置

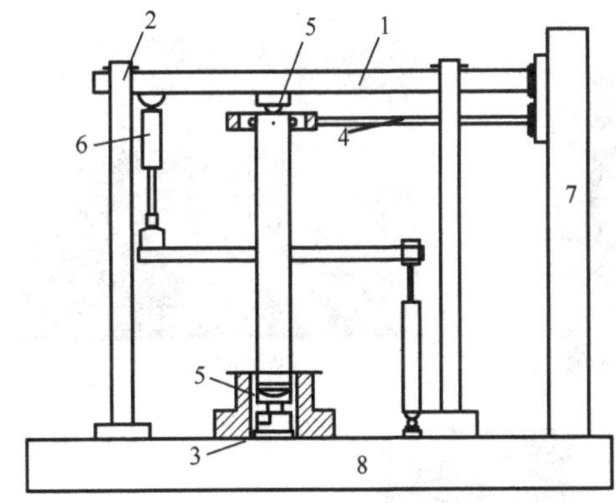

（b）不考虑P-Δ效应的梁柱节点试验装置

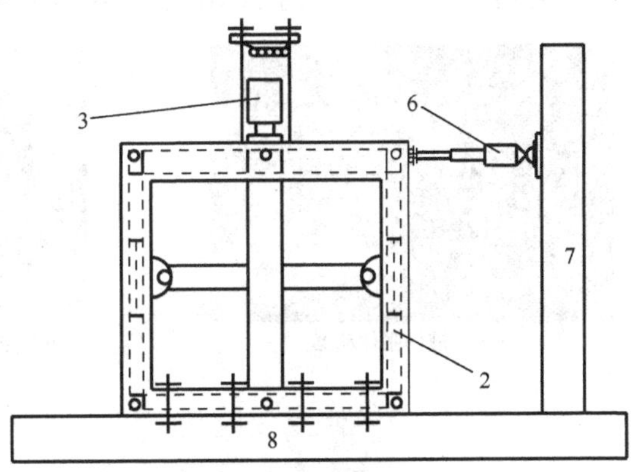

（c）考虑P-Δ效应的梁柱节点试验装置

1—横梁；2—反力架；3—千斤顶；4—滚动导轨或平面导轨；5—铰；6—往复作动器；7—反力墙；8—静力台座。

图 5-1　常见的土木工程结构或构件的拟静力试验加载装置

1）加载装置：作用是将加载设备施加的荷载分配到试验结构。

2）支座装置：准确地模拟被试验结构或构件的实际受力条件和边界条件。

3）观测装置：包括用于安装各种传感器的仪表架和观测平台。

4）安全装置：用来防止试件破坏时发生安全事故或设备损坏。

对于上述拟静力试验装置，其设计应符合下列规定。

1）试验装置与试验加载设备应满足试件的设计受力条件和支承方式的要求。

2）试验台座、反力墙、门架、反力架等传力装置应具有足够的刚度、承载力和整体稳定性。试验台座应能承受竖向和水平向的反力。试验台座提供反力部位的刚度不应小于试件刚度的 10 倍，反力墙顶点的最大相对侧移不宜大于 1/2000。

3）通过千斤顶对试件施加竖向荷载时，应在门架与加载器之间设置滚动导轨或接触面为聚四氟乙烯材料的平面导轨。滚动导轨的摩擦系数不应大于 0.01，平面导轨的摩擦系数不应大于 0.02。

4）用千斤顶进行竖向加载宜有稳压装置，保证试件在往复试验过程中的竖向荷载保持不变。

5）作动器的加载能力和最大行程不应小于计算出的试件极限承载力和极限变形的 1.5 倍。

6）加载设备精度应满足试验要求。

以福州大学土木工程学院实验中心为例，其现有的 MTS 电液伺服静动态加载系统（图 5-2）拥有以下设备。

1）静动态作动器 9 个，其中 2500kN 静态作动器 2 个（压力 2595kN，拉力 1775kN）、1000kN 动态作动器 2 个、500kN 作动器 4 个（静态和动态各 2 个）和 250kN 作动器 1 个。

2）MTS Flex Test 100 控制器：现有 8 站台 12 通道；闭环控制速率为 6kHz；数采频率为 0～122kHz，连续可调；控制器程序生成频率为 0.001～600Hz，连续可调；多种控制模式，荷载控制、位移控制、应变控制、任意物理量控制等，独有函数量控制模式，多模式之间可实时平滑切换。

3）MTS 505 系列超静音液压动力源：全负荷工作时，距离为 1m 处噪声仅为 72dB；流量为 600L/min；工作压力为 21MPa；500 加仑（1 英制加仑=4.54609L）油箱。

（a）电液伺服作动器

（b）控制系统

（c）液压油源

（d）静力加载框架

（e）动力加载框架

图 5-2 电液伺服静动态加载系统

此外，还拥有各类滑动支座、固定支座和相关静（动）力加载框架等加载配套设备。其中，滑动支座拥有 5000kN、2000kN、500kN 等不同等级；固定支座最大承载能力为 2500kN；静力加载框架满足静态 5000kN 的试验力；动力加载框架保证主承载框架能承受静态 4000kN、动态 2000kN 的试验力，主承载横梁静态 4000kN 加载时竖向最大挠度不大于 5mm，动态 2000kN 加载时竖向最大挠度不大于 3mm，一般横梁竖向最大挠度不大于 3mm，立柱轴向变形不大于 7mm。

5.1.2　加载方法

拟静力试验的加载方法一般分为变位移加载方法、变力加载方法和变力-变位移混合加载方法 3 种，如图 5-3 所示。试验中一般在结构达到屈服荷载前采用变力加载，屈服后采用变位移加载程序。这种混合加载程序可以获得结构达到最大承载力后的下降段的受力特性。加载试验中每级荷载一般重复试验 2～3 次，以确定开裂荷载、屈服荷载、屈服位移和极限荷载等特征点。在正式试验前，应采用不超过开裂荷载计算值的 30%的荷载加载值进行两次预加往复荷载试验，可以检查试验模型安装是否存在问题、加载设备和量测设备能否正常工作、试验人员是否熟悉试验操作。

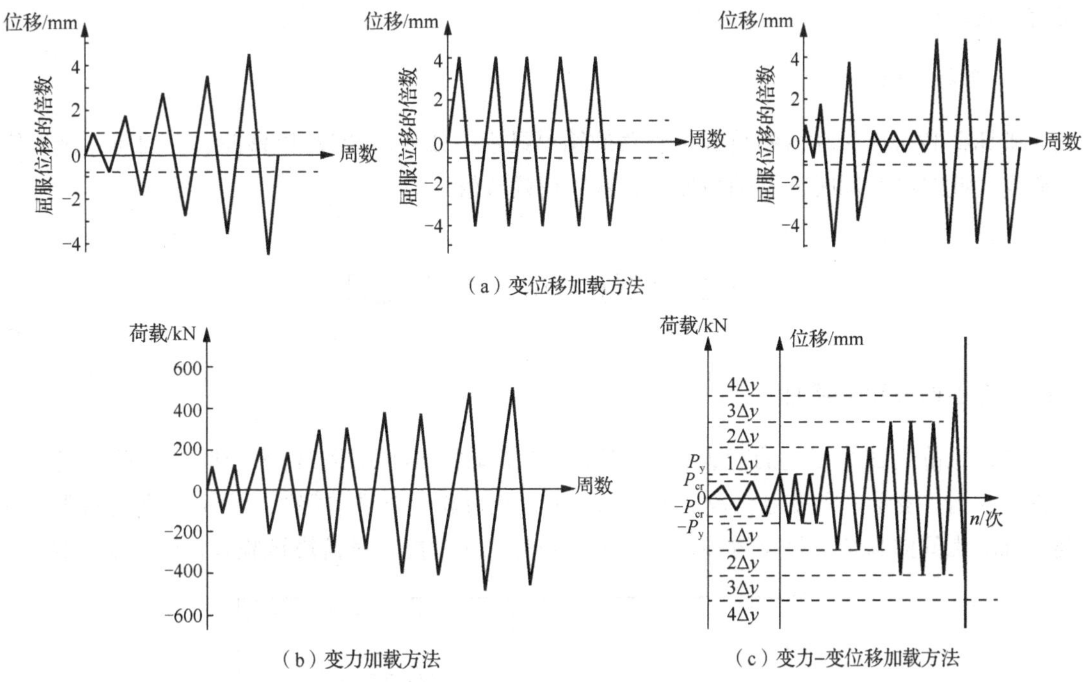

图 5-3　拟静力试验的加载方法

5.1.3　测量内容

拟静力试验的测量内容可根据试验目的确定。一般要求量测的项目有应变、位移和荷载-位移曲线、裂缝和开裂荷载、破坏荷载等。

1. 应变

应变测量对于分析试件破坏机理是一个重要的内容，一般用电阻应变计量测，测点布置以梁柱相交处截面和截面突变处为主。

2. 位移和荷载-位移曲线

这个项目主要是测量试件在低周往复荷载作用下的侧向位移，沿着试件高度在其中心线位置上均匀间隔布置测点，既可以测到试件顶部的最大位移，又可以得到试件的侧向位移曲线。同时，为了测量试件在往复荷载作用下产生的移动或平移，经常是通过侧向位移计算来消除影响，并布置相应测点来测定试件转动。

目前拟静力试验多使用电液伺服加载系统，其可自动记录试验中每个加载循环施加的荷载值和位移值，并生成相应荷载-位移曲线。

3. 裂缝和开裂荷载

开裂荷载测量是钢筋混凝土结构或试件拟静力试验中的一个主要测量项目，要求测量试件出现裂缝时的位置、开裂时的荷载数值、裂缝发展的过程和最后破坏时的裂缝形式。正确测定初始裂缝即可确定开裂荷载，也可通过记录得到的荷载-位移曲线上的转折点来发现并确定开裂荷载。

4. 破坏荷载

破坏荷载可由作动器的荷载传感器的输出显示，或者由荷载-位移曲线上的荷载最大值来确定。此时必须同时记录轴力加载装置的荷载数值。

5.2 拟静力试验数据处理

5.2.1 滞回曲线和骨架曲线

通过拟静力试验得到的荷载-位移滞回曲线，如图 5-4 所示，综合反映了任意加载时刻试件的应力、变形、刚度退化及能量耗散能力，也反映了试件的混凝土开裂、钢筋屈服、钢筋与混凝土间的黏结退化及滑移、混凝土损伤等工作性能，是抗震试验分析的重要内容。

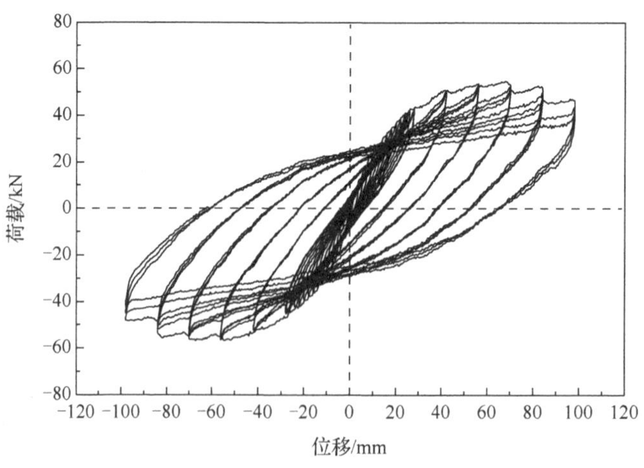

图 5-4 荷载-位移滞回曲线

由荷载-位移滞回曲线可得到骨架曲线，如图 5-5 所示。骨架曲线是将滞回曲线中每级荷载第一个循环周期的特征点连接形成的轨迹。在任意时刻的运动中，峰值点不能超过骨架曲线，只能在到达骨架曲线后沿骨架曲线运动。

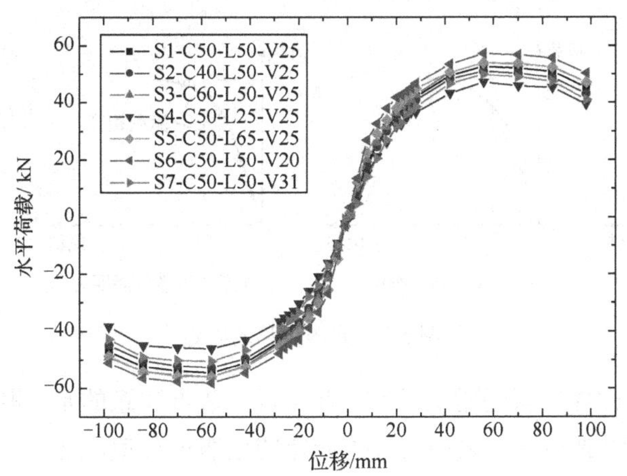

图 5-5　荷载-位移骨架曲线

5.2.2　强度与刚度

1. 强度

根据《建筑抗震试验规程》（JGJ/T 101—2015）的相关规定：

1）试件的开裂荷载 P_c 取试件受拉区出现第一条裂缝时相应的荷载；

2）试件的屈服荷载 P_y 应取受拉区纵向钢筋或钢管达到屈服应变时相应的荷载；

3）试件的极限荷载 P_{max} 应取试件承受荷载最大时相应的荷载；

4）试件的破坏荷载 P_u 应取试件在荷载下降至最大荷载的 85%时的荷载。

2. 刚度

根据《建筑抗震试验规程》（JGJ/T 101—2015）第 4.5.3 条规定，试件的刚度可用割线刚度来表示，即图 5-6 中直线 AB 的斜率，计算式为

$$K_i = \frac{|+F_i| + |-F_i|}{|+X_i| + |-X_i|} \tag{5-1}$$

式中，$+F_i$、$-F_i$ 分别为第 i 次正、反向峰值点的荷载值；$+X_i$、$-X_i$ 分别为第 i 次正、反向峰值点的位移值。

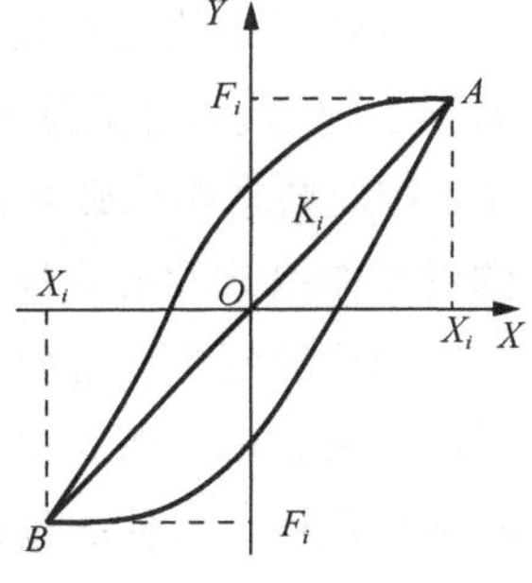

图 5-6　割线刚度

5.2.3　位移

1. 屈服位移

屈服位移的确定一般比较困难，因为在荷载-位移曲线上通常没有明显的屈服点，这与材料的非线性特征、不同部位的钢筋进入屈服的时间不同等原因有关。

目前常用的屈服位移的确定方法如图 5-7 所示：①屈服开始时的位移；②与实际结构具有相同弹性刚度和极限强度的弹塑性系统的屈服位移；③与实际结构有相同耗能能力的等效弹塑性系统的屈服位移；④刚度为实际结构在 75%极限强度处的割线刚度的等效弹塑性系统的屈服位移。

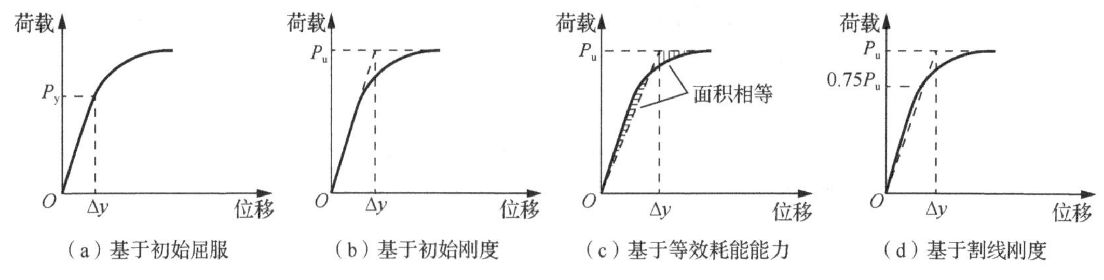

（a）基于初始屈服　（b）基于初始刚度　（c）基于等效耗能能力　（d）基于割线刚度

图 5-7　屈服位移的确定

试验过程中判别试件屈服通常采用第一种方法。值得注意的是，根据骨架曲线拐点确定的试件屈服位移值，明显不同于试验过程中判定的屈服位移值。这说明试验中采用的以截面受拉主筋达到屈服时的相应位移作为屈服位移的判别方法存在一定程度的误差。误差的原因可能有以下两个方面：一方面，量测应变的电阻片不一定正好贴在受力最大的截面处，即钢筋发生屈服的位置；另一方面，通常同一截面的受拉主筋不一定会同时达到屈服，此时存在到底采用哪根钢筋的应变为准的问题。

2. 极限位移

根据《建筑抗震试验规程》（JGJ/T 101—2015）的有关规定，极限变形是取试件极限荷载出现之后，荷载下降到极限荷载的 85%时所对应的变形值。

5.2.4　延性

延性指结构在达到屈服状态后，在承载能力没有显著下降的情况下继续承受变形的能力。由于抗震设计的基本原则是利用结构进入塑性变形阶段后的形变来吸收和耗散地震的能量，因此要求结构必须具有良好的延性，才能避免结构的脆性破坏，使结构能抵御偶然发生的地震作用或冲击荷载。因此，延性是抗震设计中最重要的参数之一。

结构的延性通常用延性指标来表示。延性指标可以用不同的参数，如位移、转角、曲率或应变来表示，而其中以位移延性系数 μ_Δ 最为常用。按照上述方法确定了试件的极限位移和屈服位移，试件的延性系数即可按下式确定：

$$\mu_\Delta=\frac{\Delta_u}{\Delta_y} \tag{5-2}$$

式中，Δ_u 为结构的极限位移；Δ_y 为结构的屈服位移。

一般而言，延性系数越大，就判定结构的延性越好。但是采用延性系数判定结构的延性存在一个问题，就是在同样的配筋情况下，结构越柔，它的屈服位移也越大，虽然它的变形能力很大，延性很好，但根据公式计算的延性系数却越小，这一点在预应力混凝土框架结构上表现得非常明显。由于预应力混凝土框架结构通常采用高强钢筋和高强混凝土，在满足同样的强度要求的情况下，一般可以采用较小的构件截面，也就是说其柔性更大。另外，判别结构屈服点的方法尚未统一，使得延性系数的计算具有相当的随意性。因此，逐渐采用结构的变形能力来表示结构的延性，这一点也比较符合结构延性的定义。

5.2.5　耗能能力

结构的耗能能力是衡量结构抗震性能的另一个重要指标，可以采用功比系数、等效黏滞阻尼系数等来表示。

1. 功比系数

功比系数 I_w 可以反映耗能能力的大小，其计算式为

$$I_w = \sum_{i=1}^{n} \frac{P_i \varDelta_i}{P_{\mathrm{y}} \varDelta_{\mathrm{y}}} \tag{5-3}$$

式中，n 为循环次数；i 为循环序数；P_{y} 为屈服荷载；$\varDelta_{\mathrm{y}}$ 为屈服位移；P_i 为第 i 级循环的荷载；$\varDelta_i$ 为第 i 级循环的位移。

功比系数主要表征结构在加载后吸收能量的能力。由于功比系数的计算同时考虑了结构的强度和位移情况，因此它可以避免像延性系数那样存在结构越柔延性越差的问题。但是它采用的结构耗散能量是等效弹性体产生同样的荷载与位移所输入的能量，并没有像等效黏滞阻尼系数那样充分体现结构在加载和卸载的整个历程情况，因此在衡量结构在地震荷载作用下的耗能能力方面具有较大的局限性。

2. 黏滞阻尼系数

1930 年，Jacobson 提出等效黏滞阻尼概念，即采用等效黏滞阻尼系数 h_{e} 作为判别构件的耗能能力的指标，h_{e} 越大，构件耗能能力也越大。梭形滞回曲线的 h_{e} 比呈弓形、倒 S 形的 h_{e} 大。其计算式为

$$h_{\mathrm{e}} = \frac{1}{2\pi} \cdot \frac{S_1}{S_2} \tag{5-4}$$

式中，$S_1 = S_{ABC} + S_{CDA}$；$S_2 = S_{OBE} + S_{ODF}$，如图 5-8 所示。

正如前面所介绍的，抗震设计原则就是利用结构塑性变形来吸收和耗散地震的能量，而结构的耗散能力一般采用等效黏滞阻尼系数来表征。等效黏滞阻尼系数等于结构滞回耗散的能量与等效弹性体产生同样位移时输入的能量之比，再除以 2π。该系数充分体现了结构在反复荷载作用下，其滞回耗能能力受到强度和刚度退化的影响。由于该系数的计算利用的是滞回耗能，因此充分考虑了结构加载、卸载的情况。

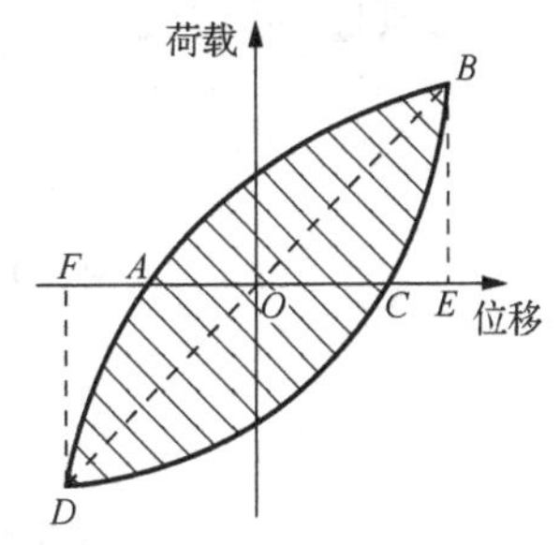

图 5-8　面积法求等效黏滞阻尼系数

5.3　拟静力试验实例——钢管混凝土箱形叠合柱拟静力试验

5.3.1　模型设计

以某大桥主墩为原型，设计了 5 个钢管混凝土箱形叠合柱试验模型和 1 个钢管混凝土

格构柱对比试件。如图 5-9 所示，所有试件高度均为 3400mm，面外柱肢间距均为 500mm，缀管竖向间距均为 250mm；柱肢均采用直径ϕ=114mm、壁厚 t=2mm 的 Q235 钢管；平缀管均采用ϕ=48mm、壁厚 t=2mm 的 Q235 空钢管；柱肢钢管内填 C50 混凝土，外包 C30 混凝土。为保证外包混凝土厚度与柱肢钢管直径比例接近实桥，并保证外包混凝土的厚度能够满足混凝土浇筑的最小厚度，钢管混凝土箱形叠合柱的柱肢外包混凝土厚度均设计为 43mm，钢筋混凝土腹板厚度均设计为 70mm。如图 5-10 所示，由于钢管外包混凝土的厚度较小，无法架设钢筋笼，为增强钢管与外包混凝土之间的黏结性能，沿柱肢钢管外表面环向等间距布置 6 根ϕ6 HPB300 钢筋；腹板布置一层钢筋网，纵向钢筋和横向钢筋均采用ϕ6 HPB300 钢筋。

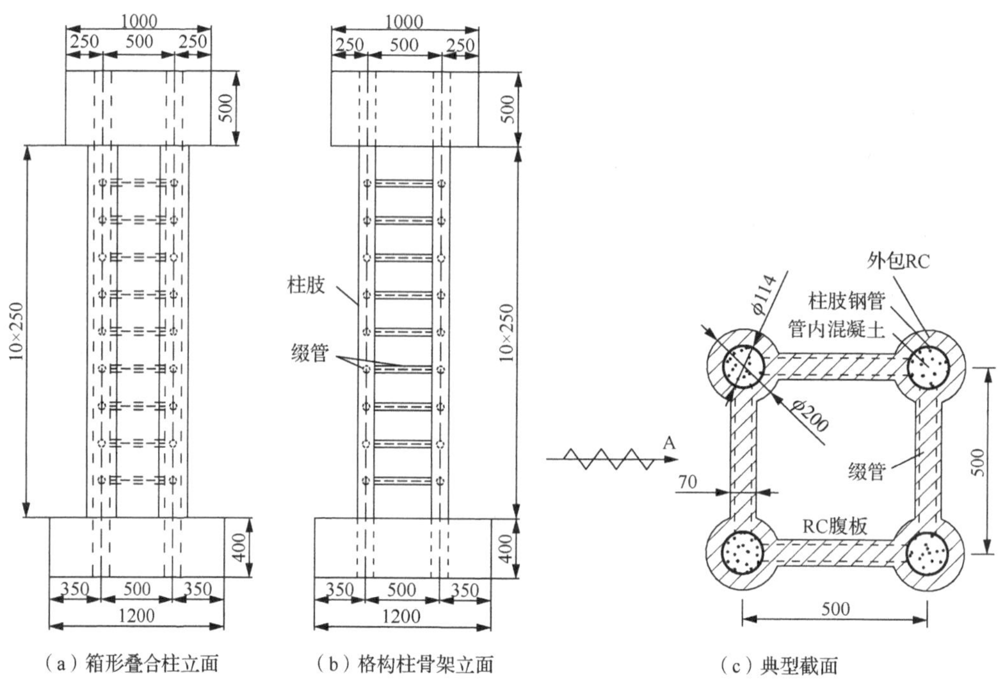

图 5-9　试件 X1-D500-P15 构造示意图（单位：mm）

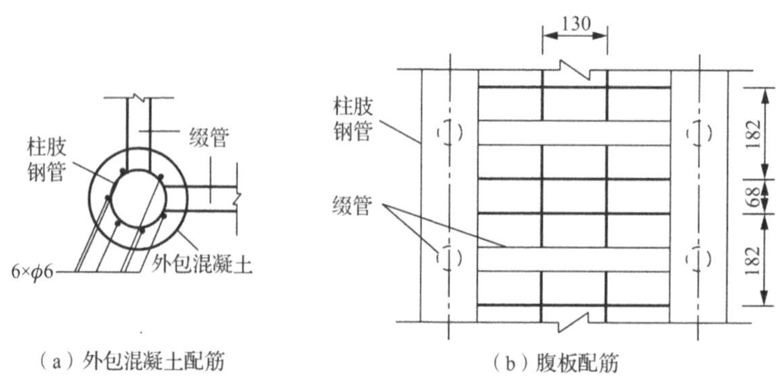

图 5-10　试件 X1-D500-P15 配筋图（单位：mm）

如表 5-1 所示，试验考察的主要参数为面内柱肢间距和轴压比。钢管混凝土箱形叠合柱试件面内柱肢间距（加载方向）分别设计为 500mm、575mm、650mm；基于实桥桥墩的轴压比统计数据，试件的轴压比设计为 0.10、0.15、0.20。表 5-1 中的试件编号中，X 表示试件类别为箱形叠合柱，D 表示试件面内柱肢间距（单位：mm），P 表示试件轴压比；G6-D500-P15 为钢管混凝土格构柱对比试件，其几何尺寸和材料参数与试件 X1-D500-P15 的骨架完全一致。试验材料性能实测结果如表 5-2 所示，表中的混凝土强度为养护 28d 后的立方体抗压强度。

表 5-1　试验参数

试件编号	面内柱肢间距/mm	设计轴压比
X1-D500-P15	500	0.15
X2-D575-P15	575	0.15
X3-D650-P15	650	0.15
X4-D500-P10	500	0.10
X5-D500-P20	500	0.20
G6-D500-P15	500	0.15

表 5-2　材料性能实测值

材料	弹性模量/MPa	屈服强度/MPa	极限强度/MPa	泊松比
C30 混凝土	3.00×10^4	—	35.2	—
C50 混凝土	3.45×10^4	—	59.4	—
柱肢 Q235 钢管	2.06×10^5	319	442	0.28
缀管 Q235 钢管	2.06×10^5	324	454	0.29
HPB300 钢筋	2.01×10^5	359	539	0.29

钢管混凝土箱形叠合柱的轴压比为轴力设计值与截面轴压承载力之比，此处截面轴压承载力为采用简单叠加法计算的截面各组成部分的强度之和，即

$$n=\frac{N}{f_{co}A_{co}+f_sA_s+f_{cc}A_{cc}} \tag{5-5}$$

式中，f_{co} 为外包混凝土的抗压强度标准值；f_s 为钢管抗压强度标准值；f_{cc} 为不考虑套箍约束效应的管内混凝土抗压强度标准值；A_{co}、A_s、A_{cc} 分别为外包混凝土面积、钢管面积、管内混凝土面积。

5.3.2　加载工况与测点布置

图 5-11 为试验装置简图和加载照片。本次试验在垂直于加载方向的柱帽侧面中心布置 1 个水平向位移计（编号 3）校验作动器得到的位移数据，在柱帽面外方向上架设 1 个水平向位移计（编号 4）检验试件在加载过程中是否发生侧偏，在底座布置竖向（编号 1）和水平向位移计（编号 2）各 1 个检验底座是否发生松动。为了解钢管混凝土箱形叠合柱试件柱肢钢管、外包混凝土和腹板的应变分布情况，分别在试件底部潜在塑性铰截面（距底座顶面 5cm 处）的柱肢钢管表面、外包混凝土表面及腹板混凝土表面布置应变片，如图 5-12 所示。

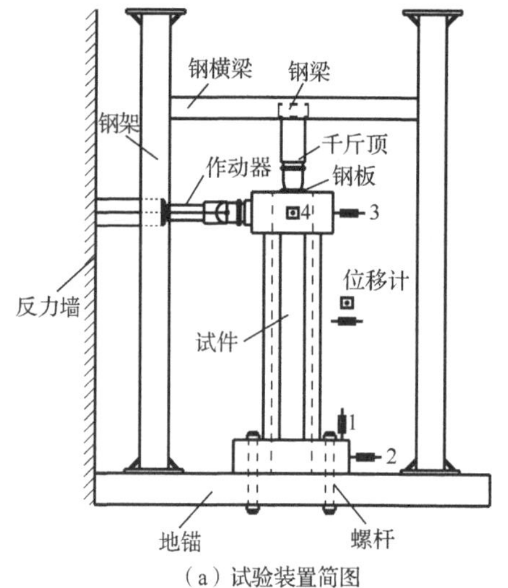

（a）试验装置简图

（b）实际加载照片

图 5-11　加载装置

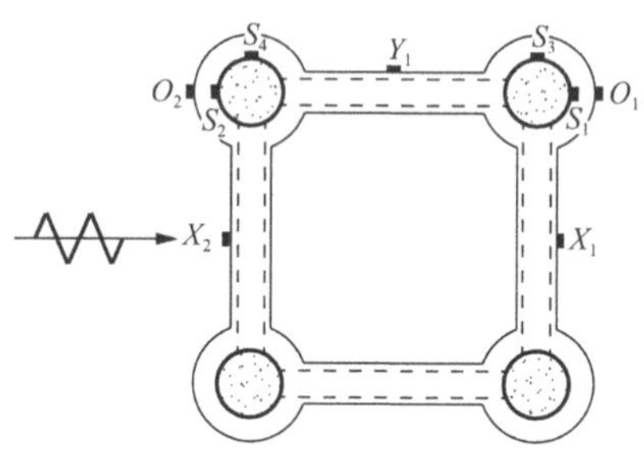

图 5-12　应变测点布置示意

试验加载制度参照《建筑抗震试验规程》（JGJ/T 101—2015）进行，试件屈服前，每级位移循环 1 次，位移增量为 1mm；试件屈服后，以试件屈服时所对应的屈服位移的倍数作为控制位移进行加载，即 $1\delta_y$，$1.5\delta_y$，$2\delta_y$，$2.5\delta_y$，$3\delta_y$，…，其中整数倍位移循环 3 次，非整数倍位移循环 1 次，水平位移加载模式如图 5-13 所示。试验过程中测得柱肢底部钢管的应变达到屈服应变时，认为试件达到屈服状态。与常规拟静力试验在试件加载至峰值荷载的 85%时就停止加载不同，为充分考察钢管混凝土箱形叠合柱的受力特性，试验加载至试件出现明显破坏或无法继续承载时结束试验。

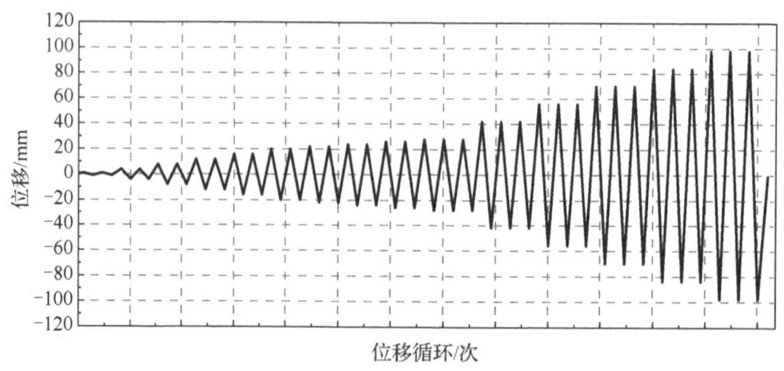

图 5-13　水平位移加载模式

5.3.3　试验结果与分析

1. 试件破坏形态

图 5-14 为拟静力试验得到的试件典型破坏形态，图 5-15 为整理试验观察记录得到的外包混凝土裂缝展开图。面内柱肢间距越大或轴压比越大，试件表面出现裂缝的时间越晚。以试件 X1-DX500-P15 为例，对反复水平荷载作用下钢管混凝土箱形叠合柱的破坏形态进行说明。

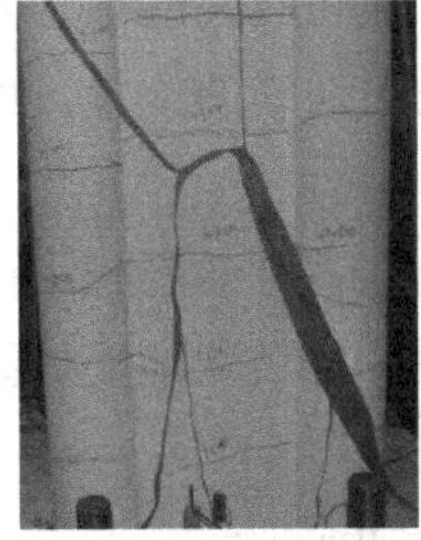
（a）水平裂缝（面外）

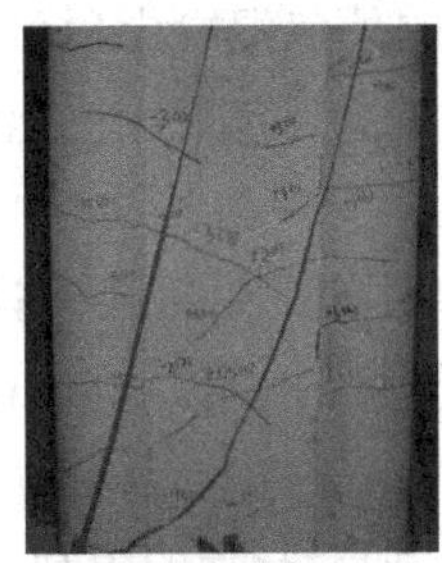
（b）腹板斜向裂缝（面外）

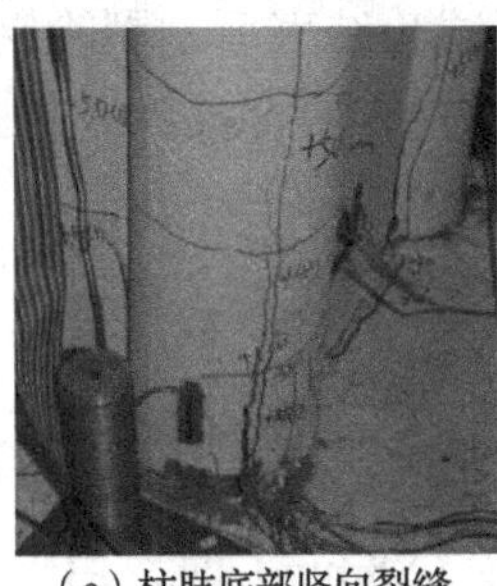
（c）柱肢底部竖向裂缝

（d）柱肢底部钢管局部鼓曲

图 5-14　试件 X1-DX500-P15 破坏形态

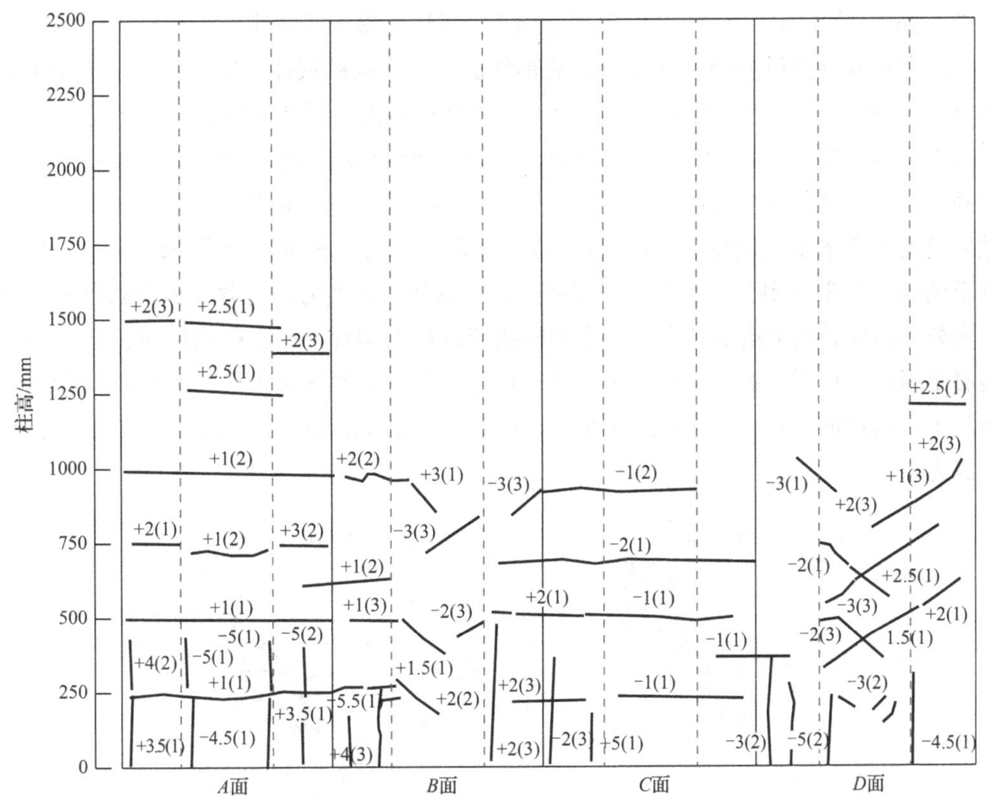

图 5-15　外包混凝土裂缝展开图（试件 X1-DX500-P15）

当柱顶位移加载至约 4mm 时，试件底部面外方向缀管处腹板混凝土开始产生水平微裂缝，如图 5-14（a）所示，这是由于该区域的混凝土厚度较薄，容易发生开裂。

当柱顶位移加载至 8mm 时，应变片测得柱肢底部受拉侧钢管外缘发生屈服，即此时的位移为屈服位移。随着柱顶水平位移的逐渐增大，面外方向水平裂纹不断扩展，形成贯穿截面的水平裂缝，而面内方向腹板开始出现斜向裂缝。同时，外包混凝土表面的裂缝由柱底向试件一半高度附近扩展，如图 5-14（b）所示。

如图 5-14（c）所示，当柱顶位移加载至屈服位移 3 倍（24mm）时，柱肢底部钢管因局部鼓曲变形向外挤压钢管外包混凝土，使混凝土产生较大的环向拉应力，进而导致混凝土开裂，出现竖向裂缝。试验结束后，剥除钢管的外包混凝土后可观察到柱肢底部钢管发生明显的鼓曲变形并形成鼓曲环，变形突出部位正是外包混凝土出现竖向裂缝的位置，如图 5-14（d）所示。

随着柱顶位移超过 5 倍屈服位移（40mm），试件底部受压区柱肢外包混凝土被压溃，逐渐退出工作，水平荷载开始逐渐下降。加载至 6 倍屈服位移（48mm）时，柱肢底部受拉区钢管均已屈服，试件表面不再产生新裂缝，仅柱肢底部竖向裂缝宽度不断扩大。

加载至 11 倍屈服位移（88mm）时，由于设备加载行程的限制，应停止试验。

2. 水平荷载-位移滞回曲线

图 5-16 为拟静力试验得到的各试件的水平荷载-位移滞回曲线。图 5-16（a）和（c）中增加了具有相同柱肢纵向间距和轴压比的钢管混凝土格构柱试件的滞回曲线，以做对比。由图 5-16（a）和（c）中钢管混凝土箱形叠合柱试件与格构柱试件滞回曲线的比较可知，与钢管混凝土格构柱相比，钢管混凝土箱形叠合柱的滞回曲线均表现出明显的捏拢效应。通过观察拟静力试验各级位移反复加载过程中试件混凝土表面裂缝在正负方向的不同形态，产生捏拢效应是由于在水平反复荷载作用下，柱肢外包混凝土与腹板混凝土受拉破坏产生的裂缝不断处于闭合—扩张—闭合的状态，即混凝土参与试件承载能力的有效面积不断发生变化。

另外，钢管混凝土箱形叠合柱的水平峰值荷载约为钢管混凝土格构柱的 5 倍。当柱肢外包混凝土退出工作后，钢管混凝土箱形叠合柱的承载力虽然有较大程度的下降，但仍约为钢管混凝土格构柱的 2 倍，这说明钢管混凝土箱形叠合柱中混凝土腹板的存在有助于提高其水平承载力。

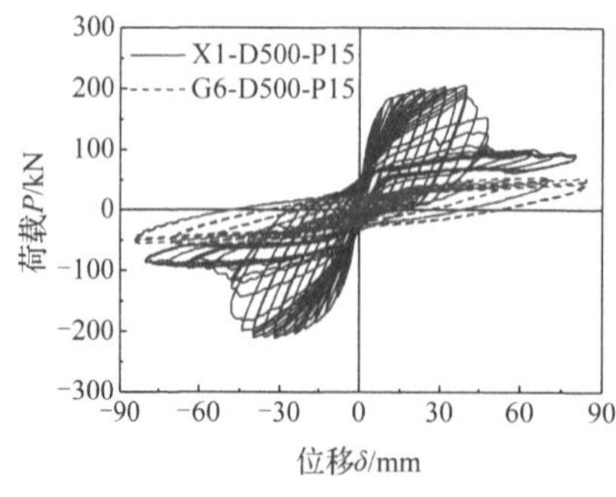

（a）试件X1-D500-P15与试件G6-D500-P15

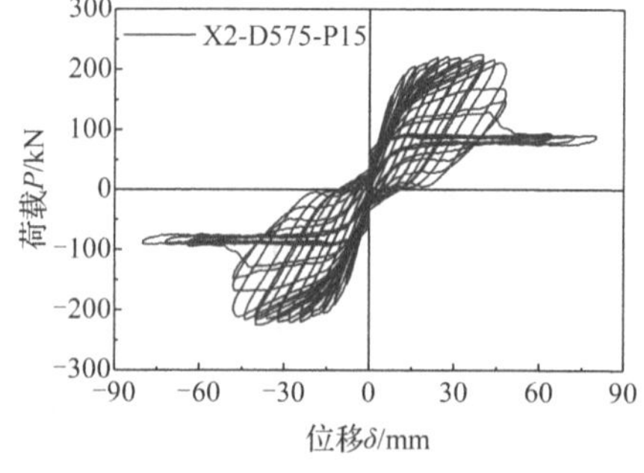

（b）试件X2-D575-P15

图 5-16　各试件的水平荷载-位移滞回曲线

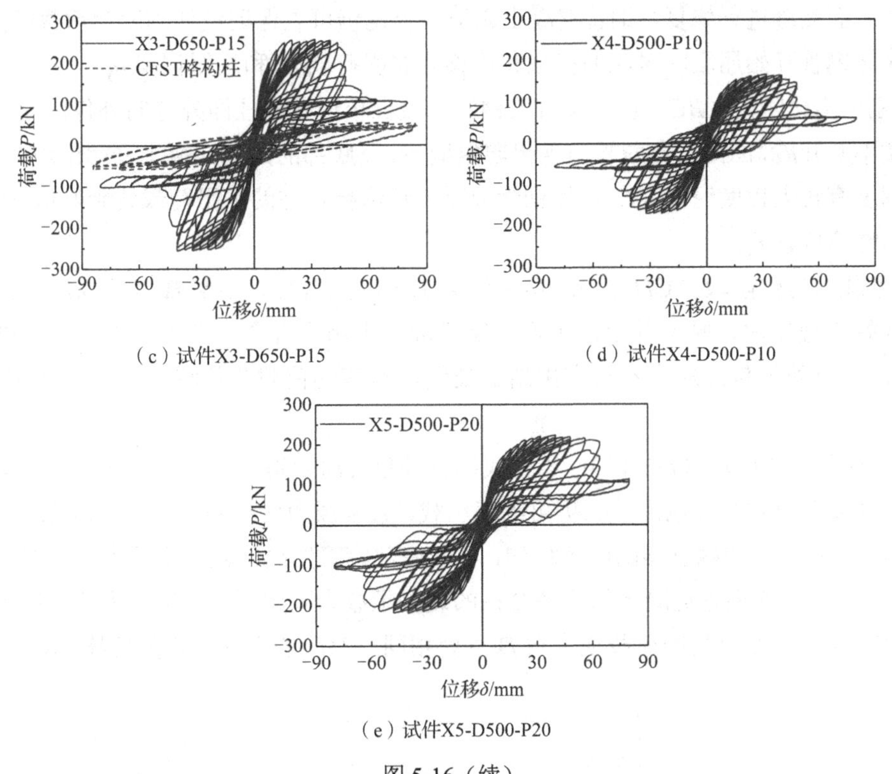

（c）试件X3-D650-P15

（d）试件X4-D500-P10

（e）试件X5-D500-P20

图 5-16（续）

由图 5-16 可知，随着面内柱肢间距或轴压比的增大，钢管混凝土箱形叠合柱的水平峰值荷载均有所提高，滞回曲线的形状也越发饱满。以试件 X1-DX500-P15 为例，对水平荷载反复加载过程中钢管混凝土箱形叠合柱的滞回特性进行说明。加载初期，试件处于弹性阶段，反向加载时无残余变形。当柱顶位移加载至约 4mm 时，试件荷载-位移滞回曲线开始出现拐点，试件刚度减小，卸载后产生较小的残余变形，形成一个围绕原点、面积较小的滞回环。当柱顶位移加载至 8mm 时，柱肢底部受拉侧钢管外缘屈服。随着柱顶水平位移的逐渐增大，水平荷载也随之逐渐增大，但增长速度逐渐减慢，卸载后的残余变形也不断增大。当柱顶位移加载至约 40mm 时，试件底部受压区柱肢外包混凝土被压溃，试件承载力达到峰值荷载。加载至 6 倍屈服位移（48mm）时，试件承载力急速退化至峰值荷载的 1/3 左右，此时柱肢底部受拉区钢管均已屈服。位移继续增大，试件表现出较好的延性，荷载下降缓慢。

3. 荷载-位移骨架曲线

综合钢管混凝土箱形叠合柱的滞回曲线与破坏形态，将水平反复荷载作用下的钢管混凝土箱形叠合柱的受力过程划分为图 5-17 所示的 5 个阶段。

1）弹性阶段（*OA* 段）：其斜率表示钢管混凝土箱形叠合柱的弹性刚度 K。A 点处外包混凝土开始出现裂缝，对应的荷载和位移为开裂荷载 P_c 和开裂位移 δ_c。

2）可修复阶段（*AB* 段）：该阶段面外方向外包混凝土开始出现水平裂纹，柱肢钢管还未屈服，此时钢管混凝土箱形叠合柱的刚度开始减小，但减小幅度不大。若在这个阶段对外包混凝土表面裂缝进行修复，钢管混凝土箱形叠合柱仍可以保证设计刚度和承载能力。*B* 点处柱肢底部钢管开始屈服，对应的荷载和位移为屈服荷载 P_y 和屈服位移 δ_y。

3）刚度劣化阶段（*BC* 段）：该阶段钢管混凝土箱形叠合柱面外方向外包混凝土表面的水平裂纹不断开展，面内方向腹板出现斜向裂缝，柱肢底部的外包混凝土开始出现竖向裂缝，试件的刚度有较大程度退化。*C* 点处钢管混凝土箱形叠合柱的水平荷载达到峰值 P_m，对应的位移为峰值位移 δ_m。

4）承载力劣化阶段（*CD* 段）：钢管混凝土箱形叠合柱在达到峰值荷载后，柱底外包混凝土开始出现压溃、脱落并退出工作，钢管混凝土箱形叠合柱的水平承载力急剧下降直至 *D* 点，该点处外包混凝土不再产生新的裂缝，对应的荷载和位移为剩余荷载 P_u 和界限位移 δ_{u1}。

5）剩余承载力阶段（*DE* 段）；当柱底部分外包混凝土退出工作后，试件内部的钢管混凝土格构柱骨架与剩余外包混凝土仍可继续承载，且承载力保持基本稳定，具有较大的塑性变形能力。随着水平加载位移的继续增加，柱肢底部钢管的局部鼓曲变形愈发明显并逐渐丧失承载能力，*E* 点处钢管混凝土箱形叠合柱的剩余承载力开始明显下降，为便于归纳总结结构的受力特性，将 *E* 点处的荷载视为与 *D* 点处相同，对应的位移为极限位移 δ_{u2}。

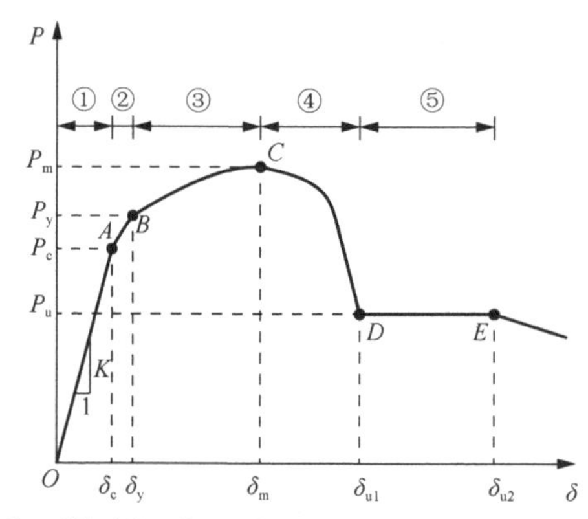

①—弹性阶段；②—可修复阶段；③—刚度劣化阶段；
④—承载力劣化阶段；⑤—剩余承载力阶段。

图 5-17 钢管混凝土箱形叠合柱受力阶段定义

本试验得到的各试件骨架曲线如图 5-18 所示，表 5-3 中列出了各试件骨架曲线的特征值。可以看出，钢管混凝土箱形叠合柱的刚度和水平承载力均大于钢管混凝土格构柱；随着面内柱肢间距的增大，钢管混凝土箱形叠合柱的弹性刚度增大，当面内柱肢间距从 500mm 增至 575mm 和 650mm 时，弹性刚度增大了 24.9%和 44.6%，屈服荷载增大了 10.3%和 19.7%，峰值荷载增大了 6.7%和 26.0%。随着轴压比从 0.10 增至 0.15，钢管混凝土箱形叠合柱的屈服荷载和峰值荷载分别增大了 37.4%和 23.3%，轴压比继续增至 0.20 时，屈服荷载几乎不再增大，但峰值荷载增大了 33.7%。轴压比的改变对试件弹性阶段刚度的影响有限，但会明显改变界限位移和剩余荷载。

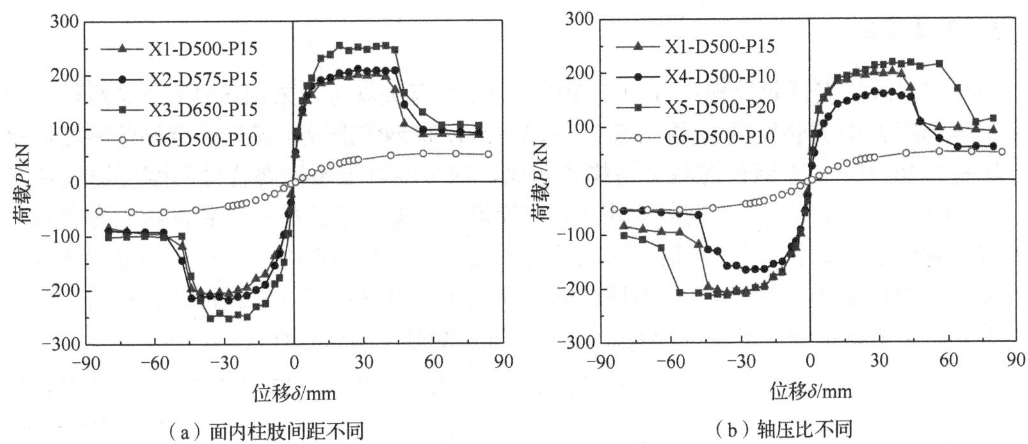

（a）面内柱肢间距不同　　（b）轴压比不同

图 5-18　水平荷载-位移骨架曲线

表 5-3　骨架曲线特征值

试件	K/(kN/mm)	P_y/kN	δ_y/mm	P_m/kN	δ_m/mm	P_u/kN
X1-D500-P15	32.5	161.6	8.0	200.8	36.0	89.2
X2-D575-P15	40.6	178.3	8.1	214.2	44.0	96.9
X3-D650-P15	47.0	193.5	8.0	253.1	40.0	106.4
X4-D500-P10	30.9	117.6	8.0	162.8	36.0	61.0
X5-D500-P20	33.0	165.2	7.9	217.7	44.0	113.7
G6-D500-P15	2.1	40.4	25.3	52.7	54.3	44.8

4. 累积滞回耗能

图 5-19 为各试件累积滞回耗能与加载位移的关系曲线。由于钢管混凝土柱肢、钢筋混凝土腹板和柱肢外包混凝土共同参与受力，因此在相同加载位移下，钢管混凝土箱形叠合柱的累积滞回耗能远大于钢管混凝土格构柱。当钢管混凝土箱形叠合柱的面内柱肢间距从 500mm 增至 575mm 和 650mm 时，累积滞回耗能增大了 3.6%和 15.8%；当轴压比从 0.10 增至 0.15 和 0.20 时，累积滞回耗能增大了 20.8%和 48.7%，增幅明显。

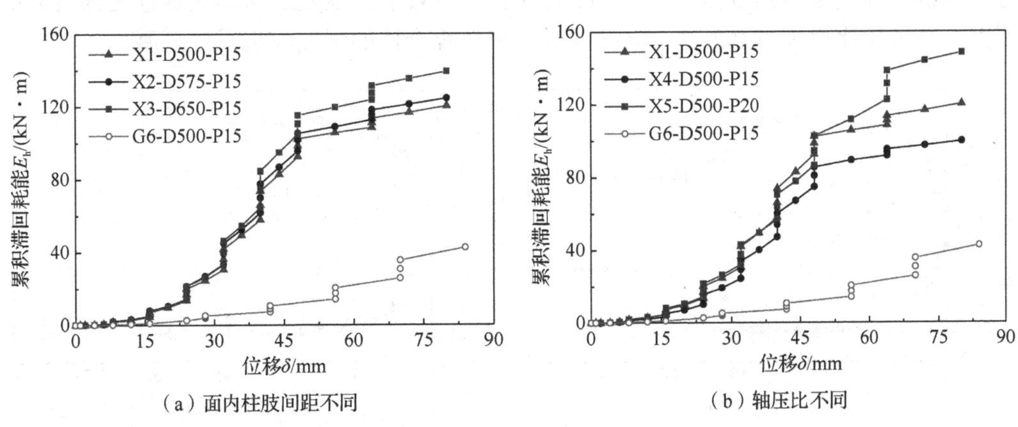

（a）面内柱肢间距不同　　（b）轴压比不同

图 5-19　累积滞回耗能与加载位移的关系曲线

5. 刚度退化

参照《建筑抗震试验规程》(JGJ/T 101—2015)有关规定，采用试件在第 i 级循环加载时的割线刚度 K_i 与弹性刚度 K 的比值 γ_i（K_i/K）来反映钢管混凝土箱形叠合柱的刚度退化特性，如图 5-20 所示。与钢管混凝土格构柱相比，钢管混凝土箱形叠合柱的刚度退化速度较快，这可能是因为在水平反复荷载作用下，钢管混凝土箱形叠合柱的外包混凝土开裂导致截面的有效刚度迅速减小，而柱肢钢管的屈服与塑性发展及管内混凝土的损伤导致钢管混凝土箱形叠合柱的刚度进一步退化。面内柱肢间距和轴压比对钢管混凝土箱形叠合柱的刚度退化影响不大，且所有钢管混凝土箱形叠合柱试件的刚度退化到一定程度后趋于稳定。

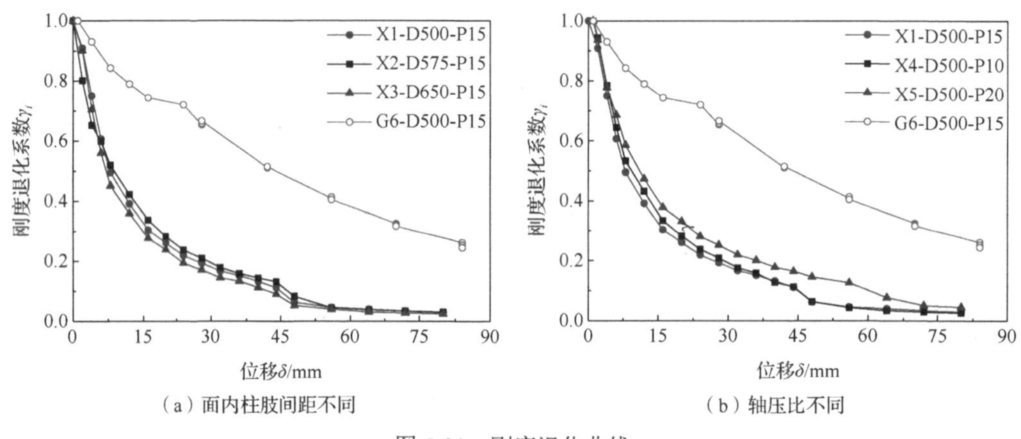

图 5-20 刚度退化曲线

6. 强度衰减

采用强度衰减系数 $\lambda_i=P_i/P_{max}$，即第 i 次循环加载时的极值荷载 P_i 与试验全过程峰值荷载 P_{max} 的比值，反映钢管混凝土箱形叠合柱的强度衰减特性。图 5-21 为钢管混凝土箱形叠合柱试件的强度衰减情况。与钢管混凝土格构柱相比，钢管混凝土箱形叠合柱的强度衰减曲线维持了一段较长的水平后，随着部分外包混凝土退出工作，钢管混凝土箱形叠合柱的强度急剧下降，下降到一定数值后又保持一小段的水平，直至加载结束。所有钢管混凝土箱形叠合柱的最终强度衰减幅度基本一致。面内柱肢间距对钢管混凝土箱形叠合柱的强度衰减影响不大；当轴压比增加到 0.2 时，钢管混凝土箱形叠合柱的强度较迟发生衰减。

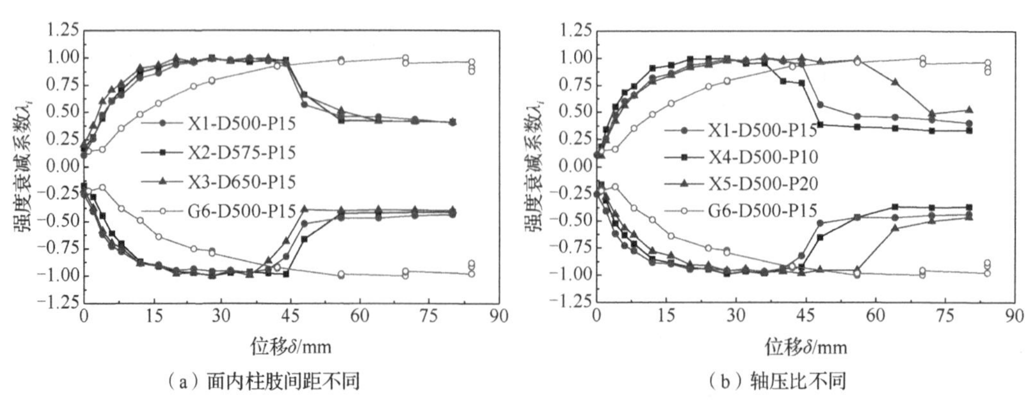

图 5-21 强度衰减曲线

7. 位移-应变关系曲线

各钢管混凝土箱形叠合柱试件的应变发展情况大致相似，以试件 X1-DX500-P15 为例，对水平荷载反复加载过程中钢管混凝土箱形叠合柱柱底塑性较区域截面的应变发展情况进行说明，如图 5-22 所示。在未施加水平荷载前，在柱顶轴力作用下全截面受压。在水平低周反复荷载作用下，加载初期截面各材料的拉压应变基本呈线性变化；当柱顶位移加载至约 4mm 时，柱底钢管外包混凝土外缘受拉出现微小裂纹，此时平行于加载方向的腹板中部混凝土仍处于受压状态；当柱顶位移加载至约 8mm 时，柱肢底部受拉区钢管首先发生屈服，平行于加载方向的腹板中部混凝土也开始出现拉应变；当柱顶位移加载至约 12mm 时，受拉区外包混凝土的裂缝不断扩展，外包混凝土的应变片较早发生失效以致无法测得数据，而此时垂直于加载方向的受压区腹板处混凝土达到了峰值压应变；随着加载的继续进行，截面中性轴的位置不断发生变化，截面受压区的高度不断减小，使得受拉区钢管与混凝土的拉应变迅速增大；当柱顶加载位移超过 16mm 后，柱底截面钢管和混凝土的应变数据均已失效。

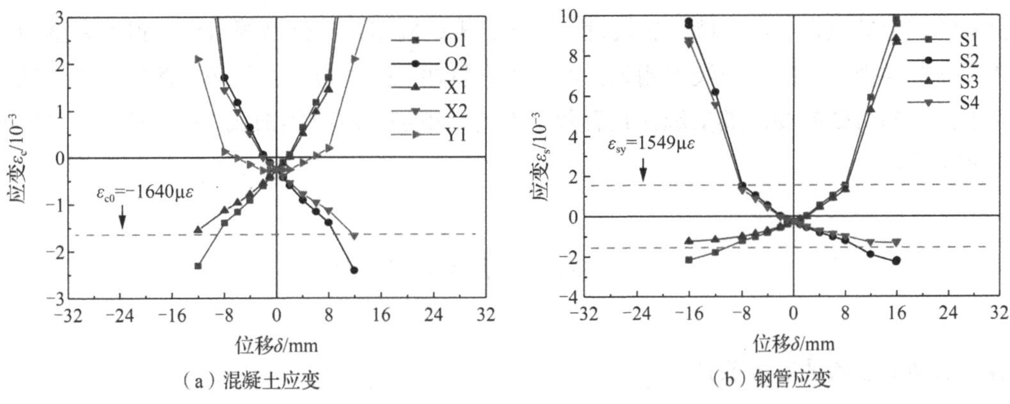

图 5-22　柱顶位移-截面应变曲线

思　考　题

1. 拟静力试验方法与传统静力试验方法有何区别与联系？
2. 简述拟静力试验常用的加载装置和设备。
3. 拟静力试验有哪些常见的加载方法？简述不同加载方法的适用情况。
4. 拟静力试验主要获取哪些数据？如何处理这些数据？

第6章　土木工程结构拟动力试验

拟动力试验和拟静力试验的目的不同。拟静力试验是采用大比例的单自由度试件和周期性的加载方法，对材料或结构的表现进行深入的了解，从而发展抽象的、概括性的结构数学模型。拟动力试验则是将已存在的数学模型应用于结构或构件，模拟地震对结构的作用，从而根据试验结果对预期响应进行验证。拟动力试验能做较大型结构模型试验，并能缓慢重现地震时结构物的反应，便于观察结构的破坏过程。其不足之处在于不能反映实际地震时材料应变速率的影响。

拟动力试验方法是将结构动力学的数值解法同电液伺服加载有机地结合起来的试验方法，即计算机与加载器联机求解结构动力学方程的方法，因此，它对试验装置要求比较高，试验系统需由试验台、反力墙、加载设备、计算机、数据采集仪器等组成。拟动力试验的加载装置与拟静力试验的加载装置相近，本章不再赘述。拟动力试验除必要的装置外，试验前还应根据结构所处的场地类型选择具有代表性的地震加速度时程曲线，并准备好计算机的输入数据文件。

6.1　拟动力试验方法

6.1.1　拟动力试验的基本原理

拟动力试验的基本原理为：在联机加载试验中，首先通过计算机将实际地震波的加速度转换成作用在结构或构件上的位移和与此位移相应的加振力；随着地震波加速度时程曲线的变化，作用在结构上的位移和加振力也跟着变化。这样一来就可以得出某一实际地震波作用下的结构连续反应的全过程，并绘制出荷载-变形的关系曲线，即结构的恢复力特性曲线。拟动力试验也称为计算机-加载器联机试验。

联机试验的加载任务是由计算机和电液伺服加载器联合完成的，整个试验加载连续循环进行，全部由计算机自动控制操作执行。图6-1为联机试验计算机加载工作流程框图。

具体步骤如下：

1）在计算机系统中输入某一确定的地震地面运动加速度。在加速度的时程曲线中，加速度的幅值随时间 t 的改变而变化。为便于利用数值积分方法计算求解线性或非线性的运动方程式，可将实际地震加速度的时程曲线按 Δt 划分成许多微小的时段，并认为在这 Δt 时间段内的加速度呈直线变化。

2）以单自由度为例，由计算机输入第 n 步的地面运动加速度 $\ddot{X}_{0n}$，求得第 $n+1$ 步的指令位移 X_{n+1}。当输入 $\ddot{X}_{0n}$ 后，由运动方程 $M\ddot{X}_n + C\dot{X}_n + F_n = -M\ddot{X}_{0n}$，第 $n-1$ 和第 n 步的位移

X_{n-1} 和 X_n 及第 n 步的恢复力 F_n，求第 $n+1$ 步的位移 X_{n+1}。

3）按指令位移 X_{n+1} 对结构施加荷载。由加载控制系统的计算机将位移值 X_{n+1} 转换成电压信号，输入加载系统的电液伺服加载器，用准静态方法对结构施加与 X_{n+1} 的位移相应的荷载。

4）测量结构的恢复力 F_{n+1} 和加载器的位移值 X_{n+1}。由电液伺服加载器的荷载传感器和位移传感器测量结构的恢复力 F_{n+1} 和加载器活塞行程的位移反应值 X_{n+1}。

5）重复上述步骤，按输入第 $n+1$ 步的地面运动加速度 $\ddot{X}_{0n+1}$ 求位移 X_{n+2} 和恢复力 F_{n+2}，连续进行加载试验。将实测的 F_{n+1} 和 X_{n+1} 的数值连续输入数据采集和反应分析系统的计算机，利用位移 X_n、X_{n+1} 和恢复力 F_{n+1} 按上述方法重复运行并进行计算、加载和测量，求得位移 X_{n+2} 和恢复力 F_{n+2}，连续对结构进行加载试验，直到输入地震加速度时程所指定的时刻。

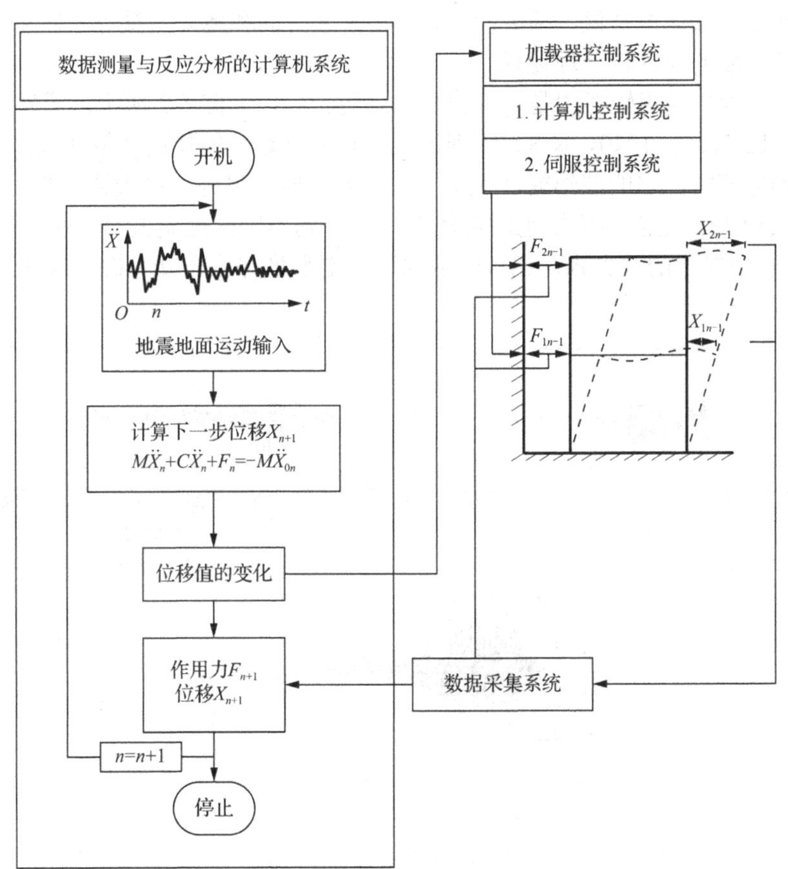

图 6-1　联机试验计算机加载工作流程框图

6.1.2　拟动力试验的前期准备

1. 模型设计

由于原型结构的规模大、费用高，目前采用较多的是缩尺模型试验。

2. 地震波的选择

地震地面加速度记录是反映地震动特性的重要信息。地震波具有强烈的随机性，观测结果表明，即便是同一次地震在同一场地上得到的地震记录也不尽相同。结构的弹塑性时程分析表明，结构的地震反应随输入地震波的不同而差距很大，相差高达几倍甚至十几倍。故要保证时程分析结果的合理性，必须在综合考虑了场地条件、现有地震波记录的持时、峰值及频谱特性等因素之后，才能选定拟动力试验的输入波。一般而言，供结构时程分析使用的地震波有 3 种：①拟建场地的实际地震记录；②人造地震波；③典型的有代表性的过去强震记录。

如果在拟建场地上有实际的强震记录可供采用，那么这是最理想、最符合实际情况的。但是，在许多情况下拟建场地上没有这种记录，所以至今难以应用到实际中去。

人造地震波是采用电算的数学方法生成的符合某些要求的地面运动过程，这些指定的条件可以是地面运动加速度峰值、频谱特性、震动持续时间和地震能量等。显然，这是获取时程分析所用地震波的一种较合理途径。

目前，在工程中应用较多的是一些典型的强震记录，如图 6-2 所示。国外用得最多的是埃尔森特罗（El-Centro 1940，N-S）强震记录，它具有较大的加速度值（A_{max}=0.341g），而且在相同的加速度时，它的波形能产生更大的地震反应。另外，塔夫特（Taft）地震与中国台湾集集（Chi-Chi）地震的记录也用得较多。考虑到不同的地震波对结构产生的影响差异很大，故选择使用典型的过去强震记录时应保证一定数量并应充分考虑地震动三要素（振幅、频谱与持续时间）。

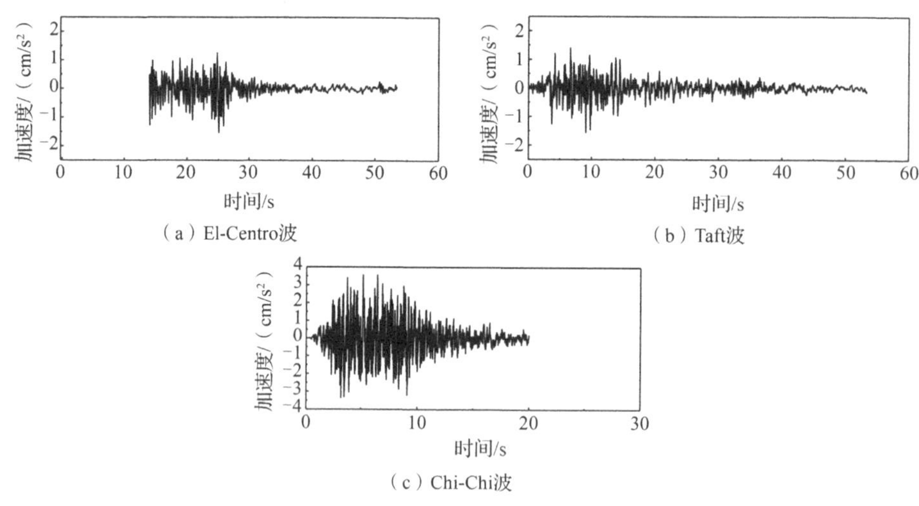

（a）El-Centro波

（b）Taft波

（c）Chi-Chi波

图 6-2　各输入地震波波形

（1）地震动的幅值

地震动幅值可指峰值加速度、峰值速度及峰值位移，对一般结构常直接输入动力方程的加速度曲线，这主要是为了与结构动力方程相一致，便于对试验结构进行计算和分析。此外，采集的地震加速度记录较多且加速度输入时的初始条件容易控制，对选用的地震记录峰值加速度应按比例放大或缩小，使峰值加速度相当于相应设防烈度。表 6-1 列出了烈度与峰值加速度的对应关系。

表 6-1　烈度与峰值加速度的对应关系

烈度	6	7	8	9	10
峰值加速度	0.05*g*	0.1*g*	0.2*g*	0.4*g*	0.8*g*

注：*g* 为重力加速度。

（2）地震动频谱

地震动频谱特征包括谱形状、峰值、卓越周期等因素。研究表明，在强震发生时，一般场地地面运动的卓越周期将与场地土的特征周期相接近。因此，在选用地震波时，应使选用的实际地震波的卓越周期乃至谱形状尽量与场地土的谱特征一致。

因此考虑到地震动频谱时，选择的地震波应与以下两个因素相接近：①场地土特征周期与实际地震波的卓越周期尽量一致；②考虑近、远震的不同。现行建筑抗震规范给出不同场地、远近震下的特征周期，如表 6-2 所示。

表 6-2　场地土特征周期　（单位：s）

场地类别	1	2	3	4
近震	0.2	0.3	0.4	0.65
远震	0.25	0.4	0.55	0.85

（3）地震动持续时间

地震时，结构进入非线性阶段后，由于持续时间的不同使得结构能量损耗积累不同，从而影响结构反应。持续时间的选择有 3 个要素。①保证选择的持续时间内包含地震记录最强部分。②对结构进行弹性最大地震反应分析时，持续时间可选短些；对结构进行弹塑性最大地震反应分析或耗能过程分析时，持续时间可选长些。③一般取 $T \geqslant 10T_1$（T_1 为结构的基本周期）。

3. 阻尼比的确定

阻尼是振动体系的重要动力特征之一，是用来描述结构振动过程中某种能量耗散方式的术语。时程动力分析中的阻尼是指结构在地震时，结构与支撑之间的摩擦、材料之间的内摩擦，以及周围介质的阻力等引起的振动振幅的衰减作用。对于土木工程结构来说，对结构动力效应有较大影响的主要是内阻力。试验的阻尼比通过水平方向的动载试验测定，在每次拟动力试验前后各进行一次试验。

6.2　拟动力试验数据处理

1. 结构刚度与阻尼比

对于拟动力试验来说，结构刚度的变化直接影响着整个框架结构的动力特性。因此，结构刚度是分析土木工程结构在地震作用下地震反应的重要因素之一。同时，结构的刚度也是拟动力试验必须输入的主要参数之一。故在每种工况试验之前必须进行静力试验，测定结构当前的刚度值。当试件开裂或破坏后，其刚度有很大的退化。随着输入荷载的增大，结构破坏加剧，试件的刚度也不断退化，直至试验完全结束。

阻尼的大小和结构物的材料、结构类型及非结构构件的类型有关。阻尼大小用实际阻尼系数与临界阻尼系数的比值表示，即阻尼比。在地震作用下，结构阻尼受到一些外部和内部因素的影响，主要包括由结构物周围空气产生的外部阻尼、与材料黏滞性有关的内部阻尼、在结构的连接和支承部位发生的摩擦阻尼、当结构在非弹性状态下承受反复荷载时产生的滞回阻尼、由结构物所在场地耗散的能量产生的辐射阻尼、基础周围的滞回阻尼。在进行结构动力分析时，通常的做法是把各种来源的阻尼汇集为一个，统称为黏滞阻尼。精确地计算黏滞阻尼，且能有效地考虑前述的各种性能是不易实现的。

2. 加速度与位移反应

有研究表明，试件的加速度时程响应与输入地震波并不是同时达到最大值。这是由于结构本身自振周期与输入地震波的频率存在差异，随着结构累积损伤和刚度下降，结构自身的动力特性发生了变化，从而导致结构加速度响应发生变化。另外，加速度反应幅值随着结构的损伤累积及结构刚度的退化而有所改变。当输入地震波较小时，输入地震波的加速度与结构的加速度时程反应的幅值相差非常大，随着输入地震波的增大，二者的幅值就趋于接近。

试件的位移时程响应与输入地震波并不是同时达到最大值，这是由输入波的频谱与结构的自振周期决定的，只有当结构当前的自振周期与输入波的频谱相近时，其位移时程响应才会达到最大值。另外，与加速度响应一样，结构的位移响应也会随着结构的损伤累积及刚度退化而有明显的改变。当输入地震波较大时，试件正、反向位移并不对称，这是因为正、反向加载时结构的受拉和受压刚度不相等，并且还受许多因素的影响，如开裂、受压后裂缝闭合、钢材的包辛格效应等。

3. 恢复力曲线与累积滞回耗能

恢复力曲线是结构在反复荷载作用下的受力性能变化（裂缝的开展、钢筋的屈服和强化、局部混凝土的酥裂剥落以致破坏等）的综合反映，它概括了强度、刚度和延性等力学特性。但是，拟动力试验得到的恢复力曲线与拟静力试验的有所不同。对于拟静力试验来说，它的加载制度是规则的，它所获得的恢复力曲线体现了结构抗震性能的规律性，研究人员则可以根据其规律性通过统计分析的方法归纳出结构的恢复力模型，而这数学模型正是结构非线性分析的基础。但是对于拟动力试验而言，由于输入的地震波具有随机性，它所测得的结构恢复力曲线更多的是表现结构在具体某个地震下的抗震能力。以能量为例，随着拟动力试验工况的增大，地震波所施加在结构上的地震能量在不断加大，此时结构通过进入塑性阶段产生不可恢复残余变形的方式来耗散掉地震能量，其恢复力曲线的丰满程度决定了其抵御地震荷载的能力，而这正是结构自身抗震能力的体现。简单地说，拟静力试验的恢复力曲线揭示了试件受荷与变形关系的规律，而拟动力试验的恢复力曲线验证了试件的承载能力。

在不同峰值加速度地震作用下的累积滞回耗能，可采用累加的形式计算，即

$$E_{\mathrm{h}}=\sum_{i=0}^{n}\frac{1}{2}(F_{i+1}+F_i)(X_{i+1}-X_i) \tag{6-1}$$

式中，F_{i+1}、F_i为相邻两点的恢复力；X_{i+1}、X_i为恢复力对应的位移。

6.3　拟动力试验实例——钢管混凝土箱形叠合柱拟动力试验

6.3.1　模型设计

为了研究的连续性，本次拟动力试验使用的 2 个钢管混凝土箱形叠合柱缩尺模型与 5.3 节拟静力试验标准试件具有相同的几何尺寸和材料规格。图 6-3 为拟动力试验的加载测试示意图。钢管混凝土箱形叠合柱缩尺模型的底座通过 4 根高强锚杆固定在试验台座上。试验过程中缩尺模型顶部的水平反复荷载由 1 个固定在反力墙上的 1000kN MTS 作动器施加，行程范围为±250mm；竖向力采用 1 个 2000kN 液压千斤顶施加。液压千斤顶底部为一个固定在柱帽顶部中心的半球铰，上部与加载横梁下的滑动支座连接，通过上述措施保证拟动力试验加载过程中，千斤顶施加在柱帽上的轴力保持竖直。一般而言，钢筋混凝土结构的阻尼比为 0.05，钢结构的阻尼比为 0.02，组合结构的阻尼比取值为 0.02～0.05，因此本次拟动力试验选取的结构阻尼比为 0.035。

（a）实际加载照片

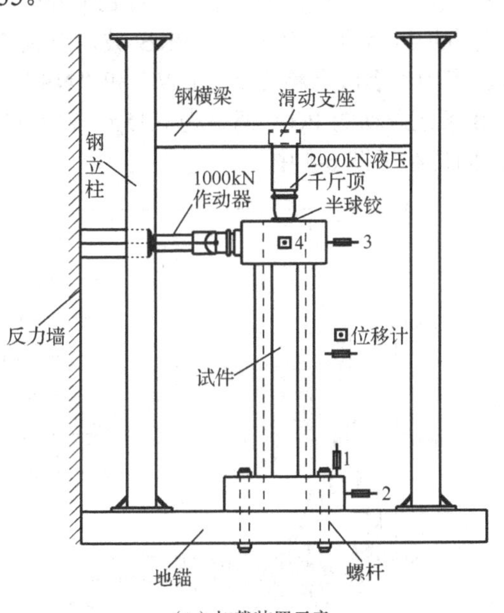

（b）加载装置示意

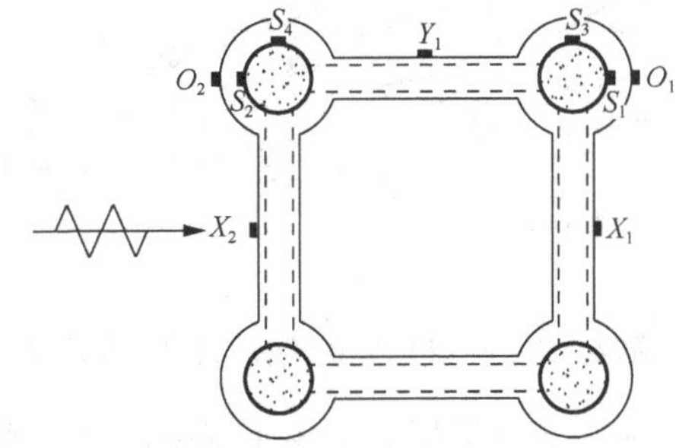

（c）应变测点位置

图 6-3　拟动力加载试验

为了解钢管混凝土箱形叠合柱缩尺模型在各地震工况作用下的结构位移响应和各组成部分的应变分布情况，本试验在缩尺模型柱帽和底座上均布置了位移计，并在模型柱肢钢管、外包混凝土和腹板混凝土表面布置了电阻应变片，测点布置方案与 5.3 节中的拟静力试验基本相同，本节不再赘述。

6.3.2 加载工况

根据《中国地震动参数区划图》（GB 18306—2015）的有关规定及背景工程桥梁的设计文件资料，背景工程桥梁为 A 类桥梁，按照 7 度设防，场地设计基本地震加速度为 0.15g，场地类别为 I 类，地震动反应谱特征周期为 0.45s。图 6-4 为《公路桥梁抗震设计规范》（JTG/T 2231-01—2020）给定的 7 度（0.15g）设防烈度 I 类场地下的设计加速度反应谱。目前国内外开展的大部分拟动力试验使用已发生的典型强震记录作为输入地震动，但由于不同的地震引起的结构响应差异很大，因此在选择使用典型的强震记录时需要保证有一定数量的输入地震动，同时要充分考虑地震动特性。如表 6-3 所示，首先对试件 S1 开展地震动特性对结构地震响应影响的预试验（地震动峰值加速度 PGA=0.05g），选择的强震记录包括世界上第一条被成功记录地震全过程数据的 El-Centro 波，1995 年阪神大地震中 3 种场地土类型下记录得到的 JMA 波、JRT 波、PKB 波，以及 2008 年汶川大地震中什邡八角测点记录的 SFBJ 波。表中地震波名称后缀“EW”和“NS”分别表示东西向和南北向的地震动。同时，将上述 10 条地震动的 PGA 调整为 0.15g，得到经过比例调整后的地震动对应的绝对加速度反应谱，同样绘于图 6-4 中。

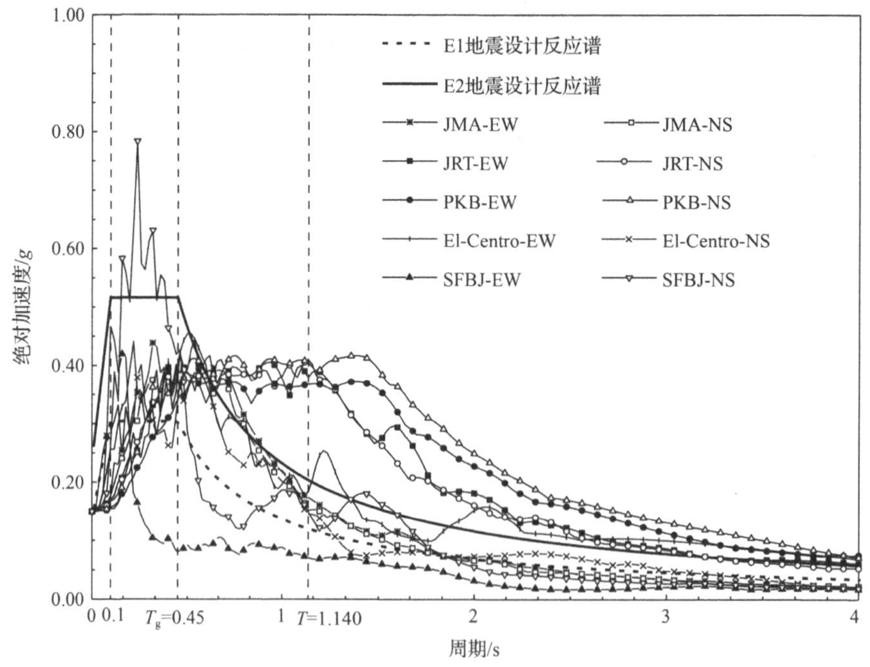

图 6-4 输入地震动（PGA=0.15g）加速度反应谱

表 6-3 和表 6-4 中“工况”最后 2 位数据表示该工况采用的地震动峰值加速度。在开展 6 度基本地震（PGA=0.05g）的预试验工况后，采用对钢管混凝土箱形叠合柱产生最大地震响应的 2 条地震波分别对试件 S1 和试件 S2 进行正式拟动力试验加载。正式试验输入的加

速度时程曲线如图 6-5 所示。正式试验时，前两个工况分别为 6 度基本地震（PGA=0.05g）工况和 9 度罕遇地震（PGA≈0.70g）工况，可直接比较小震与大震对结构响应的影响；从第 3 个工况（PGA=0.05g）开始将 2 条地震波的加速度幅值按一定比例进行调整并分级加载至第 7 个工况（PGA=0.40g），由于第 2 个工况已进行了 9 度罕遇地震加载，根据过往研究经验，后续 PGA=0.05～0.40g 工况下试件的弹性刚度比较稳定，变化较小，可比较不同抗震设防烈度地震作用引起的结构响应特性的变化；而接下来进行的第 8 个工况（PGA≈0.70g），是为了与第 2 个工况对比探讨同等强度余震对已损伤结构地震响应的影响程度；第 9 个工况是为了与第 1 个工况和第 3 个工况比较，进而了解钢管混凝土箱形叠合柱在强震作用下的弹性刚度的退化情况。

表 6-3　拟动力试验加载工况（预试验）

类型	试件	地震波	工况
预试验	S1	El-Centro-EW	YS1-01-05
		El-Centro-NS	YS1-02-05
		JMA-EW	YS1-03-05
		JMA-NS	YS1-04-05
		JRT-EW	YS1-05-05
		JRT-NS	YS1-06-05
		PKB-EW	YS1-07-05
		PKB-NS	YS1-08-05
		SFBJ-EW	YS1-09-05
		SFBJ-NS	YS1-10-05

表 6-4　拟动力试验加载工况（正式试验）

试件	地震波	工况	PGA/g	地震烈度	试件	地震波	工况	PGA/g	地震烈度
S1	JRT-EW	S1-01-05	0.05	6 度基本	S2	JRT-NS	S2-01-05	0.05	6 度基本
		S1-02-69	0.69	9 度罕遇			S2-02-70	0.70	9 度罕遇
		S1-03-05	0.05	6 度基本			S2-03-05	0.05	6 度基本
		S1-04-10	0.10	7 度基本			S2-04-10	0.10	7 度基本
		S1-05-15	0.15	7 度强基本			S2-05-15	0.15	7 度强基本
		S1-06-20	0.20	8 度基本			S2-06-20	0.20	8 度基本
		S1-07-40	0.40	9 度基本			S2-07-40	0.40	9 度基本
		S1-08-69	0.69	9 度罕遇			S2-08-70	0.70	9 度罕遇
		S1-09-05	0.05	6 度基本			S2-09-05	0.05	6 度基本

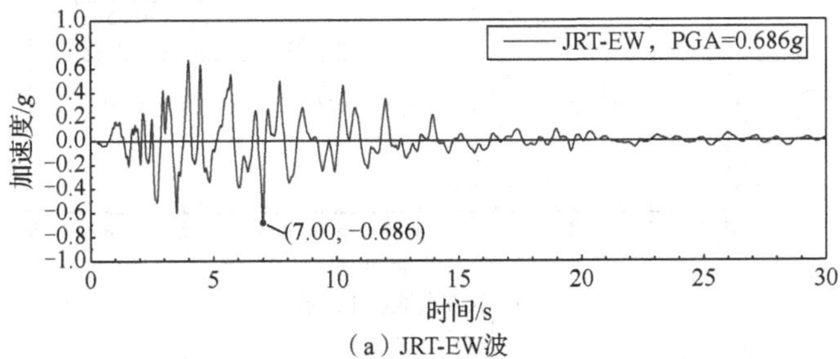

（a）JRT-EW波

图 6-5　正式试验输入的加速度时程曲线

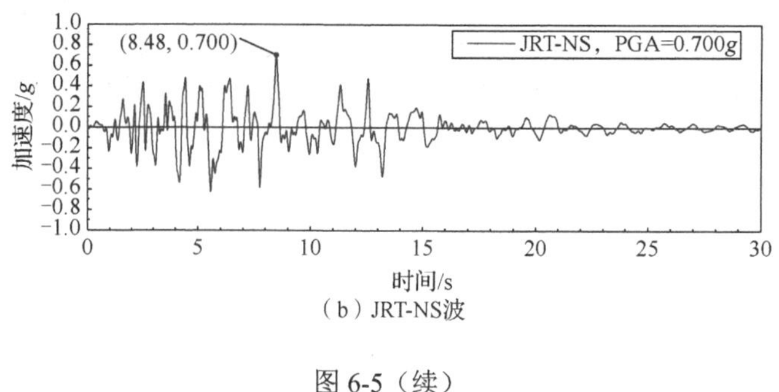

（b）JRT-NS波

图 6-5（续）

6.3.3 试验结果与分析

1. 地震动特性对结构线弹性地震响应的影响

对钢管混凝土箱形叠合柱试件 S1 首先进行 10 条 PGA=0.05g 的 6 度基本地震动的拟动力预试验。试件 S1 在预试验中处于线弹性工作状态，且根据应变测试数据，截面各组成部分的应变均为负值，即全截面受压，外包混凝土表面完好无损，不同地震动作用下的荷载-位移滞回曲线基本呈线性变化，限于本书篇幅，本书未示出滞回曲线，仅绘出柱顶位移响应时程曲线，如图 6-6 所示。由图 6-6 可知，JRT 地震波作用下试件柱顶位移响应较大，JRT-EW 波作用下试件柱顶位移响应最大为 4.63mm，是 10 条地震波最大柱顶位移响应平均值 2.75mm 的 1.68 倍；JRT-NS 波作用下幅值较大的柱顶位移响应出现频率较高。观察图 6-4 中原型结构自振周期 1.140s 对应的加速度反应谱，可知相比其他地震波，JRT 波中包含的地震动成分可激起试件产生较大的地震响应。因此，后续强震工况选择 JRT 地震波作为加载地震波。

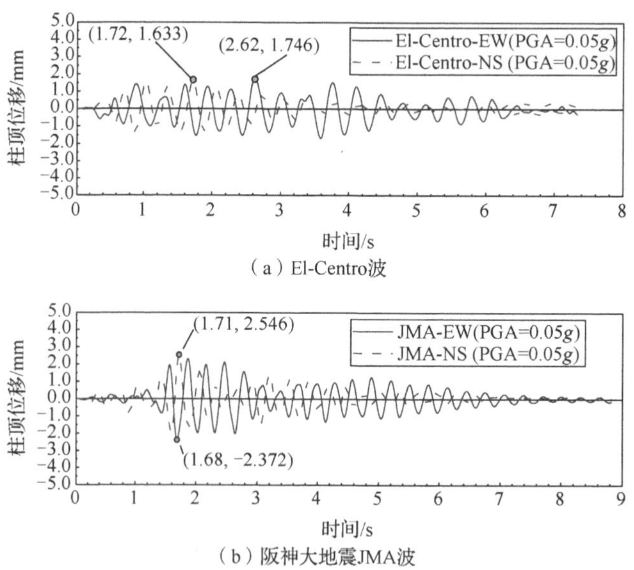

（b）阪神大地震JMA波

图 6-6 PGA=0.05g 预试验工况下的柱顶位移时程曲线

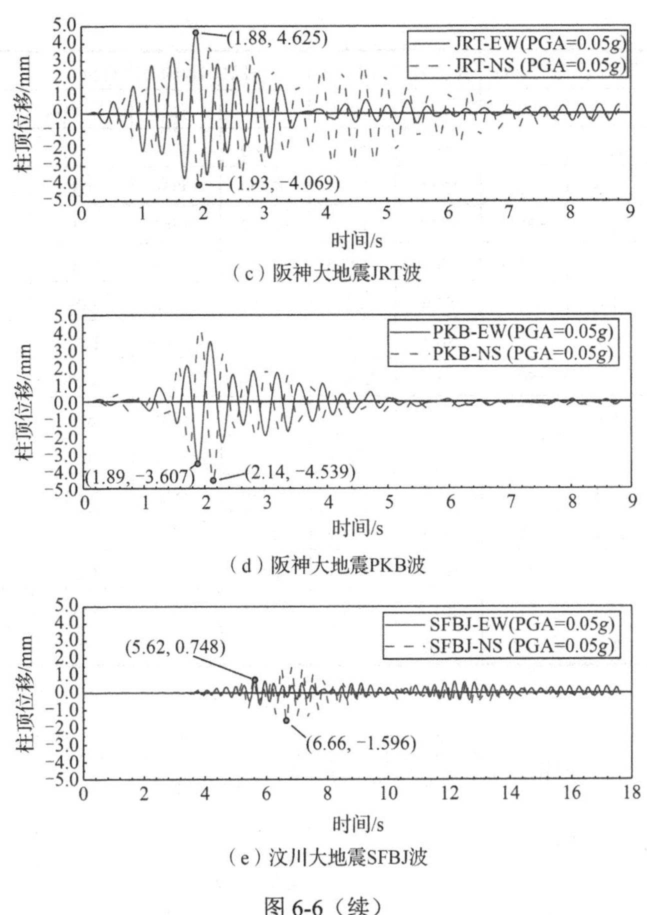

图 6-6（续）

2. 9 度罕遇地震作用下的结构弹塑性地震响应特性

表 6-5 列出了拟动力试验所有正式加载工况得到的钢管混凝土箱形叠合柱试件的主要地震响应结果，包括柱顶位移极值、柱底剪力极值及柱底钢管轴向应变极值。需要说明的是，由于布置在钢管混凝土箱形叠合柱混凝土表面的应变片在主震工况下已发生损坏，为了充分讨论主、余震工况下的响应情况，本章仅列出各工况作用下测试得到的柱底塑性铰区域钢管轴向应变的最大值与最小值。图 6-7 和图 6-8 绘制了 9 度罕遇地震（PGA≈0.7g）作用下钢管混凝土箱形叠合柱试件 S1 和 S2 的滞回曲线、柱顶位移时程曲线和累积滞回耗能时程曲线。在主震工况的加载过程中，两个试件的破坏形态和裂缝展开规律基本相同，因此，仅以试件 S1 为例对图 6-9 所示的裂缝分布和发展过程进行说明。

表 6-5　正式试验加载工况地震响应结果

工况	地震烈度	最大柱顶位移/mm		最大柱底剪力/kN		柱底钢管轴向应变/με			累积滞回耗能/（kN·mm）
		δ_{max+}	δ_{max-}	V_{max+}	V_{max-}	ε_{max}	ε_{min}	$\varepsilon_{max}-\varepsilon_{min}$	E_h
S1-01-05	6 度基本	4.6	−3.7	94.3	−94.0	−220	−1350	1130	307
S1-02-69	9 度罕遇	41.6	−55.0	191.3	−203.7	768	−6020	6788	25514
S1-03-05	6 度基本	5.0	−4.2	56.8	−56.5	−3584	−4181	597	422
S1-04-10	7 度基本	8.4	−8.0	80.1	−87.8	−3299	−4499	1200	910

续表

工况	地震烈度	最大柱顶位移/mm		最大柱底剪力/kN		柱底钢管轴向应变/με			累积滞回耗能/（kN·mm）
		δ_{max+}	δ_{max-}	V_{max+}	V_{max-}	ε_{max}	ε_{min}	$\varepsilon_{max}-\varepsilon_{min}$	E_h
S1-05-15	7 度强基本	11.4	-13.5	97.2	-112.0	-3060	-4773	1713	1530
S1-06-20	8 度基本	15.5	-18.3	120.8	-121.4	-2900	-4959	2059	2458
S1-07-40	9 度基本	29.7	-38.3	157.1	-148.9	-2313	-5561	3248	8163
S1-08-69	9 度罕遇	45.5	-56.6	176.4	-143.5	-1524	-7413	5889	21474
S1-09-05	6 度基本	4.4	-4.3	53.6	-54.8	-4448	-5053	605	386
S2-01-05	6 度基本	3.9	-4.1	86.4	-98.7	-184	-1400	1216	440
S2-02-70	9 度罕遇	48.7	-50.5	210.9	-208.5	1161	-6597	7758	26082
S2-03-05	6 度基本	3.3	-4.0	30.5	-42.1	-2770	-3465	695	144
S2-04-10	7 度基本	6.9	-7.9	59.2	-76.6	-2617	-3652	1035	475
S2-05-15	7 度强基本	11.5	-11.8	86.7	-99.7	-2499	-3850	1351	924
S2-06-20	8 度基本	15.7	-15.7	114.9	-113.9	-2390	-4035	1645	1731
S2-07-40	9 度基本	29.2	-36.1	168.9	-178.1	-2021	-4618	2597	8653
S2-08-70	9 度罕遇	48.5	-51.5	201.2	-199.1	-2441	-7689	5248	21611
S2-09-05	6 度基本	3.4	-3.8	29.9	-39.5	-5686	-6419	733	129

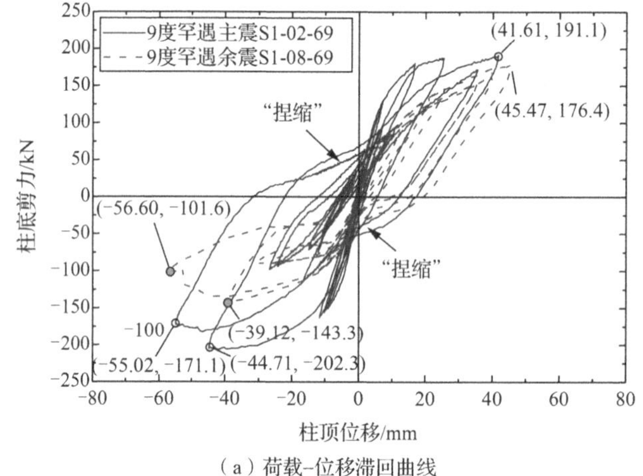

（a）荷载-位移滞回曲线

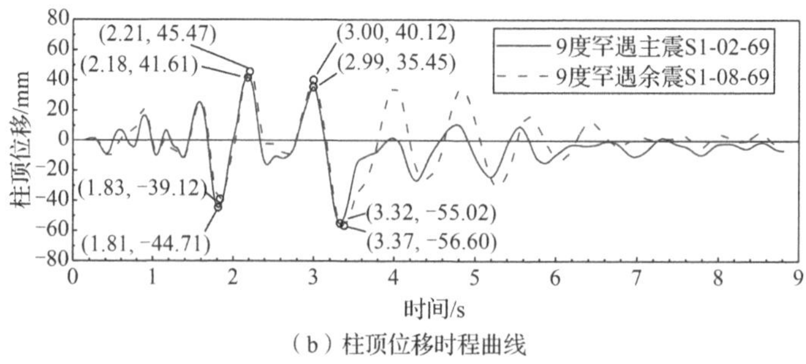

（b）柱顶位移时程曲线

图 6-7　JRT-EW 波 9 度罕遇地震工况下的结构地震响应（试件 S1）

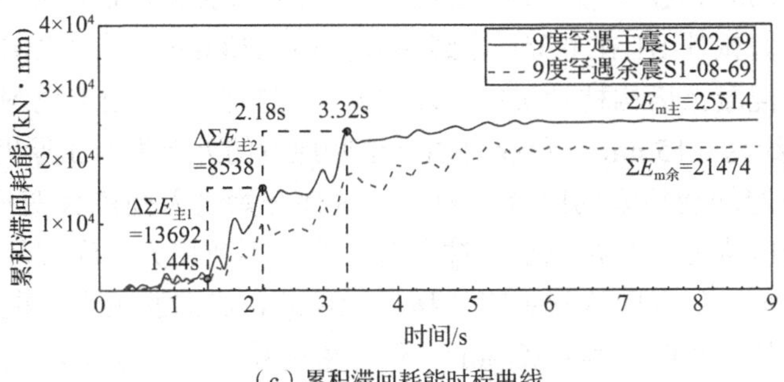

（c）累积滞回耗能时程曲线

图 6-7（续）

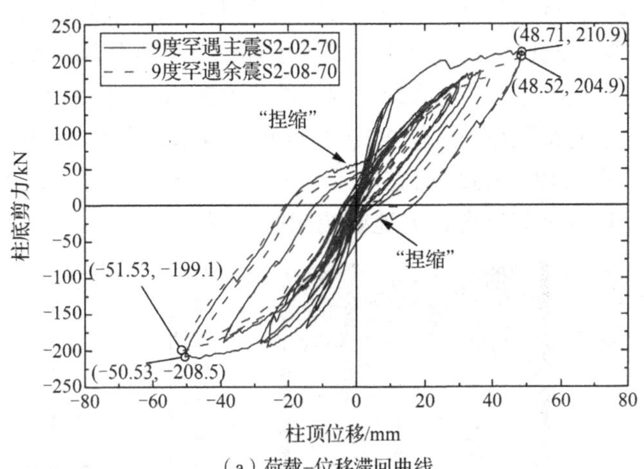

（a）荷载–位移滞回曲线

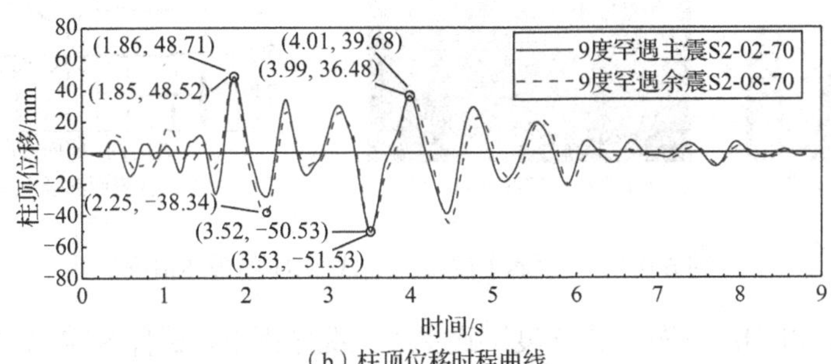

（b）柱顶位移时程曲线

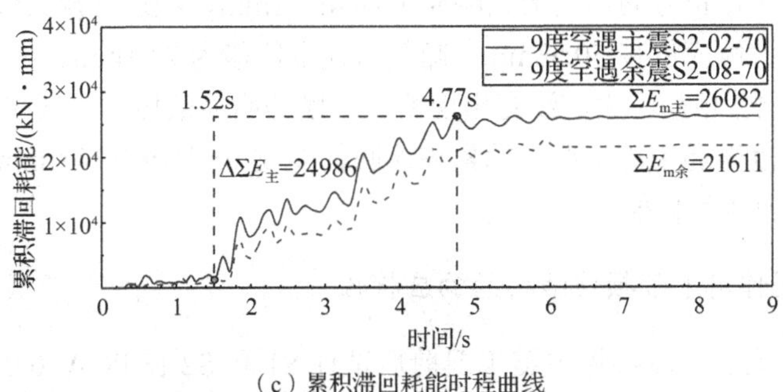

（c）累积滞回耗能时程曲线

图 6-8　JRT-NS 波 9 度罕遇地震工况下的结构地震响应（试件 S2）

由图 6-7（a）可知，在 9 度罕遇主震工况作用下，加载初期试件 S1 处于弹性工作阶段，表面完好无损。试件 S1 在 0.35s 达到屈服位移 4.38mm，试件底部受拉侧柱肢钢管发生屈服，并在钢管混凝土格构柱骨架中平联缀管对应横向腹板处出现图 6-9（a）所示的水平裂缝（裂缝宽度约为 0.15mm），可能是由于这些地方的外包混凝土厚度较薄容易开裂；反向加载时，这些裂缝均能很好的闭合。随后，试件开始进入弹塑性变形阶段，荷载-位移曲线的斜率（即结构刚度）开始减小，柱顶塑性变形不断增大，滞回环包围的面积不断增大。1.81s 时试件 S1 在负方向达到响应位移 44.71mm，纵向腹板上出现了图 6-9（b）所示的斜向剪切裂缝（裂缝宽度约为 0.10mm），伴随着柱肢底部外包混凝土出现竖向受压裂缝；紧接着在 2.18s 正方向达到最大响应位移 41.61mm，腹板和柱肢外包混凝土上的裂缝随着加载的进行逐渐发展延伸，遵循从下往上发展的规律，但到柱肢中部停止发展；3.32s 时试件 S1 在负方向达到最大响应位移 55.02mm，此时柱底部分混凝土失效退出工作，试件进入劣化段，承载力有所下降，但直至加载结束，试件破坏情况并未加剧，横向腹板水平裂缝最大宽度约为 0.35mm，纵向腹板斜向裂缝最大宽度约为 0.30mm。由图 6-9（c）可知，试件 S1 在 9 度罕遇主震工况下的累积滞回耗能 ΣE_h=25514kN • mm，其在 1.44～2.18s 短时间内完成了 54%的滞回耗能，在 2.18～3.32s 内完成了剩余 33%的滞回耗能，这也间接说明了滞回曲线和位移时程曲线上对应时刻出现较大地震响应的原因。

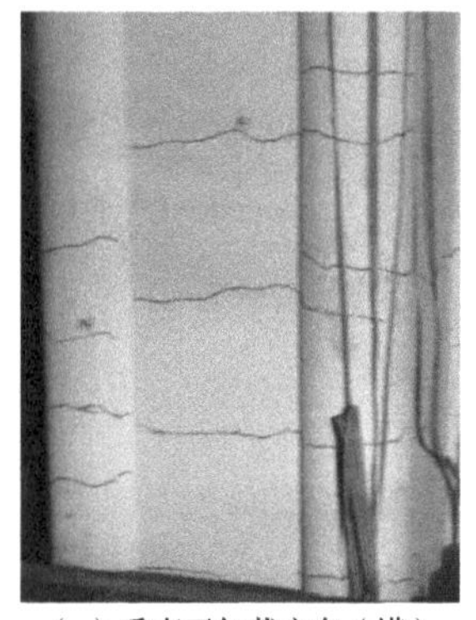
（a）垂直于加载方向（横）

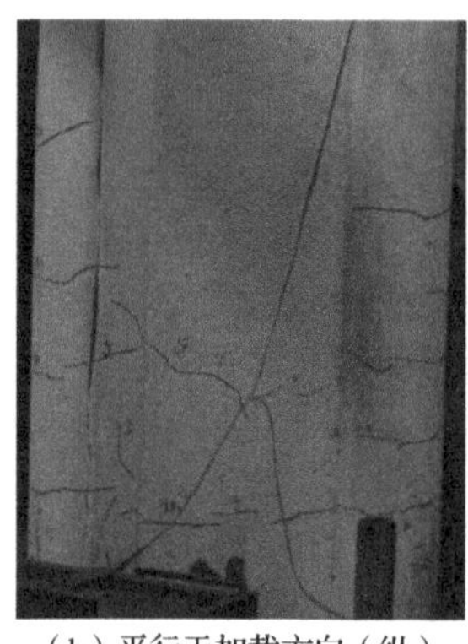
（b）平行于加载方向（纵）

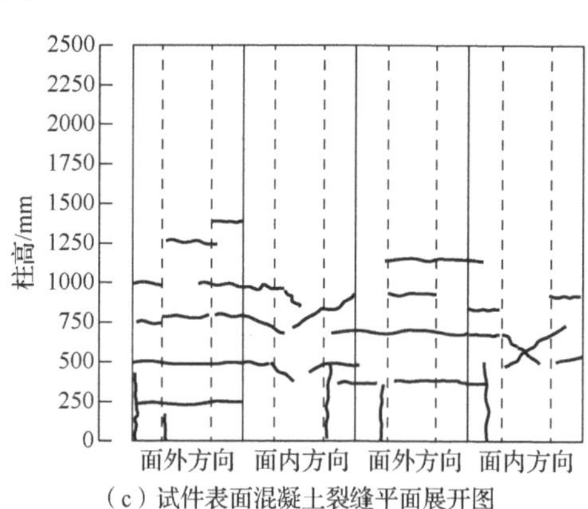

（c）试件表面混凝土裂缝平面展开图

图 6-9　9 度罕遇主震工况下试件 S1 的破坏情况

由图 6-8（a）和（b）可知，在 9 度罕遇主震工况作用下，试件 S2 在 0.32s 左右达到屈服位移 4.38mm，在 1.86s 正方向达到最大响应位移 48.71mm，经过几次大位移循环加载后，在 3.52s 负方向达到最大响应位移 50.53mm，卸载后残余位移为 7.01mm。在 JRT-NS 波作用下试件正、负方向响应位移相差不大，没有出现偏向一侧的明显破坏。由图 6-8（c）可知，试件 S2 在 JRT-NS 波 9 度罕遇主震工况下的累积滞回耗能 ΣE_h=26082kN • mm，其在 1.44～4.77s 内完成了绝大部分的滞回耗能。

3. 变强度余震作用下带损伤结构的响应特性

图 6-10 首先对比了 9 度罕遇主震工况前后试件 S1 和 S2 在 PGA=0.05g 的 6 度基本地震作用下的荷载-位移滞回曲线。不难看出，在经历 9 度罕遇主震工况后，试件 S1 和 S2 均有不同程度的损伤，尤其是外包混凝土损伤严重，试件 S1 和 S2 的弹性刚度由主震工况前的

28.5kN/mm 分别降低至 15.5kN/mm 和 11.5kN/mm，平均减小了约 53%，自振周期从 0.335s 分别增加至 0.454s 和 0.527s，对应原型桥墩的自振周期也从 1.140s 增加至 1.546s 和 1.795s。因此，尽管钢管混凝土箱形叠合柱在经历了 9 度罕遇主震后发生了损伤，结构抗推刚度明显退化，但结构的周期变长使得其承受的地震作用进一步减小，在相同强度 6 度基本地震作用下柱顶最大位移响应增幅较小。

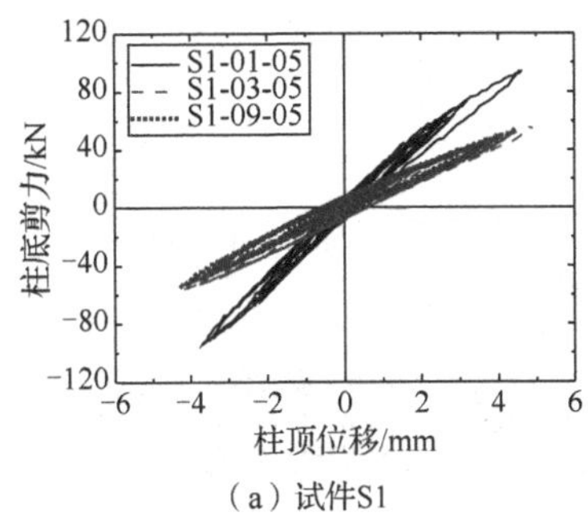

（a）试件S1

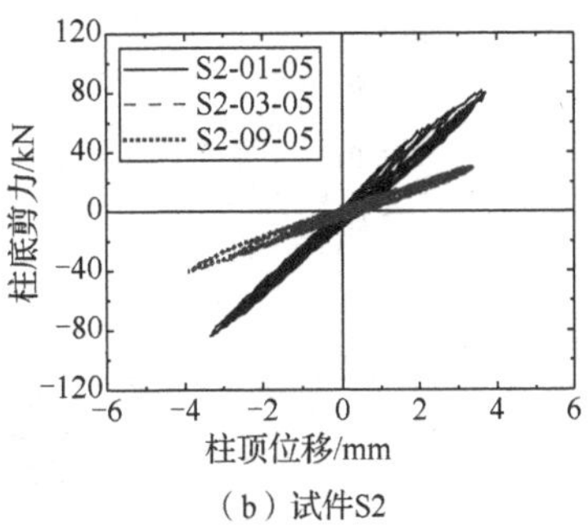

（b）试件S2

图 6-10　6 度基本地震工况下的荷载-位移滞回曲线

在 9 度罕遇地震余震工况作用下，受损试件并无新的裂缝产生，但原有裂缝有所发展，表现为裂缝长度延伸、裂缝宽度增大，柱底外包混凝土部分破碎、剥落，余震工况结束后凿开试件柱肢外包层混凝土，可观察到明显的柱肢钢管局部屈曲变形，钢管全截面屈服形成鼓曲环，如图 6-11 所示。

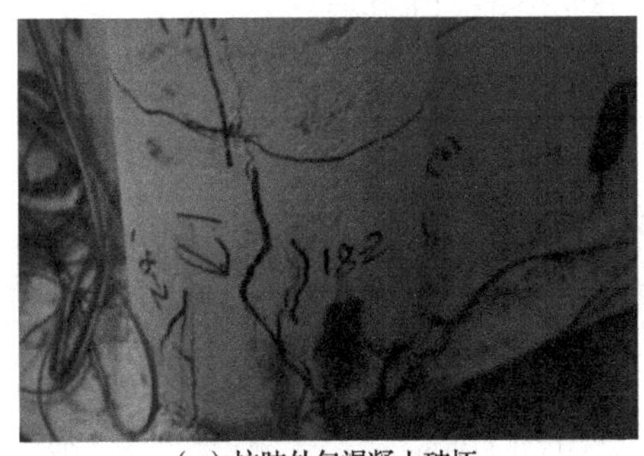

（a）柱肢外包混凝土破坏

（b）柱底钢管局部屈曲变形显著

图 6-11　余震工况结束后的试件 S1 最终破坏现象

本试验得到不同地震动强度余震作用下的钢管混凝土箱形叠合柱试件的荷载-位移滞回曲线和柱顶位移时程曲线，如图 6-12 所示。此外，为了便于比较，与主震具有相同强度的余震作用下的地震响应结果已用短画线绘制于图 6-7 和图 6-8 中。在 PGA=0.05g 的余震作用下，已受损的试件仍可保持弹性工作状态；当 PGA=0.10g 时，柱底钢管再次屈服，试件进入弹塑性变形阶段；随着余震的 PGA 逐级增加至 0.40g，柱顶最大位移和柱底最大剪力均随之逐渐增大，滞回曲线包围的面积也愈发饱满。在上述余震工况中，试件破坏情况并无明显变化，震后柱顶残余位移均较小。相比主震工况结果，在余震工况作用下，试件 S1 的柱顶最大位移响应略有增加，增幅约为 3%，但水平承载力显著下降了 29.6%，累积滞回耗能减少了 15.8%；试件 S2 的抗震性能退化幅度较小，柱顶最大位移响应增加了约 2%，水平承载力下降了约 4.6%，累积滞回耗能减少了约 17.1%；试件 S1 和 S2 的抗震性能明显退化。

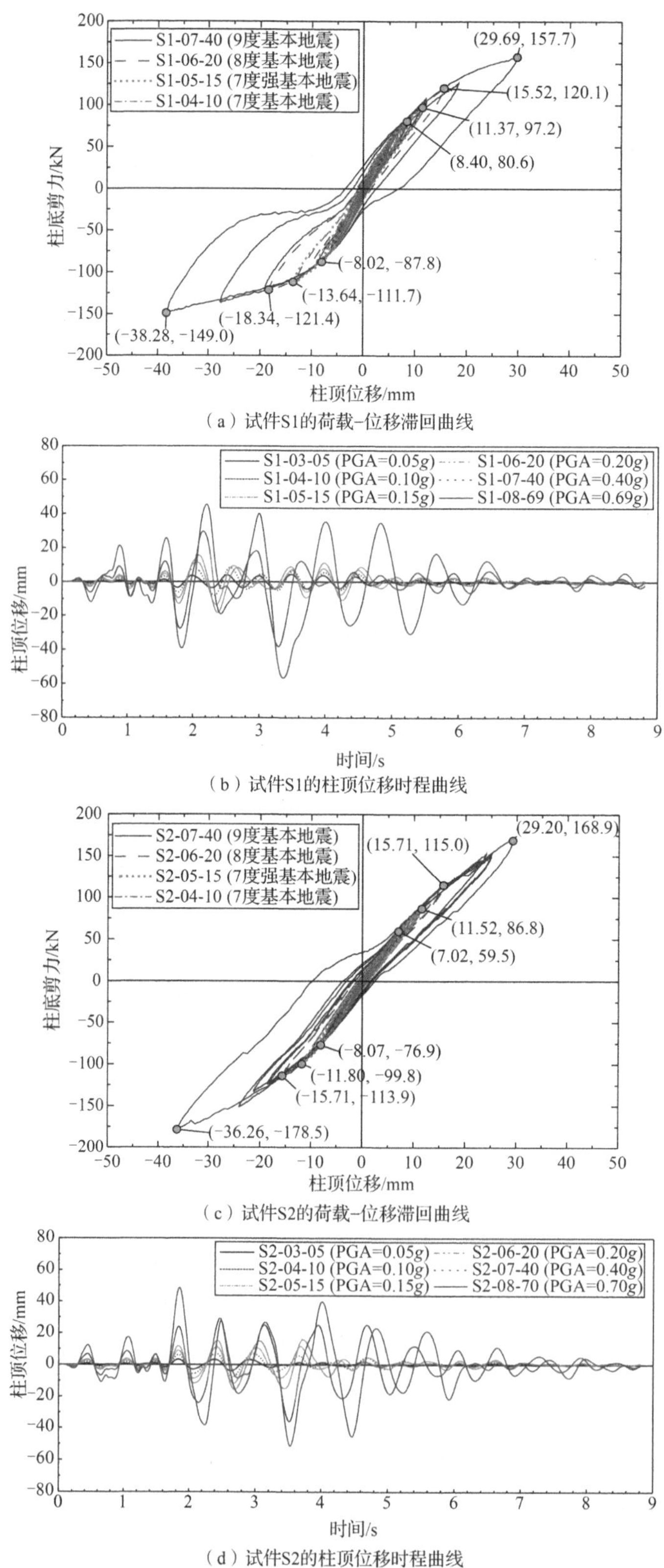

（a）试件S1的荷载-位移滞回曲线

（b）试件S1的柱顶位移时程曲线

（c）试件S2的荷载-位移滞回曲线

（d）试件S2的柱顶位移时程曲线

图 6-12 变强度余震工况作用下的结构响应

图 6-13 展示了受损试件的最大地震响应随余震地震动强度的变化趋势，随着余震地震动强度 PGA 的逐级增大，柱顶最大位移响应近似呈线性增加，而累积滞回耗能呈非线性增大；由于柱底塑性铰区域钢管的损伤在主余震工况作用下不断累积，柱底钢管轴向应变最小值呈非线性减小，但钢管轴向应变的变化量呈近似线性增加。

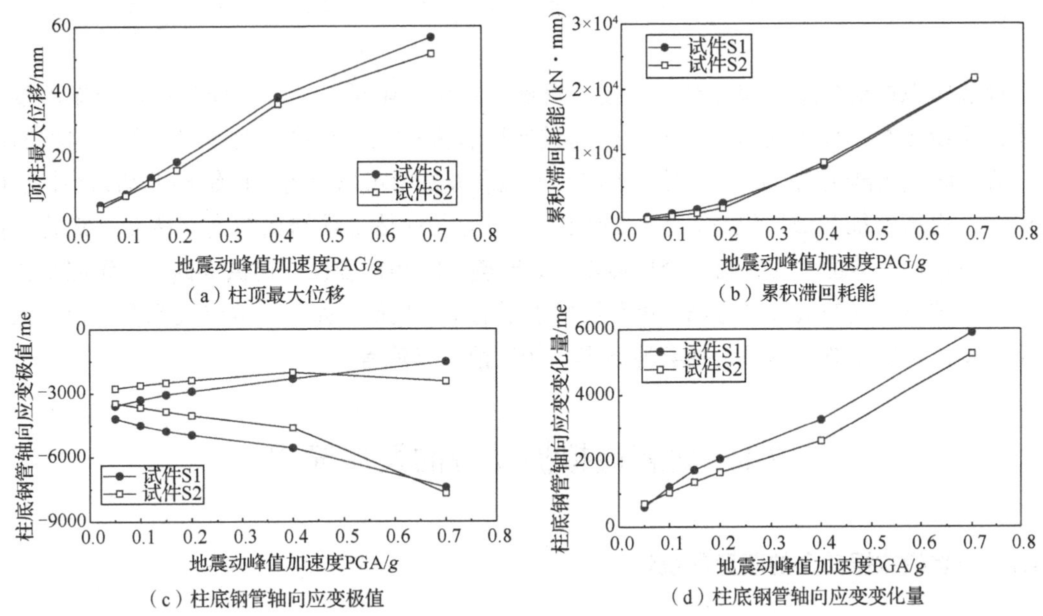

图 6-13　试件响应峰值随余震地震动强度的变化趋势

思　考　题

1. 拟动力试验方法与拟静力试验方法有什么区别？
2. 简述拟动力试验的工作原理。拟动力试验需要做哪些前期准备？
3. 拟动力试验主要获取哪些数据？如何处理这些数据？

第7章　土木工程结构地震模拟振动台试验

地震模拟振动台是一项综合了土建、机械、液压、电子、计算机控制技术和振动量测技术的系统工程。地震模拟振动台试验通过向地震模拟振动台输入地震波，激励结构的反应，从而很好地再现地震过程。同时通过人工地震波试验可以测得不同结构的动力特性、地震响应、震害特征和破坏机理，被广泛应用于研究与评估工程结构的抗震性能、检验工程结构抗震措施等方面，为提高综合抗震水平、地震设防和抗震设计提供依据，是研究结构地震反应和破坏机理的最直接方法。随着技术水平的不断提高，如今对地震模拟振动台输入的波形不仅仅是地震波，也可包括其他波形，如海浪、气流等。

7.1　地震模拟振动台的发展简史

7.1.1　地震模拟振动台的萌芽和统计

1890年，东京大学教授John Milne和助教Fusakichi Omori制作了一个简单的可以做正弦运动的振动台［图7-1（a）］，该装置通过偏心连接在手摇轮杆使得试件产生振荡运动。1906年，美国斯坦福大学物理学助理教授Rogers设计了一个可在单一水平方向运动的振动台［图7-1（b）］，用于测试干砂、湿砂性能，尺寸为100cm×86cm×30cm，装置通过直流电动机驱动75kg的平衡轮，进而驱动连接在箱体和平衡轮间的曲柄连杆。因此，振动台的运动基本为正弦运动，频率在0.5～4.6Hz变化，最大水平位移为±10cm。1923年日本关东大地震和1925年美国加州圣塔芭芭拉地区地震进一步激发了科学家们对研发振动台的兴趣。美国斯坦福大学Jacobson博士提出了摆锤激励装置［图7-1（c）］，一个摆锤发出一个单一的冲击，冲击通过一个和车子连接的缓冲弹簧传递，在车子的尾部有一组弹簧用于抵抗冲击，在一定时间内形成简谐振动。随着液压技术的发展，现代振动台已登上了历史的舞台。20世纪50年代，美国Wyle实验室就已经开始投身于电液地震模拟振动台的研制中，当时研制出的W2000、W4500、W10000和W20000四种型号的单轴电液地震模拟振动台能保证较高的工作频率和较低的位移失真。

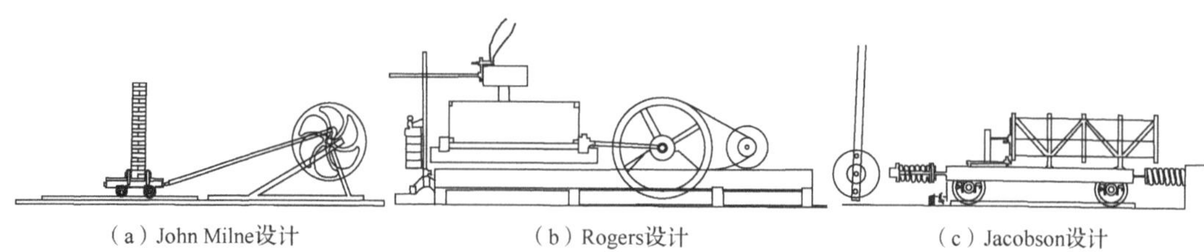

（a）John Milne设计　　（b）Rogers设计　　（c）Jacobson设计

图7-1　早期设计的振动台

自 20 世纪 60 年代以来，现代地震模拟振动台快速发展。迄今为止，世界上已经建成了近百座地震模拟振动台，主要分布在中国、日本和美国 3 个国家。表 7-1 和表 7-2 列出了国内外具有代表性的地震模拟振动台（阵）及其关键技术参数。

表 7-1　国内外部分典型地震模拟振动台系统

序号	单位	台面尺寸	最大荷载/t	频率范围/Hz	最大位移/mm	最大速度/（cm/s）	最大加速度/g	驱动方式	振动方向
1	同济大学	4.0m×4.0m	25	0.1～50	±100 ±50 ±50	100 60 60	1.2 0.8 0.7	电液伺服	x、y、z
2	中国地震局工程力学研究所	5.0m×5.0m	30	0.1～100	±80 ±80 ±50	60 60 30	1.0 1.0 0.7	电液伺服	x、y、z
3	天津大学（国家大型地震工程模拟研究设施）	16.0m×20.0m	1350	0.1～15	±1000 ±1000 ±500	150 150 70	1.5 1.5 2.0	电液伺服	x、y、z
4	苏州科技大学	8.0m×6.0m	150	0.1～50	±150 ±150 ±100	50 50 35	1.5 1.2 1.0	电液伺服	x、y、z
5	东南大学	6.0m×9.0m	120	0.1～50	±500 ±500 ±300	150 150 120	1.5 1.5 1.3	电液伺服	x、y、z
6	苏州电器科学研究院股份有限公司	10.0m×4.0m	80	0.1～100	±300 ±300 ±150	150 150 150	4.3 4.3 4.3	电液伺服	x、y、z
7	苏州电器科学研究院股份有限公司	4.0m×4.0m	40	0.1～50	±500 ±500 ±150	150 150 130	1.5 1.5 1.0	电液伺服	x、y、z
8	中国建筑科学研究院	6.1m×6.1m	60	0～50	±150 ±250 ±100	100 125 800	1.5 1.0 0.8	电液伺服	x、y、z
9	中国核动力研究设计院	6.0m×6.0m	60	0.1～50	±250 ±250 ±250	80 80 80	1.0 1.0 1.0	电液伺服	x、y、z
10	重庆大学	6.1m×6.1m	60	0～50	±250 ±250 ±200	120 120 100	1.5 1.5 1.2	电液伺服	x、y、z
11	华侨大学	5.0m×5.0m	50	0.1～50	±350 ±350 ±300	100 100 80	1.5 1.5 1.0	电液伺服	x、y、z
12	中国矿业大学	4.0m×6.0m	50	0.1～50	±250 ±250	100 100	2.0 2.0	电液伺服	x、y
13	成都理工大学	4.0m×6.0m	40	0.1～60	±300 ±250 ±150	150 120 100	1.5 1.2 1.0	电液伺服	x、y、z
14	西安建筑科技大学	4.0m×4.0m	30	0.1～50	±150 ±250 ±100	100 125 100	1.2 1.0 0.9	电液伺服	x、y、z

续表

序号	单位	台面尺寸	最大荷载/t	频率范围/Hz	最大位移/mm	最大速度/（cm/s）	最大加速度/g	驱动方式	振动方向
15	河海大学	ϕ5.6m	20	0.1～100	±150 ±150 ±100	90 90 100	2.0 2.0 1.9	电液伺服	x、y、z
16	大连理工大学	4.0m×3.0m	10	0.1～50	±75 ±50	50 35	1.0 0.7	电液伺服	x、y
17	日本防灾科学技术研究所	20.0m×15.0m	1200	0.1～50	±1000 ±1000 ±500	200 200 70	0.9 0.9 0.5	电液伺服	x、y、z
18	日本防灾科学技术研究所	14.5m×15.0m	x：500 z：200	0.1～50	±220 ±220	100 100	0.55 1.00	电液伺服	x、z
19	日本原子能工程试验中心	15.0m×15.0m	1000	0.1～30	±200 ±100	37.5 75	1.8 0.9	电液伺服	x、z
20	日本铁道综合技术研究所	7.0m×5.0m	50	0.1～20	±1000 ±500	150 75	1.0 2.0	电液伺服	x、y
21	日本土木研究所	8.0m×8.0m	100 （300）	0.1～50	±600 ±600 ±300	200 200 100	2.0 2.0 1.0	电液伺服	x、y、z
22	日本清水建设株式会社	7.0m×7.0m	70	0.1～50	±800 ±800 ±400	150 150 100	2.7 2.7 2.2	电液伺服	x、y、z
23	日本西松建设株式会社	5.5m×5.5m	65	0.1～50	±200 ±500 ±200	100 150 100	2.0 2.0 2.0	电液伺服	x、y、z
24	日本大林组株式会社	5.0m×5.0m	50	0.1～50	±600 ±300 ±200	200 130 100	3.0 2.0 1.0	电液伺服	x、y、z
25	美国加州大学圣地亚哥分校	7.6m×12.2m	2000	0.1～33	±800 ±380 ±130	300 200 50	3.7 1.85 -3.4～11.9	电液伺服	x、y、z
26	美国加州大学圣地亚哥分校	4.0m×3.7m	400	0.1～20	±1200 ±1200 ±200	180 180 80	1.9 1.9 1.3	电液伺服	x、y、z
27	美国伊利诺伊大学	3.65m×3.65m	4.5	0.1～50	±75	38	5.0	电液伺服	x
28	美国加州大学伯克利分校	6.1m×6.1m	45	0.1～50	±152 ±51	63.5 25.4	0.67 0.22	电液伺服	x、z
29	美国陆军建设集团	3.65m×3.65m	60	0.1～60	±730 ±150 ±35	75 75 50	2.0 2.0 1.0	电液伺服	x、y、z
30	阿尔及利亚 CGS 实验室	6.1m×6.1m	60	0.1～100	±250 ±150 ±100	110 110 80	1.0 1.0 0.8	电液伺服	x、y、z
31	法国核能研究中心	6.0m×6.0m	100	0.1～100	±125 ±125 ±100	100 100 100	1.0 1.0 1.0	电液伺服	x、y、z

续表

序号	单位	台面尺寸	最大荷载/t	频率范围/Hz	最大位移/mm	最大速度/（cm/s）	最大加速度/g	驱动方式	振动方向
32	葡萄牙国家土木工程实验室	4.6m×5.6m	40	0.1～40	±175 ±175 ±175	20 20 20	1.8 1.1 0.6	电液伺服	x、y、z
33	俄罗斯工程科学研究所	5.0m×5.0m	50	0.1～40	±70 ±70 ±40	60 60 60	2.0 2.0 2.0	电液伺服	x、y、z
34	印度甘地原子能研究中心	6.0m×6.0m	100	0.1～50	±150 ±150 ±100	120 120 90	1.5 1.5 1.0	电液伺服	x、y、z

表 7-2　国内外部分典型地震模拟振动台（阵）系统

序号	单位	台面尺寸	最大荷载/t	频率范围/Hz	最大位移/mm	最大速度/（cm/s）	最大加速度/g	驱动方式	振动方向
1	中国地震局工程力学研究所	5.0m×5.0m+3.0m×3.0m	30	0.1～100	±500 ±500 ±200	150 150 120	2.0 2.0 1.5	电液伺服	x、y、z
			6		±250 ±250 ±200	240 240 180	4.0 4.0 3.0		
2	重庆交通科研设计院	2×3.0m×6.0m	2×35	0.1～50	±150 ±150 ±100	80 80 60	1.0 1.0 1.0	电液伺服	x、y、z
3	福州大学	2×2.5m×2.5m+4.0m×4.0m	10+22+10	0.1～50	±250 ±250	150 100	1.5 1.2	电液伺服	x、y
4	同济大学	4×6.0m×4.0m	30+70+70+30	0.1～50	±500 ±500	100 100	1.5 1.5	电液伺服	x、y
5	中南大学	4×4.0m×4.0m	30+30+30+30	0.1～50	±250 ±250 ±160	100 100 100	0.8 0.8 1.6	电液伺服	x、y、z
6	北京工业大学	9×1.0m×1.0m	9×5	0.4～40	±75 ±75	60 60	1.0 0.8	电液伺服	x、z（单向切换）
7	北京建筑大学	4×5.0m×5.0m	60+60+60+60	0.1～100	±400 ±400 ±200	100 100 100	1.5 1.5 1.2	电液伺服	x、y、z
8	清华大学（在建）	9.0m×9.0m+3×4.0m×4.0m	180+30+30+30	0.1～50	±500 ±500 ±300	150 150 120	1.5 1.5 1.2	电液伺服	x、y、z
				0.1～100	±150 ±150 ±150	120 120 100	1.5 1.5 1.2		
9	西南交通大学	10.0m×8.0m+3.0m×5.0m+3.0m×6.0m	160	0.1～50	±800 ±800 ±400	120 120 83	1.2 1.2 1.0	电液伺服	x、y、z
			30		±800 ±800 ±400	150 150 130	1.5 1.5 1.0		
			15		±250 ±250 ±200	150 150 100	1.5 1.5 1.0		

续表

序号	单位	台面尺寸	最大荷载/t	频率范围/Hz	最大位移/mm	最大速度/（cm/s）	最大加速度/g	驱动方式	振动方向
10	广州大学	10.0m×8.0m+ 2×4.0m×4.0m	160	0.1～30	±800 ±800 ±400	130 120 83	1.6 1.6 1.0	电液 伺服	*x*、*y*、*z*
			40	0.1～50	±300 ±300 ±150	150 150 130	1.5 1.5 1.0		
11	中国核动力 研究设计院	6.0m×6.0m+ 3.0m×3.0m	50	0.1～100	±300 ±300 ±200	150 150 120	2.0 2.0 1.5	电液 伺服	*x*、*y*、*z*
			12		±250 ±250 ±150	250 250 180	6.0 6.0 4.0		
12	天津大学 （滨海土木工程结构与安全教育部重点实验室）	2×ϕ3.6m	30+30	0.1～100	±300 ±300 ±200	100 100 80	1.5 1.5 1.2	电液 伺服	*x*、*y*、*z*
13	天津大学 （国家大型地震工程模拟研究设施）	2×6.0m×6.0m	150+150	0.1~25	±1000 ±1000 ±500	150 150 70	1.5 1.5 2.0	电液 伺服	*x*、*y*、*z*
14	日本鹿岛建设 株式会社	5.0m×7.0m+ 2.0m×2.0m	60	0.1～40	±50 ±70 ±30	200 200 100	2.0 2.0 2.0	电液 伺服	*x*、*y*、*z*
			5	0.01～1.0	±200 ±200	250 250	0.5 0.5	电液 伺服	*x*、*y*
15	美国内达华大学雷诺分校	3×4.3m×4.5m	50+50+50	0.1～50	±300 ±300	127 127	1.0 1.0	电液 伺服	*x*、*y*
16	美国纽约州立 大学布法罗分校	2×3.6m×3.6m	50+50	0.1～50	±150 ±150 ±75	125 125 50	1.15 1.15 1.15	电液 伺服	*x*、*y*、*z*
17	韩国釜山国立 大学	4.0m×4.0m+ 5.0m×5.0m+ 4.0m×4.0m	20	0.1～60	±300 ±200 ±150	100 125 80	1.5 1.5 1.0	电液 伺服	*x*、*y*、*z*
			50		±300 ±200	100 100	1.25 1.25	电液 伺服	*x*、*y*
			20		±300 ±200	100 100	1.0 1.0	电液 伺服	*x*、*y*

7.1.2 国外地震模拟振动台的发展

1. 日本

日本是世界上最早建成地震模拟振动台的国家，目前已发展了四代。第一代振动台以十胜冲地震（1968 年）中电气通信设备严重受损为契机，开发了水平或垂直单向振动台；第二代振动台以宫城县地震（1978 年）中信息处理设备等受灾经验为背景，开发了双向地震模拟振动台，1986 年引进三向振动台；第三代振动台吸取了阪神・淡路大地震（1995 年）的受灾经验，不仅能再现加速度，还能实现速度和位移的高精度还原，于 1998 年开始运行。如今，随着技术的发展，新一代振动台实现了更大的位移、更高的速度和精度。

1966 年，东京大学生产技术研究所建成单轴地震模拟振动台，台面尺寸达到 10.0m×2.0m。1968 年，东京大学电力中央研究所建成 6.0m×6.5m 地震模拟振动台，解决了水平向地震波的输入问题。1970 年，日本防灾科学技术研究所建成 14.5m×15.0m 地震模拟振动台，实现了地震波在水平或垂直向单向输入，最大荷载为 500t（水平）和 200t（竖向），2022 年 6 月该振动台暂停使用。1982 年，日本原子能工程试验中心建成 15.0m×15.0m 地震模拟振动台，有效荷载达到 1000t。2005 年，日本防灾科学技术研究所建成当时世界上最大的室内地震模拟振动台 E-Defense，全称是“足尺三维振动破坏实验设施”，如图 7-2 所示，台面尺寸为 20.0m×15.0m，水平两个方向上各有 5 个作动器，垂直方向上有 14 个作动器，最大荷载 1200t，工作频率可达 15Hz，最大位移为±2.0m（水平）和±1.0m（垂直），最大加速度为 1.5g（水平）和 0.9g（垂直），最大速度为 200cm/s（水平）和 70cm/s（垂直）。2021 年，日本鹿岛建设株式会社建成复合运动地震模拟系统，如图 7-3 所示，小台可以叠加于大台进行水平方向的复合运动，在完成地震模拟的同时再现建筑物的长周期晃动响应。到目前为止，日本是世界上拥有地震模拟振动台数量最多的国家，已建成 3.0m×3.0m 以上中大型地震模拟振动台 30 余座。日本的三菱和日立公司是目前振动台领域的领军者。

图 7-2　日本 E-Defence 地震模拟振动台

图 7-3　日本鹿岛建设株式会社地震模拟振动台

2. 美国

美国也是研制地震模拟振动台较早的国家之一。1968 年，伊利诺伊大学建成了美国第一座地震模拟振动台，台面尺寸为 3.65m×3.65m。1971 年，美国加州大学伯克利分校建成了世界上第一台水平和垂直双向地震模拟振动台，台面尺寸为 6.1m×6.1m，如图 7-4 所示。2001 年，美国加州大学圣地亚哥分校建造了世界最大的户外地震模拟振动台，如图 7-5 所示，台面尺寸为 7.6m×12.2m，最大荷载为 2000t。2022 年该地震模拟振动台开始升级为三向六自由度，最大加速度为 3.7g（水平）和 11.9g（垂直），最大速度为 3.0m/s（水平）和 0.5m/s（垂直），最大位移为±800cm（水平）和±13cm（垂直）。此外，世界上前两套地震模拟振动台台阵系统均建造在美国。美国内华达大学里诺分校建造了 3 台相同的双向地震模拟振动台，如图 7-6 所示，台面尺寸为 4.3m×4.5m，最大荷载为 50t，最大速度为 1.27m/s，最大加速度为 1.0g，最大位移为±30cm。美国纽约州立大学布法罗分校建造了两台可移动的三向六自由度地震模拟振动台，如图 7-7 所示，台面尺寸为 3.6m×3.6m，最大荷载为 50t，台阵中心距离最远达 30.5m，最大加速度为 1.015g，最大速度为 1.25m/s（水平）和 0.5m/s（垂直），最大位移为±15cm（水平）和±7.5cm（垂直）。美国的 MTS 公司是目前振动台领域的佼佼者。

图 7-4　美国加州大学伯克利分校地震模拟振动台

图 7-5　美国加州大学圣地亚哥分校地震模拟振动台

图 7-6　美国内达华大学雷诺分校地震模拟振动台

图 7-7　美国纽约州立大学布法罗分校地震模拟振动台

7.1.3　我国地震模拟振动台的发展

20 世纪 60 年代，我国才开始发展地震模拟振动台，以机械式振动台为主，工作频率为 1～40Hz。随后，电液振动台以其高频率得以快速发展，1966 年第一机械工业部与第四机械工业部（现为工业和信息化部）合作建造出我国第一台国防系统专用的振动台。20 世纪 70 年代，我国的地震模拟振动台研制工作进入快车道。中国建筑科学研究院等相继购置国外小型振动台用于研究，中国地震局工程力学研究所等从国外公司购买相应设备，自行组装地震模拟振动台的机械系统，如 1.2m×1.2m 地震模拟振动台，并将控制系统改为三参量控制系统，提高了稳定性。20 世纪 80 年代，中国地震局工程力学研究所与哈尔滨工业大学联合研制了 5.0m×5.0m 三向六自由度地震模拟振动台，最大荷载为 30t，最大加速度为 1.0g，工作频率为 0.5～50Hz，该试验台的建成填补了我国三向六自由度大型地震模拟振动台研制的空白，其主要性能指标均达到国际先进水平。同济大学从美国 MTS 公司引进核心技术，组建 4.0m×4.0m 双向水平电液驱动地震模拟振动台，负载为 15t，后经多次改进为负载 25t 的三向六自由度地震模拟振动台。为打破国外的技术封锁，我国部分企业开始了自主研发振动台的尝试，主要包括天水红山试验机有限公司、苏州东菱科技有限公司、杭州邦威机电控制工程有限公司、北京博科测试系统股份有限公司等。2006 年，哈尔滨工业大学研制出了搭配自主知识产权的电液伺服振动仿真实验控制系统的多轴液压地震模拟振动台，摆脱了我国对国外地震模拟振动台系统的依赖。同年，北京博科测试系统股份有限公司收购英国 Servotest 公司，对国外先进技术进行引进、消化和吸收，为我国建成高水平地震模拟振动台系统提供助力。2012 年，江苏苏州东菱振动试验仪器有限公司首创世界单台推力最大的 50t 超大推力电磁振动台试验系统。在工作频率上，中国航空工业总公司 303 研究所研制的大推力 Y2T.IOC 地震模拟振动台最高能达到 1000Hz，同时在 20～1000Hz 频率范围内，振动控制能实现 2dB 的精度。近十年来，我国地震模拟振动台设备发展迅猛，建成、在建和拟建的地震模拟振动台达 50 余套。2024 年建成的天津大学地震模拟振动台是国家“十三五”重大科技基础设施建设项目，其台面尺寸为 20.0m×16.0m，最大荷载为 1350t，它超过了已建成的 E-Defense 地震模拟振动台，成为世界上规模最大的室内地震模拟研究设施。

1. 单台地震模拟振动台

（1）天津大学（国家大型地震工程模拟研究设施）地震模拟振动台

天津大学（国家大型地震工程模拟研究设施）地震模拟振动台是三向六自由度地震模拟振动台，如图 7-8 所示，由 MTS 公司设计建造，属于“十三五”国家重大科技基础设施优先启动项目，是我国地震工程领域首个国家重大科技基础设施。其台面尺寸为 20.0m×16.0m，最大荷载为 1350t，最大位移为±1000mm（x、y 方向）和±500mm（z 方向），最大加速度为 1.5g（x、y 方向）和 2.0g（z 方向），最大速度为 150cm/s（x、y 方向）和 70cm/s（z 方向）；此外，该地震模拟振动台以“台中台”的形式联动一个 8.0m×10.0m 振动台，最大载荷为 800t，最大位移为±125mm（x、y、z 方向），最大加速度为 1.0g（x、y、z 方向），最大速度为 20cm/s（x、y 方向）和 15cm/s（z 方向）。

（2）苏州科技大学地震模拟振动台

苏州科技大学地震模拟振动台是三向六自由度地震模拟振动台，如图 7-9 所示，由 Servotest 公司设计建造。其台面尺寸为 8.0m×6.0m，最大荷载为 150t，最大位移为±500mm（x、y 方向）和±250mm（z 方向），最大加速度为 1.2g（x、y 方向）和 1.0g（z 方向），最大速度为 100cm/s（x、y 方向）和 90cm/s（z 方向），最大抗倾覆力矩为 450kN·m。

图 7-8　天津大学（国家大型地震工程模拟研究设施）地震模拟振动台

图 7-9　苏州科技大学地震模拟振动台

（3）东南大学地震模拟振动台

东南大学地震模拟振动台是三向六自由度地震模拟振动台，如图 7-10 所示。其水平向设置 8 个作动器，垂直向设置 6 个作动器，由 Servotest 公司设计建造，台面尺寸为 6.0m×9.0m，最大荷载为 120t，最大位移为±500mm（x、y 方向）和±300mm（z 方向），最大加速度为 1.5g

（x、y 方向）和 1.3g（z 方向），最大速度为 150cm/s（x、y 方向）和 120cm/s（z 方向），最大抗倾覆力矩为 4500kN • m，最大抗偏心力矩为 1500kN • m。

（4）中国建筑科学研究院地震模拟振动台

中国建筑科学研究院地震模拟振动台是三向六自由度地震模拟振动台，如图 7-11 所示。其 3 个方向均设置 4 个作动器，由 MTS 公司总承包建设，台面由 MTS 设计后委托首都钢铁公司制造，台面尺寸为 6.1m×6.1m，最大荷载为 60t，最大位移为±150mm（x 方向）、±250mm（y 方向）和±100mm（z 方向），最大加速度为 1.5g（x、y 方向）和 0.8g（z 方向），最大速度为 100cm/s（x 方向）、120cm/s（y 方向）和 80cm/s（z 方向）。

图 7-10　东南大学地震模拟振动台

图 7-11　中国建筑科学研究院地震模拟振动台

（5）同济大学地震模拟振动台

同济大学地震模拟振动台于 1983 年建成，原为双向四自由度地震模拟振动台，如图 7-12 所示。其由 MTS 公司总承包建设，部分部件由国内配置，具体为：控制部分和数据采集部分由 MTS 生产；钢结构台面由 MTS 设计；天水红山试验机厂（现为天水红山试验机有限公司）通过兰州化工总厂生产；油源部分的核心部件由 MTS 提供，其他油箱、硬管道等部分由天水红山试验机厂生产；作动器均采用 MTS 产品。20 世纪 90 年代进行了多次改造，主要改造内容为：双向四自由度升级至三向六自由度；试验模型质量由 15t 升级至 25t；控制系统和数据采集系统的升级等。该地震模拟振动台是国内较早投入使用的地震模拟振动台之一，目前已经运行了 40 余年，使用效率名列世界前茅。台面尺寸为 4.0m×4.0m，最大荷载为 25t，最大位移为±100mm（x 方向）、±50mm（y、z 方向），最大加速度为 1.2g（x 方向）、0.8g（y 方向）和 0.7g（z 方向），最大速度为 100cm/s（x 方向）和 60cm/s（y、z 方向）。

（6）中国地震局工程力学研究所地震模拟振动台

中国地震局工程力学研究所地震模拟振动台于 1986 年采用国产设备自行研制，原为双向四自由度地震模拟振动台，如图 7-13 所示，机械和液压系统主要依靠天水红山试验机厂制造，控制系统由工程力学研究所自行研制，数据采集系统也集合了国内多家厂家的动态测试设备，1997 年升级成三向六自由度地震模拟振动台。台面尺寸为 5.0m×5.0m，最大荷载为 30t，最大位移为±80mm（x、y 方向）和±50mm（z 方向），最大加速度为 1.0g（x、y 方向）和 0.7g（z 方向），最大速度为 60cm/s（x、y 方向）和 30cm/s（z 方向）。

图 7-12　同济大学地震模拟振动台

图 7-13　中国地震局工程力学研究所地震模拟振动台

（7）重庆大学地震模拟振动台

重庆大学地震模拟振动台是三向六自由度地震模拟振动台，如图 7-14 所示，由 MTS 公司设计建造。台面尺寸为 6.1m×6.1m，最大荷载为 60t，最大位移为±250mm（x、y 方向）和±200mm（z 方向），最大加速度为 1.5g（x、y 方向）和 1.0g（z 方向），最大速度为 120cm/s（x、y 方向）和 100cm/s（z 方向）。

（8）华侨大学地震模拟振动台

华侨大学地震模拟振动台是三向六自由度地震模拟振动台，如图 7-15 所示，由 MTS 公司设计建造。台面尺寸为 5.0m×5.0m，最大荷载为 50t，最大位移为±350mm（x、y 方向）和±300mm（z 方向），最大加速度为 1.5g（x、y 方向）和 1.2g（z 方向），最大速度为 100cm/s（x、y 方向）和 80cm/s（z 方向），可用于大型土木工程结构混合试验和实时子结构试验等各类振动试验研究。

图 7-14　重庆大学地震模拟振动台

图 7-15　华侨大学地震模拟振动台

（9）中国矿业大学地震模拟振动台

中国矿业大学地震模拟振动台是双向四自由度地震模拟振动台，如图 7-16 所示，属于自主设计建造的“强震-真实火灾”耦合实验系统的一部分，部分设备由 MTS 公司提供。台面尺寸为 4.0m×6.0m，最大荷载为 50t，最大位移为±250mm（x、y 方向），最大加速度为 2.0g（x、y 方向），最大速度为 100cm/s（x、y 方向），是带有混合仿真试验接口的全数字地震模拟试验控制系统。

（10）成都理工大学地震模拟振动台

成都理工大学地震模拟振动台是三向六自由度地震模拟振动台，如图 7-17 所示，由

Servotest 公司设计建造。台面尺寸为 4.0m×6.0m，最大荷载为 40t，最大位移为±350mm（x 方向）、±250mm（y 方向）和±150mm（z 方向），最大加速度为 1.5g（x 方向）、1.2g（y 方向）和 1.0g（z 方向），最大速度为 150cm/s（x 方向）、120cm/s（y 方向）和 100cm/s（z 方向），可用于大型土木工程结构的地震模拟试验、混合试验和实时子结构试验等试验研究。

图 7-16　中国矿业大学地震模拟振动台

图 7-17　成都理工大学地震模拟振动台

2. 地震模拟振动台台阵

我国在地震模拟振动台台阵系统的研制方面成绩斐然。2004 年，招商局重庆交通科研设计院有限公司建成了我国首套台阵系统——6.0m×3.0m 地震模拟振动台双台阵系统；2006 年，北京工业大学建成了世界上子地震模拟振动台数量最多的台阵系统——九子积木式地震模拟振动台台阵系统；2011 年，福州大学建成了世界首套可移动的地震模拟振动台——三台阵系统；2013 年，中南大学建成了我国首套三向六自由度台阵系统——4.0m×4.0m 地震模拟振动台四台阵系统；随后，北京建筑大学、西南交通大学、广州大学、中国核动力研究设计院、天津大学等单位相继建成地震模拟振动台台阵系统，极大提高了我国抗震研究水平。

（1）招商局重庆交通科研设计院有限公司双台阵

招商局重庆交通科研设计院有限公司地震模拟振动台双台阵系统是我国首套台阵系统，如图 7-18 所示，由 Servotest 公司设计建造，其中一台地震模拟振动台固定，另一台以运动的方式进行工作，移动距离为 2.0～20m。台阵系统采用了世界首创的台阵组合工作模式及台子轨道移动方式，台面尺寸为 3.0m×6.0m，单台最大荷载为 35t，最大位移为±150mm（x 方向）和±100mm（y 方向），最大加速度为 1.0g，最大速度为 80cm/s（x 方向）和 60cm/s（y 方向）。

（2）北京工业大学九台阵

北京工业大学九台阵系统由 9 个子台组成，如图 7-19 所示，可进行水平或垂直向的振动切换。每个子台可以任意组合成不同自由度的单台地震模拟振动台，既可进行单台试验，也可视试验需要进行各种不同的组合而实现多台试验，故又称为积木式台阵系统。2009 年，将作动器从 12 套增加为 16 套，该系统最多可进行 35m×16m 尺度的大型结构试验。台面尺寸为 1.0m×1.0m，单台最大荷载为 5t，最大位移为±75mm，最大加速度为 1.0g（水平方向）和 0.8g（垂直方向），最大速度为 0.6m/s。

图 7-18　招商局重庆交通科研设计院有限公司地震模拟振动台台阵

图 7-19　北京工业大学地震模拟振动台台阵

（3）福州大学三台阵

福州大学地震模拟振动台三台阵系统是世界首套可移动的地震模拟振动台三台阵系统，如图 7-20 所示，由 Servotest 公司设计建造，中间为固定的 4.0m×4.0m 水平双向地震模拟振动台，两边各一个为可移动的 2.5m×2.5m 水平双向地震模拟振动台，3 个台在 10.0m×30.0m 的基坑内呈直线布置，小台与大台的最小距离不大于 0.5m，最大距离不小于 10m。该三台阵系统总共可承受不超过 42t 的试验模型荷载，其中大台最大承载为 22t、小台为 10t，大台最大位移为±250mm，最大加速度为 1.5g（x 方向）和 1.2g（y 方向），最大速度为 150cm/s（x 方向）和 100cm/s（y 方向），大（小）台最大抗倾覆力矩分别为 600kN • m（200kN • m），大（小）台最大抗偏心力矩分别为 110kN • m（50kN • m）。

（4）中南大学四台阵

中南大学“高速铁路多功能地震模拟振动台试验系统”由 1 个六自由度固定台和 3 个六自由度移动台组成，如图 7-21 所示，由 Servotest 公司设计建造。4 个振动台均建在同一直线上，可独立或组合使用，台阵间距在 6.0～25m 之间，具有大行程、宽频带等特点。台面尺寸为 4.0m×4.0m，最大荷载为 30t，最大位移为 250mm（x、y 方向）和 160mm（z 方向），最大加速度为 0.8g（x、y 方向）和 1.6g（z 方向），最大速度为 100cm/s，最大抗倾覆力矩为 300kN • m，最大抗偏心力矩为 200kN • m。

图 7-20　福州大学地震模拟振动台台阵

图 7-21　中南大学地震模拟振动台台阵

（5）同济大学四台阵

同济大学四台阵系统由 4 个水平双向地震模拟振动台、2 条槽道（长度各为 70m 和 30m）和一面“一”字形反力墙组成，如图 7-22 所示，由 MTS 公司设计建造。每个地震台可以在 2 条槽道中任意移动、组合，试验总承载能力高达 200t，是世界上规模最大、实验能力最强的地震模拟振动台实验系统之一。台面尺寸为 6.0m×4.0m，大台最大载荷为 70t，小台最大荷载为 30t，最大位移为±500mm，最大加速度为 1.5g，最大速度为 100cm/s，大台最大抗倾覆力矩为 400kN·m，小台最大抗倾覆力矩为 200kN·m。2025 年拟将现有的 2 个承载能力为 70t 的水平双向振动台升级为三向六自由度振动台。

（6）广州大学三台阵

广州大学地震模拟振动台系统由 1 个固定台和 2 个移动台组成，均为三向六自由度地震模拟振动台，如图 7-23 所示，由 MTS 公司设计建造。固定台台面尺寸为 8.0m×10.0m，由 16 个作动器构成，其中 4 个竖向作动器，8 个水平作动器，4 个静态支撑作动器，最大荷载为 160t，最大位移为±800mm（x、y 方向）和±400mm（z 方向），最大加速度为 1.6g（x、y 方向）和 1.0g（z 方向），最大速度为 120cm/s（x、y 方向）和 83cm/s（z 方向）。移动台台面尺寸为 4.0m×4.0m，设置有 8 个作动器，水平和竖向作动器均为 4 个，最大荷载为 40t，最大位移为±300mm（x、y 方向）和±150mm（z 方向），最大加速度为 1.5g（x、y 方向）和 1.0g（z 方向），最大速度为 150cm/s（x 方向和 y 方向）和 130cm/s（z 方向）。2 个移动台可在槽道中移动，槽道长度接近 60m。

图 7-22　同济大学地震模拟振动台台阵

图 7-23　广州大学地震模拟振动台台阵

（7）西南交通大学三台阵

西南交通大学地震模拟振动台系统由一个固定台和两个移动台组成，均为三向六自由度地震模拟振动台，如图 7-24 所示，由 MTS 公司设计建造，台阵系统中心最大距离可达 35m。主台面尺寸为 8.0m×10.0m，最大荷载为 160t，最大位移为±80cm（x、y 方向）和±40cm（z 方向），最大加速度为 1.2g（x、y 方向）和 1.0g（z 方向），最大速度为 120cm/s（x、y 方向）和 83cm/s（z 方向），最大抗倾覆力矩为 400kN·m。辅台 1 台面尺寸为 3.0m×5.0m，最大荷载为 30t，最大位移为±80cm（x、y 方向）和±40cm（z 方向），最大加速度为 1.5g（x、y 方向）和 1.0g（z 方向），最大速度为 150cm/s（x、y 方向）和 130cm/s（z 方向），最大抗倾覆力矩为 400kN·m。2025 年，新建辅台 2 台面尺寸为 3.0m×6.0m，最大荷载为 15t，最大位移为±25cm（x、y 方向）和±20cm（z 方向），最大加速度为 1.5g（x、y 方向）和 1.0g（z 方向），最大速度为 150cm/s（x、y 方向）和 100cm/s（z 方向）。

（8）北京建筑大学四台阵

北京建筑大学地震模拟振动台系统由四个固定台组成，均为三向六自由度地震模拟振动台，如图 7-25 所示，由 Servotest 公司设计建造，是世界现有台阵中总承载力最大、台面总面积最大的实验设备。振动台台面尺寸为 5.0m×5.0m，单台最大荷载为 60t，最大位移为±400mm，最大加速度为 1.5g（x、y 方向）和 1.2g（z 方向），最大速度为 100cm/s，最大抗倾覆力矩为 1800kN·m。

图 7-24　西南交通大学地震模拟振动台阵

图 7-25　北京建筑大学地震模拟振动台阵

3. 水下地震模拟振动台

（1）大连理工大学水下地震模拟振动台

大连理工大学水下地震模拟振动台是国内首个水下地震模拟振动台，放置于 1.5m×7.5m×1m 的水池内，如图 7-26 所示，可进行水平或垂直向振动切换。准椭圆形台面（长轴 4m，短轴 3m），台面工作区为 3.0m×3.0m，最大荷载为 10t，水平最大位移为±75mm，水平满载加速度为 1.0*g*，水平最大速度为±50cm/s，垂直最大位移为±50mm，垂直满载加速度为 0.7*g*，垂直最大速度为±35cm/s，最大荷载重心高度为 1.0m，最大荷载偏心距为 0.5m。

（2）河海大学水下地震模拟振动台

河海大学水下地震模拟振动台为国内首个三向六自由度水下地震模拟振动台，放置于 20m×30m×1.5m 的水池内，如图 7-27 所示，由 Servotest 公司设计建造。圆形台面直径为 5.6m，最大荷载为 20t，最大位移为 150mm（*x*、*y* 方向）和 100mm（*z* 方向），最大加速度为 2.0*g*（*x*、*y* 方向）和 1.9*g*（*z* 方向），最大速度为 94cm/s（*x*、*y* 方向）和 100cm/s（*z* 方向），最大倾覆力矩为 600kN·m。

图 7-26　大连理工大学水下地震模拟振动台

图 7-27　河海大学水下地震模拟振动台

（3）天津大学（滨海土木工程结构与安全教育部重点实验室）水下地震模拟振动台双台阵

天津大学（滨海土木工程结构与安全教育部重点实验室）水下地震模拟振动台双台阵是世界首套水下三向六自由度双子台地震模拟振动台台阵，如图 7-28 所示，由项目组创新设计，并与 Servotest 公司合作研制。圆形台面直径为 3.6m，最大荷载为 30t（无水）和 12t（2m 水深），台阵间距为 10.5m，坐落在 28.5m×12m×3m 的水池中，振动台台面与池底之间采用新型充气型防水系统。最大位移为 300mm（*x*、*y* 方向）和 200mm（*z* 方向），最大加速度为 1.5*g*（*x*、*y* 方向）和 1.2*g*（*z* 方向），最大速度为 100cm/s（*x*、*y* 方向）和 80cm/s（*z* 方向）。

（4）天津大学（国家大型地震工程模拟研究设施）水下地震模拟振动台双台阵

天津大学（国家大型地震工程模拟研究设施）水下地震模拟振动台双台阵是世界首套可移动水下三向六自由度地震模拟振动台台阵，如图 7-29 所示，由 MTS 公司设计建造。台面为 6m×6m，最大荷载为 150t，台阵间距为 60m，坐落在 95m×65m×4m 的水池中，振动台台面与池底之间采用新型充气型防水系统。最大位移为 500mm（x、y 方向）和 300mm（z 方向），最大加速度为 1.5g（x、y 方向）和 2.0g（z 方向），最大速度为 150cm/s（x、y 方向）和 70cm/s（z 方向）。

图 7-28　天津大学水下地震模拟振动台双台阵（滨海土木工程结构与安全教育部重点实验室）

图 7-29　天津大学水下地震模拟振动台双台阵（国家大型地震工程模拟研究设施）

7.2　地震模拟振动台的基本组成与原理

7.2.1　地震模拟振动台的基本组成

地震模拟振动台主要由台面及支承导向系统、激振器系统、液压源系统和控制系统组成。此外，地震模拟振动台还应配备相应的电力系统、冷却水系统等配套系统。实验馆内还应配备用于试验模型安装及试件运送的起重设备。

1. 台面及支承导向系统

（1）基础

地震模拟振动台的基础选择十分重要，若选择不当，易造成基础振动大，进而影响台面的运动性能、周围建筑物和操作人员的身体健康，如图 7-30 所示。要减少基础的振动主要考虑 3 个方面的问题：①选择大质量的基础；②选择合理的基础几何尺寸，以提高基础的阻尼比和固有频率；③尽量使基础重心与力的作用线重合。同时，基础频率要尽量高，尽量避免台面与建筑物产生共振。《液压振动台》（GB/T 21116—2007）基于振动台安装运行需求，要求振动台基础振动的加速度与振动台主振方向的额定加速度之比不大于 5%。国际标准中限定距离振动台基础边 10m 远处的加速度有效值应小于 0.01g。因此，地震模拟振动台的基础主要有以下 5 种形式：整体式开口箱形基础、水平和垂直分离型基础、基础和桩基组合型基础、带隔震沟的大块基础和双层隔震型基础。

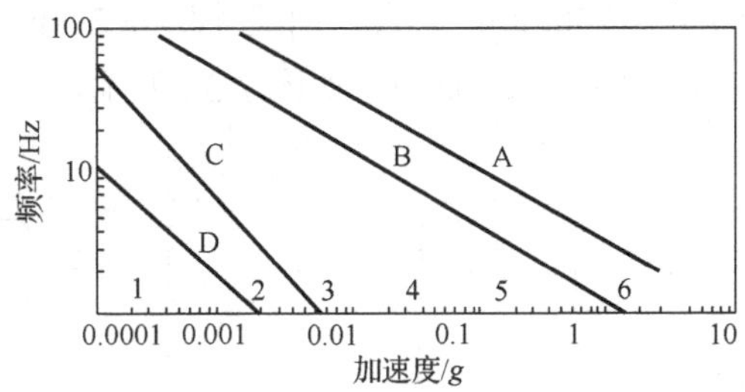

A—加速度1.0g；B—加速度0.1g；C—加速度0.0065g；D—加速度0.002g；
A～B—房屋发生裂缝；A以上—房屋破坏严重；B以下—房屋无破坏；
1—人无感觉；2—人有轻微感觉；3—人有明显感觉；4—人有强烈感觉；5—人有痛感；6—严重影响。

图 7-30　振动对房屋、人的定量影响

福州大学地震模拟振动台反力基础采用了带有隔震沟基础与桩基组合的形式，基础周边一圈设有约 100cm 深、10cm 宽的隔震沟，如图 7-31 所示，沟内用隔震橡胶填充，隔震沟可以有效地减弱低频段的振动向远处传播。反力基础的长、宽、深尺寸设计为 30.0m×9.8m×5.3m，总质量达到 3600t，约为负载的 60 倍。此外，为了使其重心与力的作用线重合，在基础长边一侧的中部凸出一长约 7.5m、宽约 1.0m 的质量块，以达到对振动反应最小的目的。反力基础为群桩桩基，共有 84 根群桩，桩身为环形截面，内径为 0.2m，外径为 0.4m，呈现梅花形布置，桩长均为 28m，桩顶部长约 80cm 的植头段与上部块体基础整体浇筑在一起，可使两者更好地连接，增大整体刚度。

图 7-31　福州大学地震模拟振动台基础形式

（2）台面

台面按尺寸大小可分为大、中、小 3 种规模，其中小型地震模拟振动台台面尺寸小于 2.0m×2.0m，中型地震模拟振动台台面尺寸在 3.0m×3.0m 到 10.0m×10.0m 之间，而大型地震模拟振动台台面尺寸超过 10.0m×10.0m。台面按材质可分为三大类，即钢筋混凝土结构、钢焊接结构、铝合金或镁铝合金铸造结构。钢筋混凝土台面的结构优点是内阻尼大、成本低，但是台面质量大、振动频率低，有效荷载小，因此采用较少。铝合金台面结构正好与钢筋混凝土结构相反，但应用也不多。目前，地震模拟振动台大多采用钢焊接结构。用薄钢板形成网格，上面覆盖一块较厚的平板，下面覆盖薄钢板，形成箱体形。小型台面可以采用等厚的台面形式，在中型和大型地震模拟振动台中较多采用不等厚的台面形式。福州大学地震模拟振动台采用钢焊接等厚台面形式，大台台面尺寸为 4.0m×4.0m，台面质量为 11t，共 308 个螺栓孔，孔径为20mm，间距为250mm；小台台面尺寸均为2.5m×2.5m，台面质量为5t，各98个螺栓孔，孔径为16mm，间距为250mm，如图7-32所示。

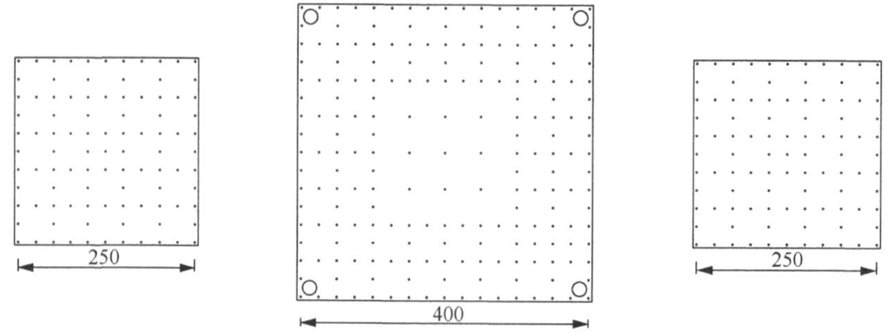

图7-32 福州大学地震模拟振动台的台面结构形式（单位：cm）

（3）支承导向装置

地震模拟振动台台面的无限制运动形式是六自由度的运动形式，即平动的3个自由度运动形式［沿 x 向的横向运动（x 向）、沿 y 向的纵向运动（y 向）和沿 z 向的垂直运动（z 向）］和旋转的3个自由度运动形式［绕 x 轴的转动（Roll）、绕 y 轴的转动（Pitch）及绕 z 轴的转动（Yaw）］。图7-33所示为六自由度的运动形式和作动器布置。

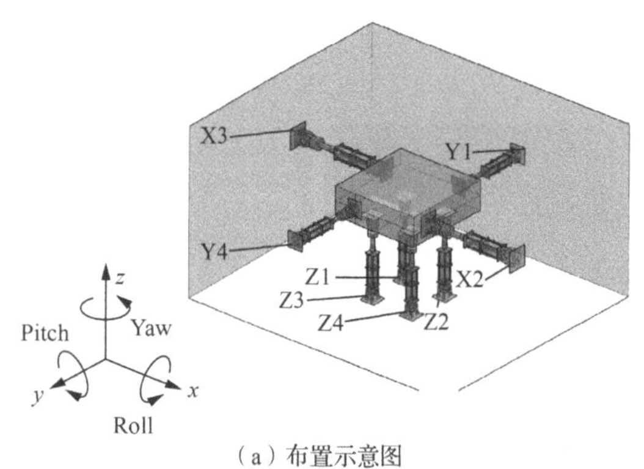

（a）布置示意图

（b）作动器实景

图7-33 六自由度的运动形式和作动器布置

导轨是基础与台面间的连接装置，需要保证地震模拟振动台在振动运行方向能自由运动，导轨需要有很高的刚性，同时在运动方向摩擦系数要很低，保证多自由度地震模拟振动台在自由度方向能运转自如。

2. 激振器系统

由于地震模拟振动台系统需要很多的动态性能，因此对激振器要求很高。激振器的选择依据是系统工作压力、加载值、有效面积及流量等相关因素，主要包括作动器、蓄能器、位移传感器和伺服阀等，如图7-34所示。作动器是驱动系统动作的直接执行元件，主要由缸体、活塞、力传感器、行程传感器等组成。蓄能器把液压能储存在耐压容器内，起到稳

图7-34 激振器

定油压系统油压和提高油压系统瞬态油压的作用。位移传感器通常用的是差动变压器式位移计，可分为交流式和直流式两种，从装设方法上又可分为内装式和外装式两种。差动变压器式位移计主要分为以下部分：外管、内管、线圈、前后端盖、电路板、屏蔽层、出线等。外管采用不锈钢制成，内管可采用不锈钢或塑料等制成。电路板的作用是提供给差动变压器式位移计的初级线圈一个激励信号，通过差动变压器原理，在次级产生的输出信号进入电路板进行信号处理，使输出信号变成标准的可被计算机或可编程逻辑控制器（programmable logic controller，PLC）使用的电压 0～5V 或电流 4～20mA 输出。伺服阀是地震模拟振动台的心脏部分，其系统性能的好坏起着决定性的作用。在选择伺服阀时，考虑因素主要包括电气性能、放大功率、工作液、油源、安装结构和尺寸等。地震模拟振动台多采用对称缸结构三级电液伺服阀控制，第一级为喷嘴挡板阀，通过电流来控制挡板绕支轴摆动，利用挡板位移来调节喷嘴与挡板之间的环状节流面积，从而改变喷嘴腔内的压力；第二级为先导级，此级将油液分流，从而将电信号转换为压力信号；第三级为功率放大级，此级伺服阀利用喷嘴油腔内的压力变化来推动阀芯，并逐级放大，提高了振动台的可控性，是三级电液伺服阀的主要环节。

激振器和台面的连接形式包括连杆铰接式、静压轴承连接式和线性滑轨连接式，如图 7-35 所示。

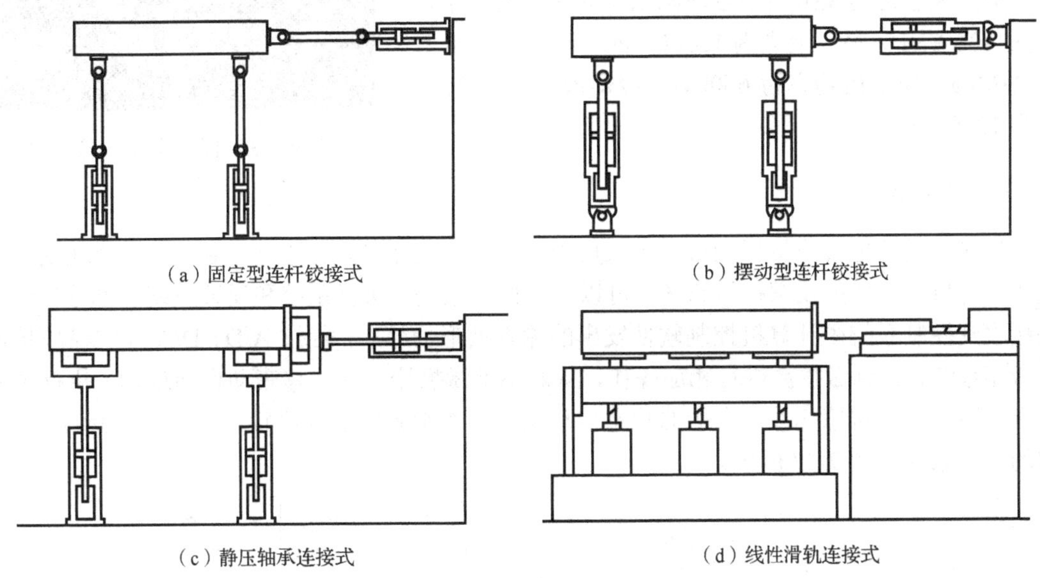

（a）固定型连杆铰接式　（b）摆动型连杆铰接式　（c）静压轴承连接式　（d）线性滑轨连接式

图 7-35　不同连接装置

（1）连杆铰接式

连杆铰接式包括固定型连杆铰接式和摆动型连杆铰接式两种，均具有维护简单、成本低、接头刚性易于保证的优点。但是，二者在正交的自由度无约束情况下是不稳定的，接头部分均存在一定的机械间隙，有几何交叉耦合的可能，因此需要先进的控制技术。

（2）静压轴承连接式

静压轴承连接式无几何交叉耦合的可能，在无正交自由度约束的情况下可能稳定于所在位置，但是轴承接头需通过在接头钢材上覆盖一层薄薄的高压油膜，在滑动支承的同时，可实现高精度的振动，也不会产生机械变形和摩擦。其接头质量大，使激振器出力做功增大。

静压轴承连接式的维护困难，对其必须采取防污染、防水、防油液渗漏措施，因此，成本很高，难以广泛应用。

（3）线性滑轨连接式

线性滑轨连接式通过滚珠丝杠和线性导轨使振动台做直线运动。由于结构的低摩擦性和刚度大的特点，因此可以实现高精度的振动和大位移变形。同时，线性滑轨连接式没有连杆铰接式的机械结构，也不需要静压轴承连接式的油盘，因此最大位移仅取决于线性滑轨的长度。

福州大学地震模拟振动台激振器系统共 3 套，均由 3 个水平方向的作动器组成，其中 x 方向作动器有 1 个，y 方向作动器有 2 个，有效行程均为±250mm。大台 x 方向作动器最大出力为 500kN，y 方向作动器最大出力为 200kN；小台 x 方向作动器最大出力为 250kN，y 方向作动器最大出力为 100kN。

3. 液压源系统

液压源系统主要包括液压泵站、蓄能器组、水冷却系统、高低压管道系统、油路分配系统及液压源控制系统。福州大学地震模拟振动台油源系统共有 5 台油泵，如图 7-36 所示，最大流量为 1250L/min，额定工作压力为 28MPa，电动机功率为 660kW，冷却液用量在 25℃时为 1200L/min。

图 7-36 福州大学地震模拟振动台油源系统

4. 控制系统

目前常见的地震模拟振动台一般采用电液伺服控制系统，这是一种由电信号处理装置和液压动力机构组成的反馈控制系统，可以分为控制系统、执行系统和反馈系统三部分。当系统接收到控制系统中计算机控制软件发出的输入波形信号后，经过 A/D、D/A 控制模块传递到激振系统，控制激振源进行相应操作，从而驱动激振器产生位移带动台面运动。执行过程中由反馈系统的传感元件将台面的状态信息反馈给控制系统进行比较，进行进一步调整。典型的控制系统如图 7-37 所示。

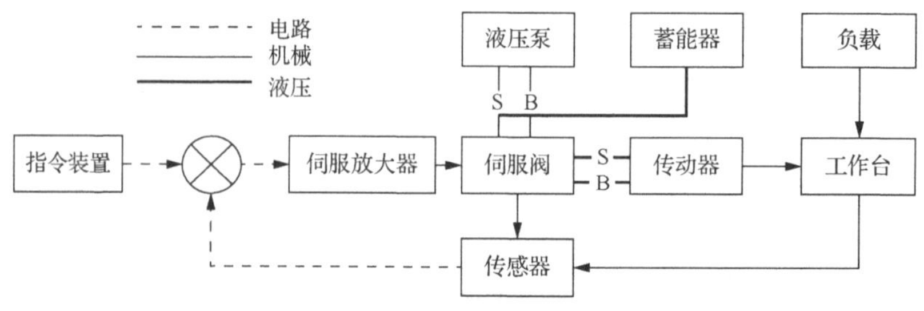

图 7-37 典型的控制系统

7.2.2 地震模拟振动台的控制原理

在地震模拟振动台上进行地震模拟试验，可以模拟若干次地震现象的初震、主震及余震的全过程，用于了解试验结构在相应各个阶段的力学性能，从而给予人们直观了解和认识地震对结构产生的破坏现象的机会。地震模拟振动台在早期多为机械式，且大多数只能进行正弦波试验。目前使用最广泛的电液伺服地震模拟振动台，具有出力大、低频下位移大的特点，能够进行各种波形试验。电液伺服控制的地震模拟振动台的模拟控制方法目前主要有两种：一种是以位移控制为基础的 PIDF 控制法；另一种是以位移、速度和加速度组成的三参量反馈控制法。

1. PIDF 控制法

PIDF 控制法开始于 20 世纪 50 年代，主要由比例单元 P、积分单元 I、微分单元 D 和辅助反馈单元 F（通常为力信号）组成，其原理如图 7-38 所示。电液伺服控制系统的设计基于工作点附近的增量线性化试验模型。以位移控制为基础的 PIDF 控制技术，在 PID 控制技术的基础上增加了力（F）作为辅助反馈，提高了系统高频的稳定性，因其控制规律简单、稳定而被广泛运用。

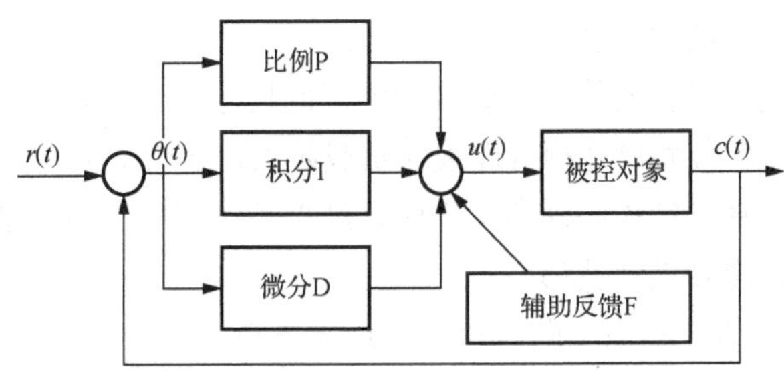

图 7-38　PIDF 控制系统原理

2. 三参量反馈控制法

1972 年，日本日立公司首先运用三参量控制原理，利用加速度、速度和位移三参量反馈控制，进一步提高对振动台控制的精度。其中，加速度反馈可以提高系统阻尼，速度反馈可以提高油注共振频率。运用三参量反馈控制法对提高系统的动态特性和系统的频带宽度有很大的促进作用，其原理如图 7-39 所示。一个典型的三参量控制过程为：控制系统中给出地震波，经过三参量发生器，与由台面上的反馈控制位移、速度和加速度传感器归一放大后的三参量反馈信号形成闭环控制，经伺服放大、象限控制合成后形成各个激振器的控制信号，经阀控器驱动电液伺服阀，在液压源高压液流的推动下，由激振器带动地震模拟振动台台面运动。

由于对电液伺服系统的控制策略是基于线性系统这一假设条件提出的，而实际系统存在着种种的非线性和不确定性因素，因此难以达到理想的效果。20 世纪 90 年代以来，各国学者展开了新的控制算法研究。它主要包括：英国 Bristol 大学的 Stoten 教授等提出的最小控制合成算法 MCS，在有些试验中纠正误差甚至超过 5dB；Dozono、李天石等提出的自适应反函数控制算法，在反馈迭代控制的基础上加入了目标信号和实测信号之间的误差辨识环节，将实测数据运用最小二乘法辨识得到误差传递函数，通过得到的传递函数补偿试验构件在试验过程中产生的反作用力，从而提高振动台控制的精度。

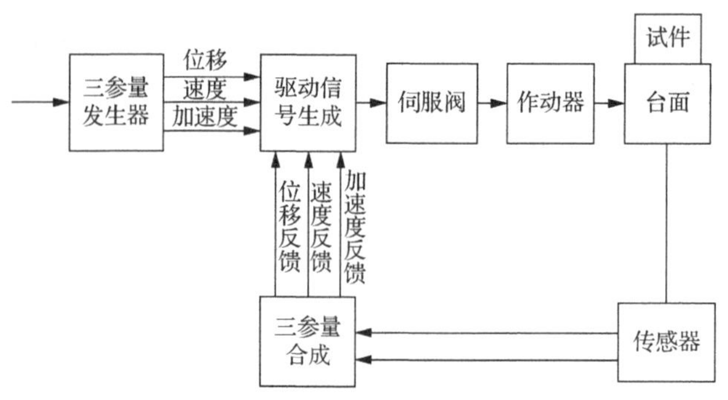

图 7-39　三参量控制原理图

7.2.3　地震模拟振动台的限制因素与发展趋势

1. 限制因素

（1）台面尺寸和台面最大负载

台面尺寸决定了进行试验的结构试验模型的平面尺寸，台面最大负载决定了进行试验的结构试验模型的总质量。台面尺寸和台面最大负载越大，结构试验模型的尺寸就越大，试验结构的性能也就越接近真实结构的性能。同时，结构整体刚度应该满足试验要求。

（2）台面运动自由度和振动波形

理想的地震模拟振动台应是三向六自由度地震模拟振动台，可再现全部地震的地面运动。但是，由于地震运动的复杂性，目前可用的地震记录大多为观测点的地面直线运动，很少有地面运动的旋转分量。因此，在工程结构抗震设计中，一般也不考虑地面运动的旋转分量，仅以水平方向和垂直方向的振动为主。输入的波形还包括正弦波、三角波等规则波，以及随机的不规则白噪声波等。

（3）频率范围

已有的地震记录的最高频率一般不超过 10Hz，考虑试验结构试验模型的特点，地震模拟振动台的频率范围大多为 0.1～50Hz。对于水工结构试验模型，其最高工作频率范围可达 100～120Hz。

2. 发展趋势

（1）大型化和台阵化

通过加大地震模拟振动台的台面尺寸，提高地震模拟振动台的承载能力，进行大比例模型试验，甚至原型模型试验，从而克服试验模型尺寸效应的影响。大型化的实例有前述提及的中国 1350t 地震模拟振动台、日本 1200t 地震模拟振动台、美国 2000t 地震模拟振动台等。

台阵系统既可以使多台地震模拟振动台同步振动，等效于一个大型地震模拟振动台，进行大型结构或构件的抗震试验，克服试验模型尺寸效应的影响，又可以使多台地震模拟振动台异步运动，考虑地面地震动的不均匀特性，大大提高人们对结构抗震性能的认识水平。台阵化的实例有招商局重庆交通科研设计院有限公司的双台阵系统、福州大学的三台阵系统、中南大学的四台阵系统和同济大学的四台阵系统等。

（2）网络化

为了解决土木工程结构试验日趋大型化、复杂化与单个实验室的规模、试验能力有限的矛盾，达到充分的资源共享，世界上许多国家已经开展了基于互联网技术的远程协同结构试验研究，并取得了很大的进展，如美国的“地震工程模拟网络”（Network for Earthquake Engineering Simulation，NEES）计划、欧洲的“减轻地震风险的欧洲网络”协同研究计划等。

（3）混合试验技术

受地震模拟振动台台面尺寸、加载能力等因素的影响，结构模型缩尺较大、重力失真效应等易使试验结果造成误差。但是，地震模拟振动台价格高昂，无法无限制地扩张。因此，将子结构技术与地震模拟振动台试验相结合，混合试验技术应运而生。混合试验技术将结构分为试验子结构和数值子结构两部分，试验子结构部分为结构的复杂部分，在地震模拟振动台上进行试验；数值子结构部分为结构的简单部分，进行数值模拟。试验子结构部分可以进行足尺或者大比例缩尺的模型试验。子结构试验解决了以往的试验方法在实验设备的规模和加载速率上的限制难题，准确反映了速度相关型结构和装置的力学性能，避免了拟动力试验中采取集中质量处加载所产生的误差，同时可以降低试验对加载设备的行程和推力的要求，降低能耗的总量和峰值。

7.3　地震模拟振动台模型试验与加载设计

7.3.1　地震模拟振动台模型试验方案设计

1．试验模型的相似设计

根据第 2 章的相似理论，一般情况下，结构在线弹性范围内的地震反应可表述为如下函数关系：

$$\sigma = f(l,E,\rho,t,r,v,a,g,\omega) \tag{7-1}$$

式中，σ 为构件应力；l 为构件尺寸；E 为材料的弹性模量；ρ 为构件材料的密度；t 为时间；r 为结构变形；v 为结构速度；a 为结构加速度；g 为重力加速度；ω 为结构自振角频率。

根据 π 定理，可得到模型与原型所对应物理量的相似比应满足的条件：

$$S_t = S_l\sqrt{S_\rho / S_E} \tag{7-2}$$

$$S_a = S_E / (S_\rho S_l) = S_g \tag{7-3}$$

$$S_\omega = \sqrt{S_E / S_\rho} / S_l \tag{7-4}$$

考虑到模型与原型受到相同的重力加速度 g，则有 g_r=1.0。如果考虑自重的影响，保持加速度相似比为 1，则 E_r、ρ_r、l_r 不能独立地任意选择。由于几何缩比一般较大，这要求模型材料的密度是原型材料密度的几倍甚至几十倍或模型材料的弹性模量比原型材料的小很多，现有模型材料难以满足这样的要求，这是制约完全相似模型设计的主要因素。对于需要严格模拟重力影响的模型，常采用铅粉、石膏或其他专用的弹性模量小、密度大的材料，或由离心机来模拟模型的超重力现象。

一般忽略质量分布形式的影响，通过在试验模型上堆放附加质量的方法来模拟质量的影响。根据质量相似比，由式（7-2）～式（7-4）可得到模型与原型的质量比为

$$S_m = m_{\mathrm{m}} / m_{\mathrm{p}} = S_\rho S_l^3 = S_E S_l^2 \tag{7-5}$$

式中，m_{p}为原型结构总质量；m_{m}为模型总质量，等于模型本身的质量m_s与附加质量m_a之和，附加质量的大小由式（7-6）确定。如果不附加质量，式（7-3）即为忽略重力模型的相似关系。满足式（7-4）的模型称为人工质量模型。

$$m_a = S_E S_l^2 m_{\mathrm{p}} - m_s \tag{7-6}$$

人工质量模型虽能满足水平惯性力的相似条件，但是，因振动台的承载能力及模型实际空间有限，其人工质量的设置往往难以完全实现。如果定义一个反映人工质量多少的参数来描述人工质量的影响，可以得到包含人工质量、忽略重力相似比的一致表达式，这种一致表达式将解决介于人工质量模型和忽略重力模型之间的“欠人工质量模型”的设计问题，其中涉及结构模型的等效质量密度ρ_m为

$$\rho_m = (m_s + m_a) / B_m \tag{7-7}$$

式中，m_s为模型构件的质量；m_a为模型中设置的人工质量；B_m为根据长度相似比l_{r}和原型构件体积计算得出的模型构件体积。

类似地，可定义原型结构的等效质量密度ρ_{p}：

$$\rho_{\mathrm{p}} = m_{\mathrm{p}} / B_{\mathrm{p}} \tag{7-8}$$

由式（7-7）和式（7-8）得到等效密度比S_ρ：

$$S_\rho = (m_s + m_a) / (S_l^3 m_{\mathrm{p}}) \tag{7-9}$$

由此得到人工质量模型、忽略重力模型、欠人工质量的相似关系如表7-3所示。

表7-3　考虑配重后的相似关系

物理量	人工质量模型	忽略重力模型	欠人工质量
长度	l_{r}	l_r	l_r
位移	$S_{\mathrm{r}} = l_{\mathrm{r}}$	$S_r = l_r$	$S_r = l_r$
密度	S_ρ	S_ρ	$S_\rho = (m_s + m_a)/(S_l^3 m_{\mathrm{p}})$
应力	$S_\sigma = S_E$	$S_\sigma = S_E$	$S_\sigma = S_E$
加速度	$S_a = 1$	$S_a = S_E S_\rho^{-1} S_l^{-1}$	$S_a = S_E / (S_l S_\rho)$
重力	$S_g = 1$	—	—
弹性模量	S_E	S_E	S_E
时间	$S_t = \sqrt{S_l}$	$S_t = S_\rho^{0.5} S_E^{-0.5} S_l$	$S_t = S_l \sqrt{S_\rho / S_E}$
速度	$S_v = \sqrt{S_l}$	$S_v = S_\rho^{-0.5} S_E^{0.5}$	$S_v = \sqrt{S_E / S_\rho}$
角速度	$S_\omega = S_l^{-0.5}$	$S_\omega = S_l^{-1} S_E^{0.5} S_\rho^{-0.5}$	$S_\omega = \sqrt{S_E / S_\rho} / S_l$

2. 试验模型材料的选择

模型试验应根据试验目的和原型结构特点，选择合理的试验模型类型及材料。当研究范围仅限于弹性阶段时，可采用弹性试验模型，此时，仅需要满足刚度和质量相似即可。当试

验目的是研究原型结构在不同作用下的抗震性能时，通常要采用强度试验模型，特性主要由混凝土的材料决定，需要注意强度和弹性模量的换算。通常情况下，混凝土大多采用微粒混凝土或细石混凝土，钢材大多采用镀锌铁丝（网）、铜材、镀锌薄钢板。有机玻璃强度高、质量小、易加工，常用于制作弹性模型。

3. 试验底座的设计

为保证模型结构与振动台在整个试验过程中的连接，需要在模型结构底部制作一个刚性较大的底座，通常有钢筋混凝土板式底座、钢筋混凝土梁式底座、钢梁-钢筋混凝土板组合式底座等。

1）平面尺寸：底座的平面尺寸宜落在振动台台面尺寸范围内，且留有与振动台台面螺栓孔相对应的安装孔位置，预留孔要比安装螺孔大 2～3mm，便于试验模型成型后安装，同时预留孔应保证在振动过程中不滑移、变形或开裂。若跨度较大的模型结构底座需有部分外挑到振动台台面尺寸范围外，外挑长度不宜太长。

2）验算内容：底座结构验算时，一方面需考虑模型结构在自重、未施加附加质量下起吊时，底座的抗弯、抗剪、抗冲切能力；另一方面需考虑模型结构在振动台试验输入地震波时，底座的锚固能力和整体刚度等。

3）吊点：钢板上应有吊装环，吊装环要与底盘中的钢筋网相连，或与钢底板焊接在一起，吊点的布置应考虑试验模型的抗倾覆、强度和刚度的要求，并保证尽量使吊点合力中心与模型质量中心一致。

7.3.2　地震模拟振动台模型试验模型的制作与加载

1. 试验模型的制作

试验模型在缩尺后尺寸大为减小，为保证质量，一定要精心制作。试验模型上配重可用铅块或铸铁块，为防止在振动时配重块脱落飞出，应采用螺栓、胶结、水泥砂浆等方式将配重块固定于试验模型上。

2. 试验模型的定位与安装

试验模型的质心应尽量位于地震模拟振动台中心，同时使结构的弱轴方向与地震模拟振动台的主方向重合，以利于结构最不利工况的加载。试验模型安装时，要缓缓吊放至地震模拟振动台上，下落时一定避免冲击，以保证试验模型和地震模拟振动台的安全。试验模型就位后，将固紧螺栓拧紧，拧螺母时要均匀用力予以拧紧，以防止螺栓在强地震时松动。

3. 测量仪器的选择

常进行的测量包括加速度、位移、应变测量。为保证测量的准确性，关键测点宜采用对称布置的形式，以便校核。各测点需用屏蔽电缆连接，各导线检查合格后，进行联机检查。数据采集系统的工作一般要稍早于地震波的施加，以避免记录丢头。

1）加速度测量：通常沿层高方向布置测点，同时在台面上布置一台加速度计，以便于通过台面加速度实测记录对试验模型反应进行分析。加速度计的频带上限通常到 80～100Hz 即可，量程一般考虑试验模型的放大作用，达 5*g* 即可，加速度计一般采用橡皮泥或热熔胶与结构固定。

2）位移测量：测量绝对位移一般需要在基础上设置安装仪器的刚架。在大位移、大变形或者断裂、倒塌试验中应考虑采用非接触式的位移测量仪器，位移计需黏结牢固，位置需调整合适。

3）应变测量：应变片一般布置在应力较大、较复杂的重要部位。

4）其他特殊要求的仪器（如土压力计、裂缝观测仪）视需要而定。

4. 试验加载

1）动力特性试验：一般采用白噪声扫频测量其动力特性，确认结构的阻尼比、自振频率等。

2）地震波试验：根据工程背景选择合适的地震波，根据试验效果确定迭代次数。

观察试验模型的破坏状态，必须停止地震模拟振动台系统中的液压源的工作。进行大位移、大变形或者断裂、倒塌试验等破坏试验时，应对试验模型进行保护，防止出现损伤人员、仪器设备的事故。

7.4 地震模拟振动台试验实例

7.4.1 大底盘单塔楼结构振动台试验

1. 工程简介

选取一个具有典型工程意义的大底盘单塔楼结构，建筑总高度为 30.8m，下部底盘为 2 层，横向 3 跨，纵向 2 跨；上部塔楼为 6 层，横向 2 跨，纵向 1 跨；塔楼与底盘的平面面积比为 1∶2.4，塔楼高宽比为 1∶3，底盘和塔楼楼面活载标准值分别取 3.5kN/m^2 和 2.0kN/m^2。抗震设防烈度为 8 度；场地类别为Ⅱ类；特征周期为 0.35s；主要框架柱尺寸分别为 700mm×700mm 和 500mm×500mm，框架梁尺寸分别为 300mm×700mm 和 300mm×800mm，混凝土强度等级为 C30～C35，隔震层楼板厚度为 160mm，其余层厚度为 110mm。

2. 模型设计

（1）控制参数的确定

考虑到实验室振动台的台面尺寸及最大有效荷载等条件，初步将长度相似常数 S_l 定为 1/7、应力相似常数 S_σ 定为 1、加速度相似常数 S_a 定为 2，对应的计算公式和得出的相似常数值如表 7-4 所示。梁、柱采用 Q235B 钢材，楼板采用 C30 混凝土，能够确保所用材料在试验过程中具有相同的弹性性质。

表 7-4　大底盘单塔楼结构振动台试验模型理论相似常数

物理参数	相似常数符号	计算公式	相似常数值
长度	S_l	—	1/7
质量	S_m	$S_m = S_E \cdot S_l^2 / S_a$	1/98
时间	S_t	$S_t = \sqrt{S_l / S_a}$	0.267
弹性模量	S_E	$S_E = S_\sigma$	1
刚度	S_K	$S_K = S_l \cdot S_E$	1/7
应力	S_σ	—	1
应变	S_ε	$S_\varepsilon = 1$	1
速度	S_v	$S_v = \sqrt{S_l \cdot S_a}$	0.535
力	S_F	$S_F = S_E \cdot S_l^2$	1/49
位移	S_x	$S_x = S_l$	1/7
加速度	S_a	—	2

依照上述相似常数对结构进行收进，最终简化为 8 层钢框架结构模型。其中底盘 2 层，层高为 0.70m；塔楼 6 层，层高为 0.50m。模型梁、柱分别采用 GB-L80×5 和 GB-L100×8 型角钢，节点采用焊接刚性连接。底盘层间刚度为 124.40kN/mm，塔楼层间刚度为 42.67kN/mm。经计算，缩尺结构模型质量为 8.97t，但整体上结构重力密度相对不足，需要外加配重。考虑到试验时外加配重块的做法过于烦琐，将缩尺模型中楼板的厚度进行了修改，最终确定为 200mm。其中，底盘每层配重 1.04t，塔楼每层配重 0.52t，整个模型配重 6.76t。最终收进模型塔楼总质量为 8.19t，底盘总质量为 7.54t，模型总质量约为 15.73t。制作缩尺结构模型时，在楼板中配置钢筋，将混凝土块的质量传导至钢梁翼缘并与钢梁固接。底盘与塔楼分开制作，组装时直接将底盘和塔楼固接组成抗震结构，将隔震层设置于底盘底部得到基础隔震结构，将隔震层设置于塔楼底部得到层间隔震结构。4 个角柱处布置铅芯橡胶支座，其他位置为普通橡胶支座，如图 7-40 所示。结构模型如图 7-41 和图 7-42 所示。

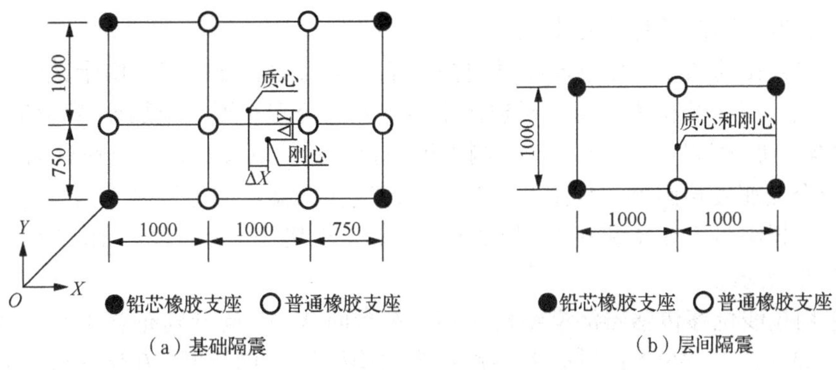

图 7-40　支座布置（单位：mm）

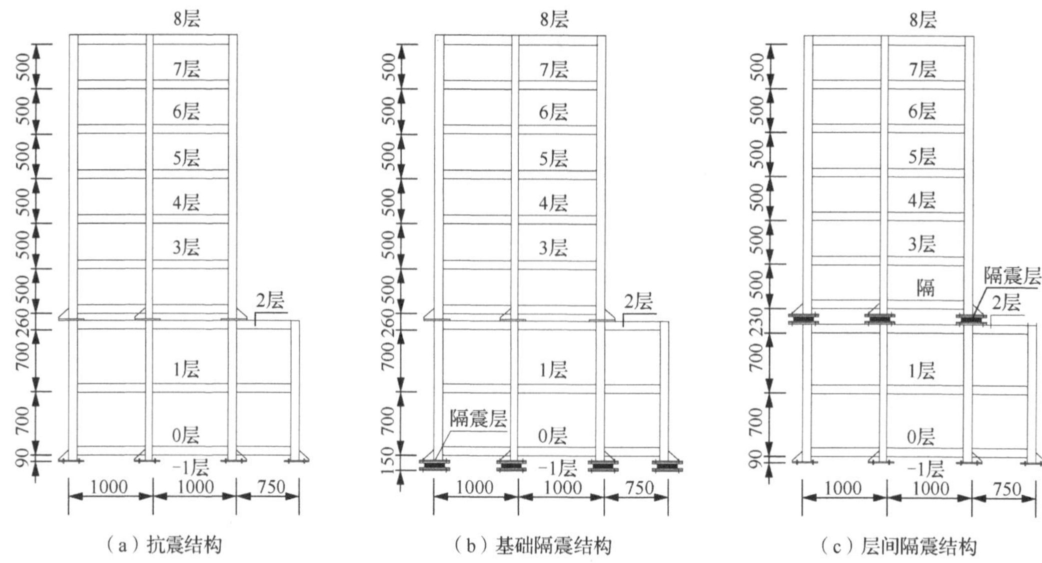

（a）抗震结构　（b）基础隔震结构　（c）层间隔震结构

图 7-41　结构模型立面图（单位：mm）

（a）抗震结构

（b）基础隔震结构

（c）层间隔震结构

图 7-42　结构模型安装

（2）传感器量测方式的确定及布置

选用磁电式振动加速度传感器测量结构模型每层的加速度响应，由于试验时地震波采用双向输入，对应在结构模型每层楼板面上 *X*、*Y* 向分别布置一个加速度传感器，以收集各层 *X*、*Y* 向的加速度响应。同时，为测出振动台台面的真实加速度，在台面 *X* 向和 *Y* 向分别布置一个加速度传感器。模型共 22 个加速度传感器，加速度测点为每层质心处，台面加速度传感器编号为 0-X 和 0-Y，依次向上编号，至塔楼顶板编号为 10-X 和 10-Y，测点布置如图 7-43 所示。

试验采用拉线位移传感器测量结构位移。在台面 *X*、*Y* 向分别布置 1 个拉线位移传感器，编号为 W0-X 和 W0-Y；其余各层测点为结构模型 *Y* 向侧面，0 层（底盘底板）编号为 W1，依次向上编号，至 8 层（塔楼顶板）编号为 W10，模型共 12 个位移传感器，测点布置如图 7-44 所示。

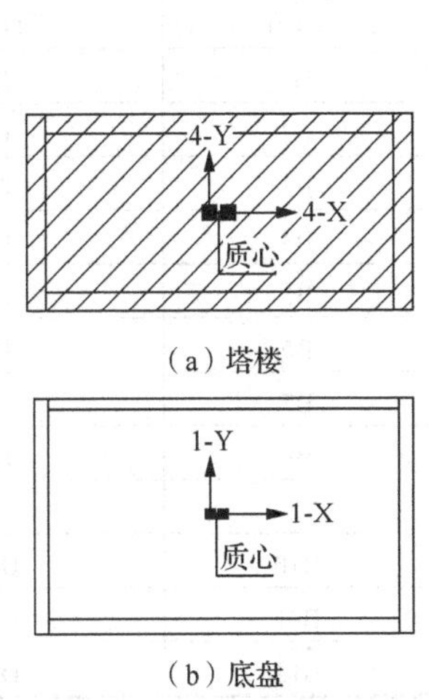

图 7-43　加速度传感器测点布置

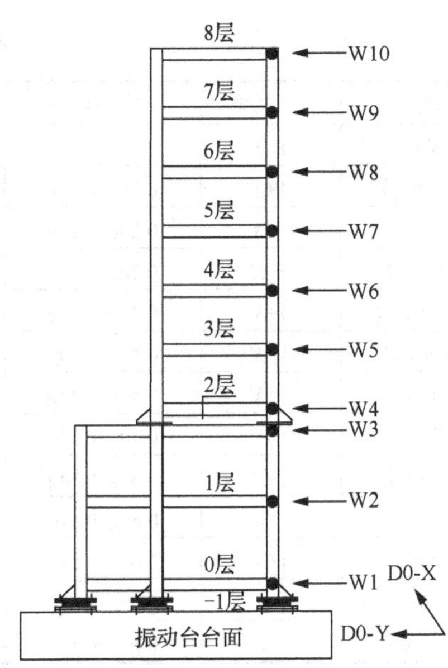

图 7-44　位移传感器测点布置

3. 试验工况

（1）输入地震波的确定

对结构进行弹塑性时程分析时，地震波的选取根据《建筑抗震设计标准》（2024 年版）（GB/T 50011—2010）第 5.1.2 条相关规定。地震加速度时程曲线的三要素为：频谱特性、有效峰值和持续时间。由于背景工程处于Ⅱ类场地，最终选择了 3 组Ⅱ类场地条件下的实际强震记录地震加速度时程曲线和一组人工模拟地震加速度时程曲线，分别为 El-Centro 波、Taft 波、Chi-Chi 波（Taiwan-05 NO 2983 波）和 Rgbtongan 波［人工波（同安）］。这 4 条波的基本信息如表 7-5 所示。

表 7-5　地震波基本信息

地震波	加速度峰值/g	持续时间/s	采样频率/Hz	选用方向
El-Centro 波	0.3417	30	50	南北向分量
Taft 波	0.1527	54	50	南北向分量
Chi-Chi 波	0.0719	70	200	—
Rgbtongan 波	0.105	46	50	—

（2）试验工况设计

为了方便地震波的输入，本章将所选择的 4 条地震波峰值统一调整为 0.2g。地震波采用双向输入，由于模型 Y 向更为不利，取 Y 向为主方向，对应的 X 向以 Y 向 0.85 倍的比例进行调整。针对本章确定的抗震、基隔和层隔结构模型，分别进行 0.20g、0.40g 和 0.60g 的地震波时程工况加载，试验工况顺序如表 7-6 所示，共 39 个工况。此工况表对应振动台试验工况顺序，试验时为了避免大震时抗震结构对构件产生不利影响，最后进行抗震结构模型振动台试验。

表 7-6 试验工况

地震波	输入方向	加速度峰值	基隔模型工况	层隔模型工况	抗震模型工况
白噪声	$Y+X$	—	A1-0	B1-0	D1-0
El-Centro 波	$Y+X$	$0.20g+0.17g$	A1	B1	D1
Taft 波	$Y+X$	$0.20g+0.17g$	A2	B2	D2
Chi-Chi 波	$Y+X$	$0.20g+0.17g$	A3	B3	D3
Rgbtongan 波	$Y+X$	$0.20g+0.17g$	A4	B4	D4
El-Centro 波	$Y+X$	$0.40g+0.34g$	A5	B5	D5
Taft 波	$Y+X$	$0.40g+0.34g$	A6	B6	D6
Chi-Chi 波	$Y+X$	$0.40g+0.34g$	A7	B7	D7
Rgbtongan 波	$Y+X$	$0.40g+0.34g$	A8	B8	D8
El-Centro 波	$Y+X$	$0.60g+0.51g$	A9	B9	D9
Taft 波	$Y+X$	$0.60g+0.51g$	A10	B10	D10
Chi-Chi 波	$Y+X$	$0.60g+0.51g$	A11	B11	D11
Rgbtongan 波	$Y+X$	$0.60g+0.51g$	A12	B12	D12

4. 试验结果

（1）基本动力特性试验分析

试验通过输入 $0.10g$ 白噪声测试结构的自振特性，由模态分析得到结构模型的自振周期，并与数值分析所得的自振周期进行对比，列于表 7-7 中，可知：试验所得基隔和层隔自振周期分别是抗震结构的 2.98 倍和 3.11 倍，均实现了延长结构自振周期的目的，能够大幅度地减少输入上部结构的地震作用。基隔、层隔和抗震结构模型的自振周期试验值略大于计算值，总体上相差不大，吻合度高。

表 7-7 自振周期对比

模型结构	抗震	基隔	层隔
试验值/s	0.391	1.129	1.216
计算值/s	0.368	1.053	1.115
误差/%	5.88	6.73	8.31

注：误差=｜试验值-计算值｜/试验值×100%。

（2）结构加速度响应

4 条地震波加速度峰值依次设为 $0.20g$、$0.40g$ 和 $0.60g$，将基隔、层隔和抗震模型 X、Y 向楼层加速度试验均值绘于图 7-45。可以看出：①抗震模型 X 向和 Y 向楼层加速度变化规律基本一致，主要区别在于第“3”层 X 向存在突变，总体上吻合度高。加速度随楼层增加逐渐增大，且各层变化明显。②基隔模型 X 向和 Y 向楼层加速度变化规律偏差小，较抗震模型明显减小，各楼层加速度连线近似为一条直线，结构整体近似平动。③层隔模型塔楼加速度响应减震效果好。由于地震作用的减少，第“3”层 X 向楼层加速度突变量远小于抗震模型。层隔模型塔楼加速度连线可近似为一条直线，塔楼表现为整体平动。下部底盘加速度略大于抗震模型，说明层隔不能减少底盘的加速度响应。

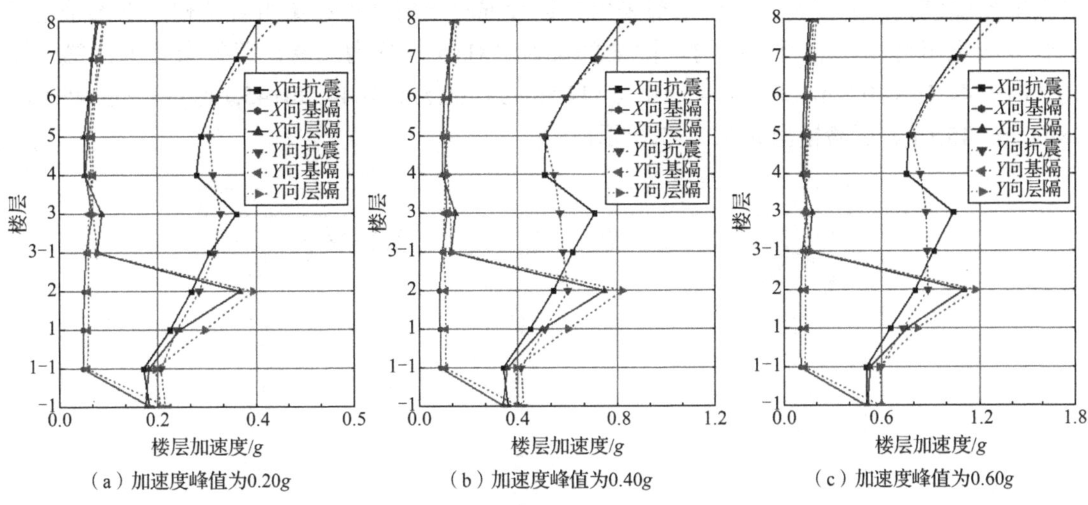

（a）加速度峰值为0.20g　（b）加速度峰值为0.40g　（c）加速度峰值为0.60g

图 7-45　楼层加速度试验值对比

注：“3-1”为塔楼底板，即“层隔隔震层”；“1-1”为下部底盘底板，即“基隔隔震层”；“-1”表示“台面”。

（3）结构位移响应

4 条地震波的加速度峰值依次设为 0.20g、0.40g 和 0.60g，将基隔、层隔和抗震模型 Y 向楼层位移试验均值绘于图 7-46。可以看出：①抗震模型楼层位移随层数的增加而逐渐增大，变化明显。②基隔模型楼层位移主要集中在隔震层，隔震层以上各楼层位移随楼层的增加略微增大，但增大幅度较抗震模型明显减小，整体近似平动。③层隔模型塔楼楼层位移连线近似为一条直线，塔楼整体平动；底盘楼层位移较抗震模型略有减小。

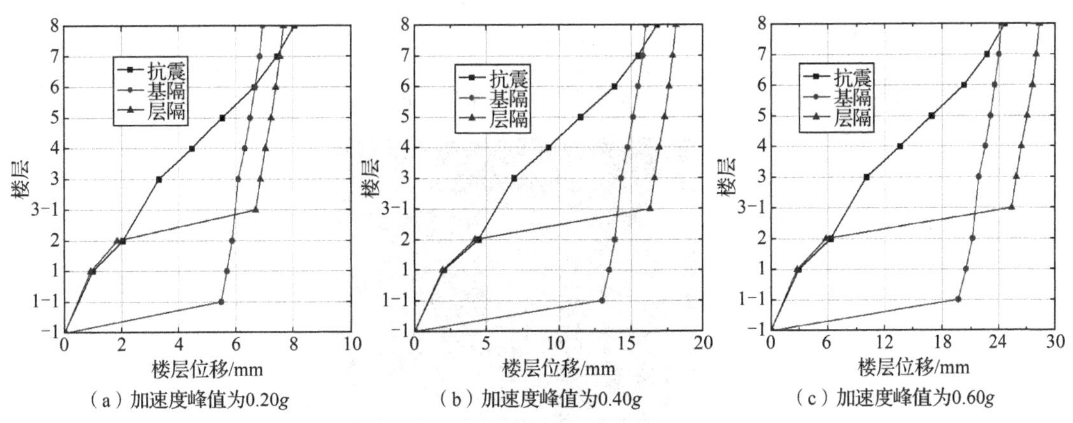

（a）加速度峰值为0.20g　（b）加速度峰值为0.40g　（c）加速度峰值为0.60g

图 7-46　Y 向楼层位移试验值对比

注：“3-1”为塔楼底板，即“层隔隔震层”；“1-1”为下部底盘底板，即“基隔隔震层”；“-1”表示“台面”。

7.4.2　钢管混凝土桁架连续梁组合结构台阵试验

1. 工程简介

某大桥位于我国南北向地震带中南段，属强震到弱震活动的过渡带。一般场地基准期 50 年超越概率 10%的地震峰值加速度 $a = 0.362g$，地震动反应谱特征周期为 0.45s，对应地震基本烈度较大，为 8 度。大桥上部采用了钢管混凝土桁架连续梁组合结构，下部采用了钢管混凝土组合高墩的新型结构。桥梁总长为 1811m，分为三联，跨径布置为：第一联 40.7m+9×44.5m+40.7m，第二联 45.1m+3×44.5m+11×62.5m+3×44.5m+45.1m，第三联 45.1m+4×44.5m+45.1m。试验模型如图 7-47 所示。

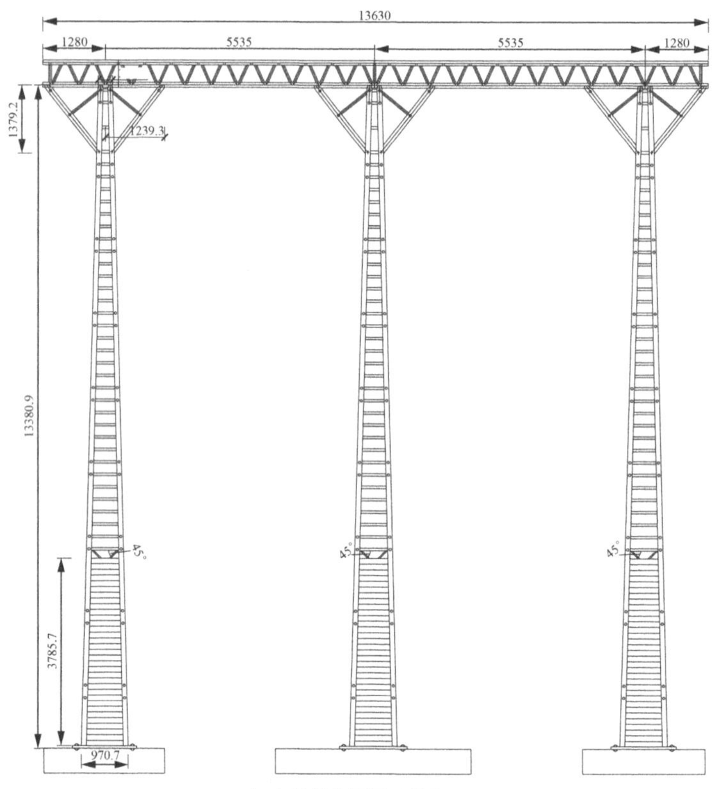

（a）总体布置图（单位：cm）

（b）试验模型拼装就位照片

图 7-47 试验模型图示

2. 模型设计

（1）控制参数的确定

本试验的主梁和桥墩的尺寸均按 1∶8 的比例缩尺，相似常数如表 7-8 所示，选取桥梁最高的桥墩（20#墩）和 62.5m 跨径的主梁形成的两跨连续梁作为研究对象，如图 7-47 所示。

表 7-8　钢管混凝土桁架连续梁组合结构台阵试验模型理论相似常数

物理量	相似常数符号	量纲相似比关系	相似常数值
线尺寸 l	S_l	[L]	$S_l = 1/8$
位移 x	S_x	[L]	$S_x = S_a S_x^2 = 1/64$
弹性模量 E	S_E	[E]	$S_E = 1$
应力 σ	S_σ	[E]	$S_\sigma = S_E S_\varepsilon = 1/8$
应变 ε	S_ε	—	$S_\varepsilon = S_l = 1/8$
密度 ρ	S_ρ	[ρ]	$S_\rho = 1$
加速度 a	S_a	[$E\rho^{-1}L^{-1}$]	$S_a = 1$
重力加速度 g	S_g	[$E\rho^{-1}L^{-1}$]	$S_g = 1$
轴力 N	S_N	[EL^2]	$S_N = S_\sigma S_l^2 = 1/256$
弯矩 M	S_M	[EL^3]	$S_M = S_\sigma S_l^3 = 1/2048$
自振角频率 ω	S_ω	[$E^{0.5}\rho^{-0.5}L^{-1}$]	$S_\omega = \sqrt{S_E/S_\rho}/S_l = 8$
时间 t	S_t	[$E^{-0.5}\rho^{0.5}L$]	$S_t = 1/S_\omega = 1/8$
阻尼比 ζ	S_ξ	—	$S_\xi = 1$

（2）传感器量测方式的确定及布置

传感器的量测包括加速度、位移和应变。白噪声测试后，1#墩和 2#墩墩顶加速度测点移至墩顶桥面位置，3#墩墩顶加速度测点移至第二跨跨中截面，测点主要布置在各墩钢管混凝土柱肢钢管斜撑处、墩中间、混凝土腹板顶位置、墩底和振动台台面，全桥共 18 个测点。位移测点主要布置在桥面、主梁跨中底部、墩顶，全桥共 6 个测点。应变测点主要布置在钢管斜撑、柱肢斜撑处、混凝土腹板顶端、墩底、混凝土腹板底部的混凝土和钢筋处，全桥共 30 个测点。主要测点如图 7-48 所示，现场照片如图 7-49 所示。

3. 试验工况

（1）输入地震波的确定

由于背景工程没有实测地震波，所以采用人工波的方式进行地震波的模拟，通过如图 7-50 所示的三角级数模型合成人工波 1 条，如图 7-51 所示。按照反应谱法获得的这条地震波的加速度反应谱如图 7-52 所示。由此可以看出，人工模拟地震波满足设计加速度反应谱。

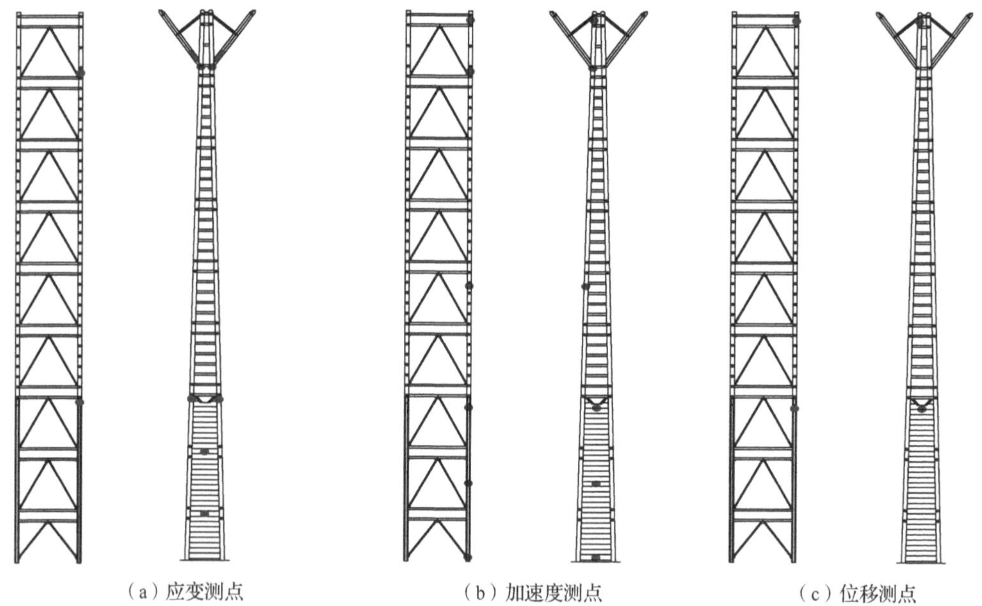

（a）应变测点　　（b）加速度测点　　（c）位移测点

• 双向应变片　▬ 单向应变片

图 7-48　主要测点布置示意图

（a）应变测点

（b）加速度测点

（c）位移测点

图 7-49　测点布置照片

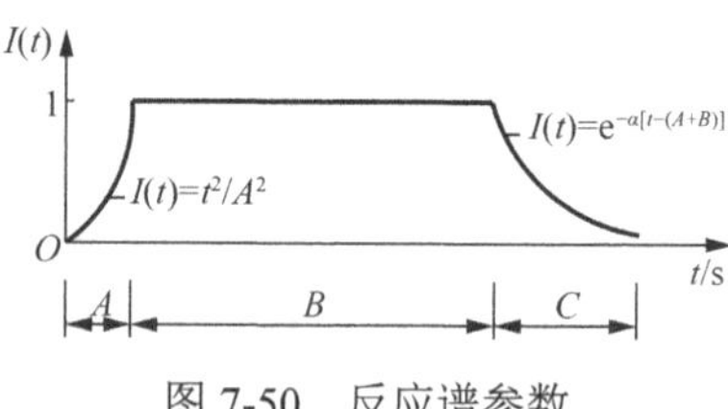

图 7-50　反应谱参数

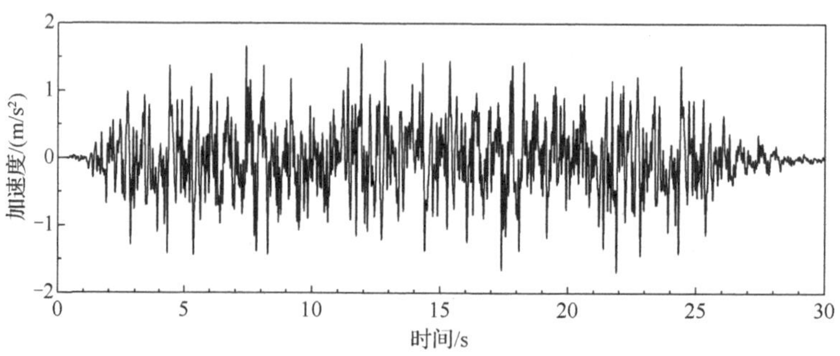

图 7-51　模拟的背景工程 E1 地震波

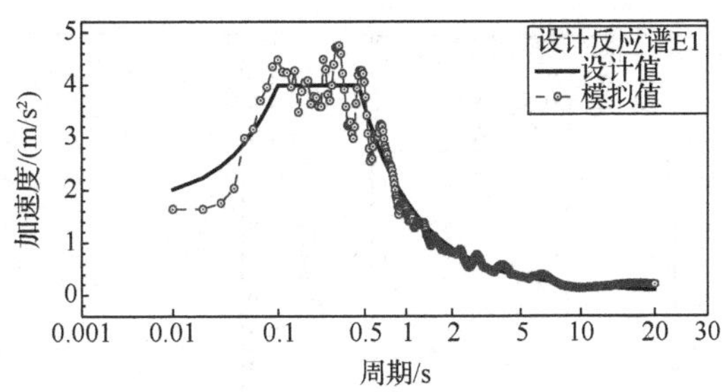

图 7-52　背景工程 E1 地震波的加速度反应谱

（2）试验工况设计

以地面峰值加速度（PGA）为强度指标，对 E1 加速度时程曲线进行强度调整，从 0.05*g* 开始，逐级增加强度，直到振动台所能施加的最大加速度荷载停止加载，地震动输入方向为 *X*（纵桥向）、*Z*（横桥向）、*X*+*Z*（双向）。试验模型高度较高，施加过大的加速度荷载，振动台有倾覆的危险，因此，纵桥向最大加速度为 0.50*g*，横桥向最大加速度为 0.22*g*。表 7-9 表示了各工况需要进行的地震波加载峰值和输入方向，其中，PGA=0.1607*g* 对应于实桥 E1 地震峰值。

表 7-9　试验工况

工况	荷载	强度	输入方向	工况	荷载	强度	输入方向
2-1	人工波	0.05*g*	*X*	3-4	人工波	0.20*g*	*X*
2-2	人工波	0.05*g*	*Z*	3-5	人工波	0.20*g*	*Z*
2-3	人工波	0.05*g*	*X*+*Z*	3-6	人工波	0.20*g*	*X*+*Z*
2-4	人工波	0.10*g*	*X*	3-7	人工波	0.22*g*	*X*
2-5	人工波	0.10*g*	*Z*	3-8	人工波	0.22*g*	*Z*
2-6	人工波	0.10*g*	*X*+*Z*	3-9	人工波	0.22*g*	*X*+*Z*
2-7	人工波	0.15*g*	*X*	3-10	人工波	0.24*g*	*X*
2-8	人工波	0.15*g*	*Z*	3-11	人工波	0.26*g*	*X*
2-9	人工波	0.15*g*	*X*+*Z*	3-12	人工波	0.28*g*	*X*
2-10	人工波	0.1607*g*	*X*	3-13	人工波	0.30*g*	*X*
2-11	人工波	0.1607*g*	*Z*	3-14	人工波	0.32*g*	*X*
2-12	人工波	0.1607*g*	*X*+*Z*	3-15	人工波	0.35*g*	*X*
3-1	人工波	0.18*g*	*X*	3-16	人工波	0.40*g*	*X*
3-2	人工波	0.18*g*	*Z*	3-17	人工波	0.45*g*	*X*
3-3	人工波	0.18*g*	*X*+*Z*	3-18	人工波	0.50*g*	*X*

4. 试验结果

（1）基本动力特性试验分析

振动台试验模型通过白噪声扫描，获取结构的频率和阻尼比等动力特性。由于白噪声具有等同的各种频谱分量，也可以从白噪声激励下结构共振反应峰值的大小显示出结构反应量的大小。白噪声按照 *X*（纵桥向）、*Z*（横桥向）、*X*+*Z* 分别输入，对桥面记录的加速度和位移值进行谱分析，得到的结构基频结果如图 7-53 所示。无论是加速度响应得到的功率谱还是位移响应得到的功率谱，得到的试验模型的固有频率基本相同，均为 1.45Hz（面内）和 2.10Hz（面外）。

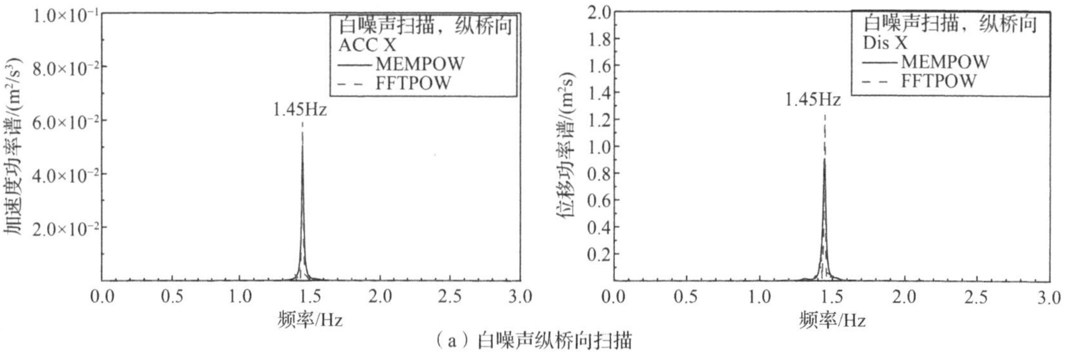

（a）白噪声纵桥向扫描

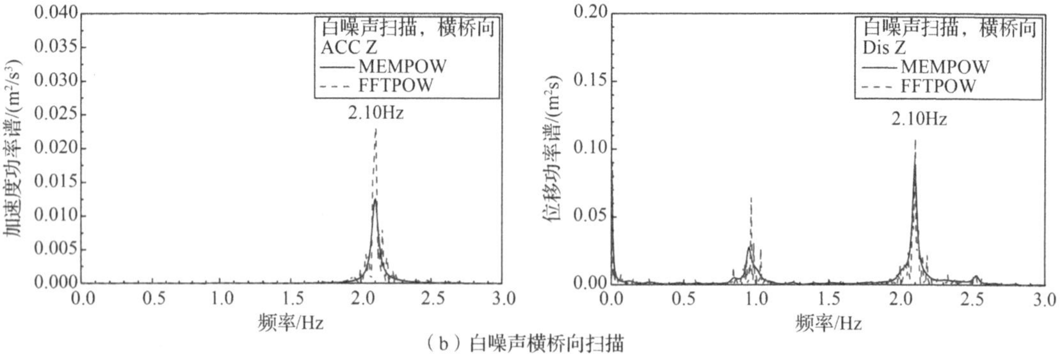

（b）白噪声横桥向扫描

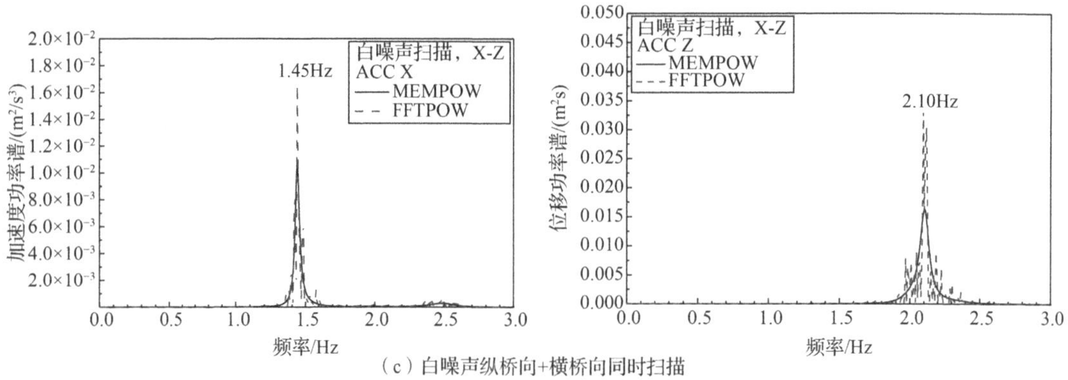

（c）白噪声纵桥向+横桥向同时扫描

图 7-53　白噪声激励下的功率谱

（2）模型试验采用的输入地震波及试验验证

根据频率相似比为 8∶1，对实桥地震波进行压缩，并按照振动台系统输入格式的要求，dt=1/1024s。调整后的地震波波形如图 7-54 所示，可以得到设计地震动峰值加速度 PGA=0.1607g。

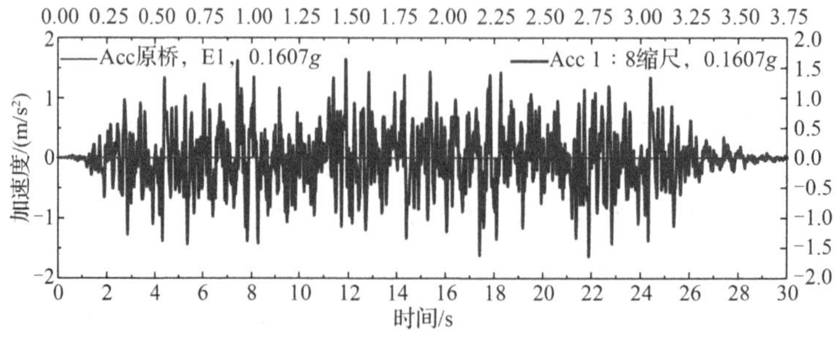

图 7-54　按照 8∶1 调整后的振动台试验用的 E1 地震波

按照 1∶8 进行时间缩尺的 PGA=0.1607g 地震作用下的试验模型墩顶的实测纵桥向位移和横桥向位移示于图 7-55，将实桥地震波作用下的实桥 20#墩墩顶的纵桥向位移和横桥向位移也示于图 7-55。在该地震波作用下，试验模型与实桥 20#墩墩顶纵桥向最大位移分别为 0.0044m 和 0.26m，试验模型与实桥 20#墩墩顶横桥向最大位移分别为 0.0025m 和 0.18m，近似满足动力学模型相似比中模型和实桥位移比 $1/8^2$ 的关系。因此，按照 1∶8 进行时间缩尺的输入地震波满足试验要求。

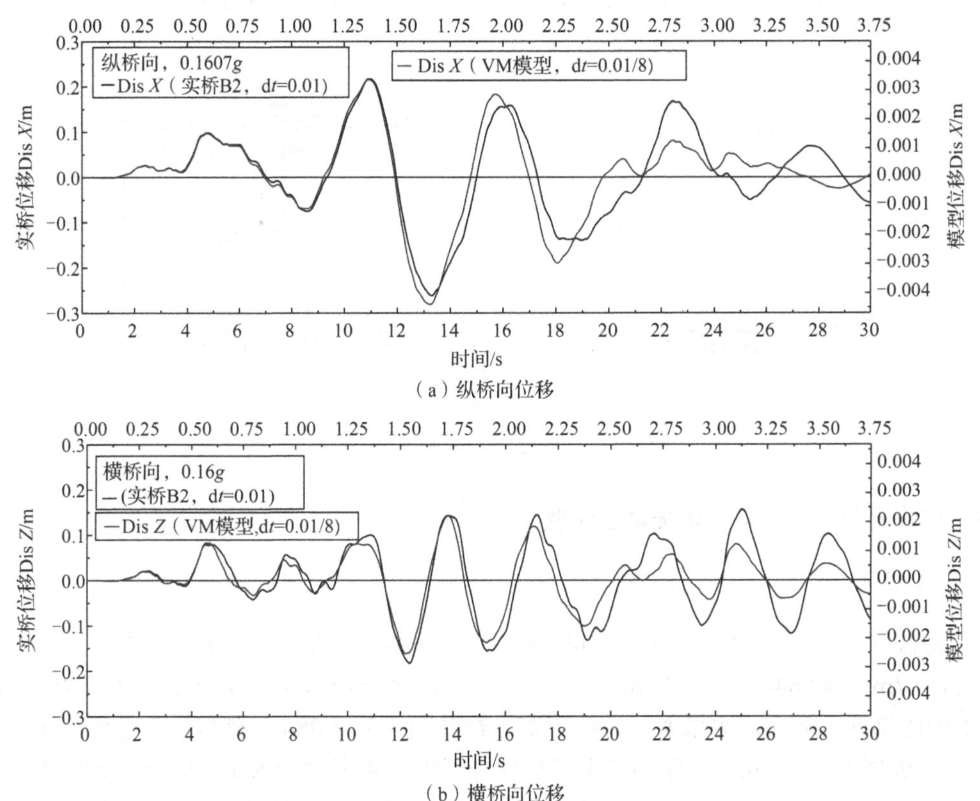

（a）纵桥向位移

（b）横桥向位移

图 7-55　振动台模型与实桥的振动位移比较

（3）振动台抗震试验结果分析

图 7-56 为横向最大加速度 PGA=0.22g、纵向最大加速度 PGA=0.50g 和双向最大地震动 PGA=0.22g 下的墩顶位移时程曲线对比，可以看出，位移实测值和理论值较为接近。

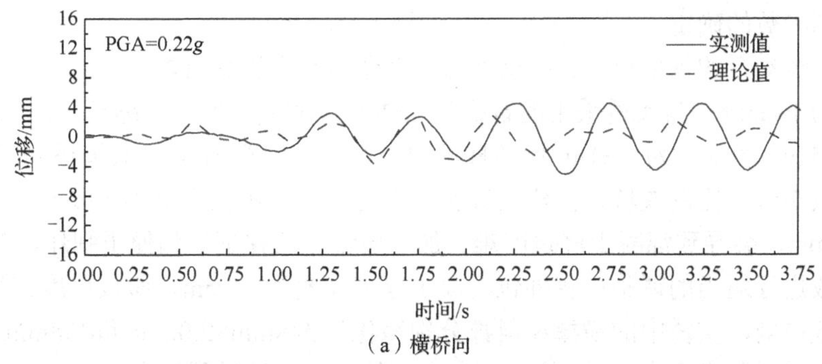

（a）横桥向

图 7-56　位移时程曲线对比

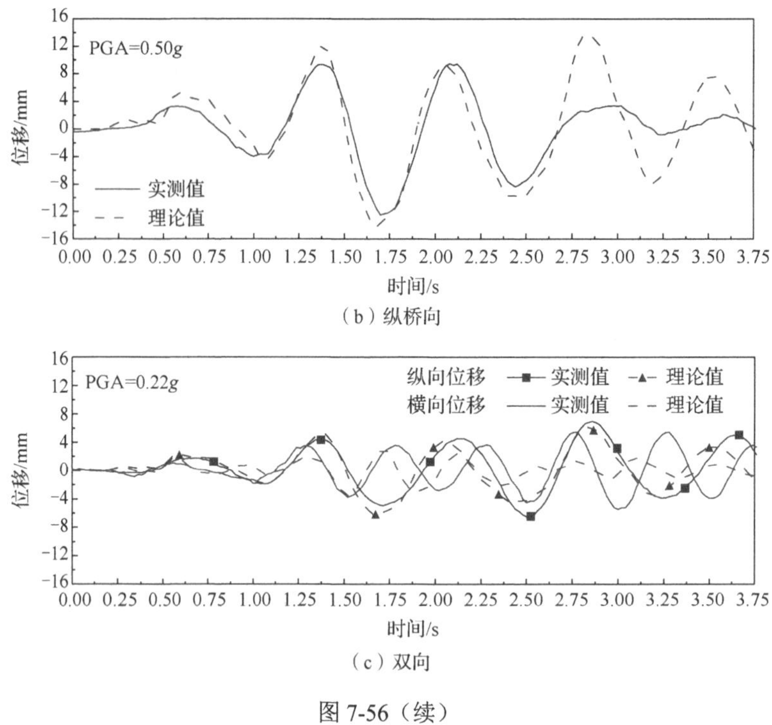

（b）纵桥向

（c）双向

图 7-56（续）

7.4.3 钢管混凝土箱形叠合墩振动台试验

1. 工程简介

某变截面连续刚构桥（105m+2×200m+105m）采用钢管混凝土箱形叠合墩，主墩墩高分别为 141.64m、182.64m 和 87.76m，墩顶面内柱肢间距分别为 8.28m、8.28m 和 7.28m，均按 70∶1 的比例向下变宽。主墩面外方向等宽，柱肢间距为 5.08m。外包层钢筋混凝土厚度为 20cm，腹板厚度为 50cm。钢管混凝土格构柱骨架均由 4 根管径为 1320mm 的钢管混凝土组成，钢管壁厚由墩顶的 14mm 变化为墩底的 18mm，钢管内灌注 C80（C60）混凝土，外包混凝土强度均为 C30，钢管采用 Q345 钢材，钢管混凝土柱肢间用型钢连接。以其中一个主墩的单幅为原型，进行缩尺模型的设计和制作。

2. 模型设计

（1）控制参数的确定

综合考虑振动台的规格尺寸、载重能力、模型制作难易等因素，确定试验模型采用的柱肢钢管直径为 140mm，与实桥采用的直径为 1320mm 的钢管的几何缩尺比例为 1∶9.43，模型总高为 10.51m，墩身高为 9.31m，墩顶柱肢中心纵桥向间距为 0.78m、横桥向间距为 0.54m，墩身纵桥向按 70∶1 比例放坡，横桥向等宽。但是，此时腹板厚度为 53mm，钢管外包混凝土厚度为 21mm，会导致混凝土浇筑困难、加工质量无法保证。为便于制作，对桥墩部分构造和尺寸参数进行适当的调整：将外包混凝土厚度调整为 50mm，腹板厚度调整为 70mm。根据刚度等效原则，实桥中的横撑和斜撑分别简化为ϕ48mm×2.0mm 和ϕ38mm×1.5mm 的空钢管，腹板钢筋采用直径为 6mm 的 HPB300 钢筋，并取消横隔板和风撑构造。虽然上述简化措施会使模型刚度有一定提高，但墩柱主体结构形式并未发生改变，并根据原型与模型的频率比压缩输入地震动的持时，以保证真实反映原型桥墩的地震响应特性。模型如图 7-57 所示，相似关系如表 7-10 所示。

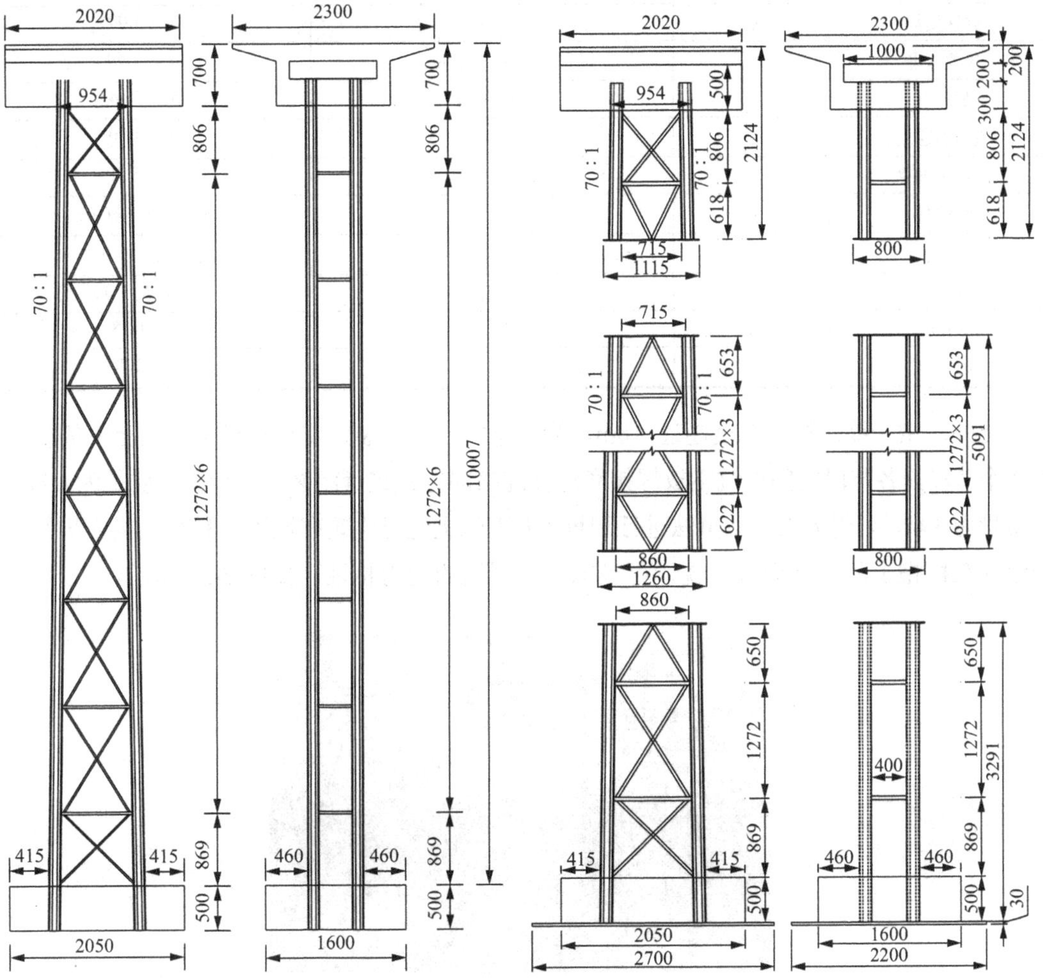

（a）钢骨架节段示意图

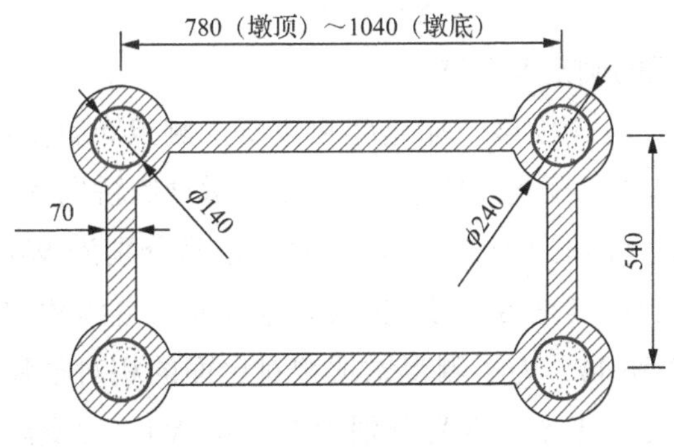

（b）截面示意图

图 7-57　钢管混凝土箱形叠合墩振动台缩尺模型构造示意图（单位：mm）

表 7-10 钢管混凝土箱形叠合墩振动台试验模型理论相似常数

物理量	相似常数符号	量纲相似比关系	相似常数值
线尺寸	S_l	[L]	$S_l=0.11$
弹性模量	S_E	[E]	$S_E=1.00$
等效密度	S_ρ	$[L^{-3}](m_m+m_a)/m_p$	$S_\rho=2.50$
加速度	S_a	$[EL^{-1}\rho^{-1}]$	$S_a=3.64$
重力加速度	S_g	—	$S_g=1.00$
自振角频率	S_ω	$[E^{0.5}\rho^{-0.5}L^{-1}]$	$S_\omega=5.75$
线位移	S_δ	[L]	$S_\delta=S_aS_\omega^{-2}=0.03$
应变	S_ε	—	$S_\varepsilon=S_\delta S_l^{-1}=0.27$
应力	S_σ	[E]	$S_\sigma=S_ES_\varepsilon=0.27$
时间	S_t	$[E^{-0.5}L\rho^{0.5}]$	$S_t=0.18$
阻尼比	S_ζ	—	$S_\zeta=1.00$

此外，由于缩尺模型高度超过 10m，为便于制作和安装，将缩尺模型由上至下依次划分为 3 个节段，各节段之间通过钢板焊接和螺栓连接的方式进行组装。试验模型质量为 6.8t，承台质量为 3.4t，采用欠人工质量法进行配重，人工配重通过浇筑在墩顶的具有主梁形状的柱帽和锚固在柱帽上的工字钢来实现，可模拟墩梁固结的受力特性，如图 7-58 所示。

图 7-58 钢管混凝土箱形叠合墩缩尺模型振动台试验照片

（2）传感器量测方式的确定及布置

振动台试验测试项目包含位移、加速度和应变，测点布置如图 7-59 所示。墩顶处各布置 2 个加速度传感器和 2 个拉线式位移计，以测得墩顶纵桥向和横桥向的加速度和位移，墩顶的加速度传感器编号分别为 J1 和 J2，位移计编号分别为 W1 和 W2。为了验证台面输出的加速度与输入的加速度是否一致，在振动台台面布置纵桥向和横桥向加速度传感器各 1 个，编号分别为 J3 和 J4。为了测得墩顶相对台面的相对位移，在墩底处布置纵桥向和横桥向的拉线式位移计各 1 个，编号分别为 W3 和 W4。应变测点布置在墩底截面，包含 8 个外包混凝土应变测点、4 个腹板混凝土应变测点和 8 个钢管应变测点，共计 20 个应变测点。

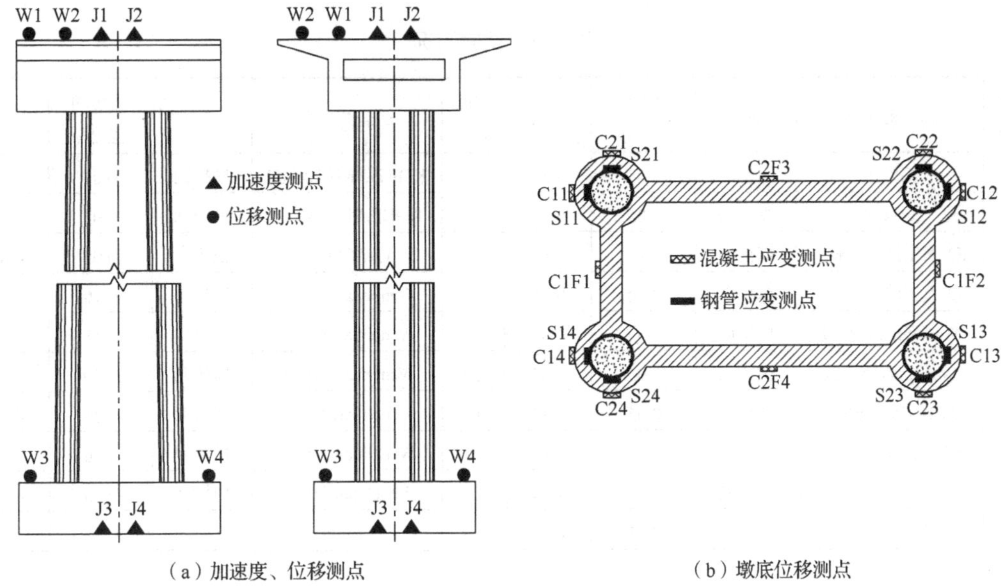

（a）加速度、位移测点　　（b）墩底位移测点

图 7-59　测点布置示意图

3. 试验工况

（1）输入地震波的确定

根据设计资料，大桥抗震设防烈度为 7 度，场地类型为Ⅱ类，特征周期 T_g=0.45s，设计基本地震动加速度峰值 PGA=0.15g。设计加速度反应谱如图 7-60（a）所示，通过频响变换关系生成相应的 7 条 E2 地震加速度时程曲线，其中 1 条人工地震波如图 7-60（b）所示。

图 7-60（彩图）

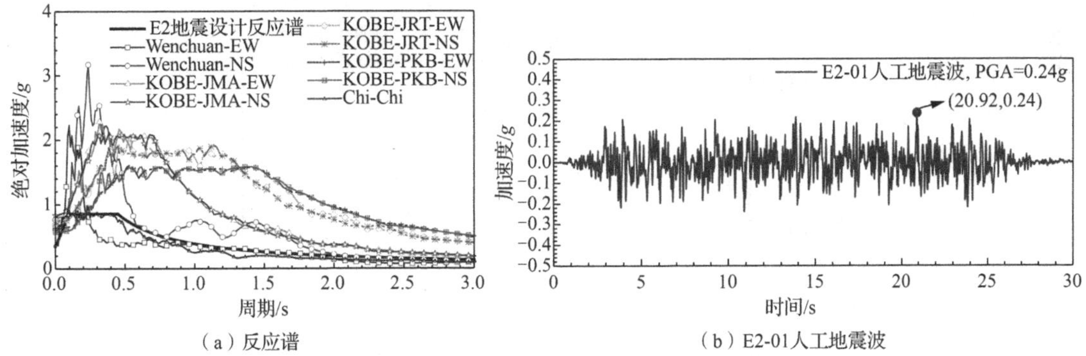

（a）反应谱　　（b）E2-01人工地震波

图 7-60　E2 人工地震动加速度时程曲线及反应谱

（2）试验工况设计

为了研究钢管混凝土箱形叠合墩在真实地震动作用下的地震响应特性，本次振动台试验工况设计如表 7-11 所示，选取 9 条典型强震记录，并以 PGA=0.05g 沿横桥向（最不利方向）输入，研究地震动特性对钢管混凝土箱形叠合墩地震响应的影响。最后，根据典型强震工况的试验结果，选择地震响应最大的一条地震波。地震动强度按 0.05g 的量级递增分别加载，直至倾覆力矩超过振动台的最大抗倾覆力矩或结构破坏无法继续承载，通过此过程研究地震动强度对地震响应的影响。

表 7-11 试验工况

加载顺序	地震波类型	加载方向	地震动强度/g	基频/Hz	加载顺序	地震波类型	加载方向	地震动强度/g	基频/Hz
1	白噪声	横桥向	0.05	4.85	11	KOBE-PKB-EW 波	横桥向	0.05	4.85
2	白噪声	纵桥向	0.05	9.70	12	KOBE-PKB-NS 波	横桥向	0.05	4.84
3	E2 人工波（7 条）	横桥向	0.24	4.85	13	Chi-Chi 波	横桥向	0.05	4.83
4	E2 人工波（7 条）	纵桥向	0.24	9.71	14	Wenchuan-NS 波	横桥向	0.10	4.82
5	Wenchuan-EW 波	横桥向	0.05	4.85	15	Wenchuan-NS 波	横桥向	0.15	4.82
6	Wenchuan-NS 波	横桥向	0.05	4.84	16	Wenchuan-NS 波	横桥向	0.20	4.83
7	KOBE-JMA-EW 波	横桥向	0.05	4.85	17	Wenchuan-NS 波	横桥向	0.25	4.82
8	KOBE-JMA-NS 波	横桥向	0.05	4.83	18	Wenchuan-NS 波	横桥向	0.30	4.82
9	KOBE-JRT-EW 波	横桥向	0.05	4.84	19	Wenchuan-NS 波	横桥向	0.35	4.83
10	KOBE-JRT-NS 波	横桥向	0.05	4.85					

4. 试验结果

（1）基本动力特性试验分析

图 7-61 为白噪声扫描得到的墩顶加速度时程曲线频谱分析结果，得到了试验缩尺模型的面外一阶基频为 4.85Hz，面内一阶基频为 9.70Hz。缩尺试验模型与原型桥墩的面外一阶基频比值为 5.98∶1，面内一阶基频比值为 6.10∶1，与理论频率相似比 5.75∶1 较为接近，误差在 7%以内，基本验证了振动台缩尺模型设计的正确性。横、纵桥向输入地震波的时间压缩比例确定为 1∶6。

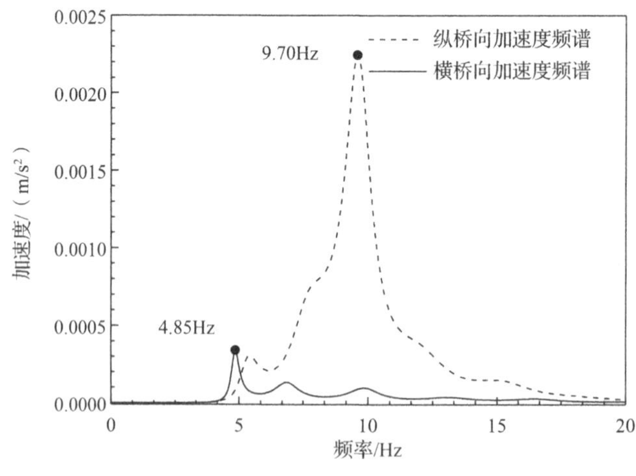

图 7-61 白噪声激励下的墩顶加速度频谱

（2）E2 罕遇地震作用下的地震响应特性

在 E2 人工地震波激励下，图 7-62 中缩尺模型和原型桥墩的墩顶位移近似满足表 7-10 中的位移相似比（1∶S_ω^2），且两者时程曲线形状吻合较好。

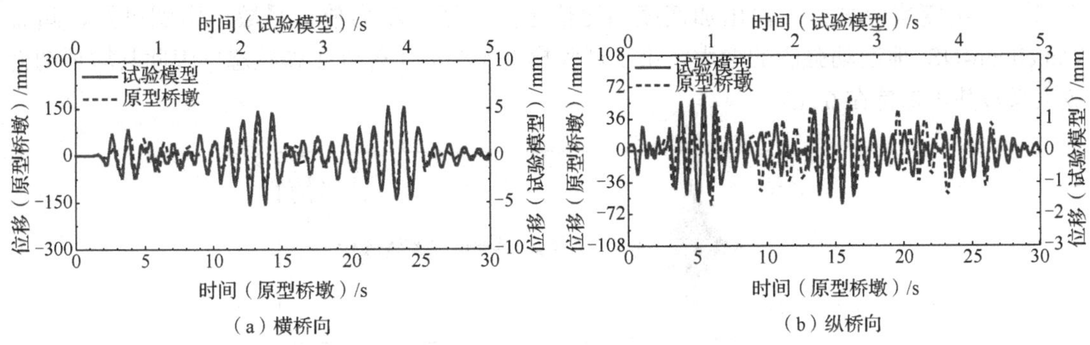

图 7-62　E2 水平地震作用下墩顶位移响应时程曲线

（3）地震动特性对地震响应的影响

在完成 E2 人工地震波工况后，选择图 7-57 中的 9 条典型地震波整体压缩至 PGA=0.05g，并沿缩尺试验模型的横桥向进行激励，得到不同地震波作用下缩尺试验模型墩顶位移时程响应曲线，如图 7-63 所示。在选择的 9 条 PGA=0.05g 的地震波作用下，KOBE-PKB-EW 地震波作用下墩顶加速度响应最小（0.19g），Chi-Chi 地震波作用下墩顶位移响应最小（0.27mm），而在 Wenchuan-NS 地震波作用下，墩顶加速度响应和墩顶位移响应均达到最大（0.35g 和 1.45mm），分别为 KOBE-PKB-EW 波和 Chi-Chi 波结果的 1.8 倍和 5.4 倍。对应于缩尺模型的面外一阶基频 4.85Hz，Wenchuan-NS 波、KOBE-JRT-NS 波、KOBE-JRT-EW 波等地震波的弹性位移响应数值较大，这与图 7-60 中表现出较大幅度的墩顶位移时程响应的地震波相符，表明上述地震波均含有激起缩尺模型共振的频率成分，其中以 Wenchuan-NS 波为最，说明地震动特性对钢管混凝土箱形叠合墩的地震响应有显著影响。

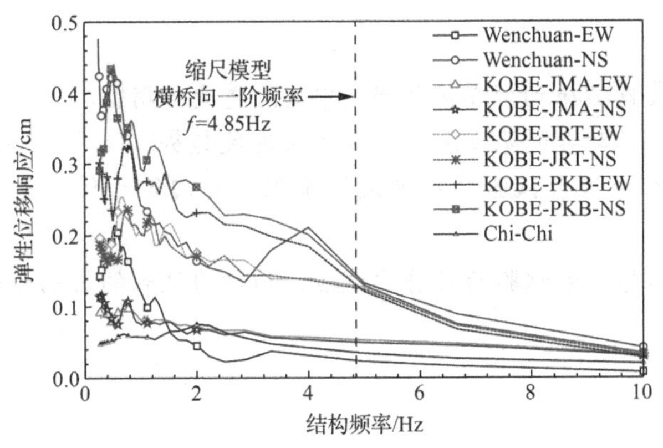

图 7-63（彩图）

图 7-63　典型地震波作用下弹性位移反应谱

（4）地震动强度对地震响应的影响

选择 Wenchuan-NS 地震波按照 0.05g 的增量逐级对模型进行激励，以探究地震动强度对钢管混凝土箱形叠合墩地震响应的影响。由于试验模型高度较高，当输入地震波的 PGA>0.35g 时，振动台承受的力矩超过其抗倾覆力矩，无法继续加载。图 7-64 分别为不同强度地震动激励下试验模型的墩顶加速度和墩顶位移时程曲线。可以看出，墩顶加速度响应和位移响应随地震动强度增大几乎呈线性增大，墩顶加速度出现了明显的放大现象。

将墩顶加速度响应与台面输出加速度的比值定义为墩顶动力放大系数。由图可知，随着 Wenchuan-NS 地震动强度的增大，由于试验模型始终处于弹性工作状态，因此其墩顶动力放大系数基本保持在 6 左右。

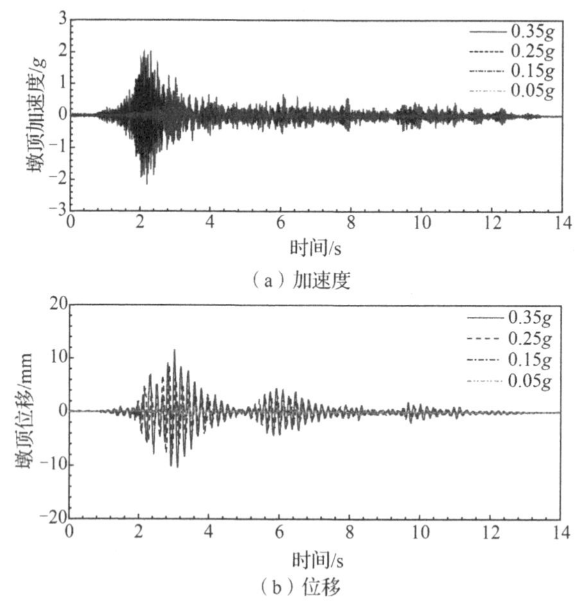

图 7-64　不同强度地震动作用下的墩顶响应时程曲线

图 7-64（彩图）

思　考　题

1. 为什么说地震模拟振动台在抗震研究中起到重要作用？
2. 简述地震模拟振动台的基本原理与构成及发展趋势。
3. 简述地震模拟振动台试验的基本设计步骤，并回答为什么要考虑动力相似及如何考虑。
4. 简述地震模拟振动台试验与拟静力试验、拟动力试验的区别与联系。

第 8 章　土木工程结构疲劳试验

在工程应用中，结构或构件所受到的应力总低于材料的屈服强度。通常，在低于屈服强度的应力作用下，材料既不会发生塑形变形，也不会发生断裂。但是，缺陷或者瑕点处局部微小裂缝的形成和发展，会使结构出现永久性的变化，并在一定循环次数后形成裂缝或继续扩展直至最后产生脆性破坏而完全断裂，这个过程称为疲劳破坏。1858 年德国铁路工程师 Wöhle 在严格控制荷载的情况下，完成第一个金属试样的疲劳试验，测定出其疲劳寿命曲线，解决了火车轴断裂问题。自此，人们对材料和结构件的疲劳问题研究已有 160 多年。但迄今为止仍有因结构疲劳断裂而造成的重大事故，据统计有 80%的工程结构失效都是源于疲劳失效（破坏）。在工程应用中，疲劳研究主要有以下 3 个方面。

1）精确地预测结构的疲劳寿命。材料和结构在外力长期、重复的作用下或在外力和环境因素的复合作用下，在疲劳破坏前所经历的应力循环次数称为疲劳寿命。结构的寿命，实际上是结构的安全服役期限。精确地预测结构的疲劳寿命，是为了保障结构在服役期内的安全，避免巨大的财产及生命的损失，避免对社会造成不良影响。

2）改善结构件的细节设计。优化材料和结构件的制造工艺，以延长材料和结构的疲劳寿命，并为研制新的抗疲劳材料提供理论指导。桥梁等大型工程结构的建造要耗费大量的资源和费用，使用过程中还需要检测和维修。延长疲劳寿命，以节约资源、降低建造和维修费用为基础，既要延长结构的总寿命，也要延长结构的检修周期。

3）简化疲劳试验或缩短疲劳试验周期。钢结构的相关设计规范仍然显得简单，最有效、合理的方法是通过进行疲劳试验，模拟运营期间的疲劳行为，评估结构疲劳性能，为验证和完善设计理论提供依据。混凝土结构加入高强材料作为预应力筋，以致结构或构件在高应力状态下工作，这类构件的疲劳问题也应受到重视。因此，设计合理、快捷、有效的疲劳试验，缩短疲劳试验周期变得尤为重要。

8.1　疲劳试验基本概念

8.1.1　疲劳累积损伤理论

钢材的疲劳破坏必须有拉应力、应力反复和塑性应变三者的同时作用。疲劳过程可分为裂纹成核、微观裂纹扩展、宏观裂纹扩展和最终断裂 4 个阶段。其中，裂纹成核是疲劳过程的第一步；裂纹扩展阶段是第二步。如图 8-1 所示，裂纹成核始于稳定滑移带中的最高应力集中区域。裂纹扩展阶段又可以分为第一和第二两个裂纹扩展阶段。在第一阶段，认为裂纹成核和扩展是初始微观裂纹在局部最大剪切应力面上沿着几个晶粒的有限长度扩展。第二阶段裂纹扩展是宏观裂纹扩展，主要在主拉应力面法向扩展，部分沿着最大剪切应力方向扩展。

两阶段的裂纹相比，第一阶段的宏观裂纹特性受显微结构特性的影响较小，而第二阶段裂纹的尖端塑性区域要远大于材料的显微结构。

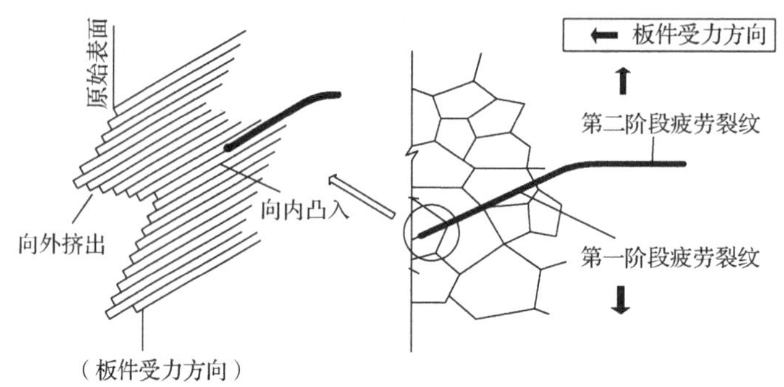

图 8-1　结构疲劳机理示意图

工程中，将结构裂纹成核和微观裂纹扩展阶段的寿命称为裂纹萌生阶段寿命，将宏观裂纹扩展阶段的寿命称为裂纹扩展寿命。通常情况下，从裂纹萌生到扩展的过渡阶段无法作出精确的定义，但对钢材而言，萌生阶段结束时的裂纹尺寸 a_0 大约为钢材的几个晶粒大小，尺寸为 0.1～1.0mm。断裂力学为钢结构疲劳裂纹的扩展分析提供了有效方法：钢结构疲劳裂纹尖端塑性区尺寸很小，在断裂分析中忽略塑性区的影响能够满足工程精度的要求，因此一般使用线弹性断裂力学分析钢结构疲劳裂纹的扩展过程。线弹性断裂力学方法认为结构损伤是不可避免的，这种方法将结构中与裂纹相似的原始缺陷偏于安全地简化为裂纹，即认为它们尖端处的曲率半径为零。线弹性断裂力学方法将结构疲劳寿命定义为，在反复荷载作用下结构主裂纹从原始状态扩展到某一临界尺寸所需要的荷载循环作用次数。与结构疲劳裂纹扩展的 3 个阶段相对应，线弹性断裂力学通过引入应力强度因子 K 这一概念，按照结构疲劳裂纹扩展速率 $\mathrm{d}a/\mathrm{d}N$ 的大小将结构疲劳裂纹扩展过程分为 3 个分区，如图 8-2 所示。

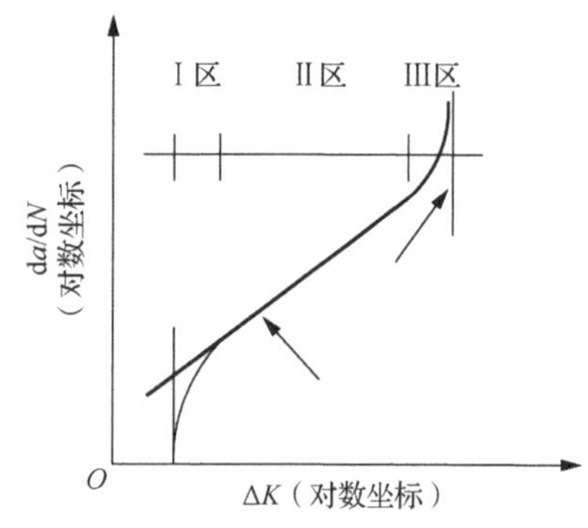

图 8-2　结构裂纹扩展曲线

分区Ⅰ：该分区裂纹尖端强度因子幅值ΔK小于门槛值ΔK_{th}，为疲劳裂纹萌生阶段。

$$\frac{\mathrm{d}a}{\mathrm{d}N}=C\left[(\Delta K)^m-(\Delta K_{th})^m\right] \tag{8-1}$$

分区Ⅱ：该分区属于疲劳裂纹稳定扩展阶段，疲劳裂纹扩展速率满足 Paris 公式，即

$$\frac{\mathrm{d}a}{\mathrm{d}N}=C(\Delta K)^m \tag{8-2}$$

分区Ⅲ：该分区应力强度因子 K 接近结构断裂韧度 K_c，属于疲劳裂纹快速扩展阶段。

$$\frac{\mathrm{d}a}{\mathrm{d}N}=\frac{C(\Delta K)^m}{(1-R)K_c-\Delta K} \tag{8-3}$$

式（8-3）也称为福尔曼（Forman）公式。

上述式中，ΔK 为应力强度因子幅值，$\Delta K=K_{max}-K_{min}$；K_{max}、K_{min} 分别为反复荷载作

用下结构应力强度因子的最大值与最小值；ΔK_{th} 为疲劳裂纹扩展的门槛值，当 $\Delta K \leqslant \Delta K_{th}$ 时，裂纹不会扩展，此时的裂纹称为安全裂纹；K 为应力强度因子；K_c 为结构断裂韧度；a 为裂纹深度；N 为反复荷载作用次数；da/dN 为反复荷载作用一次裂纹扩展长度；C、m 分别为与材料和环境相关的系数；R 为结构应力比。

疲劳累积损伤理论是疲劳分析的主要原理之一，也是估算变应力幅值下安全疲劳寿命的关键理论。损伤的直接理解就是在疲劳荷载下材料的改变（包括疲劳裂纹大小的变化、循环应变硬化和残余应力的变化）或材料的损坏程度。进一步说就是材料在循环荷载作用下，微观裂纹不断扩展和深化，从而使试件或构件的有效工作面不断减少的程度。主要理论包括：线性疲劳累积损伤理论、非线性疲劳累积损伤理论和双线性疲劳累积损伤理论，如图 8-3 所示。

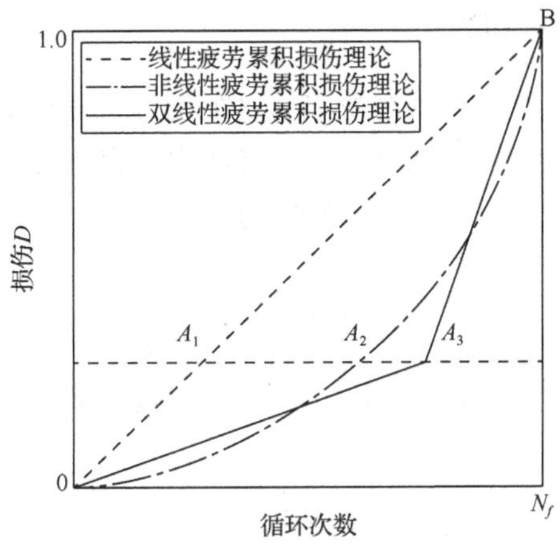

图 8-3　3 种疲劳累积损伤曲线对比示意图

1．线性疲劳累积损伤理论

线性疲劳累积损伤理论是指在循环荷载作用下，疲劳损伤可以线性累加，各个应力之间相互独立、互不相关，当累加的损伤达到某一数值时，试件或构件就发生疲劳破坏。最早提出并且已被桥梁界普遍接受的假设源于 Pamlgren 和 Miner 两人的工作，并由 Miner 于 1945 年发表“线性积伤律”准则。该准则假定疲劳破坏的条件为

$$\sum \frac{n_i}{N_i} = \frac{n_1}{N_1} + \frac{n_2}{N_2} + \cdots + \frac{n_n}{N_n} = 1 \tag{8-4}$$

式中，n_i 为应力幅 $\Delta\sigma_i$ 作用的次数；N_i 为用 $\Delta\sigma_i$ 做常幅应力循环试验时的疲劳破坏次数，或常幅疲劳强度曲线中相应于 $\Delta\sigma_i$ 时的疲劳寿命（循环次数）。

由式（8-4）所表达的 Miner 准则认为，变幅疲劳中各个应力幅 $\Delta\sigma_i$ 所造成的损伤可用 N_i 来定量表示，且可以线性叠加。因此，对任意构件在变幅应力循环作用下的损伤度可定义为

$$D = \sum_{i=1}^{n} \frac{n_i}{N_i} \tag{8-5}$$

D 的大小由构件所承受的应力经历确定，对于临界疲劳损伤 D_{CR}：若是常幅循环荷载，显然当循环荷载的次数 n 等于其疲劳寿命 N 时，疲劳破坏发生，即 $n=N$，得到 D_{CR}。因此，若 $D\geqslant1$，则表明构件已疲劳破坏；若 $D<1$，则尚未破坏。大量试验结果表明，疲劳破坏时 D 并不一定等于 1，而是大于或小于 1。这是由于 Miner 理论是一个线性疲劳损伤累积理论，没有考虑荷载次序的影响。在二级或者很少几级加载的应力水平情况下，试件破坏时的临界损伤值 D_{CR} 一般与 1 相差很大，但对于桥梁等工程结构所承受的随机荷载，试件破坏时的临界损伤值 D_{CR} 一般在 1 附近，这也是目前 Miner 理论被桥梁界普遍接受的原因。

此外，Miner 理论把低于常幅疲劳极限的应力幅视为无损伤作用。事实上，当为变幅疲劳时，即使其等效应力幅 $\Delta\sigma_0$ 低于常幅疲劳极限，但只要有少数循环中有若干应力幅大于疲劳极限还是会使裂纹有所扩展。因此，这种低应力幅的损伤作用实际上是存在的。

2. 非线性疲劳累积损伤理论

假定结构初始裂纹长度为 a_0，发生疲劳破坏时对应的疲劳裂纹长度为 a_f，在给定的应力幅 σ 作用 n 次后，结构的疲劳裂纹长度为 a，将结构对应的疲劳损伤度 D 定义为 a 与 a_f 的比值。Manson 与 Halford 建立的裂纹扩展方程为

$$a=a_0+(a_f-a_0)\left(\frac{n}{N_f}\right)^{a_f} \tag{8-6}$$

式中，N_f 为达到最终断裂的裂纹长度 a_f 时，外加荷载的循环作用次数；a_f 为根据经验公式确定的指数，其计算方法为

$$a_f=\frac{2}{3}N_f^{0.4} \tag{8-7}$$

非线性疲劳累积损伤理论可以考虑荷载加载顺序对疲劳性能的影响。在确定的应力历程作用下，结构疲劳累积损伤值需要按照每一步加载应力幅值及其作用次数依次确定。每一步计算之前应首先确定当前加载之前的应力加载历史，将其对结构造成的疲劳损伤等效转换到当前步应力幅值作用下对应的等效作用次数，将这一作用次数累加上当前步应力幅值作用次数，计算出新的结构疲劳损伤累积值，如此循环，直至应力历程加载完毕或结构发生疲劳破坏。

3. 双线性疲劳累积损伤理论

线性疲劳累积损伤理论在损伤评估方面存在不足，而非线性疲劳累积损伤理论较为复杂且不利于实际工程应用，因此双线性疲劳累积损伤理论应运而生。双线性疲劳累积损伤理论将裂纹形成阶段和裂纹扩展阶段分为两个阶段考虑，在两个阶段分别运用线性累积损伤规律进行计算，最后叠加。

8.1.2 疲劳应力曲线

随时间呈周期性或非周期性变化的荷载称为交变荷载，脉动荷载与循环荷载均为交变荷载。大多数结构或构件在交变荷载作用下工作，结构的材料内会产生随时间变化的交变应力

（应变），经足够多的应力循环作用后，就可能经历裂纹萌生、扩展直至断裂的疲劳过程。常见的应力曲线如下。

1. 交变应力曲线

结构在使用过程中所承受的荷载是变化的，它们在结构中所引起的应力也是变化的。人们把这种随时间做周期性变化的应力称为交变应力。最简单的交变应力是常幅应力谱，如正弦曲线，如图 8-4 所示，与常幅应力谱相对应的是变幅应力谱。图中所示几个重要参数表示如下：

应力范围：$\Delta\sigma = \sigma_{\max} - \sigma_{\min}$。

应力幅值：$\sigma_n = \Delta\sigma / 2$。

平均应力：$\sigma_m = \sigma_{\min} + \sigma_a = \sigma_{\max} - \sigma_a$。

应力比：$R = \sigma_{\min} / \sigma_{\max}$。当 $R = -1$ 时，为对称循环；当 $R = 0$ 时，为脉动循环。

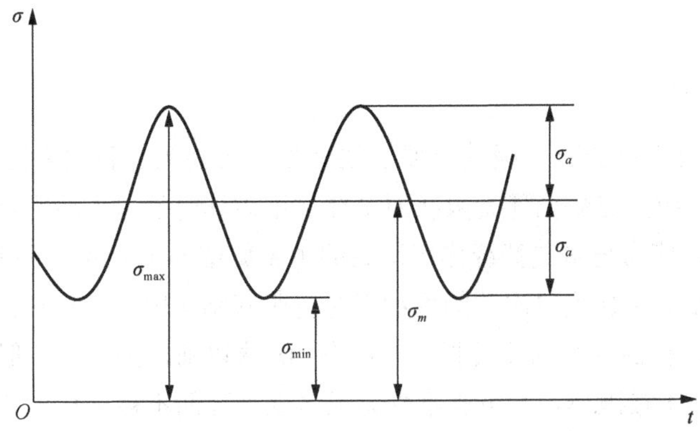

图 8-4　交变应力曲线

迄今为止，大部分疲劳试验是研究等幅荷载下的疲劳问题，即应力在每次循环中均达到同一个 $\sigma_{\max}$ 和 $\sigma_{\min}$，而钢结构在实际工程中的疲劳失效是由一系列的变幅循环荷载所产生的疲劳损伤的累积而造成的，属于变幅、低应力、高循环、长寿命的疲劳范畴。但是考虑试验设备、技术水平和试验研究周期等现状，通常只能进行常幅疲劳试验，所以必须建立变幅疲劳强度和常幅疲劳强度（等效应力幅 $\Delta\sigma_0$）之间的联系。“等效应力幅 $\Delta\sigma_0$”的概念是：对于变幅应力循环 $\Delta\sigma_i$、$n_i\ (i=1,2,3,\cdots)$ 的重复荷载作用，可以运用 Miner 线性疲劳累积损伤理论得到一个损伤度相同的常幅循环应力幅 $\Delta\sigma_0$，其循环次数为 $\sum n_i$，则 $\Delta\sigma_0$ 称为“等效应力幅”，其计算公式为

$$\Delta\sigma_0 = \left[\frac{\sum n_i(\Delta\sigma_i)^m}{\sum n_i}\right]^{1/m} \tag{8-8}$$

2. *S-N* 曲线

疲劳失效以前所经历的应力或应变循环次数称为疲劳寿命，一般用 N 表示。在一定的平均应力 σ_{m}（或一定的应力比 ξ），不同应力幅 σ（或不同的最大应力 $\sigma_{\max}$）的常幅应力下进

行疲劳试验，测出试件断裂时对应的疲劳寿命 N，然后把试验结果画在以 $\Delta\sigma$（或 ξ）为纵坐标，以 N 为横坐标的图纸上，连接这些点就得到平均应力。由于这种曲线表示中值疲劳寿命与外加常幅应力间的关系，所以也称为中值 S-N 曲线，如图 8-5（a）所示。

S-N 曲线一般画在双对数坐标上，如图 8-5（b）所示。对于钢结构左支为直线，右支为一水平段。S-N 曲线的左支常用下式表达：

$$N = C\sigma^{-m} \tag{8-9}$$

式中，m 和 C 均为材料常数。

将式（8-9）两边取对数，得

$$\lg N = \lg C - m\lg\sigma \tag{8-10}$$

可见，在双对数坐标系中为直线，$1/m$ 为 S-N 曲线的负斜率。

上述的 S-N 曲线是在对称循环应力试验下得到的，但在现实中，没有完全对称的循环荷载或应力。当试验循环应力比改变时，平均应力跟着发生变化，所得的 S-N 曲线也随之改变。

3. 疲劳极限曲线

疲劳极限是材料学里的一个极其重要的物理量，表现为一种材料对周期应力的承受能力。在疲劳试验中，应力交变循环无限次而试样仍不破坏时的最大应力称为疲劳极限。在一定应力变化幅度下，应力与重复荷载作用次数的关系如图 8-6 所示。可以看出，当疲劳应力小于某一应力值以后，荷载重复次数的增加不会再引起结构的疲劳破坏，该疲劳应力值称为疲劳极限应力。钢结构的 S-N 曲线转折点一般在 10^7 次以前，因此，一般认为，钢结构试样只要经过 10^7 次循环不被破坏，就可以承受无限多次循环而不被破坏。此外，常按破坏循环次数的高低将疲劳分为两类：①高循环疲劳（高周疲劳），指以较低的应力水平作用于零件、构件，破坏循环次数一般高于 10^4 的疲劳；②低循环疲劳（低周疲劳），指以较高的应力水平作用于零件、构件，破坏循环次数一般低于 10^4 的疲劳。

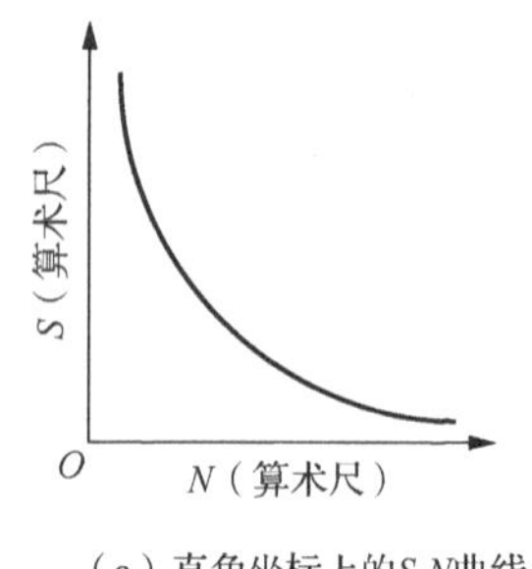

（a）直角坐标上的S-N曲线

（b）双对数坐标上的S-N曲线

图 8-5　S-N 曲线

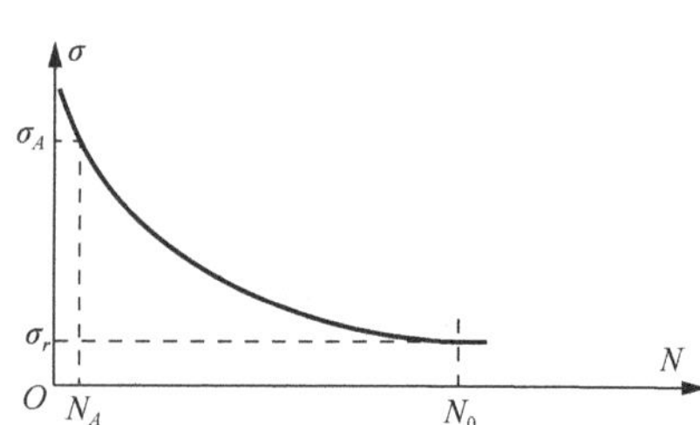

图 8-6　应力与重复荷载作用次数的关系

8.1.3　疲劳试验荷载谱与应力谱

1. 荷载谱

疲劳试验荷载幅的确定是疲劳试验的关键环节，不同研究目的、不同类型的结构或构件确定荷载幅的方式是不一样的。荷载（应力）随时间变化的历程称为荷载谱（应力谱），如图 8-7 所示。荷载循环次数：一个循环计数时间段内，荷载-时间曲线上的谷值点数即为循环次数。

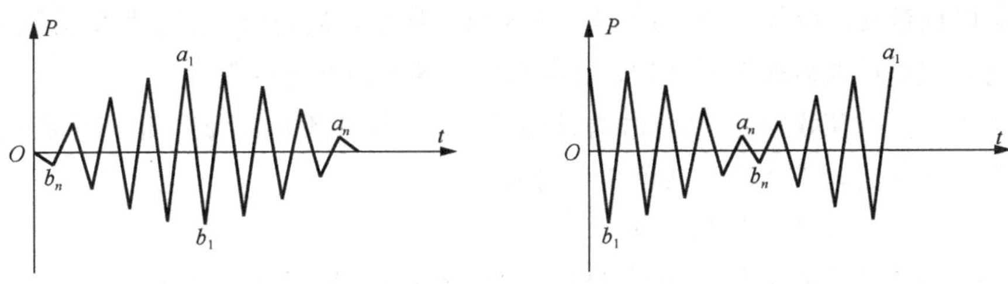

图 8-7　荷载谱

2. *应力谱和应力历程计算*

作用在结构上的循环荷载是随机的。随机荷载的循环计数法有很多，对于同一荷载，随时间变化历程采用不同的计数法进行计数，所得的寿命可以相差很大。常用的有峰值计数法、泄水计数法和雨流计数法。峰值计数法是对荷载-时间历程中的全部峰值和谷值都进行计数。泄水计数法是对相邻的峰值和谷值的差值，或者对此循环中最大荷载与最小荷载的差值进行计数。雨流计数法是根据所研究的应力-应变行为进行计数。本小节主要介绍雨流计数法。

雨流计数法，简称雨流法，它可以根据荷载-时间历程分别计算出全循环的均值、幅值及不同幅值所具有的频次。其原理是将荷载-时间历程的时间轴向下，荷载-时间历程形如一系列屋面，雨水依次自上而下流动（图 8-8），根据雨水向下流动的轨迹确定出荷载循环，并计算出每个循环的幅值与均值大小。用于疲劳寿命计算时，每个荷载循环就对应于一个应力循环。

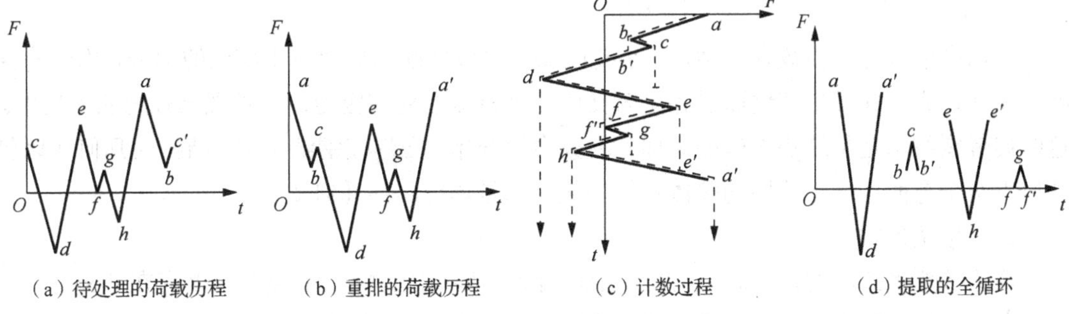

（a）待处理的荷载历程　（b）重排的荷载历程　（c）计数过程　（d）提取的全循环

图 8-8　雨流计数法简图

雨流法计数规则：①重新安排荷载历程，以最高峰值或最低谷值为雨流的起点（视二者的绝对值哪一个更大而定）。②当从谷值点开始的雨水到达一个峰值点并且见到下一个峰值点更高时，雨水可以流到下一层屋面并流向更高的峰值点，但若见到下一个谷值点比出发的谷值点还要低，则停止流动；当从峰值点开始的雨水到达一个谷值点并见到下一个谷值点更低时，可以流到下一层屋面并流向更低的谷值点，但若见到下一个峰值点比出发的峰值点还要高，则停止流动。③当雨流遇到来自上层屋面流下的雨流时，立即停止流动。④取出所有的全循环，并记录下各自的幅值和均值。

雨流法典型示例：对于图 8-8（a）所示的荷载-时间历程，由于起点不是最高峰值或最低谷值，所以重新安排荷载-时间历程如图 8-8（b）所示，最高峰值点 a 为新荷载-时间历程的起点，将 a 点以后的荷载历程移到 c 点的前面，使 c' 点与 c 点重合。

把图 8-8（b）的荷载-时间历程顺时针旋转 90°，得到图 8-8（c）。根据计数规则，对这个荷载历程进行一次雨流计数，共计 8 个雨流：

1）$a \to b \to b' \to d$ 点，然后下落；

2）$b \to c \to d$ 点的对应处，由于 d 的谷值点比 b 低，所以从 c 点下落；

3）$c \to b'$，遇到来自上面的雨流 $abb'd$，bc 与 cb' 构成一个全循环 bcb'，取出全循环 bcb'；

4）$d \to e \to e' \to a'$ 点下落；

5）$e \to f \to f' \to h$ 点下落；

6）$f \to g \to h$ 点对侧的对应处，由于 h 点的谷值点比 f 点低，所以从 g 点下落；

7）$g \to f'$ 处，遇到雨流 $eff'h$，取出全循环 fgf'；

8）$h \to e'$，遇到雨流 $dee'a'$，取出全循环 $eff'he'$，而 $abb'd$ 与 $dee'a'$ 又组成全循环 $abb'dee'a'$，取出 $abb'dee'a'$。

至此，已将全部荷载历程计数，得到如图 8-8（d）所示的 4 个全循环及均值。

8.1.4 疲劳试验影响因素

决定疲劳开裂的主要内因是材料性质与构件沿传力路径的断面变化所引起的应力集中，外因主要是随时间变化的动荷载及循环次数，还有环境因素等。主要具体影响因素如下。

1. 应力集中

结构中的构件大多数存在圆角、小孔或缺口等致使断面形状发生变化的部分，由于构件断面在其传力方向发生变化而引起比名义应力大得多的局部应力，这种现象称为应力集中。这时疲劳裂纹总是从这些结构的局部应力集中处开始。在焊接钢结构中，结构的几何变化包括以下两个方面：一是结构的整体几何变化；二是焊缝局部几何变化。

（1）接头形式

焊接接头形式不同，它们的应力集中程度也不同，因而接头的疲劳强度存在差异。一般来说，应力集中程度越高，其疲劳强度越低。由于对接接头的应力集中系数较小，因此其疲劳强度也就高于其他类型的疲劳强度；角接头和搭接接头，由于其应力集中程度较高，因此疲劳强度较其他接头要低。

（2）焊缝局部几何形状

焊缝局部几何形状的变化，对焊接钢结构的疲劳强度将产生十分明显的影响。研究表明：在一定范围内，随着焊趾根部半径 r 的减小，相应的焊接钢结构的疲劳强度降低，而当进一步减小时，其疲劳强度却有所提高。

（3）焊接质量缺陷

焊接质量缺陷主要是指焊缝中的裂纹、未焊透、咬边、气孔、夹渣等。这些缺陷的存在，使得焊缝局部产生应力集中，从而使焊接钢结构的疲劳强度降低。同时，由于焊接工艺的不同，热影响区晶体结构的改变也会大大降低其疲劳强度。

2. 荷载

荷载对结构的疲劳性能影响主要表现在以下方面：①每一加载循环中所引起的断面应力幅值σ及加载次数 N 对疲劳强度起主要决定作用；②单轴应力状态与拉压、弯、扭非比例多轴应力状态下的结构疲劳强度是不相同的，但是目前关于它们之间的关系的研究还不够深入；③在无腐蚀环境下，可以认为受荷频率对钢结构的疲劳没有影响；④相对于平均应力$\sigma_m = 0$的对称循环荷载的疲劳寿命，在$\sigma_m < 0$时，疲劳寿命增加，而在$\sigma_m > 0$时，疲劳寿命减少；⑤在常温无腐蚀环境下，荷载的停歇和持续对钢结构的疲劳强度影响不大。

3. 残余应力

焊接残余应力是由加热不均匀引起的。在焊接过程中，由于焊缝处温度较高，而金属的基体约束特性使其不能自由膨胀，因而出现内部压应力，局部达到塑性变形。温度降低后，由于周围的约束不能自由收缩，出现内部拉应力，局部达到拉伸屈服极限。在远离焊缝的地方则存在残余压应力，其形成过程恰好相反。焊缝区的拉应力往往达到材料的屈服应力。若在焊后进行适当的处理，如采用研磨、钨极惰性气体保护焊（tungsten inert-gas arc welding，TIG）熔修、等离子电弧熔炼、锤击，则可以把焊接残余应力减小到较低的水平，从而提高结构的疲劳强度。

4. 尺寸效应

大量的试验研究表明，不同尺寸的构件，其疲劳强度是不相同的。一般来说，随着构件尺寸的增加，其疲劳强度呈下降的趋势。也就是说，构件的疲劳强度存在尺寸效应。通过对尺寸效应的机理及其影响因素的试验研究表明：引起尺寸效应的主要原因是加工因素和比例因素。一般来说，大型构件的加工质量比小型试件的质量差，因而所包含的缺陷比小型试件多，其疲劳强度也就较低。当构件上的应力分布不均匀时，存在应力梯度。由于构件的尺寸不同，小试件的应力梯度大，大试件的应力梯度小，使得大试件在某一相同深度内的名义应力比小试件的名义应力要大。根据试件疲劳破坏时其深度相等的观点，大试件比小试件的疲劳强度要低，也就是尺寸效应的比例因素。在焊接钢结构中，这种尺寸效应也同样存在。

5. 钢材的种类

试验证明，钢材的抗拉强度越高，对疲劳越敏感，尤其是焊接结构，应力集中较大的焊接接头的疲劳强度并不随母材的抗拉强度成比例的增加。在各国焊接钢结构的疲劳设计规范中，对于相同的构造细节，不同强度级别的钢材均采用相同的疲劳设计曲线。

6. 环境因素

环境因素主要指温度和腐蚀性介质，由于这些因素对疲劳强度的影响通常不易进行理论计算，目前主要通过试验方法对其进行研究。此外，空气动力引起的振动；水中结构部件由于波浪作用或旋涡作用或两者同时作用造成的应力变化和腐蚀性大气对结构疲劳寿命的影响也需要考虑。

8.2 疲劳试验设计

8.2.1 抗疲劳设计方法

1. 无限寿命设计法

此方法限制应力不超过常幅疲劳极限，保证构件永远不发生疲劳破坏，具有无限寿命。对于等幅循环应力，无限寿命设计法的强度条件是构件的工作应力小于或等于常幅疲劳极限。对于变幅循环应力，强度条件是最大应力幅小于构件的等效等幅疲劳强度极限。无限寿命设计法适用于规定的构造细部级别并按标准荷载频谱受载的构件。

2. 安全寿命设计法

此方法根据疲劳曲线下限和疲劳荷载的上限来计算损伤。它提供了一个较保守的疲劳寿命估计，在使用寿命期内，无须对结构实施检测，故该法也称为有限寿命设计法。目前国际上大多采用这种设计思想进行抗疲劳设计。安全寿命设计法和无限寿命设计法都是采用断面的名义应力，根据局部疲劳的 *S-N* 曲线进行设计。无限寿命设计法采用 *S-N* 曲线的常幅水平部分，即等幅疲劳极限；安全寿命设计法采用 *S-N* 曲线的左支，即有限寿命部分，并考虑损伤累积引起的疲劳强度下降。

3. 损伤容限设计法

此方法通过多个检测环节监测疲劳裂纹增长，且若疲劳裂纹达到一个预设尺寸，则对损伤部位或构件进行修补或更换。此方法适用于应用安全寿命设计方法影响结构的经济性或细部具有较高的疲劳开裂风险的情况。显然，此法将带来比安全寿命设计法更高的结构失效风险。该方法采用断裂力学原理进行抗疲劳设计。

4. 依据试验设计法

当从规范或其他资料中不能得到确切的受载历程、足够的疲劳强度或裂纹增长数据及构造细部过于复杂时，则必须通过疲劳试验的结果进行抗疲劳设计。

8.2.2 常用的疲劳评估方法

1. 名义应力法

名义应力法是最早建立的疲劳性能评估方法，它以材料或零件的 *S-N* 曲线为基础，对照试件或结构疲劳危险部位的应力集中系数和名义应力，结合疲劳损伤累积理论，评估结构的疲劳性能。名义应力法的假定为：对于由相同材料制成的构件，只要应力集中系数 K_{T} 相同，荷载谱相同，它们的疲劳寿命就相同。采用名义应力法估算结构疲劳寿命的步骤如图 8-9 所示。在简单构件中，结构的名义应力可以通过基于线弹性理论的结构力学基本理论方法计算得到。对于复杂的超静定结构或者没有可靠解析方法进行求解的宏观几何不连续结构板件，可以结合有限元方法计算得到。必须注意的是，在求解修正名义应力时，必须将构造细节及焊接节点等所有引起应力集中的因素排除在外；在采用单元划分粗糙的有限元模型计算角焊缝的名义应力时，应在沿焊缝长度方向断面上施加节点荷载而不是单元应力，以免计算结果过小。

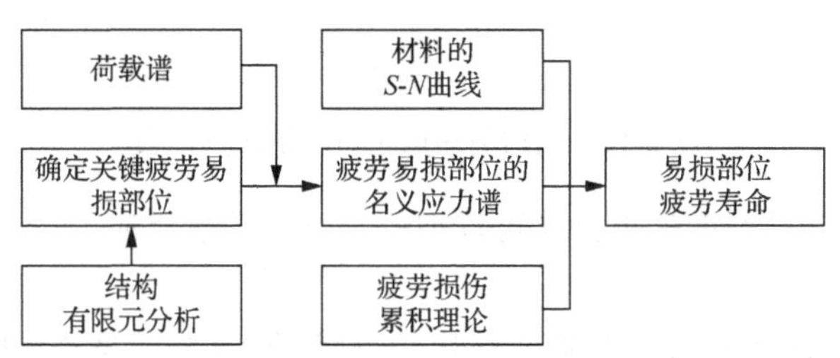

图 8-9　名义应力法估算疲劳寿命的步骤

2. 热点应力法

热点应力法是指疲劳设计 *S-N* 曲线的“*S*”采用热点应力，进而对节点疲劳寿命进行评价。结构热点是指在结构应力波动和焊缝几何形状及相似切口综合作用下疲劳裂纹可能萌生的部位。热点应力由薄膜应力和弯曲应力两部分组成，是构件表面热点处薄膜应力和弯曲应力之和的最大值，不包括焊趾处局部切口引起的非线性应力峰值。因此，热点应力法虽然考虑了焊缝几何细节和荷载方式的影响，但是忽略了焊缝余高、焊脚尺寸和咬边等的影响。图 8-10 所示热点处的结构应力即为结构的热点应力。钢结构中焊接节点的主要形式多为立板与平板的焊接，此种结构中的热点一般可根据热点在主板上的位置及所处焊缝焊趾方向分成以下两类：a 类为位于板表面平面焊趾处的热点，b 类为位于板厚度平面焊趾处的热点，如图 8-11 所示。a 类热点附近的应力分布和板厚有关；b 类热点由于裂纹起裂于板的边缘并形成单边穿透裂纹扩展，焊趾处的应力分布不依赖于板厚。

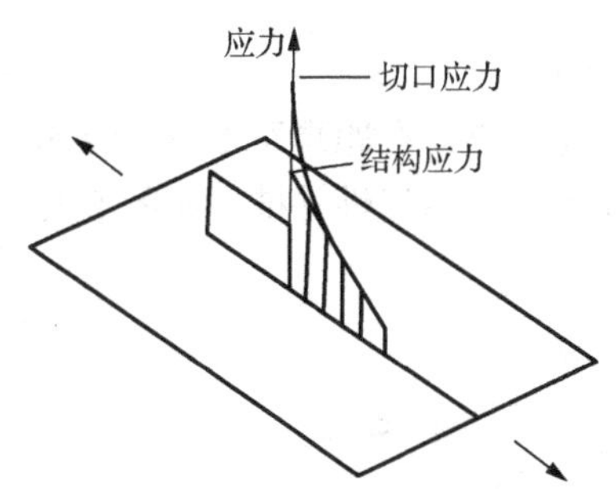

图 8-10　切口应力与结构的热点应力

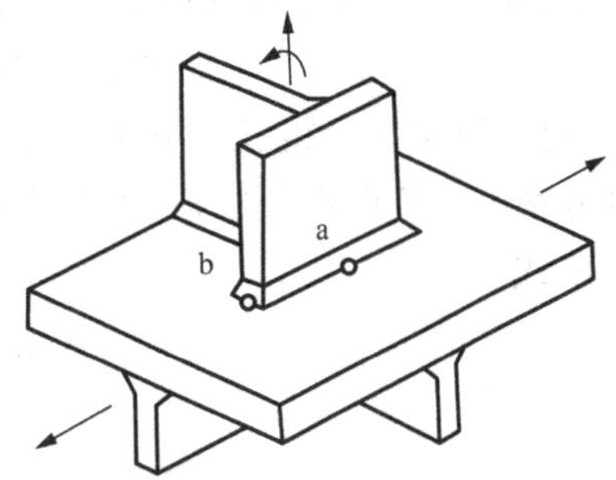

图 8-11　热点的类型

热点应力法主要有一点代表法、二点外插法和三点外插法。一点代表法为将 1 个实测应力点上的应力直接作为热点应力的方法。二点外插法为根据 2 个实测应力点的应力线性外插至焊趾位置得到热点应力的方法。三点外插法为根据 3 个实测应力点的应力二次外插至焊趾位置得到热点应力的方法。上述 3 种热点应力求解方法如图 8-12 所示。

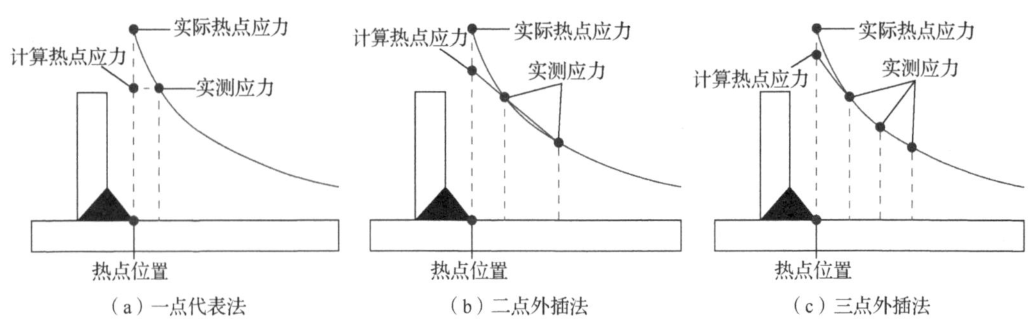

（a）一点代表法　（b）二点外插法　（c）三点外插法

图 8-12　钢结构热点应力常用计算方法

根据国际焊接学会推荐的外推公式可以得到焊趾处的热点应力，外推公式的形式主要有以下几种。

1）在热点处划分的单元长度不超过 $0.4t$（t 为主板厚度），将距焊趾 $0.4t$ 和 $1.0t$ 处的两个节点应力作为参考，位置如图 8-13 所示，则线性外推得到的热点应力为

$$\sigma_{hs}=1.67\sigma_{0.4t}-0.67\sigma_{1.0t} \tag{8-11}$$

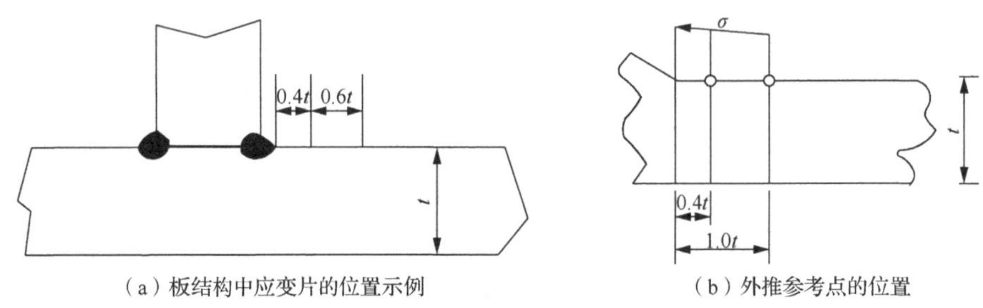

（a）板结构中应变片的位置示例　（b）外推参考点的位置

图 8-13　应变片与外推参考点的布置

2）分别以 $0.4t$、$0.9t$、$1.4t$ 三点处的应力为参考点，用二次曲线拟合外推，这种外推形式主要用于在热点处有明显的结构非线性应力增加、力有突变或者厚壁结构中，参考点的位置如图 8-14 所示，外推公式的形式主要为

$$\sigma_{hs}=2.52\sigma_{0.4t}-2.24\sigma_{0.9t}+\sigma_{1.4t} \tag{8-12}$$

3）对于网格划分粗糙、单元长度为板厚的高阶单元热点，在距焊趾 $0.5t$ 和 $1.5t$ 两个参考点处分别用中节点和表面中心点估算应力参考点的位置，然后线性外推，如图 8-15 所示，其外推公式为

$$\sigma_{hs}=1.5\sigma_{0.5t}-0.5\sigma_{1.5t} \tag{8-13}$$

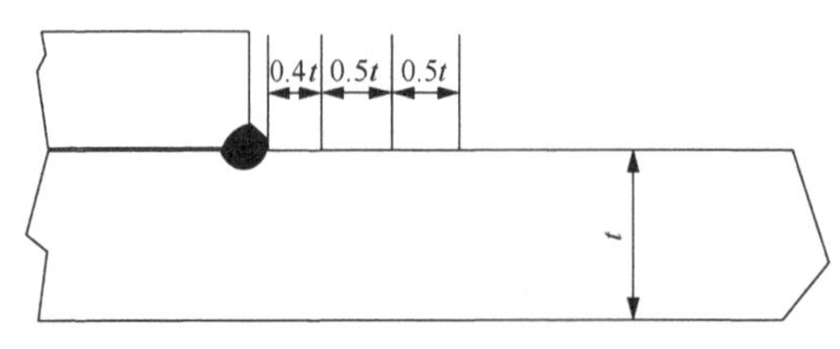

图 8-14　板结构中参考点的位置示例

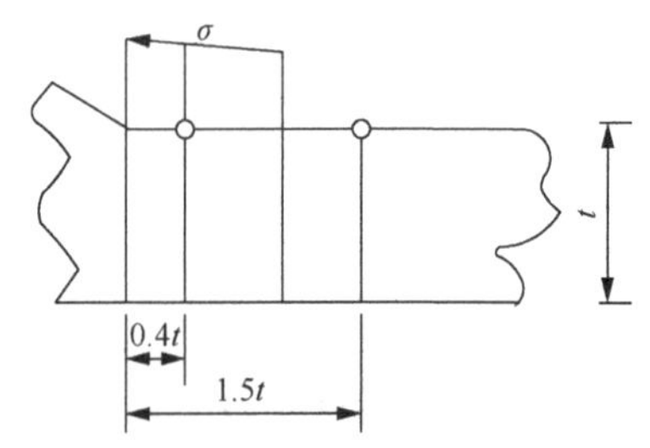

图 8-15　外推参考点的位置

3. 断裂力学法

断裂力学法评价节点疲劳寿命的依据是认为节点组成材料自身存在缺陷或者受荷载反复作用一定时间后会出现疲劳微裂缝。它能够较为准确地预测和判断已发生疲劳开裂节点的剩余疲劳寿命，是近 30 年兴起的评价方法。这些疲劳微裂缝使得节点在荷载作用下处于应力集中状态，并以疲劳微裂缝为起点朝应力方向按一定速率不断扩展，而要预估疲劳微裂缝的扩展速率就需要依靠断裂力学。

采用断裂力学法评价节点疲劳寿命需要满足两个条件，分别是：需要确定应力强度因子的门槛值 K_{I}，以此判断节点微裂缝是否会发生下一阶段的扩展；需要确定疲劳裂缝的扩展速率。由于疲劳裂缝的扩展速率主要取决于应力强度因子幅值 ΔK ，因此，结合 Paris 公式可得疲劳裂缝扩展速率与应力强度之间的相关关系：

$$\frac{\mathrm{d}c}{\mathrm{d}N} = C_{\mathrm{p}}(\Delta K)^{m} \tag{8-14}$$

式中，$\frac{\mathrm{d}c}{\mathrm{d}N}$ 为疲劳裂缝扩展速率；ΔK 为应力强度因子幅值；C_{p} 和 m 均为材料疲劳参数。

当 C_{p} 和 m 为常数时，结合节点初期疲劳裂缝长度 c_1 和疲劳破坏时的终期疲劳裂缝长度 c_2，可对式（8-14）进行积分，进而得到基于断裂力学法的节点疲劳寿命评价方法：

$$N = \frac{1}{C_{\mathrm{p}}}\int_{c_1}^{c_2}\frac{\mathrm{d}c}{(\Delta K)^{m}} \tag{8-15}$$

8.2.3　疲劳试验过程

在疲劳试验过程中，虽然所有的信息都在随时间变化，但是在一定的荷载循环中，试验信息的变化幅度不大，没有必要采用自动数据采集设备记录试验数据（因为数据量太大，不好处理）。疲劳试验可采用荷载控制与位移控制，试验系统一般都有动态方式测量、记录和显示，以便对试验过程进行监控、对试验荷载值的偏差及时进行调整、对加载异常状况采取停机保护。疲劳试验的主要过程可归纳为以下几个阶段：

1）静载试验：在进行疲劳试验前及加载过程中，需要进行静力试验，这样可以消除连接处的松动及接触不良隐患，还可以获得构件经受反复荷载后受力性能的变化数据。在静力试验中，从疲劳荷载下限值 $P_{\min}$ 加载到上限值 $P_{\max}$ 至少需分 5 级，在确认结构各应变测点在静力加载和卸载过程中呈线性变化后，方可进行疲劳试验。

2）疲劳试验：结合疲劳加载方式的荷载传递路径及节点承载能力，并考虑试验加载系统的荷载-频率曲线关系，在调节好加载上下限后，就进行疲劳循环。待示值稳定后，可读取第一次动载读数，以后每隔一定次数读取数据。根据要求也可在疲劳循环过程中进行停机静载试验，完毕后重新启动疲劳机继续疲劳试验。

3）破坏试验：试件达到要求的疲劳试验次数后，有两种情况的破坏试验可供选择：一种是继续施加疲劳荷载直至被破坏，得到承受疲劳荷载的次数，这种情况有利于分析其实际疲劳寿命；另一种是做静载破坏试验，方法同前，这种情况可考察构件经历预定疲劳循环次数后的极限承载能力。

8.2.4 疲劳试验的观测内容与方法

疲劳试验与静力试验有基本相同的观测内容，主要包括构件的变形、应变分布及裂缝的变化，但与常规静载试验不同的是，疲劳试验所获取的数据一般是以荷载相同为前提条件，测试数据随循环次数的变化反映出结构或构件的性能变化，即疲劳性能。

1. 疲劳强度的确定

当进行研究性疲劳试验时，构件以疲劳极限强度和疲劳极限荷载作为最大的疲劳承载能力，构件达到疲劳破坏时的荷载上限值为疲劳极限荷载，构件达到疲劳破坏时的应力最大值为疲劳极限强度。为了得到给定值条件下的疲劳极限强度和疲劳极限荷载，一般采取的办法是：根据构件实际受力状态，确定应力范围，开展疲劳试验，求得疲劳破坏时的荷载作用次数，从与双对数直线关系中求得控制疲劳极限强度，作为标准疲劳极限强度。它的统计值作为设计验算时疲劳强度取值的基本依据。需要注意的是，有时为了分析和研究破坏的全过程及对应特征，往往将破坏阶段延长至构件完全丧失承载能力。

对于验证性疲劳试验，考察实际结构的构件或节点的疲劳性能，其疲劳加载的荷载幅一定要根据疲劳损伤等效原则确定，下限值应为恒载效应的等效荷载值或国内外相关规范允许的最低荷载值。

2. 应变与挠度测量

在疲劳试验中，应变测量一般采用电阻应变片，测点布置依试验构件的应力场分布情况而定，也可采用定制的梯度应变片，如图 8-16 和图 8-17 所示。梯度应变片基底长为 16mm，基底上布设 5 个电阻为 120Ω、间距为 3mm 的单向电阻应变片，箭头方向为测量的应变梯度方向。挠度测量可根据实际情况选择接触式或非接触式位移传感器等。按照预定循环次数测量动应变与动挠度的时程曲线，或者停机进行静载试验以比较不同循环次数后的量值变化情况。

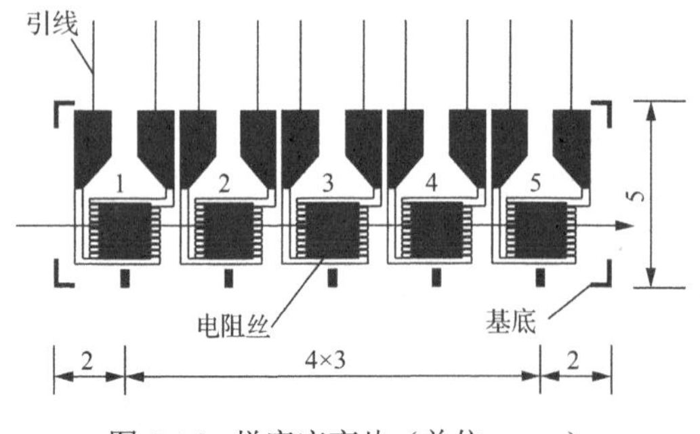

图 8-16　梯度应变片（单位：mm）

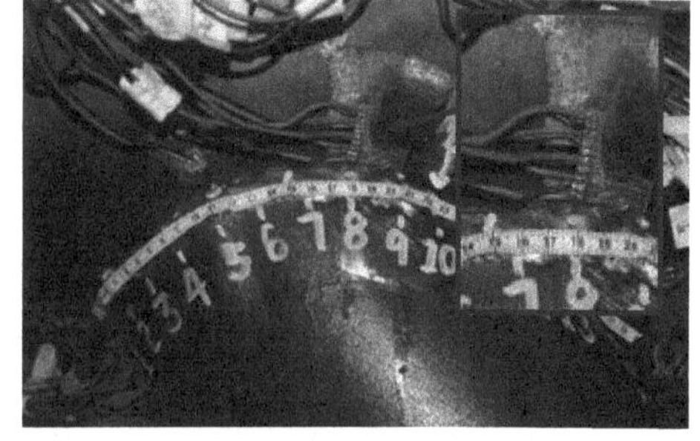

图 8-17　梯度应变片在试验中的应用

3. 裂缝测量

由于裂缝的萌生和裂缝的扩展宽度对构件的安全使用具有重要意义。因此，裂缝测量在疲劳试验中是必须要做的。目前测裂缝的方法还是利用光学仪器、目测或利用应变传感器电测裂缝，此项工作只有在暂停疲劳加载或施加静载时才便于观测。此外，还可以采用先进的无损检测设备——相控阵扫描成像检测系统（简称相控阵）中的 TKY 焊缝检测模块进行焊缝的无损检测，如图 8-18 所示。此外，还可以采用高倍数显微镜对疲劳的断裂面进行观测，寻找裂缝源和裂缝方向，如图 8-19 所示。

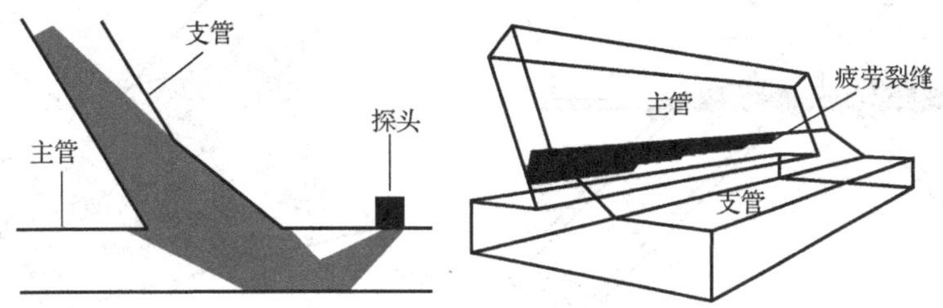

图 8-18　相控阵焊缝检测

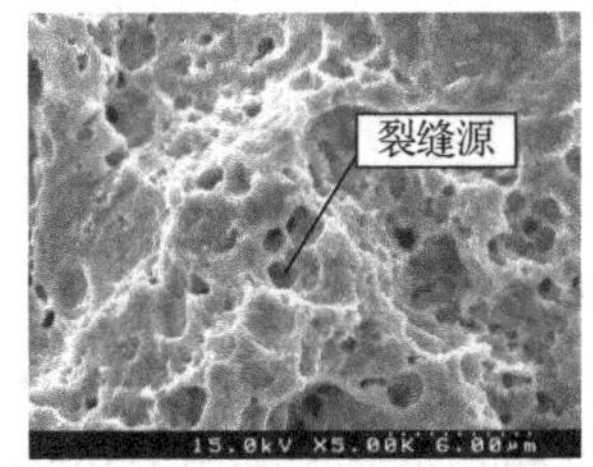

图 8-19　典型裂缝显微镜照片

8.3　疲劳试验实例

8.3.1　钢管混凝土 K 型节点疲劳性能模型试验

1. 试验模型设计

共制作两根钢管混凝土 K 型节点模型，一根试验模型的主管内阵列式布设内栓钉，另一根不布设内栓钉，分别命名为 CFST KS 与 CFST K。模型统一采用 Q235 无缝钢管，主管尺寸为$\phi406\text{mm}\times8\text{mm}$，长度 L_c=2460mm；支管尺寸为$\phi219\text{mm}\times8\text{mm}$，长度 L_b=2200mm；两支管轴向间夹角 45°；主管内填充 C40 混凝土。试验模型如图 8-20 所示。试验模型的制作流程与制作工艺均按美国石油协会的要求进行制作，通过数控机床进行相贯线的加工，保证相贯焊缝的制作质量与试验结果的可靠性；通过机床提前在原始板材上设置栓钉定位点，然后卷管焊接成主管钢管；采用拉弧式螺柱焊机在主管内焊接内栓钉。CFST KS 模型在主管中采用阵列式的内栓钉布设方式，以主管轴线与支管轴线的交点 O 为对称中心，分别沿绕主管轴向和主管内壁径向均匀布置若干行和若干列内栓钉。如图 8-21 所示，沿主管轴向每隔 200mm 布设一圈内栓钉，共布设 11 圈，总布设长度为 2000mm。由于主管与支管的连接区域受到支管拉力作用，更易产生外凸或切向滑移，因此，在与支管连接的主管支管侧绕内壁径向每隔 30° 布设一根内栓钉，在主管非支管侧绕内壁径向每隔 45° 布设一根内栓钉，一个径向截面共布设 10 根内栓钉。采用的内栓钉类型为圆柱头栓钉，栓钉直径$\phi=19\text{mm}$，长度$h=60\text{mm}$。

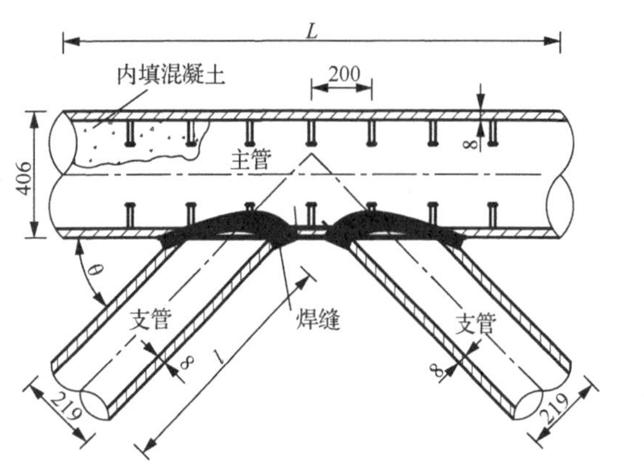

图 8-20 足尺模型几何尺寸（单位：mm）

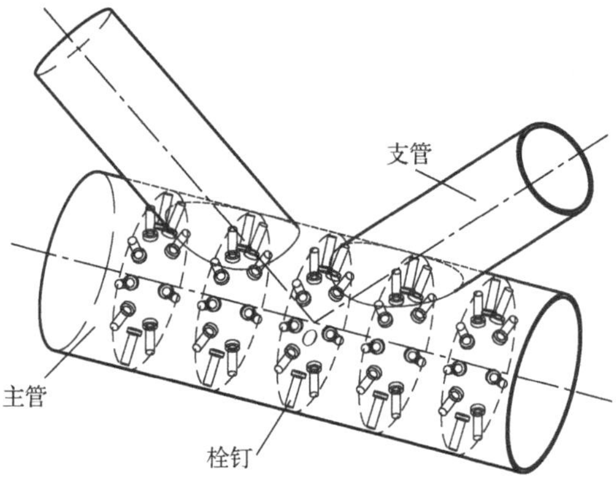

图 8-21 主管内栓钉的布设形式（单位：mm）

2. 材性试验

分别依据规范《金属材料 拉伸试验 第 1 部分：室温试验方法》（GB/T 228.1—2021）、《混凝土物理力学性能试验方法标准》（GB/T 50081—2019）和《电弧螺柱焊用圆柱头焊钉》（GB/T 10433—2002）进行 Q235 主管与支管、管内 C40 混凝土和 ML15 内栓钉的材性试验，结果如表 8-1 和表 8-2 所示。

表 8-1 钢材材性试验结果

类型	尺寸	弹性模量 E_s/GPa	屈服强度 f_y/MPa	抗拉强度 f_u/MPa	泊松比 μ
主管	ϕ406mm×8mm	204	332	491	0.3
支管	ϕ219mm×8mm	203	341	457	0.3
内栓钉	ϕ19mm×60mm	204	337	482	0.3

表 8-2 混凝土材性试验结果

标号	弹性模量 E_c/GPa	立方体抗压强度 f_{cu}/MPa	棱柱体抗压强度 f_{cp}/MPa	泊松比 μ
C40	33.8	42.8	36.9	0.21

3. 加载装置与加载制度

根据《钢结构设计标准》（GB 50017—2017）中的钢管 K 型节点承载能力计算公式得

$$N_t = N_c = \frac{11.51}{\sin\theta_c}\left(\frac{d}{t}\right)^2 \psi_n \psi_d \psi_a t^2 f \tag{8-16}$$

式中，N_c、N_t 分别为受压支管和受拉支管的极限承载能力值；d 和 t 分别为支管外径和支管壁厚；θ_c 为主、支管的夹角；f 为抗拉强度设计值；参数 ψ_n、ψ_d 和 ψ_a 按规范取值。

将钢管 K 型节点几何参数代入式（8-16），得到受压支管和受拉支管的极限承载能力均为 330kN。同时，通过分析实桥运营阶段的交通量可知，作用于实桥的车辆超载严重，超载比例高达 1～2 倍，且不同车辆经过桥梁时在钢管 K 型节点部位产生的应力幅亦不相等。因此，确定荷载幅 ΔP=300kN，荷载峰值 P_{max}=350kN，荷载谷值 P_{min}=50kN，对应的钢管混凝土 K 型节点名义应力幅 $\Delta\sigma = 40\text{MPa}$，加载频率为 4Hz，试验加载装置如图 8-22 所示。

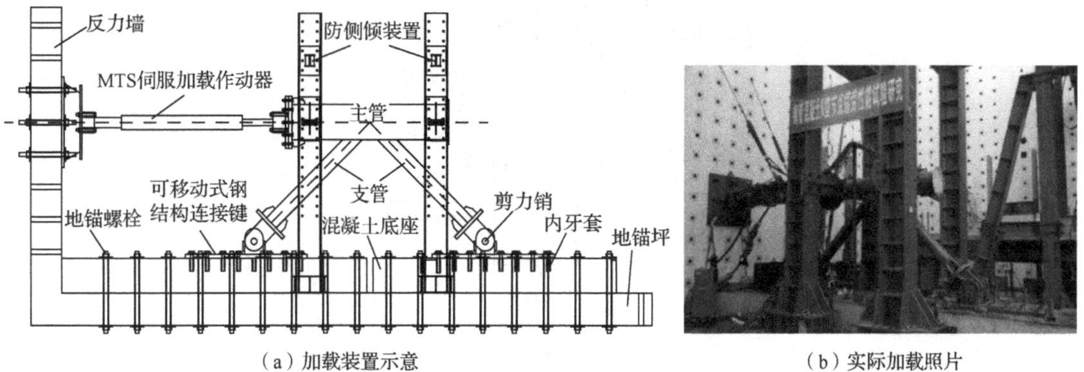

（a）加载装置示意　　（b）实际加载照片

图 8-22　疲劳性能试验加载装置

4. 测点布设

本试验以垂直于相贯焊缝的外插应力作为热点应力，应变测点布设立面如图 8-23（a）所示。以冠点处为初始点 0°，沿相贯焊缝每隔 45°位置布设 1 个测点，共 16 个应变测点，应变测点依据布设位置进行编号，编号规则为 W(焊缝)-T(受拉支管区)或 P(受压支管区)加上角度位置。以图 8-23（b）所示的位于相贯焊缝受拉支管区的 W-T 系列测点为例，两个鞍点上的应变测点分别编号为 W-T(90)与 W-T(−90)，相贯焊缝受压支管区的 W-P 系列测点同理编号。为研究在主管径向断面上内栓钉对远离相贯焊缝区域的主管应力的影响，将可能产生最大应力的主管受拉区冠点径向断面作为研究对象，以冠点处为初始点 0°，沿径向每隔 45°位置布设一个测点，共 8 个应变测点，编号规则为 R(径向)-T(受拉区)加上角度位置，如图 8-23（c）所示的位于靠近支管侧冠点断面沿径向 45°的应变测点分别编号为 R-T(45)与 R-T(−45)。由于 W-T(0)与 R-T(0)测点位置相同，共用 1 个梯度应变片。总计布设 23 个应变测点，使用具有 5 个测点的梯度应变片，如图 8-16 所示，梯度应变片上每隔 3mm 布设一个应变测点，5 个应变测点距焊趾的距离分别为 4mm、7mm、10mm、13mm 和 16mm，可使用 5 个测点对外插的多项式曲线进行拟合，提高热点应力的外插精度。梯度应变片上的测点的编号为该处测点编号加上 1～5 的后缀编号。例如，W-T(0)-1～W-T(0)-5 表示 W-T(0)测点处梯度应变片上依次由近到远的 5 个单向应变测点。

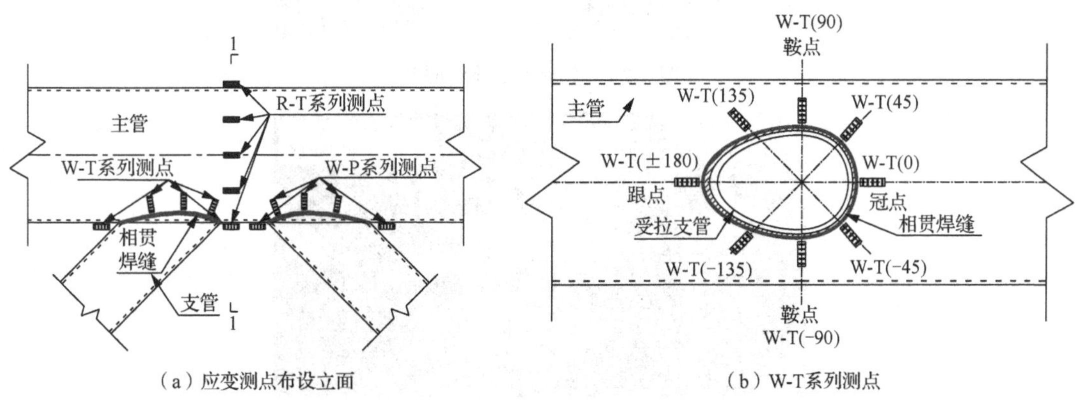

（a）应变测点布设立面　　（b）W-T系列测点

图 8-23　应变传感器的测点布置

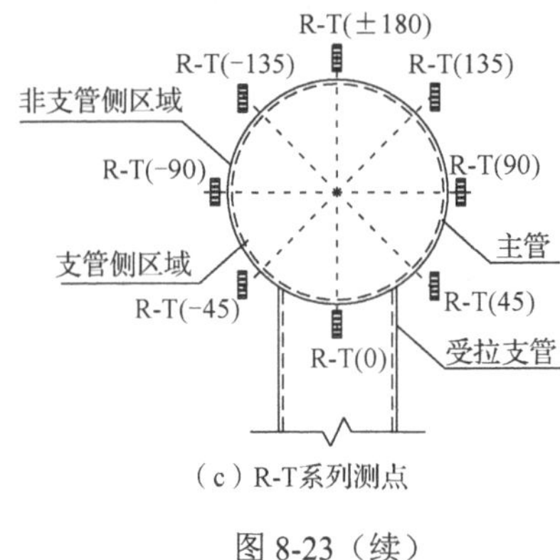

（c）R-T系列测点

图 8-23（续）

5. 疲劳性能试验结果分析

（1）疲劳破坏现象对比分析

为观察疲劳加载后内栓钉与混凝土的试验现象，对阵列式布设内栓钉的钢管混凝土 K 型节点主管切割、剥开混凝土，发现位于相贯焊缝附近的栓钉与混凝土之间未出现扩孔、脱开现象，内栓钉没有明显的变形、弯曲，如图 8-24 所示。CFST KS 节点在测点 W-T(0)→W-T(−45)→W-T(−90)方向的裂纹达到 163mm 时，裂纹不再沿着相贯焊缝方向扩展，而是沿着与主管成一定角度的方向扩展，如图 8-25 所示。而 CFST K 节点在此处继续沿着主管相贯焊缝方向发展，在测点 W-T(0)→W-T(45)→W-T(90)方向的疲劳裂纹达到 323mm 时，CFST K 节点的疲劳裂纹才开始沿偏离相贯焊缝方向发展。经过对比发现，在测点 W-T(−90)焊缝位置下对应位置存在内栓钉，如图 8-26 所示。内栓钉的存在导致在此处的焊缝附近刚度大于主管刚度，从而使裂纹不再沿相贯焊缝开裂，并且延缓了疲劳裂纹的扩展。

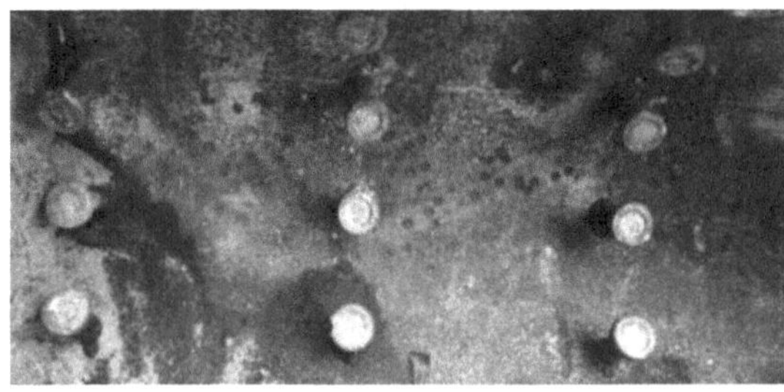

图 8-24　主管内部栓钉照片

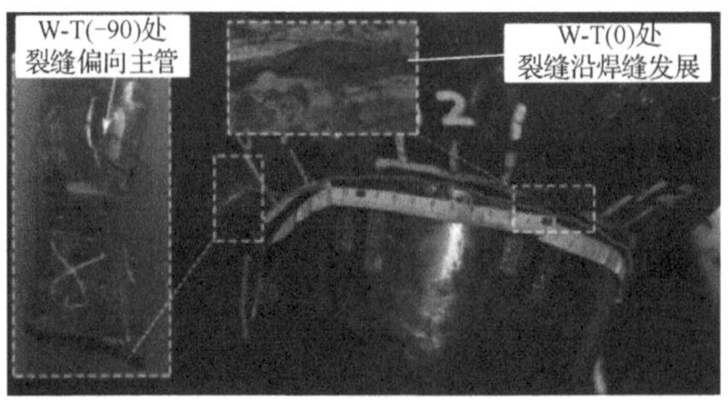

图 8-25　钢管外侧照片

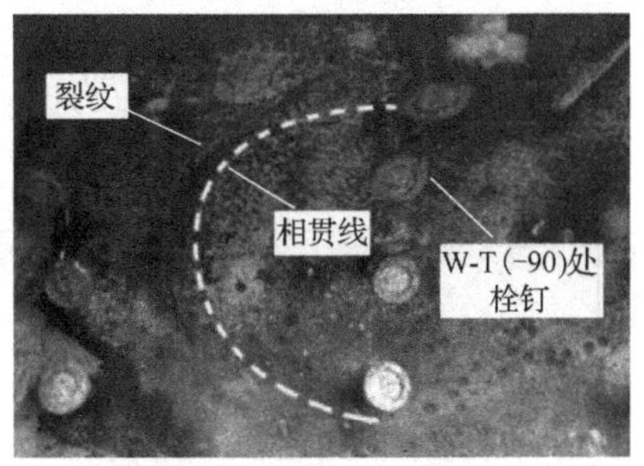

图 8-26　钢管内侧照片

（2）热点应力分布

图 8-27 所示为疲劳循环加载前、静力荷载作用下采用三点外插法得到的 CFST K 和 CFST KS 相贯焊缝区域的热点应力分布。可以看出，CFST K 节点和 CFST KS 节点在受拉区的热点应力幅分别为 127MPa 和 112MPa，在受压区的热点应力幅分别为 99MPa 和 75MPa；两者的热点应力均沿着主管轴线方向呈轴对称分布，这表明试件主管左右两端 4 个防侧倾装置可使构件不出现面外偏心，构件整体受力合理。

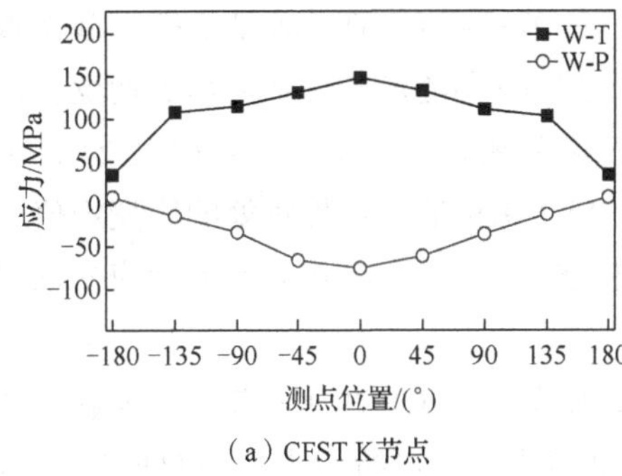

（a）CFST K 节点

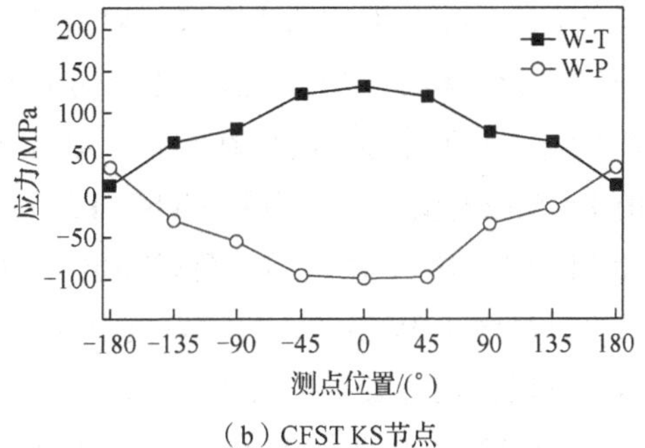

（b）CFST KS 节点

图 8-27　热点应力分布

（3）疲劳性能演化进程对比分析

在疲劳试验中，受反复荷载作用的 CFST K 节点与 CFST KS 节点，疲劳裂纹萌生于测点 W-T(0)处，随后沿着相贯焊缝向两侧扩展，W-T(0)处梯度应变片上的 5 个测点的应变与裂纹扩展进程如图 8-28 和图 8-29 所示。CFST K 节点和 CFST KS 节点的疲劳性能演化过程均可划分为疲劳裂纹的萌生、扩展和破坏 3 个阶段。

图 8-28（彩图）

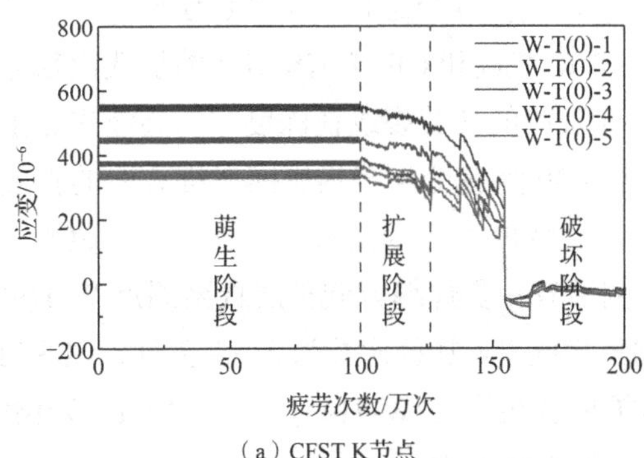

（a）CFST K 节点

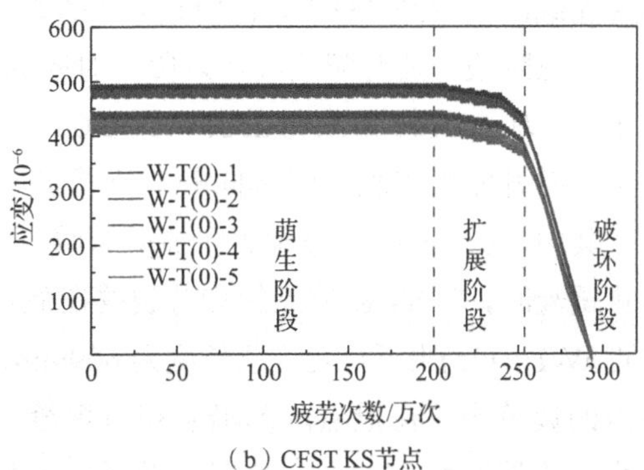

（b）CFST KS 节点

图 8-28　冠点处疲劳加载次数-应变曲线

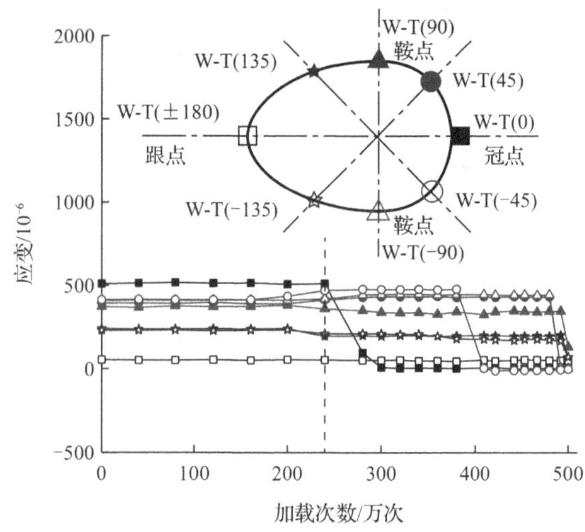

图 8-29 受拉区相贯焊缝处疲劳加载次数-应变曲线

第一阶段：疲劳裂纹萌生阶段，对应的 CFST K 节点和 CFST KS 节点的加载次数分别为 0～100.3 万次和 0～200 万次。两个模型各测点的应变不随加载次数的增加而变化，基本呈一条直线，说明此加载阶段在相贯焊缝处未出现疲劳裂纹。通过在 W-T(0)处的 5 个测点 W-T(0)-1～5 应变值外推，得到 CFST K 节点与 CFST KS 节点在焊趾处的应变峰值分别为 739×10^{-6} 和 541×10^{-6}，在相同的荷载幅值下，CFST KS 节点的 W-T(0)处最大动应变峰值减小了，内栓钉减缓了 W-T(0)处的应力集中现象。

第二阶段：疲劳裂纹扩展阶段，对应的 CFST K 节点和 CFST KS 节点的加载次数分别为 100.3 万～126.3 万次和 200 万～253.4 万次。在疲劳裂纹扩展阶段内，冠点处测点 W-T（0）的应变随着加载次数的增加呈现不同形式的变化，可以细分为裂纹起裂与裂纹断裂两个状态，分别对应测点应变开始下降的时刻和动应变峰值变化达到 15%时。裂纹起裂状态：CFST K 节点在疲劳加载次数达到 100.3 万次时，测点 W-T(0)的动应变随加载次数的增加开始缓慢减小，进入裂纹起裂状态；CFST KS 节点则在疲劳加载次数达到 200 万次时进入裂纹起裂状态，延长了 99.7 万次。裂纹断裂状态：CFST K 节点在疲劳加载次数达到 126.3 万次时，动应变峰值变化达到 15%，进入裂纹断裂状态，此时节点达到其疲劳寿命；CFST KS 节点在疲劳加载次数达到 253.4 万次时进入裂纹断裂状态，疲劳寿命延长了 127.1 万次。

第三阶段：疲劳裂纹破坏阶段，对应的 CFST K 节点和 CFST KS 节点的加载次数分别为 126.3 万～213.8 万次和 253.4 万～500 万次。此阶段的疲劳裂纹在深度方向逐渐贯穿主管管壁，并开始沿着相贯焊缝向鞍点位置扩展。图 8-30 为疲劳裂缝沿空间三维方向的扩展历程，其中，c、w 和 d 分别表示疲劳裂缝开裂长度、宽度和深度；粗实线表示疲劳裂缝。当停止试验时，CFST K 节点的疲劳裂纹在冠点两侧沿着相贯焊缝方向扩展直至测点 W-T(90)、测点 W-T(-135)附近停止，总长度为 609mm，均贯穿壁厚，加载次数为 213.8 万次。CFST KS 节点的疲劳裂纹在冠点两侧沿着相贯焊缝方向扩展直至测点 W-T(45)、测点 W-T(-90)附近停止，总长度为 322mm，均贯穿壁厚，加载次数为 500 万次。

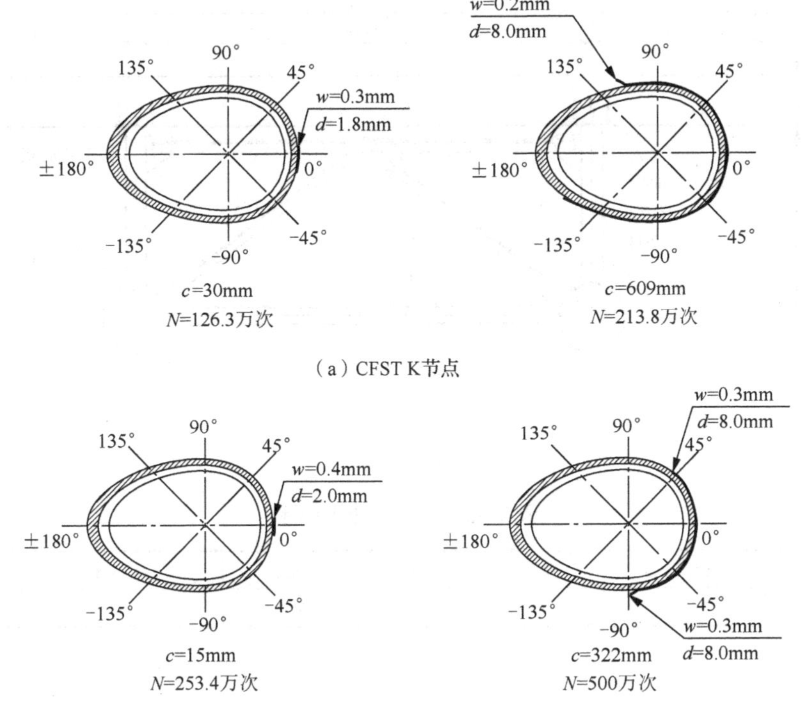

图 8-30　裂纹演化过程

8.3.2　波形钢腹板-钢管混凝土桁式弦杆组合梁疲劳性能模型试验

1. 试验模型设计

以某波形钢腹板-钢管混凝土桁式弦杆组合梁实桥为工程背景，结合试验场地和几何相似理论，确定试验模型缩尺比例为 1∶5，试验模型总体布置如图 8-31 所示。试验模型梁长和计算跨径分别为 9000mm 和 8760mm，梁端和跨中的断面高度分别为 600mm 和 560mm，混凝土桥面板的宽度和厚度分别为 1700mm 和 100mm，内部设有钢筋网片，规格为直径 12mm 的带肋钢筋。下弦杆为 146mm（外径）×6mm（壁厚）的钢管，横向联系中的 K 撑和横撑分别采用型号为 L23×4 和 L40×3 的等边角钢，平联采用 5 号槽钢，横向联系的各部件通过节点板与弦杆相连接。波形钢腹板的规格如表 8-3 所示。

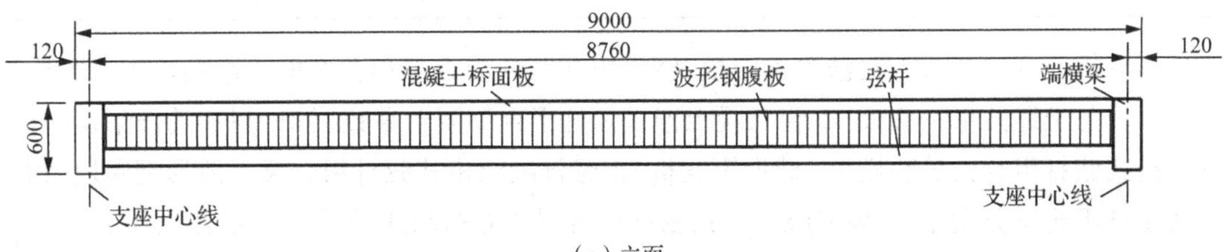

（a）立面

图 8-31　试验模型总体布置（单位：mm）

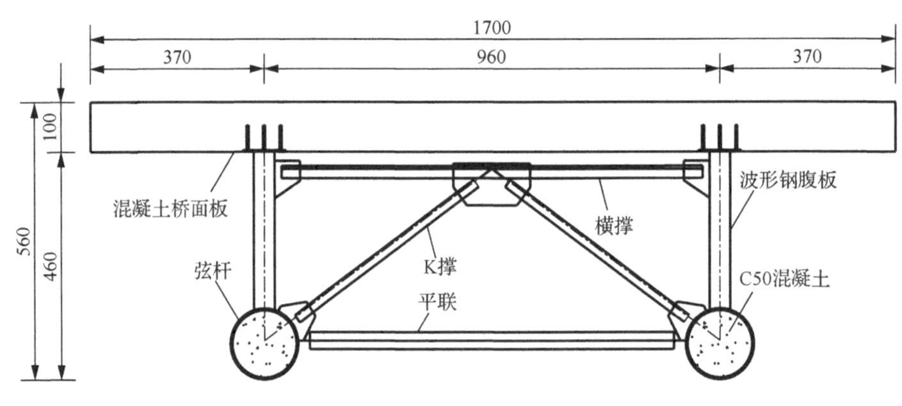

（b）断面

图 8-31（续）

表 8-3　波形钢腹板的规格

参数名称	板厚/mm	弯折角度/（°）	波长/mm	波高/mm	弯折半径/mm
参数值	4	31	320	44	60

2. 材性试验

试验模型采用与实桥相同的 Q345 钢材和 C50 混凝土。混凝土桥面板与波形钢腹板的连接方式和波形钢腹板与弦杆的焊接工艺均严格参照实桥施工工艺。通过材性试验得到弦杆、平联等钢结构和弦杆内混凝土与桥面板混凝土的力学特性，结果如表 8-4 和表 8-5 所示。

表 8-4　钢材的力学性能参数

类型	屈服强度 f_y/MPa	极限强度 f_u/MPa	弹性模量 E_s/GPa	泊松比 μ_s
弦杆	348	491	204	0.3
K 撑	361	457	203	0.3
横撑	349	482	199	0.3
平联	355	468	203	0.3

表 8-5　混凝土的力学性能参数

参数	标准抗压强度 f_{ck}/MPa	轴心抗压强度 f_{cd}/MPa	弹性模量 E_c/MPa	泊松比 μ_c
参数值	34.7	26.2	3.52×10^4	0.2

为分析弦杆内混凝土对波形钢腹板-钢管桁式弦杆组合梁疲劳性能的影响，本试验也设计了 1 根与上述波形钢腹板-钢管混凝土桁式弦杆组合梁同一参数、同一材料的波形钢腹板-钢管桁式弦杆组合梁试验模型。波形钢腹板-钢管混凝土桁式弦杆组合梁和波形钢腹板-钢管桁式弦杆组合梁分别用 CSW-CFST 桁式弦杆组合梁和 CSW-ST 桁式弦杆组合梁表示。

3. 加载装置与加载制度

本试验采用分配梁，在跨中进行了两点加载，以实现两加载点间的主梁弯矩相等，如

图 8-32 所示。分配梁与试验模型二者跨中断面重合，在分配梁两端布设纵桥向间距为 2000mm 的橡胶支座，并采用 500kN 伺服加载系统在分配梁跨中断面施加竖向反复荷载。分配梁刚度与强度较大，在加载过程中不因刚度不够而卸载，也不因强度不够而破坏。

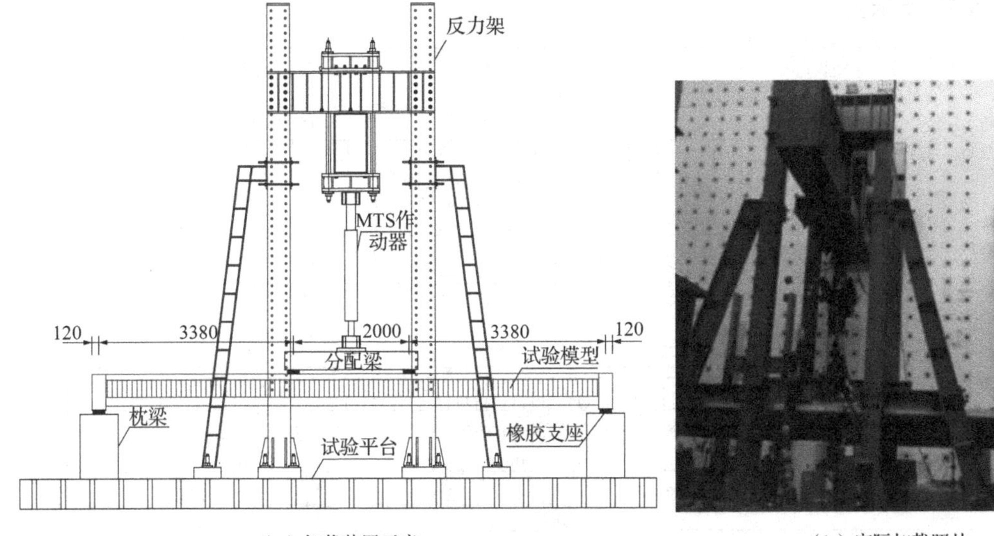

（a）加载装置示意　　（b）实际加载照片

图 8-32　疲劳性能试验加载装置

基于验证准确的杆系有限元模型，结合《公路钢结构桥梁设计规范》（JTG D64—2015）中第 5.5.2 条规定，采用疲劳荷载计算模型 I 进行计算，可得活载作用下波形钢腹板与弦杆相交焊缝位置的最大应力幅值位于跨中断面，为 33.59MPa。根据损伤等效原则和应力等效原则，并考虑多车道效应与缩尺比例，可得波形钢腹板与弦杆相交焊缝位置 200 万次等效应力幅值为 67.18MPa，对应疲劳荷载幅值约为 300kN。考虑到 MTS 伺服加载作动器荷载与频率之间的耦合关系，疲劳荷载上、下限值分别取 350kN 和 50kN，加载频率取 3Hz。为进行 CSW-CFST 桁式弦杆组合梁与 CSW-ST 桁式弦杆组合梁疲劳性能的对比分析，2 个试验模型取相同的疲劳荷载。为评价疲劳性能试验过程中波形钢腹板-钢管混凝土桁式弦杆组合梁疲劳性能随反复作用次数的演化规律，每间隔 40 万次暂停疲劳加载，按 50kN 为一荷载等级，加载速度取 5kN/s 进行分级静力荷载试验。疲劳裂缝萌生后根据其扩展历程，适时停机进行静力试验。

4. 测点布设

波形钢腹板与弦杆相交区域以纵向应力为主。参照国际管结构发展与研究委员会的相关规定，将垂直于焊缝的外推结构应力作为热点应力。波形钢腹板斜腹板与圆弧过渡段相交位置是热点应力敏感位置，也是后期疲劳裂缝萌生的关键位置，因而将该位置作为力学性能监测的特征点，布设梯度应变片。由于本试验采用四点弯曲梁加载方法，取跨中断面附近 2 个波长范围作为热点应力监测区，其中应变监测点编号用 MNY 表示，M 为组合梁弦杆（X）或波形钢腹板（B）；N 为波形钢腹板与弦杆相交焊缝的左（L）、右（R）侧；$Y=1,2,\cdots,8$，为梯度应变片沿纵桥向的编号。为得到反复加载过程中试验模型的刚度变化情况，在 $L/4$、$L/2$ 及 $3L/4$（L 为梁的跨度）断面弦杆底部布设位移测点。位移测点编号用 WXn 表示，X 为左（L）、右（R）侧弦杆；$n=1,2,3$ 为位移测试断面编号，分别对应 $L/4$、$L/2$ 及 $3L/4$ 断面，具体如图 8-33 所示。

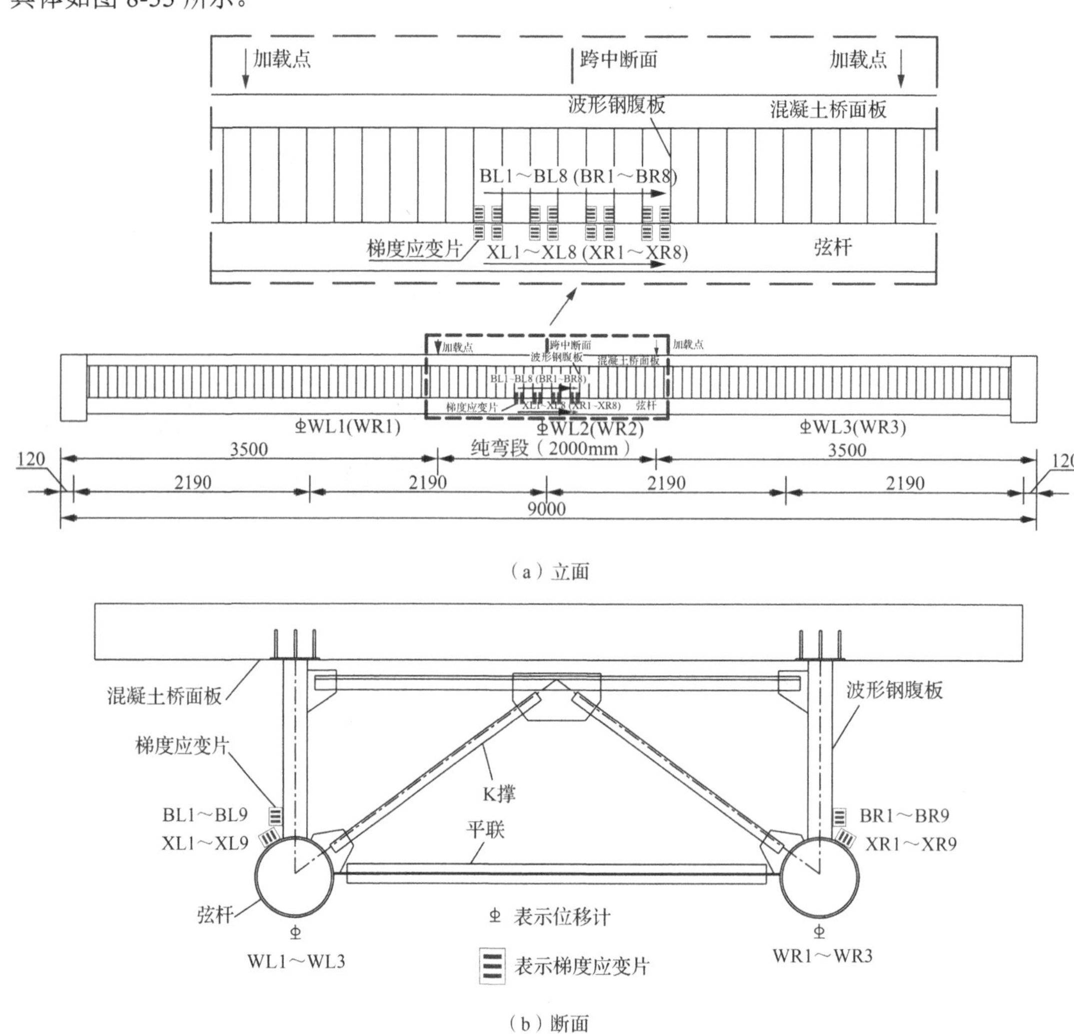

（a）立面

（b）断面

图 8-33 测点布置（单位：mm）

5. 疲劳性能试验结果分析

（1）疲劳破坏模式分析

图 8-34 给出了 CSW-CFST 和 CSW-ST 桁式弦杆组合梁试验模型的疲劳破坏模式，可以看出：2 个试验模型的疲劳裂缝均出现在纯弯段波形钢腹板斜腹板与圆弧过渡段相交位置的断面上，且疲劳断裂面齐平，基本与弦杆断面平行，说明两者的疲劳裂缝同属于张开型，且弦杆内部充填混凝土不会改变波形钢腹板-钢管桁式弦杆组合梁的疲劳破坏模式和疲劳裂缝类型。

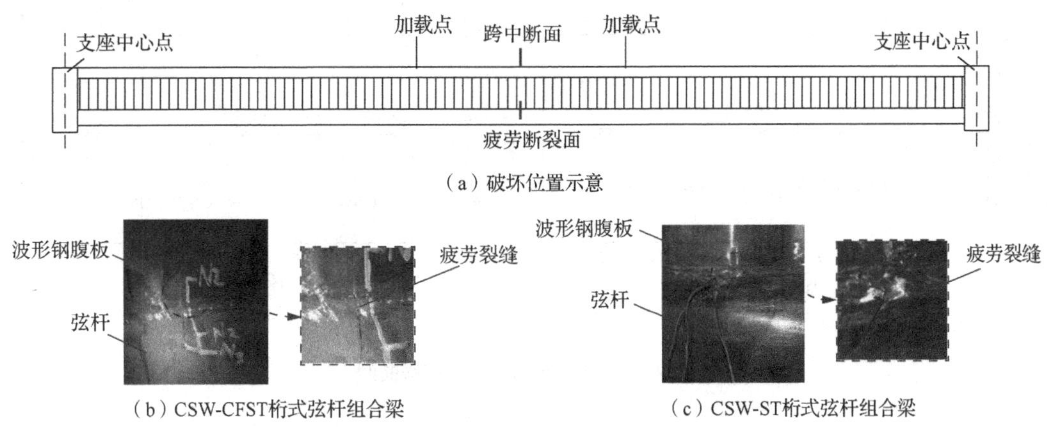

（a）破坏位置示意

（b）CSW-CFST桁式弦杆组合梁　（c）CSW-ST桁式弦杆组合梁

图 8-34　疲劳破坏模式对比

（2）热点应力分布规律

图 8-35 对比了峰值荷载作用下 CSW-CFST 和 CSW-ST 桁式弦杆组合梁试验模型弦杆与波形钢腹板相交焊缝弦杆侧的热点应力分布情况，可以看出：CSW-CFST 和 CSW-ST 桁式弦杆组合梁试验模型的热点应力均关于跨中断面呈轴对称分布，与实测应变的差值分别为 4.2%和 3.5%。此外，CSW-CFST 和 CSW-ST 桁式弦杆组合梁试验模型的左、右侧弦杆热点应力均基本重合，与实测应变的差值分别为 7.6%和 6.1%，说明所设计的组合梁模型及其边界条件均合理。

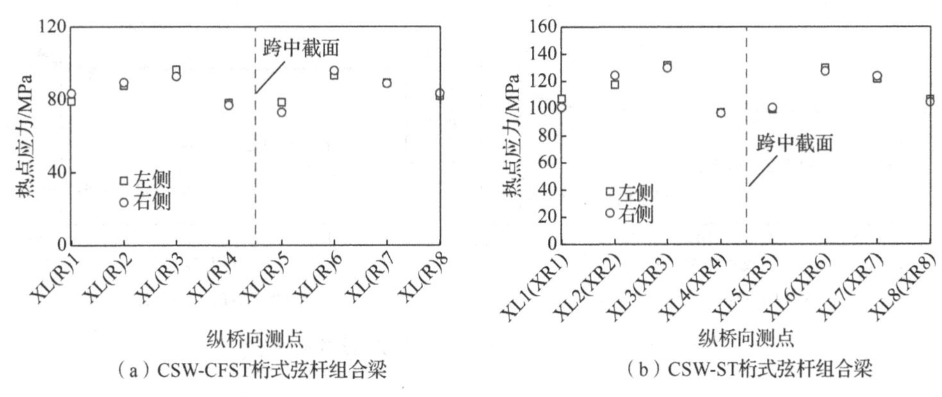

（a）CSW-CFST桁式弦杆组合梁　（b）CSW-ST桁式弦杆组合梁

图 8-35　热点应力分布规律对比

（3）疲劳性能演化过程分析

图 8-36 为不同循环加载次数后组合梁关键位移测点的静力试验结果，图 8-37 为不同循环加载次数后试验模型弦杆与波形钢腹板相交焊缝区域关键应变测点的静力试验结果，图 8-38 为组合梁弦杆与波形钢腹板相交焊缝区域关键测点的应变时程曲线。图 8-36～图 8-38 中测点编号后面的-1、-2 和-3 分别表示每一测点处梯度应变片上的 3 个单向应变片编号（由近至远编号）。可以看出：CSW-CFST 和 CSW-ST 桁式弦杆组合梁疲劳性能演化过程均包括疲劳裂纹萌生、扩展和破坏 3 个阶段。

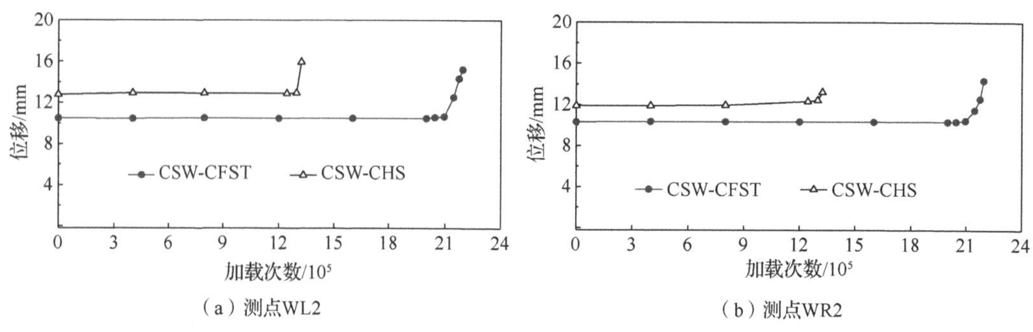

（a）测点WL2　（b）测点WR2

图 8-36　疲劳加载次数-位移曲线

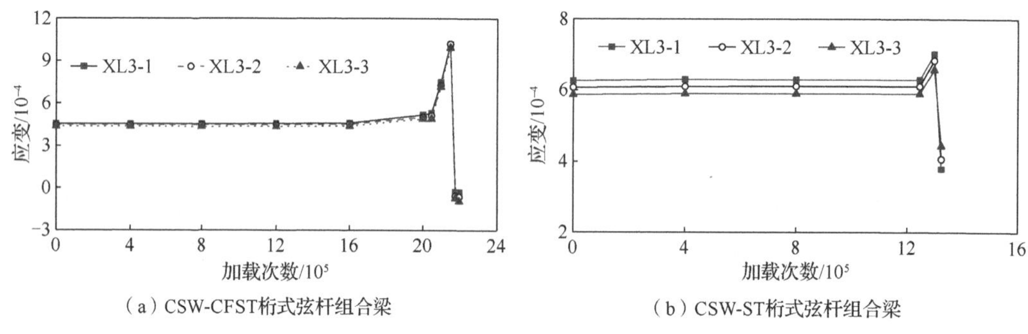

（a）CSW-CFST桁式弦杆组合梁　（b）CSW-ST桁式弦杆组合梁

图 8-37　测点 XL3 疲劳加载次数-应变曲线

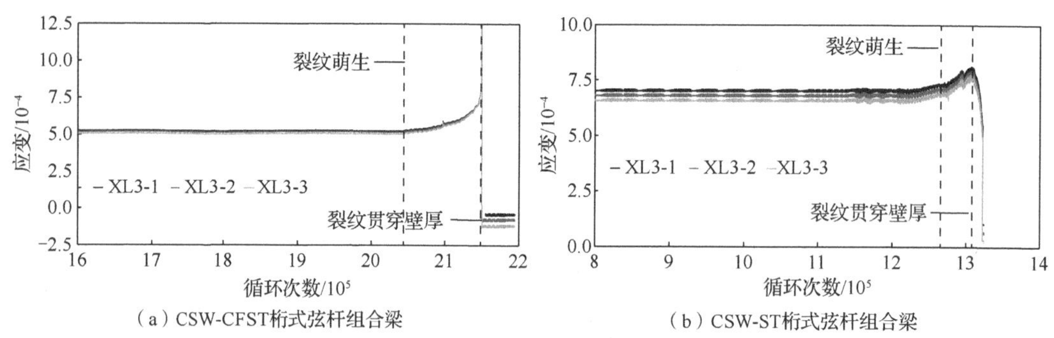

（a）CSW-CFST桁式弦杆组合梁　（b）CSW-ST桁式弦杆组合梁

图 8-38　测点 XL3 疲劳加载次数-动应变曲线

第一阶段：疲劳裂纹萌生阶段，加载次数分别介于 0～204.5 万次和 0～126.6 万次时，CSW-CFST 和 CSW-ST 桁式弦杆组合梁试验模型处于疲劳裂缝萌生阶段，此阶段内弦杆与波形钢腹板相交焊缝区的应变和关键断面的位移均基本不随反复加载次数的增加发生明显变化。

第二阶段：疲劳裂纹扩展阶段，加载次数分别介于 204.5 万～214.0 万次和 126.6 万～129.8 万次时，CSW-CFST 和 CSW-ST 桁式弦杆组合梁试验模型处于疲劳裂纹扩展阶段；当加载次数分别超过 204.5 万次和 126.6 万次后，随着疲劳加载次数的增加，测点 XL3 的应变和测点 WL2 的位移均逐渐增大，结合相控阵无损检测结果可知，测点 XL3 位置开始起裂并扩展；当加载次数分别在 204.5 万～214.0 万次和 126.6 万～129.8 万次时，测点 XL3 的应变和测点 WL2 的位移增长迅速，且测点 XL3 的动应变时程曲线分别在加载次数达 214.0 万和 129.8 万时出现断崖式下降，这主要是由于在此阶段疲劳裂缝沿弦杆壁厚方向扩展迅速，直至贯穿弦杆壁厚，此时焊缝区域的传力能力急剧减弱。

第三阶段：疲劳裂纹破坏阶段，加载次数分别介于 214.0 万～223.9 万次和 129.8 万～134.5 万次时，CSW-CFST 和 CSW-ST 桁式弦杆组合梁试验模型处于疲劳裂缝破坏阶段，当加载次数分别超过 214.0 万次和 129.8 万次后，疲劳裂缝沿波形钢腹板和弦杆圆周方向扩展，当加载次数分别约为 223.9 万次和 134.5 万次时，CSW-CFST 和 CSW-ST 桁式弦杆组合梁试验模型的疲劳裂缝长度分别为 229.7mm 和 332.5mm，疲劳裂缝已经越过弦杆最底端，此时试验模型的位移也分别达到 15.2mm 和 15.9mm，均超过计算跨径的 1/600（14.6mm），此时 CSW-CFST 和 CSW-ST 桁式弦杆组合梁试验模型已经疲劳破坏。

图 8-39 所示为 CSW-CFST 和 CSW-ST 桁式弦杆组合梁试验模型疲劳裂缝深度与长度的扩展过程曲线，图 8-40 所示为 CSW-CFST 和 CSW-ST 桁式弦杆组合梁试验模型的疲劳裂纹扩展过程示意，其中，N 为反复加载次数；C_L 和 C_R 分别为左、右侧弦杆位置疲劳裂纹长度；h_L 和 h_R 分别为左、右侧弦杆位置疲劳裂纹开裂深度。在疲劳裂缝的扩展阶段，CSW-CFST 和 CSW-ST 桁式弦杆组合梁试验模型的疲劳裂缝沿深度方向的扩展速度分别为 0.18mm/万次和 0.72mm/万次，沿长度方向的扩展速度分别为 0.48mm/万次和 3.25mm/万次；在疲劳裂缝破坏阶段，CSW-CFST 和 CSW-ST 桁式弦杆组合梁试验模型的疲劳裂缝沿深度方向的扩展速度分别为 0.43mm/万次和 0.79mm/万次，沿长度方向的扩展速度分别为 22.74mm/万次和 68.53mm/万次。CSW-CFST 桁式弦杆组合梁的弦杆内混凝土不仅能够为弦杆提供径向刚度、约束弦杆自由变形，还能够有效降低组合梁断面中性轴、减小弦杆所受的轴向荷载，进而减小弦杆与波形钢腹板相交焊缝区域的热点应力。在疲劳裂缝扩展和破坏阶段，CSW-ST 桁式弦杆组合梁的疲劳裂缝沿深度与长度方向的扩展速度均远大于 CSW-CFST 桁式弦杆组合梁。由疲劳裂缝扩展阶段进入破坏阶段时，CSW-CFST 和 CSW-ST 桁式弦杆组合梁试验模型的疲劳裂缝沿深度和长度方向的扩展速度均会有明显增大。CSW-CFST 桁式弦杆组合梁的疲劳寿命长于 CSW-ST 桁式弦杆组合梁的疲劳寿命。

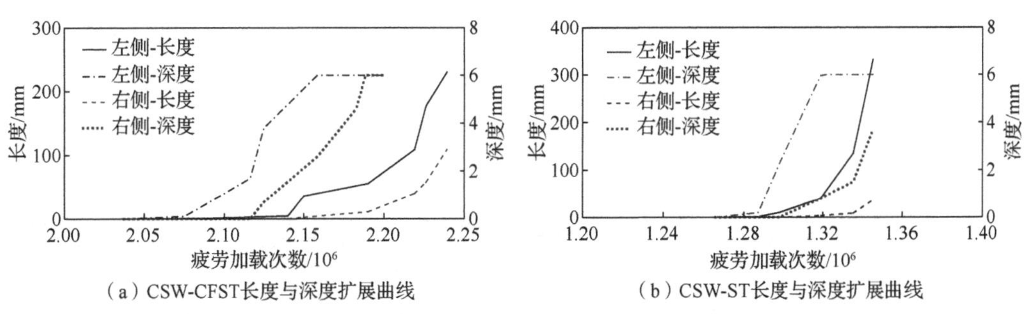

（a）CSW-CFST长度与深度扩展曲线　　（b）CSW-ST长度与深度扩展曲线

图 8-39　疲劳裂缝扩展过程曲线

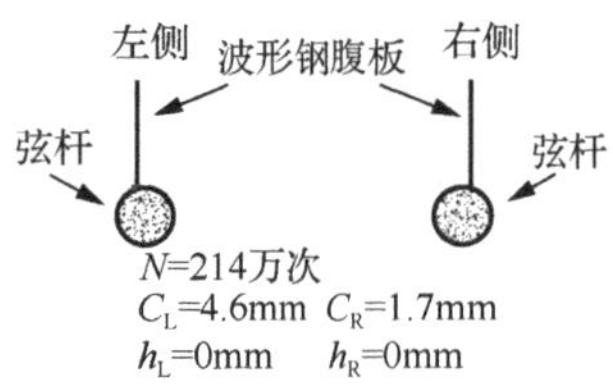

（a）CSW-CFST组合梁裂纹扩展阶段

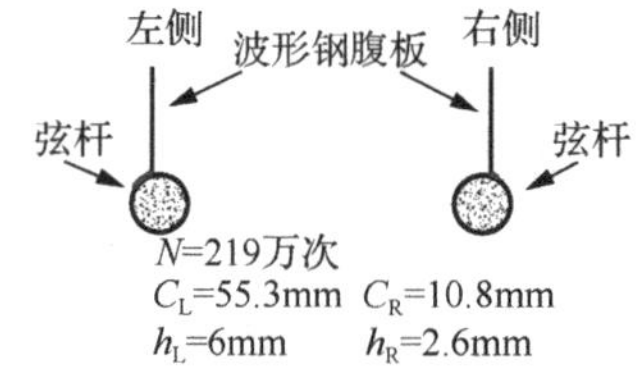

（b）CSW-CFST组合梁裂纹破坏阶段

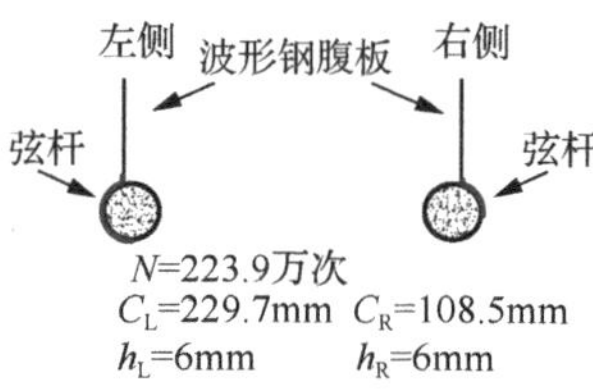

（c）CSW-CFST组合梁裂纹断裂

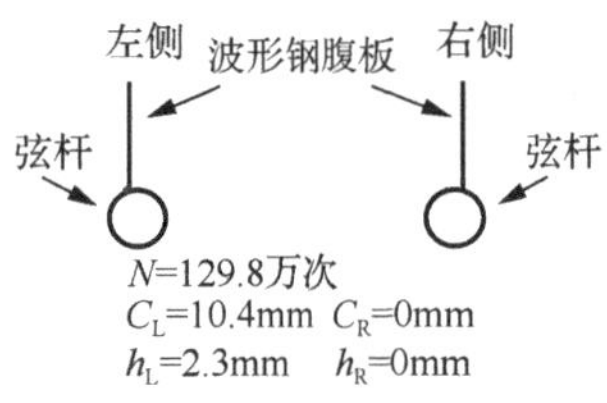

（d）CSW-ST组合梁裂纹扩展阶段

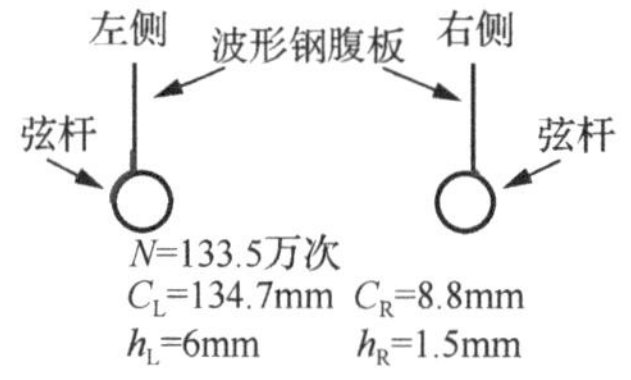

（e）CSW-ST组合梁裂纹破坏阶段

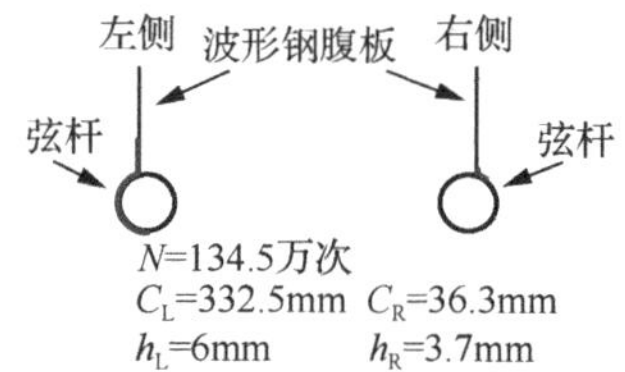

（f）CSW-ST组合梁裂纹断裂

图 8-40 疲劳裂缝扩展示意

思 考 题

1. 疲劳试验的基本特点是什么？
2. 简述荷载谱与应力谱的联系与差异。
3. 常用的疲劳试验评估方法有哪些？
4. 试验模型怎样才能反映原型结构的疲劳受力特性？

第9章　其他土木工程试验

随着材料和科学技术的不断发展，土木工程结构也越来越复杂，同时带来许多新的挑战和问题。人们在实践探索中，也在不断开拓新的研究领域，通过冲击试验、风洞试验和耐火试验等进行探索。

9.1　冲击试验

研究材料在高应变率加载下的力学响应，对于结构设计和材料研究均具有重要意义。对于材料研究而言，不同加载应变率和不同温度下应力-应变曲线的变化不仅反映材料的宏观力学行为，还反映材料的微观特性。因此，它可为研究材料的微观结构与更深层次的物理问题提供参考。其困难之处在于结构惯性效应和材料应变率效应相互影响。一方面，在对应力波传播的分析中，材料动态本构方程是建立整个问题基本控制方程组不可缺少的组成部分，也就是说，分析应力波的传播是以材料动态本构关系已知为前提的；另一方面，在进行材料高应变率动态本构关系的实验研究时，一般需要通过冲击加载，而冲击加载必须考虑实验装置和试件中的应力波传播及相互作用，也就是说，在材料动态响应研究中，要分析材料中的应力波传播。这样就构成了一种耦合关系。

解决上述问题的较常用的方法有两类。第一类是把试件设计成易于分析应力波传播的简单结构，在给定的冲击荷载（初边值条件）作用下测量波传播信息（如波传播速度等）或波传播效应（如波后质点速度和波后压力等），由此来反推材料的动态本构关系。例如，利用飞片碰撞实验得到材料的状态方程。第二类方法的核心思想是，设法在试验中把应力波效应和应变率效应解耦。其中，最典型并应用最广泛的就是分离式霍普金森（Hopkinson）杆实验。

9.1.1　霍普金森杆

霍普金森杆实验是研究中高应变率（10^2～10^4s^{-1}）下材料力学性能的最主要的实验方法，是爆炸与冲击动力学实验技术的重要组成部分。利用 Hopkinson 杆不仅可以实现高应变率单轴拉伸、压缩剪切加载，还发展了动态压剪复合加载，主动、被动围压等复杂加载，以及中应变率（1～$10s^{-1}$）加载等实验技术。其核心思想是实验杆中传播的应力波同时承担加载和测试的功能，根据杆中应力波传播的信息来求解杆件与试样端面的应力-位移-时间关系，从而得到试样的应力-应变关系；通过设计加载波宽度远大于试样厚度，使试样受载过程处于一种局部动态平衡的状态，从而使试样的变形分析无须考虑波传播效应，将应力波效应与应变率效应成功解耦。

J.Hopkinson 和 B.Hopkinson 父子俩在冲击动力学领域中的工作具有里程碑意义。1872 年，J.Hopkinson 提出的铁丝冲击拉伸实验揭示了冲击动力学中的 2 个基本效应：惯性（应力波）

效应和应变率效应。1914年，B.Hopkinson设计了一套Hopkinson压杆实验装置，把测量冲量的弹道摆的长杆分成一长一短，从而可用于实测冲击（爆炸）荷载随时间变化的实际波形，这在当初尚无示波器等测试仪器的情况下是一种创新。20世纪40年代后期，Hopkinson压杆技术进一步发展到研究材料的高应变率行为，被称为分离式Hopkinson压杆（split Hopkinson pressure bar，SHPB），如图9-1所示。SHPB实验技术的基础理论主要涉及高应变率实验中的惯性效应（应力波理论）和应变率效应（材料动力学）。相对于传统的准静态固体力学，这两种效应不仅显得新颖，而且其难点还在于两者又是相互耦合的。因此，一方面需要了解弹塑性波、黏弹性波和黏弹塑性波等的传播特性及相互作用，以及材料的应变率效应及本构失稳（绝热剪切）等基本概念；另一方面，要洞察对应力波传播特性的分析取决于材料的应变率效应。SHPB实验技术建立在两个基本假定上：一维应力波假定和试件应力均匀分布（动态平衡）假定。这两个基本假定可使SHPB实验过程中的惯性效应和应变率效应解耦，从而使问题得以简化。一维应力波假定意味着应力波在压杆和试件中传播时的二维弥散等效应可以忽略不计，又由于压杆本身是线弹性材料而无须考虑其应变率效应；均匀假定则可将试件在高应变率下按准静态过程处理，忽略试件本身的惯性（应力波）效应。SHPB大多数由以下五部分组成。

1）压杆系统：由撞击杆（子弹）、入射杆、嵌入试件、透射杆和吸收杆组成，本质是一种弹性系统，压杆的任一部分都为弹性杆。

2）支撑和对准系统：确保系统压杆可以对准，满足一维应力波传播的条件。

3）子弹撞击装置：一般由压缩气体枪驱动子弹撞击入射杆端。子弹和压杆材料相同，截面大小一样。

4）测量装置：一般在压杆上粘贴应变片，以测量杆中的应力波传播。

5）集成数据采集和处理系统：包括波形存储器、数据处理系统和动态应变仪，以控制、记录和分析压杆中的应力波传播。

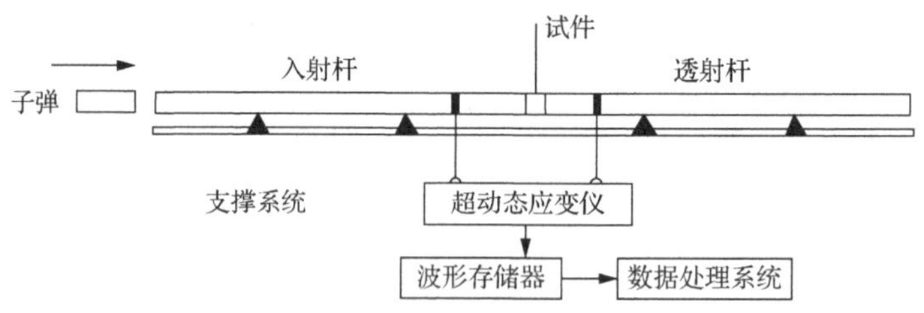

图9-1　SHPB压缩装置示意图

然而随着研究材料的扩展，相当部分材料的SHPB实验不能很好满足上述两个基本假定，如果仍采用常规的SHPB实验技术，就难以获得可靠有效的实验结果。当前，不断涌现的新挑战包括如下几个方面。

1）复合材料，其均质性较差，试件尺寸大，压杆的二维效应及试件状态的不均匀性都会影响其SHPB实验结果的有效性。

2）脆性材料，其破坏应变很小，试件内部尚未实现应力均匀，材料就可能破损，由此测得的实验结果不可靠。

3）混凝土材料，不仅均质性差，其破坏应变还很小，其 SHPB 实验的难度最大，实验结果不可靠。

4）软材料，其应力波波速很低，试件在整个变形过程中很难达到内部应力分布状态均匀化。

5）泡沫材料，其泡孔的尺寸效应、泡孔分布的不均匀性及变形过程的惯性效应等都会影响 SHPB 实验结果的可靠性。

在应用广度方面，分离式 Hopkinson 拉杆（split Hopkinson tension bar，SHTB）实验装置仅次于 SHPB 实验装置。其主要用于测试固体材料的动态拉伸应力-应变曲线。实验装置主要有直接式和间接式两种类型，前者通过直接撞击进行加载，后者利用反射的拉伸波进行加载。常见的 SHTB 实验装置如图 9-2 所示，其利用发射系统控制高压气体推动套筒式子弹向右运动撞击入射杆端头的法兰，在入射杆中形成向左传播的拉伸加载波。贴于入射杆表面的应变片记录入射信号和反射信号，贴于透射杆上的应变片记录透射信号。应变信号经超动态应变仪放大，由示波器存储和记录，最后由接口传入计算机进行处理。

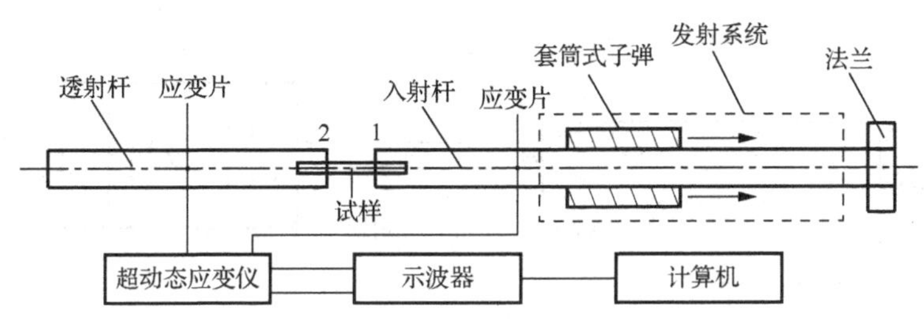

图 9-2 SHTB 实验装置及测量原理示意图

利用改进的 SHTB 实验装置还可开展材料动态断裂韧度研究，它既可用于测量 I 型裂纹的动态断裂韧度，又可用于测量 II 型裂纹的动态断裂韧度，还可以开展复合压剪实验技术。此外，利用 SHTB 实验装置还可对高应变值加速度传感器进行标定，对火工品的安全性和可靠性进行评估。

9.1.2 轻气炮

轻气炮通过发射高速弹丸撞击靶面来达到冲击荷载的要求，是一种常见的高过载模拟试验设备。它的发展克服了传统火炮的缺点与不足，通过压缩空气来代替传统火药燃烧产生的高压气体，将储存在气室中的部分内能转化成弹丸动能，完成对弹丸的加速。随着轻气炮技术的不断发展，轻气炮现已成为模拟高过载试验的最基本手段之一。目前，一级气炮和二级气炮的应用最为广泛，它们的发射原理及应用均不同。从发射原理来看，一级气炮通过压缩氦气或者氮气来发射弹丸，弹速最大可达 1.5km/s 左右，而二级气炮是由两个一级气炮串联组成的，它通过介质活塞的运动，把第一级气炮的驱动能量传递给第二级气炮，因此最大弹速比一级气炮高得多，可以达到 8～10km/s。从应用方面来看，一级气炮主要用于各种类型弹丸的侵彻试验和材料的动力学性能研究；二级气炮主要用于研究超高速撞击试验，当实验需求改变时，也可以根据不同实验技术指标的变化对二级轻气炮的结构配置进行调整，从而进行一级气炮实验。一般而言，多级气炮既可以采用发射药驱动，也可以采用气体压缩驱动。目前，人们大多数采用发射药驱动，但不可否认的是，气体压缩驱动具有发射药驱动不可替代的优点，如安全隐患少、维护运行成本低等。由于压缩气体的能量密度远小于发射药驱动的能量密度，因此至今很少见到使用压缩气体驱动的多级气炮。

图 9-3 是典型的二级轻气炮的结构示意图。由图可知，二级轻气炮装置包括一级气室、快开锥阀、泵管、二级气室、发射管、靶室和靶箱等。其中，活塞在泵管中压缩空气，弹丸在发射管中做加速运动。一般采用螺纹或法兰连接各段管子，这样连接的好处是不会发生漏气现象，而且有利于对膜片、活塞和弹丸等装置进行安装和调整，一旦出现损坏的密封器件和活塞，方便取出。膜片的主要作用是保证泵管等部件的真空密封良好，避免漏气现象的产生。一旦膜片破裂，发射管中的弹丸便由静止开始运动。当活塞进入高压锥段时，前端气体的温度和压力迅速升高变为高压气体，高压气体会使活塞的速度逐渐降为 0。此外，高压锥壁在活塞的前进中会不断挤压活塞，所形成的摩擦力也会阻滞活塞的运动。二级轻气炮之所以可以成为长期重复使用的实验设备，最主要的原因就是锥形高压段所产生的缓冲作用会使二级轻气炮的寿命得以延长。

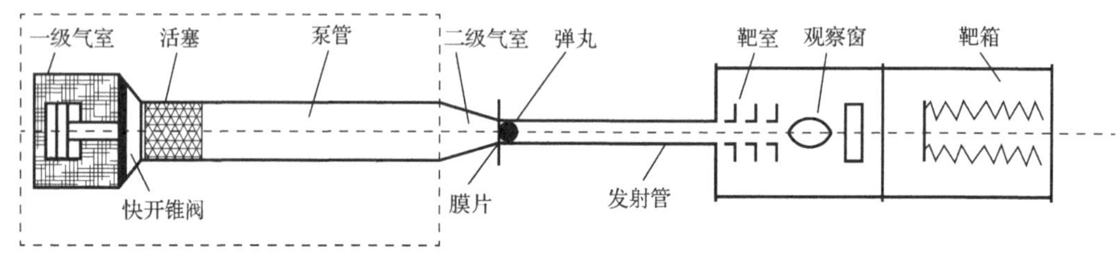

图 9-3　二级轻气炮的结构示意图

二级轻气炮的基本发射原理是一级气室中的气体推动泵管中的活塞不断运动，使其逐渐压缩轻质气体，当活塞运动到高压锥段附近时，轻质气体的压力由于受到活塞的不断挤进而迅速上升，当达到一定程度后变为高压气体迫使膜片破裂，从而进一步推动弹丸沿着身管运动，以此获得更高的弹丸速度。其中，活塞在二级轻气炮中承担介质这一重要角色。它所能达到的最大速度与质量有关。一般来说，二级轻气炮的工作介质可以选择氢气（一级轻气炮可采用氮气、氦气），相比于其他气体，氢气的分子量较小、声速较高，因此，气体介质首选氢气。图 9-4 所示为二级轻气炮内弹道发射过程的 4 个阶段。发射过程从开始到结束要经过以下步骤。

1）一级气室和泵管中均充入具有一定压力的轻质气体，当压力增大到某一值时，膜片Ⅰ破裂。此时，一级气室内气体的能量转换为活塞的动能，泵管中的活塞由静止开始做加速运动。

2）随着活塞速度的逐渐增加，轻质气体被进一步压缩而产生强烈的冲击波。

3）活塞进入高压锥段，导致高压锥段内的气体压力急剧上升成为高压气体，当达到破膜压力后，膜片Ⅱ破裂，从而推动发射极里的弹丸开始运动。此时，高压锥段内的活塞并没有立刻停止，而是继续向前压缩轻质气体。

4）活塞受到锥形壁的摩擦力而逐渐减速，最终停止在高压锥段。弹丸在活塞停止后进一步做加速运动直到飞出炮口，此时达到最大速度。

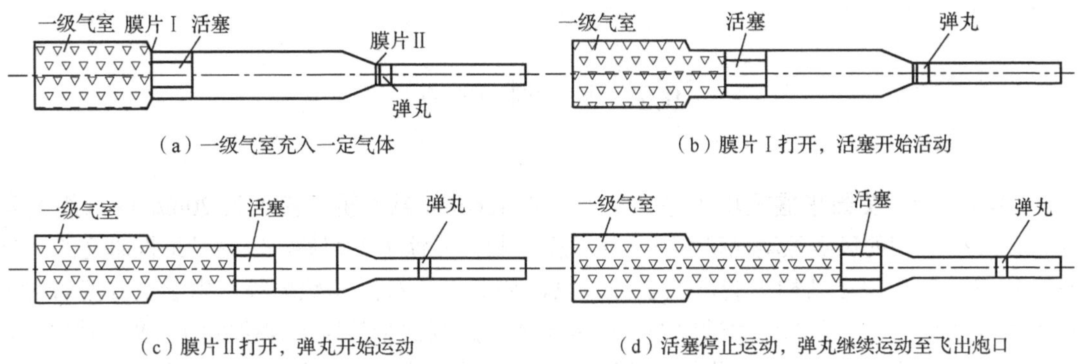

图 9-4　二级轻气炮内弹道发射过程的 4 个阶段

9.1.3　落锤冲击试验机

落锤冲击试验机是土木工程科学研究的重要工具。其利用能量转换的原理，将重物举升到一定高度后释放，将重力势能转换为冲击动能，对结构构件进行模拟撞击、冲击加载，是进行工程结构防灾减灾试验的必备试验设备。在实际工作中，有摆锤式冲击试验机和落锤式冲击试验机两种设备，如图 9-5 所示。

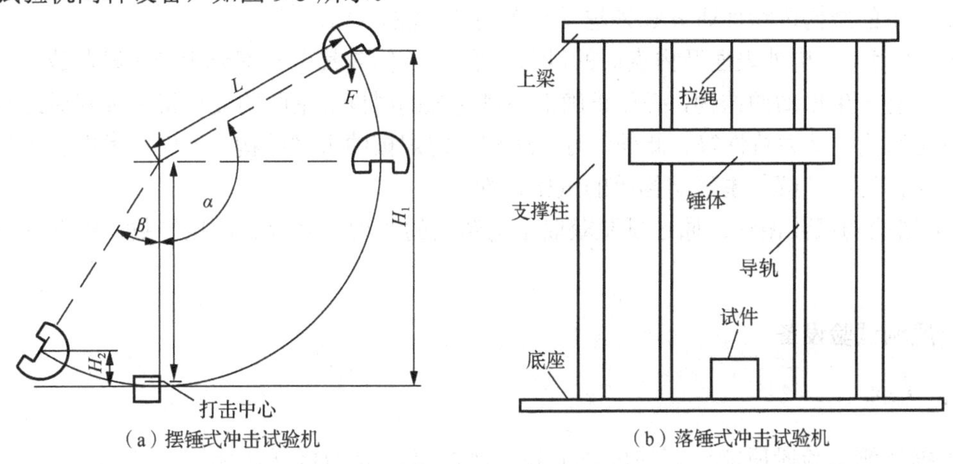

图 9-5　落锤冲击试验机

1）摆锤式冲击试验机是用于测量金属、非金属材料在动态荷载下抗冲击性能的设备，按照不同的控制方式可分为手动摆锤式、半自动摆锤式和全自动摆锤式冲击试验机。其工作原理为将锤体提升到一定高度，与被测试件之间形成一定的夹角，释放后锤体以一定的冲击速度打击被测试件，最终通过检测摆锤冲击前与冲击后的动能之差来检测被测试件在整体冲击过程中的冲击吸收能量，进而判断被测材料的抗冲击性能。该冲击试验机一般采用横向冲击，虽然可以去除掉重力的影响，但是实际测得的荷载在多次重复试验中稳定性表现较差，易导致试验结果不准确。

2）落锤式冲击试验机同样用于测量金属或非金属的抗冲击性能，但其工作原理相对简单，故在试验操作方面具有一定优势。其具体工作原理为：将具有一定质量的锤体提升到某一高度，释放锤体，利用锤体做自由落体运动产生的重力势能转换成对被测试件的动能模拟被测目标所受的冲击工况。系统主要由钢结构、安装基础、导轨、底座、落锤锤体系统、提升系统、速度测量及监控系统等组成。

9.2 风洞试验

1940 年秋，美国华盛顿州才建成 4 个月的 Tacoma 悬索桥，在不到 20m/s 的八级大风作用下发生强烈的风致振动而破坏的严重风毁事故，震惊了工程界，成为风工程研究的一个重要起点。风作用在结构上会产生多种现象，如涡振、抖振和颤振等。由于空气流动无法用解析方法来确定，只能借助试验的手段来预测。风洞试验是风工程研究的主要方法之一，也是确定特殊结构风荷载、优化结构抗风性能的重要手段。其对象一般是风敏感结构，如超高层建筑、观光塔、烟囱、大跨度桥梁、输电塔、大跨度屋盖、冷却塔、大型起重机、海上风机等柔性结构，或者是很难确定风力系数的特殊形状结构、出现很大局部风压的复杂形状结构或使用特殊围护结构的结构等。早在 19 世纪末，人们就已开始尝试利用缩尺模型来研究结构在风作用下的受力情况。目前，越来越多结构需要进行风洞试验研究，这些结构外形独特、形式复杂、干扰显著，风荷载和风致响应突出。风洞试验大致可分为以下 3 类：

1）结构及特殊地形周边的风特性：由于很多结构建造在山间、山顶或丘陵地区，因此特殊地形下的结构风特性研究越来越受到人们的关注。

2）作用于结构外表面及内表面的风荷载/结构整体或其中一部分所受的风荷载：对于大型结构或易产生振动的结构，必须正确把握风荷载随时间、空间的变化特性及其对结构的影响，以及结构的动力特性等。此外，对于达到一定规模的大型结构，不仅要考虑主体结构方面的问题，还要了解其围护结构等的风压特性。

3）结构的风致振动：通过试验获取结构断面的气动力系数、颤振导数、气动导纳函数等参数。

9.2.1 风洞试验设备

1. 风洞

根据风洞试验段所能达到的风速上限，风洞可以分为极低速风洞（$U<3$m/s）、低速风洞（$U<0.4Ma$，在标准声速下，$1Ma=1224$km/h）、亚声速风洞（$U<0.8Ma$）、跨声速风洞（$U<1.4Ma$）、超声速风洞（$U<5Ma$）及高超声速风洞（$U<10Ma$）。土木工程结构所使用的风洞一般为低速风洞。根据风洞的工作方式，风洞可以分为直流式风洞和回流式风洞，如图 9-6 所示。

直流式风洞是典型的低速风洞。在这种风洞中，风扇向右端鼓风使空气从左端外界进入风洞的稳定段，稳定段的蜂窝器和阻尼网使气流得到梳理与和匀，然后由收缩段使气流得到加速，最后在试验段中形成流动方向一致、速度均匀的稳定气流。这种风洞的气流速度是靠风扇的转速来控制的，风洞内的空气与大气直接连通。直流式风洞适用于扩散试验（如风雨联合试验），但是其流场易受外部大气干扰，运转能耗高，且噪声污染较严重。回流式风洞实际上是将直流式风洞首尾相接形成封闭回路。气流在风洞中循环回流，既节省能量又不受外界的干扰，运转能耗较低，噪声污染相对较小，但长时间运行需要冷却装置对气流降温，且不适合进行扩散试验。

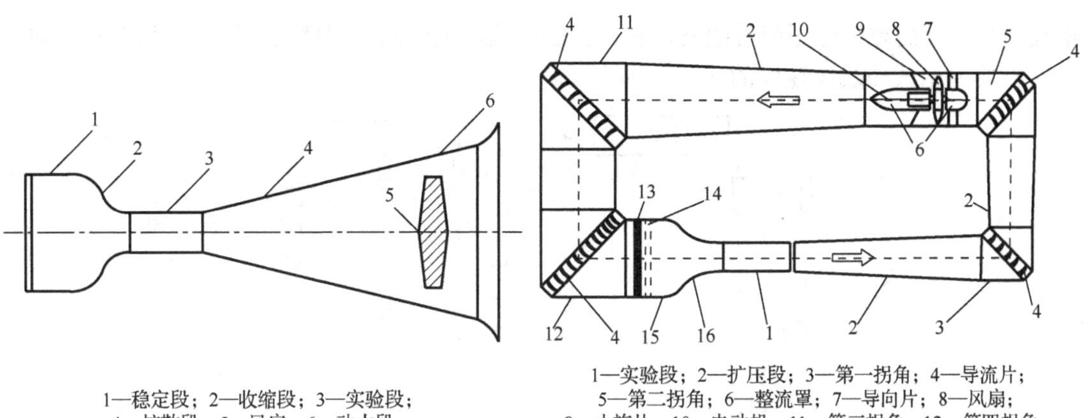

1—稳定段；2—收缩段；3—实验段；
4—扩散段；5—风扇；6—动力段。

（a）直流式风洞示意图

1—实验段；2—扩压段；3—第一拐角；4—导流片；
5—第二拐角；6—整流罩；7—导向片；8—风扇；
9—止旋片；10—电动机；11—第三拐角；12—第四拐角；
13—整流器；14—整流网；15—稳定段；16—收缩段。

（b）回流式风洞示意图

图 9-6　典型风洞设备

另外，风洞设备也可以按产生的流场特征分为常温风洞、增压风洞、低温风洞、低紊流风洞和大气边界层风洞等。

2. 风速测量仪器

常用的风速测量仪器主要有皮托静压管、热线风速仪、眼镜蛇风速仪和 Irwin 探头等。

（1）皮托静压管

如图 9-7 所示，皮托静压管为一双层套管，是基于伯努利方程测量原理设计的测量仪器。内管在前端开口，开口方向迎着来流，管道末端的压力传感器可以测量来流总压；外管在侧面开口，开口方向垂直于来流，管道末端的压力传感器可以测量来流静压，最后计算得到气流流速。

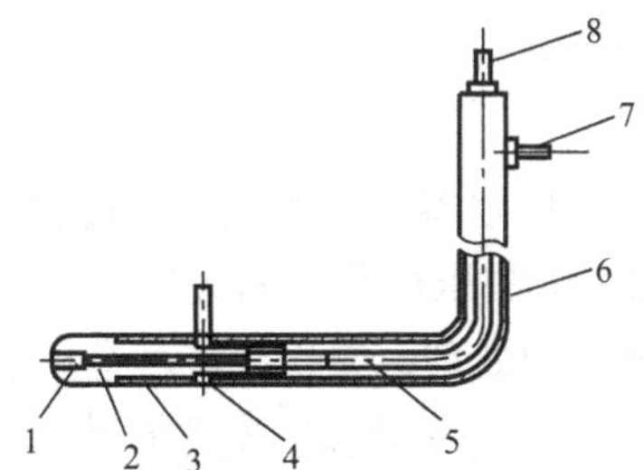

1—总压测孔；2—感测头；3—外管；4—静压测孔；5—内管；6—管柱；7—静压引出接管；8—总管引出管。

图 9-7　皮托静压管

（2）热线风速仪

热线风速仪常用于测定高频动态风速，其原理是热线探头上的电阻丝在气流流过时散热量变大，而被电流加热的金属丝散热率与流体的流速存在一定的关系，即金属丝的电阻变化可以反映出流速的变化。热线风速仪有恒流式和恒温式两种工作模式，如图 9-8 所示。其中，恒流式保持通过热线的电流不变，流速改变造成的温度变化反应为热线的电阻变化，继而导致电压信号变化。它具有电路简单、高风速下灵敏度良好的优点，但测速探头温度经常变化，易导致敏感元件老化，稳定性差。恒温式保持热线的温度不变，流速改变将造成通过热线的电流改变，继而导致电压信号改变。它具有低风速灵敏度高、测量稳定的优点但功耗相对较大。目前恒温式热线风速仪的应用较为广泛。

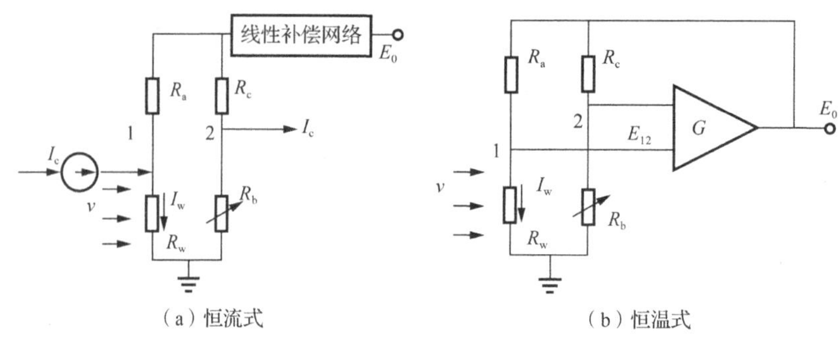

（a）恒流式　（b）恒温式

图 9-8　热线风速仪的工作原理

（3）眼镜蛇风速仪

眼镜蛇风速仪适用于紊流大、风向不明的测量场合。该测量仪的风速探头是 4 孔压力探头，利用超声波时差法来实现三维风速和静态压力的测量，并且能测量频率响应大于 2kHz、风向角在±45° 内的紊流。

（4）Irwin 探头

该探头用来测定任意方向的来流风速，由一个带有较深静压孔的圆柱形基座和一根安装于静压孔中央的细长探头管组成。探头管外径一般在 1mm 左右，静压孔的直径略大于探头管的外径。探头管轴对称地安装在静压孔的中央，其高出基座顶面的高度由行人高度和试验模型的几何缩尺比确定。

3. 风压测量仪器

测压就是通过风洞试验来量测结构模型的表面压力，常用的设备有测压传感器和微压差变送器。

（1）测压传感器

测压传感器主要有应变式测压传感器、压阻式测压传感器、电容式测压传感器、电感式测压传感器和压电式测压传感器等。测压传感器的突出优点是输出量是与被测压强成比例的电量，可供数据采集系统自动记录和处理；体积小，可直接安装在试验模型的内部；对压强变化反应快；测量灵敏度高。其缺点是易受温度变化影响、稳定度差、必须经常校准。

应变式测压传感器的工作原理：风压作用于弹性元件，使其上的电阻应变片发生应变而改变电阻值，进而令输出的电压信号发生变化来反映风压的变化。

压阻式测压传感器的工作原理：风压作用于压阻元件，使其电阻发生变化，进而令输出的电压信号发生变化来反映风压的变化。

电容式测压传感器的工作原理：弹性元件上安装一可动电极，与一固定电极形成电容器，风压作用于弹性元件使可动电极移动，电容器的电极间距改变使电容量改变，进而令输出电信号的改变来反映风压的变化。

电感式和压电式测压传感器的工作原理也类似于上述 3 种，都是以输出电信号反映压力变化。

（2）微压差变送器

微压差变送器主要用来进行风速闭环控制及测定高频风压。其工作原理是：将两个压力分别引入一张膜片（盒）的两边，压力差（压）引起膜片产生位移或移动的趋势（力），然后将这种位移量或作用力转换为电量或其他标准信号输出。

除测压仪器外，风压测量还需要压力扫描阀系统，一般分为机械式和电子式。风洞试验常用的是电子压力扫描阀。电子压力扫描阀使每个测压管路对应一个压力传感器，可以同时对多个测压点进行测量和采集，大大简化了风洞试验程序。电子压力扫描阀可以在±2.5kPa的压力范围内，对上千个压力测点按 50～100kHz 的频率采集数据，精度高达 0.03%，并配有高精度的压力校准器进行联机实时校准。

4. 风力测试仪器

风力测试的主要仪器是测力天平，根据原理测力天平可分为机械天平、应变天平、压电天平和磁悬挂天平。机械天平通过机械构件传递模型受力，并采用机械平衡元件或力传感器进行测量。应变天平采用应变计测量模型传递的力导致弹性元件的应变，进而通过应变计输出的电信号来获取模型的受力信息。压电天平基于压电效应设计，模型传递来的力使压电元件变形并产生电荷，电荷量即表征模型受力的大小。磁悬挂天平利用电磁铁的磁力将模型悬挂在风洞中，通过电流变化或位置变化测量模型受力的大小。

5. 振动测量仪器

在桥梁风洞试验中，往往需要测量桥梁模型的风致振动响应。一般需要在模型上布置加速度传感器、速度传感器和位移传感器等设备。高频测力天平也具有测振的功能。

9.2.2　相似准则与试验参数

1. 相似准则

进行风洞试验时，由于风洞空间和试验成本的限制，一般采用缩尺模型来代替实际结构。此时，需要输入与实际风性状相同的风，观测作用于模型上的风荷载是否与实际情况相同。风洞缩尺模型试验的相似准则，一般包括以下条件。

1）物理条件：物体的状态和性质，如密度 ρ、黏性系数 μ 等。

2）几何条件：测量模型和周边模型应与原型几何相似。

3）边界条件：风洞试验的平均风速和实际风速应满足相似关系，风速比的选择应与试验目的相适应；紊流风场（紊流强度、紊流功率谱）、平均风速剖面和紊流强度剖面也应满足相似要求。

4）动力条件：宜包括黏性相似、重力相似、风压相似、弹性相似、质量相似和阻尼相似。

① 黏性相似可用雷诺数表达，模型的雷诺数宜与原型保持一致，无法满足时可适当放宽。但是，对于缆索、吊杆、栏杆和墩柱等具有圆形或流线型断面的结构构件，宜考虑雷诺数效应。

$$Re = \rho UL / \mu \tag{9-1}$$

式中，ρ 为空气密度（kg/m^3）；U 为风速（m/s）；L 为特征尺寸（m）；μ 为空气黏性系数（Pa·s）。

② 重力相似可用弗劳德数表达，模型的弗劳德数宜与原型保持一致。

$$Fr = \frac{U^2}{gL} \tag{9-2}$$

式中，g 为重力加速度（m/s^2）。

③ 风压相似可用欧拉数表达，模型的欧拉数宜与原型保持一致。

$$Eu = \frac{p}{\rho U^2} \tag{9-3}$$

式中，P 为空气压强（N/m^2）。

③ 弹性相似可用柯西数表达，模型的柯西数宜与原型保持一致。

断面轴向刚度：

$$Ca = \frac{EA}{\rho U^2 L^2} \tag{9-4}$$

断面弯曲刚度：

$$Ca = \frac{EI}{\rho U^2 L^4} \tag{9-5}$$

断面自由扭转刚度：

$$Ca = \frac{EJ_{\mathrm{d}}}{\rho U^2 L^4} \tag{9-6}$$

断面约束扭转刚度：

$$Ca = \frac{EJ_{w}}{\rho U^2 L^6} \tag{9-7}$$

式中，E 为材料的弹性模量（Pa）；A、I、J_{d}、J_{w} 分别为构件的横截面面积（m^2）、抗弯刚度（m^4）、自由扭转惯矩（m^4）、约束扭转惯矩（m^6）。

⑤ 质量相似可用质量参数表达，模型的质量参数宜与原型保持一致。

质量：

$$\frac{m}{\rho L^2} \tag{9-8}$$

质量惯矩：

$$\frac{I_{\mathrm{m}}}{\rho L^4} \tag{9-9}$$

式中，m 为单位长度质量（kg/m）；I_{m} 为单位长度质量惯矩（$kg \cdot m^2/m$）。

⑥ 阻尼相似可用阻尼比表达，模型的阻尼比宜与原型保持一致。

⑦ 当结构的某些部分或构件对结构某种振动形状的贡献可以忽略时，可适当放宽其相应的弹性参数和惯性参数的模拟要求。

⑧ 非恒定流动惯性力与来流惯性力的比值可用施特鲁哈尔数 St 表示，用来表征旋涡脱落频率随风速变化的关系。

$$St = \frac{L}{Ut} \tag{9-10}$$

2. 基本试验参数的确定

（1）模型缩尺比的确定

模型缩尺比主要考虑的是风洞阻塞度和壁面效应的影响。当模型顺风向投影尺寸和风洞试验段截面尺寸相比不可忽略时，即风洞截面被模型阻塞，模型周围的风速将比实际情况偏大，导致测得的作用于模型上的风荷载偏大，这种现象称为阻塞效应。为避免阻塞效应，风洞试验一般要求风洞阻塞度，即模型顺风向投影面积与风洞试验段截面面积之比不宜大于5%，不应大于8%。在满足风洞阻塞度要求的同时，模型尺寸也不宜过小，以便于制作和传感器的安装。此外，模型与风洞试验段洞壁的距离也不应过小，否则模型周围风的流动会受到壁面的影响，即产生壁面效应。

原则上，风洞试验模型的缩尺比应由自然风的湍流积分尺度和风洞中模拟出的湍流积分尺度之比决定，即令模型的特征尺度与实际结构特征尺度之比和风洞中模拟出的湍流积分尺度与自然风的湍流积分尺度之比相等。

$$\frac{H_{\mathrm{m}}}{H_{\mathrm{p}}}=\frac{L_{x,\mathrm{m}}}{L_{x,\mathrm{p}}} \tag{9-11}$$

式中，m 代表模型，p 代表原型。

作为自然风在顺风向的湍流积分尺度，地上 100m 处约为 180m，而在大气边界层风洞内生成的湍流积分尺度为 30～60cm，因此，模型的缩尺比为 1/300～1/600。当采用格栅等设备生成湍流时，湍流积分尺度为 5～10cm，由于数值较小，当用式（9-11）确定模型缩尺比时，只有 1/2000～1/4000，这对测量造成了很大的困难。此外，对于住宅等小型建筑物，若也按式（9-11）来确定模型的缩尺比，模型就会过小。此时可以放弃满足式（9-11）的要求，利用其他方式考虑湍流积分尺度的影响。

（2）试验风速的确定

试验风速的确定与试验类型有关。对于测压试验，仅需要考虑压力传感器的灵敏度和精度即可。当压力传感器的最小压力分辨率为 p，待测风压系数分辨率为 C_p 时，应有

$$p\leqslant\frac{1}{2}C_p\rho U^2 \tag{9-12}$$

可以得到

$$U\geqslant\sqrt{2p/(\rho C_p)} \tag{9-13}$$

对于测振试验，当结构的重力作用可以忽略时，可以由施特鲁哈尔数（St）确定：

$$St=\frac{f_{\mathrm{m}}B_{\mathrm{m}}}{U_{\mathrm{m}}}=\frac{f_{\mathrm{p}}B_{\mathrm{p}}}{U_{\mathrm{p}}} \tag{9-14}$$

$$U_{\mathrm{m}}=U_{\mathrm{p}}\frac{B_{\mathrm{m}}}{B_{\mathrm{p}}}\frac{f_{\mathrm{m}}}{f_{\mathrm{p}}} \tag{9-15}$$

式中，B 为结构宽度（m）；f 为频率（Hz）。

当结构的重力作用不可以忽略时，可以由弗劳德数（Fr）确定：

$$Fr=\left(\frac{gB_{\mathrm{m}}}{U_{\mathrm{m}}^2}\right)=\left(\frac{gB_{\mathrm{p}}}{U_{\mathrm{p}}^2}\right) \tag{9-16}$$

$$U_{\mathrm{m}} = U_{\mathrm{p}}\sqrt{\frac{B_{\mathrm{m}}}{B_{\mathrm{p}}}} \tag{9-17}$$

另外，还可以根据弹性条件，即由柯西数（Ca）确定：

$$Ca = \frac{E_{\mathrm{m}}}{\rho_{\mathrm{m}}U_{\mathrm{m}}^2} = \frac{E_{\mathrm{p}}}{\rho_{\mathrm{p}}U_{\mathrm{p}}^2} \tag{9-18}$$

$$U_{\mathrm{m}} = U_{\mathrm{p}}\sqrt{\frac{E_{\mathrm{m}}}{E_{\mathrm{p}}}} \tag{9-19}$$

（3）时间尺度的确定

进行风洞试验时要考虑采样时间长度，主要包括计算风速、风压、风荷载、位移的时间平均值时所需的统计时间（采样时长）和计算风压、风荷载、位移、加速度的瞬时最大值时所需的统计时间（平均化时间）。一般由施特鲁哈尔数（St）确定：

$$T_{\mathrm{m}} = T_{\mathrm{p}}\frac{B_{\mathrm{m}}}{B_{\mathrm{p}}}\frac{U_{\mathrm{p}}}{U_{\mathrm{m}}} \tag{9-20}$$

9.2.3 风洞流场模拟

开展风洞试验的大气边界层风洞最重要的特征就是能够模拟大气边界层的流动特性。靠近地面、受地面摩擦阻力影响明显的大气层底部为大气边界层。大气边界层高度随气象条件、地形地貌、地面粗糙度等因素变化，一般为1000～2000m。

通常，大气边界层中风速的变化被视为平稳随机过程，这就可以将风速分解为长周期的平均风和短周期的脉动风。大气边界层中的平均风速由于受到地面摩擦的影响，沿高度按一定规律变化，其函数图像一般称为平均风速剖面，目前国内外倾向于采用指数律进行描述。大气边界层中的脉动风变化，一般可以被视作各态历经的平稳随机过程，概率密度接近于正态分布。

风洞试验中还需要满足功率谱密度的相似性，脉动风功率谱反映了脉动风能量随频率的变化情况。我国规范目前主要基于 Davenport 谱考虑，Davenport 谱一般表达为

$$\frac{fS_u(f)}{u_*^2} = \frac{4\bar{f}^2}{(1+\bar{f}^2)^{4/3}} \tag{9-21}$$

$$\bar{f} = fL/U_{10} \tag{9-22}$$

式中，$S_u(f)$ 为脉动风功率谱函数；f 为脉动风频率（Hz）；u_* 为摩擦速度（m/s）；U_{10} 为10m 高度处的平均风速（m/s）。

此外，模拟自然风还需考虑大气边界层高度。在充分远离地面的高度处，可以忽略地面粗糙度的影响，此时风速不再随着高度变化，即计算得到的气压结果都相等，这一高度称为边界层高度。对此高度的实测数据少，无法得到确切的数值，普遍认为其在 500～1000m 范围之间。

为了使风洞试验的结果更加真实可靠，其中一个重要的因素就是要使风洞来流与自然风相似。风洞模拟大气边界层主要可以分为自然形成法及人工强迫法。自然形成法不设置额外模拟装置，而是让来流风通过均匀粗糙壁，自然而然地形成大气边界层。该方法对于各湍流

成分模拟较好，不足之处是这种方法对于试验段的要求非常高。一般在 20～30m 长度的粗糙壁上仅能形成 0.5～1.0m 厚的大气边界层，一般风洞尺寸难以满足。因此，目前大多数采用人工强迫法来模拟大气边界层，其方式与自然形成法不同，而是通过人为的手段调节来流风，形成人们所需要的风场。人工强迫法按照有无控制部件分为被动模拟与主动模拟两种手段，其中被动模拟不需要额外的能量输入，其主要依靠障碍物的尾流模拟大气涡团，而主动模拟则需要依靠运动机构向风洞中的气流注入随机脉动能量。

1）被动模拟技术主要在风场中利用尖劈、粗糙元、格栅与挡板等被动措施使来流形成大气边界层。这种方法从能量角度来看，是把来流风中的少部分动能转换成湍流的脉动能量，没有能量的注入。其优点是价格低廉、装置简单和易于掌控，能够较容易地模拟出各地貌的风速剖面；缺点是无法很好地模拟出脉动风速功率谱低频部分，以及湍流积分尺度的整体分布规律。被动控制主要有尖劈加粗糙元法、格栅法等。

2）主动模拟技术的特点是在调试过程中对风场注入能量。通常通过各种特定的装置，对来流风注入适当频率的机械能，来增强对风场低频成分的模拟，从而很好地改善大脉动风速功率谱及湍流积分尺度上的模拟，甚至在特定装置下可以独立地改变平均风剖面和湍流强度，是目前最为出色的风场调试方式。与被动模拟技术相比，主动模拟在低频湍流成分模拟方面更强，可控性也更好，但因其价格高昂，在实际很多风洞中得不到广泛的应用。目前常用的模拟技术主要有多风扇法、振动格栅法和振动尖塔法等。

9.2.4　风洞试验方法

根据风洞试验的测量内容，风洞试验可以分为测压试验、测力试验、气弹振动试验和风环境试验。在同一次风洞实验中，4 种试验的设备可以相互配合，也可以同时进行测量。

1）测压试验是通过测压计测得作用于模型上的风压力的试验。这种试验多用于获得围护结构或主体结构上的风荷载，有时也用于分析建筑的风致响应，以评估其居住性能。作用于围护结构上的风荷载由外表面所受压力与内压之差得到。作用于建筑物整体或局部的风荷载可以通过对建筑物表面上作用的风压力进行积分求得。此外，当建筑物受风致振动产生的附加气动力影响很小时，建筑物的响应可以用测压试验得到的脉动风荷载直接计算得到。一般的测压试验模型是由聚烯板及黄铜板制作成的刚性模型，建筑物风压测量简图如图 9-9 所示，作用于建筑物模型上的风压力由表面的测压孔经测压管到达测压计获得，测量得到的数值与参考静压之差即为风压值。

2）测力试验是为测得作用在结构物整体或其中一部分上的风荷载进行的试验。例如，在确定高层建筑物主体结构的设计风荷载时可进行测力试验。测力试验是将建筑物的模型固定在测量仪上，测得作用于被固定模型整体上的风荷载（阻力、升力、倾覆弯矩等），也可以通过对测压试验得到的风压积分，得到作用于结构物整体或其中一部分上的风荷载。为了正确测得仅由风产生的风荷载，试验模型采用不会产生振动的刚性模型。由测得的风荷载可以进行荷载的设定或将其当作外力施加在结构物模型上进行响应分析。测力试验一般通过测力天平测量得到，试验装置如图 9-10 所示。

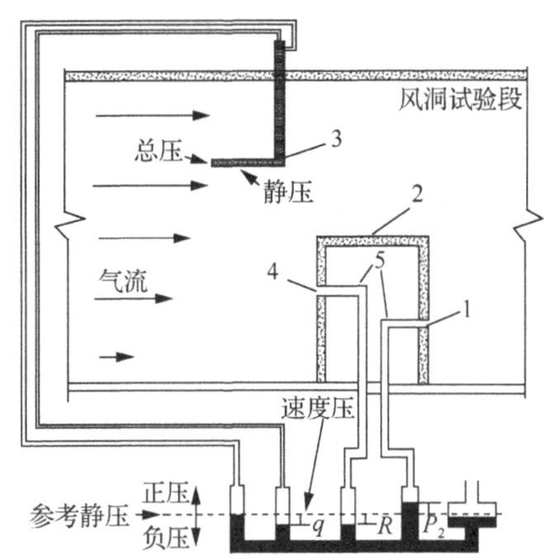

1—背风侧测压孔；2—风压模型；3—皮托静压管；4—迎风侧测压孔；5—测压管道。

图 9-9　建筑物风压测量简图

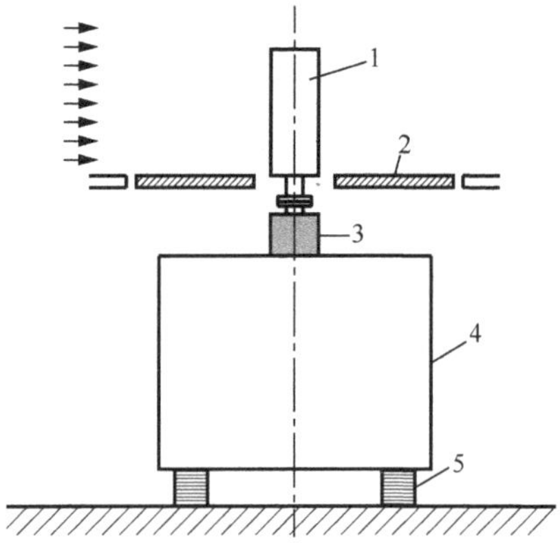

1—刚性模型；2—转盘；3—天平；4—支架；5—隔震块。

图 9-10　测力天平测量简图

3）气弹振动试验是将结构物的振动特性进行模型化并使弹性模型在风洞内重现结构物在风作用下的动力行为。气弹振动试验模型如图 9-11 所示。该试验是以动力响应及风荷载评估为目的而进行的。由此，可以掌握平移振动和扭转振动的耦合作用及试验模型上各自由度间的耦合作用等，同时还可以获得模型振动产生的附加气动力与外力共同作用下的响应。气弹振动试验主要以高层建筑、大跨结构为对象，模拟目标结构物的振动特性，在满足几何相似的基础上还必须满足动力特性的缩尺比。

（a）锁定模型　（b）二维模型　（c）多质点模型　（d）全弹性模型

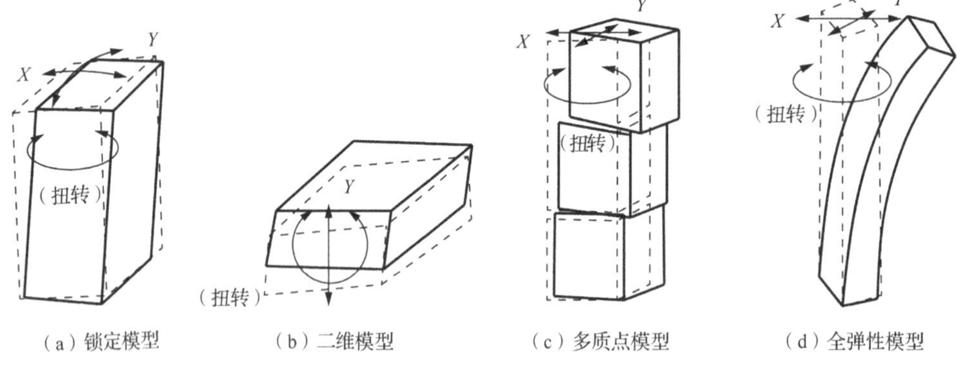

图 9-11　气弹振动试验模型

4）新建的高层、超高层或大型构筑物，一般会对建筑周边的风环境产生影响，如在建筑物覆盖区域内和其周围地表附近产生的强风，会给步行、行车带来困难，甚至引发事故。为了评估这一影响，对建设中的问题防患于未然，就需要进行相应的风环境试验。风环境试验的主要对象包括新建或既有的大型商场、住宅区域、绿色建筑和其他对风环境有较高要求的结构工程、屋面工程等设有露天活动场地的区域等。

9.3 抗火试验

火灾一直是结构设计中不可忽视的重要问题，高温影响材料的力学性能，可能导致结构失去承载能力，造成严重的生命和财产损失。据统计，仅 2024 年，全国共接报火灾 90.8 万起，死亡 2001 人，受伤 2665 人，直接财产损失 77.4 亿元。火灾已经成为我国发生频率最高、破坏最强、影响最大的灾害之一。因此，结构抗火是工程防灾减灾领域的重要问题，其科学意义和工程价值巨大。

9.3.1 基本概念

1. 升温曲线与等效爆火时间

人们最早是通过火灾试验来确定构件的耐火等级与抗火性能的。为了能够对试验所测得的构件的抗火性能进行相互比较，试验必须在相同的升温条件下进行，许多国家和组织都制定了标准的室内火灾升温曲线供抗火试验和抗火设计使用。国际标准化组织和欧洲等国家标准火灾升温曲线按下式计算：

$$T - T_0 = 345\lg(8t + 1) \tag{9-23}$$

式中，T 为时间 t 时的炉温（℃）；T_0 为加热前的炉内温度（℃）；t 为时间（min）。

采用升温曲线可以给抗火设计带来很大方便，但标准升温曲线有时与真实火灾下的升温曲线相距甚远。为更好地反映真实火灾对构件的破坏程度，同时又保持标准升温曲线的实用性，提出了等效爆火时间的概念。通过等效爆火时间将真实火灾与标准火灾联系起来，目前广义上采用的等效爆火时间定义为结构构件在某一真实火灾下达到一定温度时（对应某一破坏状态）所对应的标准加热曲线上的时间。

2. 火灾荷载

火灾荷载是火灾区域单位建筑面积上折算成木材发热量的可燃物重量，即

$$q = \frac{\sum (G_i H_i)}{H_0 A} = \frac{\sum Q_i}{450A} \tag{9-24}$$

式中，q 为火灾荷载（$\mathrm{kg/m^2}$）；G_i 为可燃物重量（N）；H_i 为可燃物单位发热量（kcal/kg）；A 为火灾区域建筑面积（$\mathrm{m^2}$）；H_0 为木材单位发热量，取为 450kcal/kg；$\sum Q_i$ 为火灾区域可燃物的全部发热量（kcal/kg）。

火灾荷载的大小同可燃物的种类和重量有关。可燃物包括建筑物的装修、结构材料，室内的家具、衣服、书籍、原材料等，一般情况下单位发热量都在 5000kcal/kg 左右。但是，有些临时性的可燃物，如油类、化学物品的单位发热量不好计算，因此有些国家提出了按照用途计算可燃物重量，如办公室为 150～300N/$\mathrm{m^2}$，医院为 150～300N/$\mathrm{m^2}$，住宅为 350～600N/$\mathrm{m^2}$，教室为 300～450N/$\mathrm{m^2}$，仓库为 2000～10000N/$\mathrm{m^2}$。

3. 火灾燃烧的持续时间

火灾燃烧往往都是从一处窜到另一处，向四周蔓延。因此，火灾燃烧持续时间是由火灾形成到火灾衰减、熄灭的总时间，是火灾蔓延路线所经历的各燃烧区域时间的总和。根据相关研究，又根据可燃物的重量和通风条件，提出了计算火灾燃烧持续时间的经验公式，通过计算得到火灾燃烧持续时间，进而根据标准升温曲线查出火灾温度。

$$t=\frac{qA}{KA_0\sqrt{H}} \tag{9-25}$$

式中，K 为系数，可取为 5.5～6.0kg/（min • m^3）；A_0 为门窗开口面积（m^2）；H 为门窗洞口的高度（m）；A 为火灾区域建筑面积（m^2）；q 为火灾荷载（kg/m^2）。

9.3.2 耐火试验方法

对于不同的建筑结构或构配件，耐火极限的判定标准和所代表的含义不完全一致，耐火试验可按现行国家标准《建筑构件耐火试验方法 第 1 部分：通用要求》（GB/T 9978.1—2008）进行。

1. 试验装置

试验所使用的试验装置应满足以下要求：特殊设计的试验炉能满足试件相应规定的试验条件；应能设定并控制炉内温度；应能控制和监视炉内热烟气压力；安装试件的框架应安置在与试验炉相对应的位置上，能够达到适当的加热、压力和支承条件；应以适当的方式对构件进行加载及约束，并对荷载进行控制与监视；应有测量炉内温度、试件背火面温度和试件结构内部温度的仪器；应有相应测量试件变形量的仪器；应有判定试件完整性的仪器。

2. 试验炉

试验炉的设计应能使多个试件同时进行试验，并能够使所有仪器设备满足任一种构件测量的要求。炉内衬材料采用耐高温的隔热材料，密度应小于 1000kg/m^3；炉内衬材料的最小厚度应为 50mm，所采用的燃料可为液体或气体。同时，试验炉应满足以下条件：对水平或垂直分隔构件能够使其一面受火；柱子的所有轴向侧面都能够受火；能使不对称墙体的不同面分别受火；梁能够根据要求三面或四面受火（除加载部位）。

3. 加载装置

加载装置的加载方式可采用液压、机械或重物，能够模拟均布加载、集中加载、轴心加载或偏心加载，根据试件结构的相应要求确定加载方式和荷载，试件应采用特定支承框架或其他方式提供边界和支承条件的约束。在加载期间，加载装置应能够维持试件加载量的恒定（偏差在规定值的±5%以内），并且不改变加载的分布；如果加热结束后仍需保持加载，应提前做好准备工作。在耐火试验期间，加载装置应能够跟踪试件的最大变形量和变形速率。同时，加载装置不得严重影响试件内热量的传导，不得妨碍热电偶隔热垫的使用，不得影响表面温度和变形的测量、背火面的观测。加载装置与试件表面的接触点的面积总和不应超过水平试件表面积的 10%。

4. 测量仪器

（1）基本要求

温度测量：炉内 15℃，环境和背火面±4℃，其他±10℃。

压力测量：±2Pa。

加载测量：试验荷载的±2.5%。

轴向压缩或膨胀值测量：±0.5mm。

其他变形量的测量：±2mm。

（2）热电偶

1）炉内热电偶。炉内热电偶采用符合《热电偶 第 1 部分：电动势规范和允差》（GB/T 16839.1—2018）规定的丝径为 0.75～2.30mm 的镍铬-镍硅（K 型）热电偶，外罩耐热不锈钢套管或耐热瓷套管，中间填装耐热材料，其热端伸出套管的长度不少于 25mm，如图 9-12 所示。试验开始时，热电偶的热端与试件受火面的距离应为（100±10）mm；试验过程中，上述距离应控制在 50～150mm 之间。热电偶应保持良好的工作状态，累计使用 20h 后，应对热电偶进行校验检定。

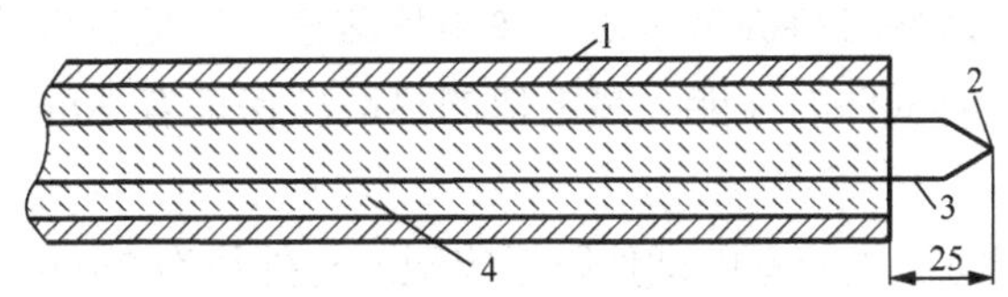

1—不锈钢（或耐热瓷）套管；2—热电偶的热接点；3—K 型铠装热电偶丝；4—耐热材料。

图 9-12　K 型铠装热电偶（单位：mm）

2）背火面热电偶。试件背火面的温度应使用如图 9-13 所示的圆铜片式热电偶进行测量。为了得到良好的热接触，直径为 0.5mm 的热电偶丝应低温焊接或熔焊在厚 0.2mm、直径为 12mm 的圆形铜片上。热电偶可采用符合 GB/T 16839.1—2018 规定的镍铬-镍硅（K 型）热电偶。每个热电偶应覆盖长、宽均为 30mm，厚度为（2.0±0.5）mm 的石棉衬垫或类似材料，除非对特殊构件的标准有特殊的规定。隔热垫的密度应为（900±100）kg/m^3，导热系数应为 0.117～0.143W/（m·K）。石棉衬垫或类似材料应与试件的表面连接，可用耐热胶粘贴在试件表面上，但在试件表面和圆铜片之间或圆铜片与隔热垫之间不应有任何残留胶浆。

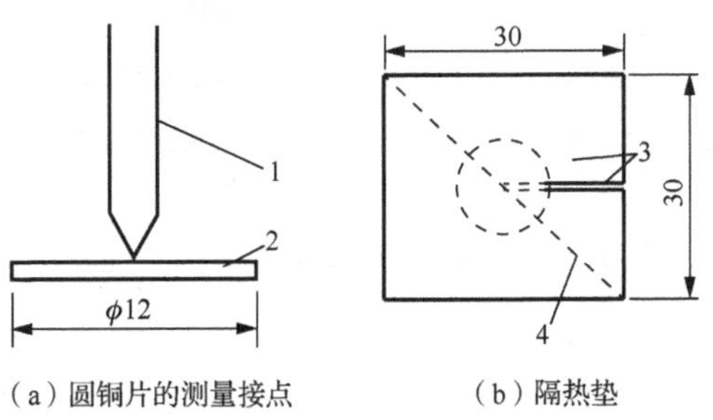

（a）圆铜片的测量接点　　（b）隔热垫

1—直径 0.5mm 的热电偶丝；2—0.2mm 厚的圆铜片；3—隔热垫及隔热垫盖在铜片上的断口；4—可选的断口位置。

图 9-13　背火面热电偶和隔热垫（单位：mm）

3）移动热电偶。在试验过程中，当怀疑背火面某位置的温度较高时，可使用 1 支或多支设计如图 9-14 所示的移动热电偶，或是使用准确度和响应时间等于或小于移动热电偶的其他温度测量仪器（如红外辐射测温仪）来测量该位置的温度。移动热电偶的测量端采用直径为 1.0mm 的热电偶丝，低温焊接或熔焊到直径为 12mm、厚度为 0.5mm 的圆铜片上。热电偶可采用符合 GB/T 16839.1—2018 规定的镍铬-镍硅（K 型）热电偶。移动热电偶的组件应提供手柄，以便在试件的背火面上能够任意移动。

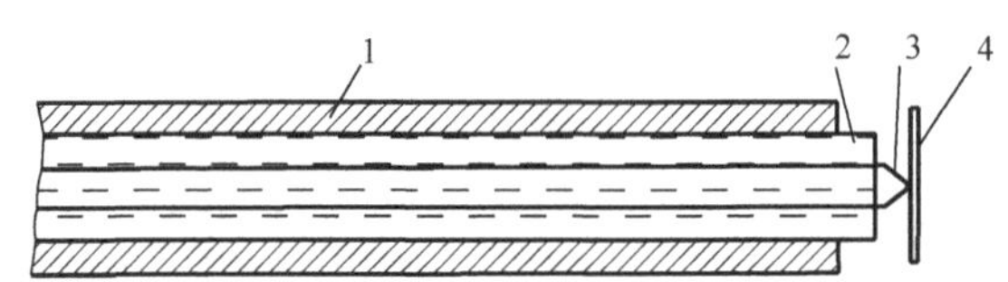

1—耐热钢支承管；2—双孔陶瓷绝缘管；3—直径为 1.0mm 的热电偶丝（或采用铂电阻测温）；4—直径为 12mm、厚度为 0.5mm 的圆铜片。

图 9-14　移动热电偶

4）内部热电偶和环境温度热电偶。当需要获得试件或特殊配件的内部温度时，应使用符合温度范围的、符合试件材料类型特点的热电偶测量。应把热电偶安装在试件内部选定的部位，但不能因此影响试件的性能。热电偶的热端应保证有 50mm 以上的一段处于等温区内。

在试验前和试验期间，试验室内试件附近应配一支外径为 3mm 的不锈钢铠装热电偶或铂电阻显示环境温度。热电偶可采用符合 GB/T 16839.1—2018 规定的镍铬-镍硅（K 型）热电偶。

（3）炉内压力测量探头

炉内压力测量探头分为 T 形测量探头和圆管形测量探头，如图 9-15 所示。压力测量探头不应位于受火焰气流直接冲击的位置或排烟管路上。该探头测量管在炉内和穿过炉墙的部分应保持水平，这样炉内和炉外压力将处于相对相同的高度位置。

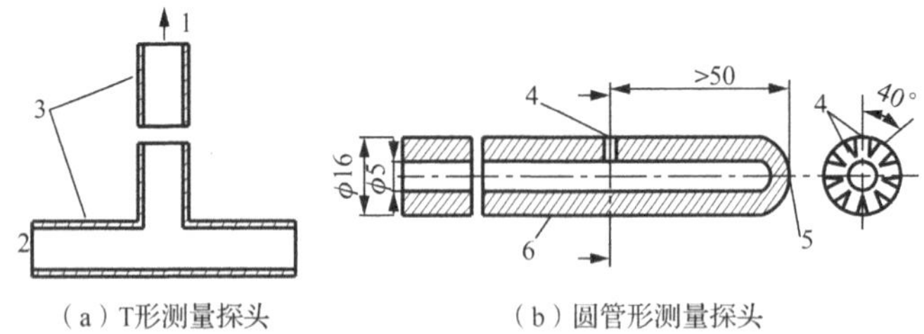

1—压力变送器；2—测压孔；3—不锈钢管（内径为 5～10mm）；4—测压孔（直径 3.0mm，沿钢管圆周 40°均布）；5—焊接端点；6—不锈钢管。

图 9-15　炉内压力测量探头（单位：mm）

5. 加载系统

当使用重物时，试验中不需要进一步测量荷载。液压加载系统的荷载应通过压力传感器或其他具有同等准确度的相应仪器在相应的位置直接监测荷载。

6. 变形测量仪

变形可使用机械、光学或电子技术仪器测量。仪器应与执行标准相一致（如挠度值的测量或压缩值的测量），且每分钟至少要读取并记录一次数值。应采取各种必要的预防措施以避免测量探头由于受热产生数值漂移。

7. 完整性测量仪

（1）棉垫

除非是特殊构件的特殊标准，完整性测量所使用的棉垫应由新的、未染色的、柔软的脱脂棉纤维构成，不含有其他种类的纤维。棉垫厚 20mm，长度和宽度各为 100mm，质量约为 3～4g。使用前，应预先在温度为（100±5）℃的干燥箱内干燥至少 30min。干燥后，应保存在干燥器内或其他防潮的容器内，以备随时使用。为便于试验，棉垫应安装在如图 9-16 所示的带有手柄的框架内。

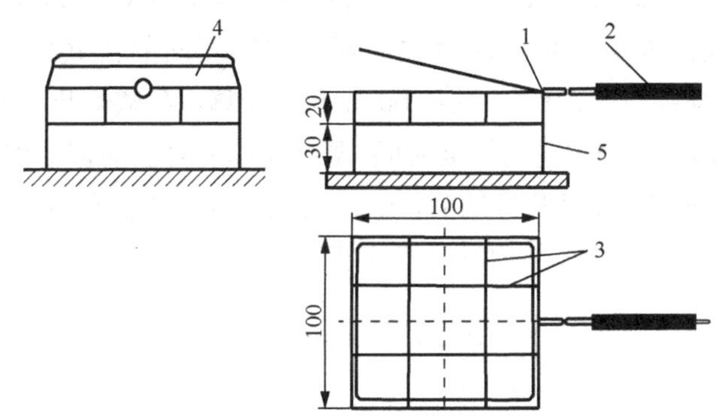

1—铰链；2—隔热手柄；3—直径为 0.5mm 的支承钢丝；4—带有插销的铰链连接盖；5—直径为 1.5mm 的钢丝框架。

图 9-16 棉垫框架（单位：mm）

在试验进行的过程中发现有可疑的部位时，将棉垫安放在试件该位置表面并贴近裂缝或蹿出火焰的位置，持续 30s 或直到棉垫点燃。如果裂缝附近的试件表面不规则，则应注意确定在测量过程中棉垫框架的支承柄与棉垫和试件表面保持一定的空间。在试件或试件局部无须满足隔热性的条件下，当试件背火面裂缝附近的温度超过 300℃时，不应使用棉垫测定完整性，而应使用缝隙探棒测量。

（2）缝隙探棒

图 9-17 所示是两种规格的缝隙探棒，用于测量试件的完整性，分别为直径（6±0.1）mm 和直径（25±0.2）mm 的圆柱形不锈钢棒，并带有一定长度的隔热手柄。在使用缝隙探棒的位置，试件表面裂缝的尺寸大小应依据试件的明显变形速率间隔一定时间进行测定。两种缝隙探棒轮流使用，且在使用时不应存在不适当的外力。此时，ϕ6mm 的缝隙探棒是否能够穿过试件进入炉内，并沿裂缝方向移动 150mm 的长度；ϕ25mm 的缝隙探棒是否能够穿过试件进入炉内。

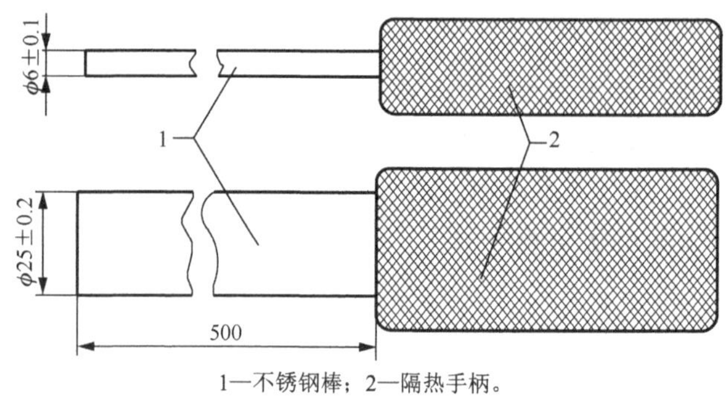

1—不锈钢棒；2—隔热手柄。

图 9-17 缝隙探棒（单位：mm）

8. 试验条件

（1）炉内温度

规定的热电偶测得的炉内平均温度，按式（9-22）进行控制。试验期的炉内实际温度时间-温度曲线与标准时间-温度曲线的偏差 d_e 用式（9-26）表示，控制范围如表 9-1 所示。所有的面积应采用相同的方法计算，即合计面积时的时间间隔在 $d_e \leqslant 15\%$ 条件下不应超过 1min，其余条件下不应超过 5min，并且从 0min 开始计算。在试验开始 10min 后的任何时间里，由任何一个热电偶测得的炉温与标准时间-温度曲线所对应的标准炉温不能偏差±100℃。当试件易燃材料含量过高，在试验开始后，试件轰燃，引起炉温升高，导致炉温曲线与标准曲线发生明显偏差，但是这种偏差的时间不应超过 10min。

$$d_e = \frac{A - A_s}{A_s} \times 100 \tag{9-26}$$

式中，d_e 为偏差（%）；A 为实际炉内时间-平均温度曲线下的面积（m^2）；A_s 为标准时间-温度曲线下的面积（m^2）；t 为时间（min）。

表 9-1 炉内实际时间-温度曲线与标准时间-温度曲线的偏差

偏差	≤15%	≤[15−0.5(*t*−10)]%	≤[5−0.083(*t*−30)]%	≤2.5%
时间 *t*/min	5<*t*≤10	10<*t*≤30	30<*t*≤60	>60

（2）炉内压差

沿炉内高度方向存在着线性压力梯度，尽管压力梯度随炉内温度的改变会有轻微的变化，但仍要保证沿炉内高度处每米的压力梯度值为 8Pa。炉内指定高度处的压力值应是平均值，不考虑湍流等引起的压力波动，且与炉外相同高度处的压力相关联。应连续监测炉内的平均压力值，并控制炉内压力的变化，使其在试验开始 5min 后压力值为（15±5）Pa，10min 后压力值为（17±3）Pa。

对于垂直构件，试验炉运行时，可控制距理论平面 500mm 高度处的炉内压力值为零，但通过适当调整中性压力平面的高度使得在炉内试件顶部的压力值不应超过 20Pa；对于水平构件，试验炉运行时，应控制试件底面以下 100mm 处的水平面或者检测梁时在吊顶水平底面以下 100mm 处的炉内压力值为 20Pa。

（3）受火条件

梁：通常为三面受火（底面和两个侧面），也可四面受火。

柱：通常为四面受火，边柱可为三面受火。

楼板、楼盖等：底面受火。

墙：一面受火。

（4）试件数

对于每种规定支承结构或约束条件的建筑构件，应至少选取 1 个试件进行耐火试验。对于结构对称的分隔构件，可对 1 个试件的其中一面进行耐火试验。对于结构不对称的分隔构件，试件数量的确定应符合下述规定：当要求构件的每一面都具有耐火性能，且无法确定薄弱面时，就选取至少 2 个相同试件，分别代表构件的不同面进行耐火试验；当要求构件的每一面都具有耐火性能，且能确定薄弱面时，就选取 1 个试件，只对该薄弱面进行耐火试验；当只要求构件的某一特定面具有耐火性能时，就选取 1 个试件，仅对该面进行耐火试验。

9.3.3　耐火极限状态

1. 结构抗火

结构抗火一般分为两种：一是把火灾的高温作用等效为一种荷载，与结构上的其他荷载（恒载、活载、风载、地震作用等）一起参与荷载效应组合，按近似概率极限状态进行设计，即建立考虑受高温作用的统一的结构设计方法；二是对已按常规方法完成设计的建筑结构进行抗火能力验算，以保证其满足相应的抗火要求。在抗火设计中，建筑结构应满足的功能要求可概括如下。

1）承载能力要求，即建筑结构在火灾发生前后需保持整体稳定性，不至于发生坍塌。

2）分隔功能要求，既保证火灾中防火分区的分隔功能完好，又能有效地将火灾限制在某一区域。

3）可修复功能要求，即在设计中综合考虑经济性和结构重要性，以保证结构具有相应的可修复性。

2. 构件材料的燃烧性能

目前，我国把建筑材料分为不燃性材料、难燃性材料、可燃性材料和易燃性材料 4 个级别。

1）不燃性材料是指受到火烧或高温作用时不起火、不微燃、不炭化的材料。用作结构材料的有钢材、混凝土砖、石材等。

2）难燃性材料是指在空气中受到火烧或高温作用时难起火，当火源移走后，燃烧立即停止的材料。用于结构的难燃性材料有经过阻燃、难燃处理后的木材及某些塑料等。

3）可燃性材料是指在明火或高温下起火，在火源移走后大多能继续燃烧的材料。用于结构的可燃性材料主要有天然木材、竹子等。

4）易燃性材料是指达不到可燃等级的材料。易燃性材料不能用作结构材料。

3. 建筑构件耐火极限

构件的耐火极限定义为：构件在标准升温火灾条件下，失去承载力、完整性或绝热性所用的时间，一般以小时（h）计量。

失去稳定性：判定试件承载能力的参数是变形量和变形速率。试件变形在达到稳定阶段后将会发生相对快速的变形速率，因此依据变形速率的判定应在变形量超过 $L/30$ 之后才可应用。

对 GB/T 9978 本部分的结论，试件超过以下任一判定准则限定时，均认为试件丧失承载能力。

（1）抗弯构件

极限弯曲变形量（单位为 mm）：

$$D = L^2/(400d)$$

极限弯曲变形速率（单位为 mm/min）：

$$\mathrm{d}D/\mathrm{d}t = L^2/(9000d)$$

式中，L 为试件的净跨度；d 为试件截面上抗压点与抗拉点之间的距离。

（2）轴向承重构件

极限轴向压缩变形量（单位为 mm）：

$$C = h/100$$

极限轴向压缩变形速率（单位为 mm/min）：

$$\mathrm{d}C/\mathrm{d}t = 3h/1000$$

式中，h 为初始高度。

失去完整性：分隔构件（楼板、门窗、隔墙等）一面受火时，构件出现穿透裂缝或穿火空隙，使火焰能穿过构件，造成背火面可燃物起火燃烧。

失去绝热性：分隔构件一面受火时，背火面温度达到 220℃，可造成背火面可燃物起火燃烧。

当进行结构抗火设计时，可将结构构件分为 3 类：第一类为分隔构件（隔墙、吊顶、门窗等），当构件失去完整性或绝热性时，构件达到其耐火极限；第二类为承重构件（梁、柱屋架等），此类构件不具备隔断火焰和过量热传导功能，所以由失去承载能力单一条件来控制承重构件是否达到其耐火极限；第三类为承重分隔构件（承重墙、楼板、屋面等），此类构件具有承重兼分隔的功能，所以当构件在试验中失去承载能力、完整性或绝热性任何一条时，构件即达到耐火极限。它的耐火极限由 3 个条件共同控制。

4. 建筑结构耐火极限

为了保证建筑物的安全，必须采取必要的防火措施，使其具有一定的耐火性，即使发生了火灾也不至于造成太大的损失，通常用耐火等级来表示建筑物所具有的耐火性。一座建筑物的耐火等级不是由一两个构件的耐火性决定的，而是由组成建筑物的所有构件的耐火性决定的，即是由组成建筑物的墙、柱、梁、楼板等主要构件的燃烧性能和耐火极限决定的。

我国现行规范选择楼板作为确定耐火极限等级的基准，因为对建筑物来说楼板是最具代表性的一种至关重要的构件。在制定分级标准时，首先确定各耐火等级建筑物中楼板的耐火极限，然后将其他建筑构件与楼板相比较，在建筑结构中所占的地位比楼板重要的，可适当提高其耐火极限要求，否则反之。根据我国国情，并参照其他国家的标准，《建筑设计防火规范》（2018 年版）（GB 50016—2014）中将耐火等级分为一、二、三、四级，一级最高，四级最低。影响耐火等级选定的因素有：建筑物的重要性、使用性质、火灾危险性、建筑物的高度和面积、火灾荷载的大小等。

不同耐火等级建筑相应构件的燃烧性能和耐火极限如表 9-2 所示。

一级耐火等级建筑：主要建筑构件全部为不燃性。

二级耐火等级建筑：主要建筑构件除吊顶为难燃性外，其他均为不燃性。

三级耐火等级建筑：屋顶承重构件为难燃性。

四级耐火等级建筑：防火墙为不燃性，其余为难燃性和可燃性。

表 9-2　不同耐火等级建筑相应构件的燃烧性能和耐火极限　　（单位：h）

构件名称	耐火等级			
	一级	二级	三级	四级
防火墙	不燃性 3.00	不燃性 3.00	不燃性 3.00	不燃性 3.00
承重墙	不燃性 3.00	不燃性 2.50	不燃性 2.00	难燃性 0.50
非承重墙	不燃性 1.00	不燃性 1.00	不燃性 0.50	可燃性
楼梯间和前室的墙，电梯井的墙，住宅建筑单元之间的墙和分户墙	不燃性 2.00	不燃性 2.00	不燃性 1.50	难燃性 0.50
疏散走道两侧的隔墙	不燃性 1.00	不燃性 100	不燃性 0.50	难燃性 0.25
房间隔墙	不燃性 0.75	不燃性 0.50	难燃性 0.50	难燃性 0.25
柱	不燃性 3.00	不燃性 2.50	不燃性 2.00	难燃性 0.50
梁	不燃性 2.00	不燃性 1.50	不燃性 1.00	难燃性 0.50
楼板	不燃性 1.50	不燃性 1.00	可燃性 0.50	可燃性
屋顶承重构件	不燃性 1.50	不燃性 1.00	不燃性 0.50	可燃性
疏散楼梯	不燃性 1.50	不燃性 1.00	不燃性 0.50	可燃性
吊顶（包括吊顶格栅）	不燃性 0.25	难燃性 0.25	难燃性 0.15	可燃性

思 考 题

1. Hopkinson 杆的基本原理是什么？
2. 轻气炮的基本原理是什么？
3. 为什么要进行风洞试验？理论分析、数值模拟和现场实测有什么优势和不足？
4. 简述皮托静压管、热线风速仪、电子压力扫描阀系统的工作原理。
5. 耐火试验主要考虑哪些因素？
6. 简述高温对建筑结构的材料影响。

第10章　无 损 检 测

无损检测是指在不损害或不影响结构构件或试件的使用性能和状态的前提下，利用检测对象的电、光、磁等特性，对各种结构构件或试件进行检查和检测，以此评估其可靠性、安全性等物理性能。与破坏试验相比，无损检测具有不破坏构件结构、不影响使用功能、可以探测结构和试件内部缺陷、可以重复测试等特点。因此，无损检测常被用于在加工厂或预制场进行的预制混凝土或钢构件的现场质量检验和结构物实地现场检测。根据检测对象的不同，无损检测可以分为钢筋混凝土结构无损检测、砌体结构无损检测、钢结构无损检测、桩基无损检测等。

10.1　钢筋混凝土结构无损检测

10.1.1　混凝土强度检测

1. 回弹法

（1）回弹仪的构造及工作原理

回弹仪的基本原理是利用回弹仪的弹击拉簧驱动仪器内的弹击重锤，通过中心导杆，弹击混凝土的表面，并测得重锤反弹的距离，以反弹距离与弹簧初始长度之比为回弹值 R，再由 R 与混凝土强度的相关关系来推定混凝土强度。回弹法基本原理如图 10-1 所示，回弹值 R 可用下式表示：

$$R=\frac{L'}{L}\times 100\% \tag{10-1}$$

式中，L 为弹击拉簧的初始长度；L' 为反弹位置至弹击点的距离。

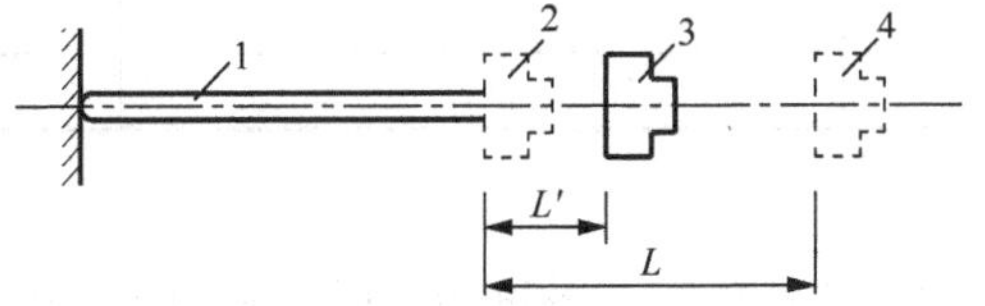

1—弹击杆；2—弹击锤弹击位置；3—弹击锤反弹位置；4—弹击锤初始位置。

图 10-1　回弹法基本原理

（2）回弹法检测技术

回弹法检测结构或构件混凝土强度有两种方式：一类是单个检测，适用于单个结构或构件的检测；另一类是批量检测，适用于在相同的生产工艺条件下，强度等级相同，原材料、配合比、养护条件基本一致且龄期相近的同类结构或构件的检测。按批进行检测的构件，抽检数量不少于同批构件总数的 30%且构件数量不得少于 10 件。此外，抽检构件时，应严格遵守“随机”抽样的原则，并使所选构件具有代表性。

1）测区布置。测区的布置应符合《回弹法检测混凝土抗压强度技术规程》（JGJ/T 23—2011）的规定，每一结构或构件测区数不少于 10 个。测区大小不宜大于 0.04m^2，一般取 4×4 的网格，网格大小为 50mm×50mm。对于检测面一个方向尺寸不大于 4.5m，且另一个方向尺寸不大于 0.3m 的构件，测区数可适当减少，但不应少于 5 个。相邻两测区的间距应控制在 2m 以内，测区离构件端部或施工缝边缘的距离不宜大于 0.5m，且不宜小于 0.2m。测区表面应清洁、平整、干燥，不应有接缝、饰面层、粉刷层、浮浆、油垢和蜂窝麻面等。必要时可采用砂轮清除疏松层和杂物，且不应有残留的粉末或碎屑。

2）回弹测量。检测时，回弹仪应始终垂直于结构或构件的混凝土检测面，缓慢施压，准确读数，快速复位。测点在测区内均匀布置，测点间距不宜小于 20mm。测点不宜在气孔或外露石子等杂物上。每一测区记取 16 个回弹值，每一测点的回弹值读数估读至 1。对于质量小、刚度差或测试部位厚度小于 100mm 的构件，测试时应将其临时固定，以防止被测对象的振动对测量精度产生影响。

3）碳化深度测量。回弹测量结束后，应在有代表性的位置上选择不少于构件测区数的 30%测量碳化深度，取其平均值作为该构件每测区的碳化深度值。当碳化深度的最大值与最小值相差超过 2.0mm 时，应对所有测区的碳化深度进行测量。测量时，用合适的工具在测区表面形成直径约为 15mm 并有一定深度的孔洞。清除孔洞中的碎屑和粉末后，立即用浓度为 1%的酚酞酒精溶液滴在孔洞内壁，再用深度测量工具测量从测区表面到孔内混凝土不变色交界面的垂直距离，连续测量 3 次，每次读数应精确至 0.25mm。取 3 次测量的平均值作为该测区混凝土的碳化深度值，并精确至 0.5mm。一般使用混凝土碳化深度测量仪进行检测，混凝土碳化深度对钢筋锈蚀影响程度的评定标准如表 10-1 所示。表中的评定标度：1 表示良好，2 表示较好，3 表示较差，4 表示坏的，5 表示危险。

表 10-1　混凝土碳化深度对钢筋锈蚀影响程度评定标准

碳化深度/保护层厚度	混凝土碳化影响程度	评定标度
<0.5	轻微	1
[0.5,1.0)	较小	2
[1.0,1.5)	有影响	3
[1.5,2.0)	大	4
≥2.0	很大	5

（3）数据处理

1）当回弹仪以水平方向测试混凝土浇筑侧面时，应从每一测区的 16 个回弹值中剔除 3 个最大值和 3 个最小值，取余下的 10 个回弹值的算术平均值作为该测区的平均回弹值，取 1 位小数。

2）测试时回弹仪处于非水平状态，同时测试面又是非混凝土浇筑方向的侧面，测得的回弹值应先进行角度修正，然后对角度修正后的值再进行表面或底面修正。

3）对按批量检测的构件，当该批次构件混凝土强度平均值小于 25MPa、标准差大于 4.5MPa 时，或当该批构件混凝土强度平均值不小于 25MPa 且不大于 60MPa、标准差大于 5.5MPa 时，该批构件应全部按单个构件检测。

2. 超声回弹法

（1）工作原理

混凝土的抗压强度 f_{cu} 与超声波在混凝土中的传播速度之间存在一定关系，这就是超声法检测混凝土强度的理论基础。超声波在混凝土材料中的传播反映了混凝土材料内部的信息，回弹法反映的是混凝土表层约 3cm 厚度的强度状态。因此，综合了超声法和回弹法的超声回弹法既能反映混凝土的表层状态，又能反映混凝土的内部信息，是一种可以确切反映混凝土强度的检测方法。采用超声回弹法检测时，混凝土强度 f_{cu}、超声波的声速值 v 和回弹平均值 R_m，满足下式的关系：

$$f_{cu} = Av^B R_m^C \tag{10-2}$$

式中，A、B、C 均为通过最小二乘法回归计算得到的系数；f_{cu} 为混凝土强度的换算值；v 为超声波在混凝土中的传播速度；R_m 为测区平均回弹值。

（2）超声回弹法检测技术

超声回弹法使用的混凝土超声波检测仪应符合《混凝土超声波检测仪》（JG/T 5004—1992）的有关规定。回弹仪应符合《回弹仪》（GB/T 9138—2015）的要求且检定或校准应符合《回弹仪检定规程》（JJG 817—2011）。检测方法严格按照《超声回弹综合法检测混凝土抗压强度技术规程》（T/CECS 02—2020）的要求执行。

1）测区数量、测点布置和回弹值的测量。超声回弹法的测区数量和测点布置与回弹法相同。超声对测或角测时，回弹测试应在测区内超声波的发射面和接收面各测读 5 个回弹值。超声平测时，回弹测试应在测区内超声波的发射测点和接收测点之间测读 10 个回弹值。每一测点回弹值的测读应精确至 1，且同一测点只允许弹击 1 次。

2）超声波波速测量。超声测点应布置在回弹测试的同一个测区内，每一个测区布置 3 个测点。宜采用对测法，如图 10-2 所示。若条件不允许，也可采用角测或平测的方法，分别如图 10-3 和图 10-4 所示。采用对测法测量超声波波速时，发射换能器和接收换能器应在同一轴线上，使每对测点距离最短，测得每对测点的声时分别为 t_1、t_2、t_3。

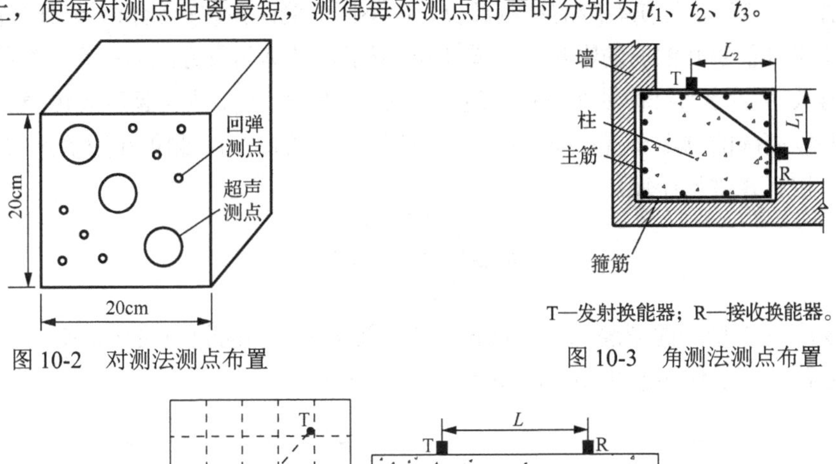

T—发射换能器；R—接收换能器。

图 10-2　对测法测点布置　　　图 10-3　角测法测点布置

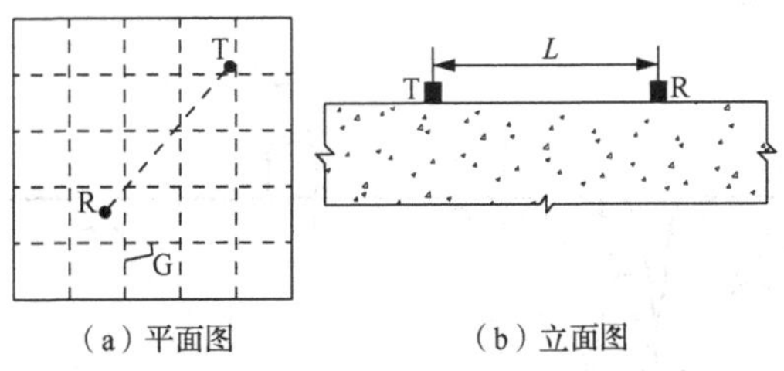

（a）平面图　（b）立面图

T—发射换能器；R—接收换能器；G—钢筋轴线。

图 10-4　单面平测法测点布置

（3）数据处理

根据测区混凝土的声速代表值和回弹代表值，通过测强曲线计算得到测区现龄期混凝土抗压强度值，对测区混凝土抗压强度换算值进行统计分析并应用一定规则得到代表构件中现龄期混凝土抗压强度总体评价的统计值。

1）测区回弹代表值应从测区的 10 个回弹值中剔除 1 个最大值和 1 个最小值，并应用剩余 8 个有效回弹值。测试时回弹仪处于非水平状态，同时测试面又是非混凝土浇筑方向的侧面，测得的回弹值应先进行角度修正，然后对角度修正后的值再进行表面或底面修正。

2）当在混凝土浇筑的表面或底面对测时，测区混凝土中的声速代表值应进行修正。

3）使用超声回弹综合法检测混凝土抗压强度的地区和部门，宜制定专用测强曲线或地区测强曲线，经审定和批准后实施。各检测单位应按专用测强曲线、地区测强曲线、全国测强曲线的次序选用测强曲线。

4）对按批量检测的构件，当测区混凝土抗压强度换算值的平均值小于 25.0MPa，测区混凝土抗压强度换算值的标准差大于 4.50MPa 时，或当测区混凝土抗压强度换算值的平均值不小于 25.0MPa 且不大于 50.0MPa，测区混凝土抗压强度换算值的测量准差大于 5.50MPa 时，或当测区混凝土抗压强度换算值的平均值大于 50.0MPa，测区混凝土抗压强度换算值的标准差大于 6.50MPa 时，该批构件应全部按单个构件检测。

10.1.2 混凝土裂缝检测

1. 裂缝深度检测

（1）单面平测法

当结构或构件的裂缝部位只有一个可测表面，估计裂缝深度不大于 500mm 时，可采用单面平测法。平测时，可在裂缝的被测部位，以不同的测距，按跨缝和不跨缝布置测点进行检测，应注意尽量避开钢筋的影响。如图 10-5 所示，具体测量方法为：将发射换能器 T 和接收换能器 R 以裂缝为对称轴布置在裂缝的两侧，其距离为 l_i，测得超声波传播的声时为 t_i^0。再将换能器以相同的测距布置在裂缝同一侧完好混凝土的表面，测得相应的声时为 t_i，则裂缝的深度可按下式进行计算：

$$h_{ci}=\frac{l_i}{2}\sqrt{\left(\frac{t_i^0}{t_i}\right)^2-1} \tag{10-3}$$

式中，h_{ci} 为第 i 次量测的裂缝深度（mm）；l_i 为第 i 次量测的超声波传播距离（mm）；t_i、t_i^0 分别为测距为 l_i 时不跨缝和跨缝量测的声时值（μs）。

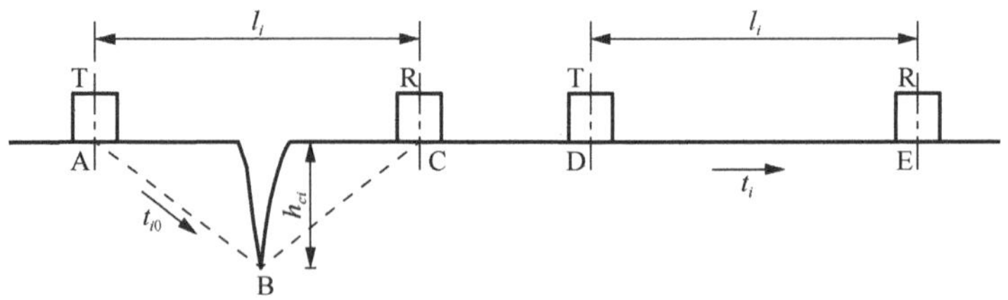

图 10-5 单面平测法检测混凝土裂缝深度

在跨缝测量中，当在某测距发现首波反相时，则用该测距及两个相邻测距的深度计算值 h_{ci} 的平均值作为该裂缝的深度值。如果难发现首波反相，则将测距 l_i 与各深度计算值的平均值 m_{hc} 比较，去掉测距 l_i 小于 m_{hc} 或大于 $3m_{hc}$ 的测试值，取余下数据的平均值作为该裂缝的深度值。

（2）双面斜测法

当结构的裂缝部位具有两个相互平行的测试表面时，可采用双面斜测法测量裂缝宽度。测量方法如图 10-6 所示，将发射换能器 T 和接收换能器 R 分别置于对应测点 1，2，3，…的位置，读取相应的声时值 t_i、波幅值 A_i 和频率值 f_i。当发射换能器 T 和接收换能器 R 的连线通过裂缝时，超声波在裂缝的界面上产生很大的衰减，接收信号的波幅和频率明显降低。

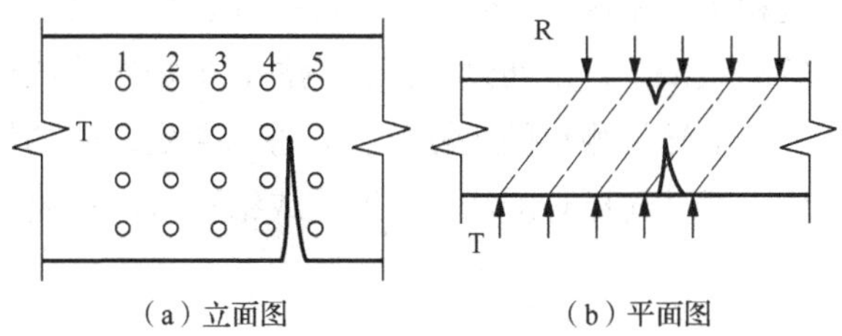

图 10-6　双面斜测法检测混凝土裂缝深度

裂缝深度判定：当发射换能器 T 和接收换能器 R 的连线通过裂缝时，根据波幅、声时和主频的突变，可以判定裂缝深度及是否在所处断面内贯通。

（3）钻孔对测法

对于水坝、桥墩等大体积混凝土结构，在浇筑混凝土过程中由于水泥的水化热散失较慢，混凝土内部温度比表面高，在结构断面形成较大的温度梯度，内部混凝土的热膨胀量大于表面混凝土，使表面混凝土产生拉应力，进而产生裂缝。对于预计深度在 500mm 以上的深裂缝，可采用钻孔法测量裂缝深度，如图 10-7 所示。

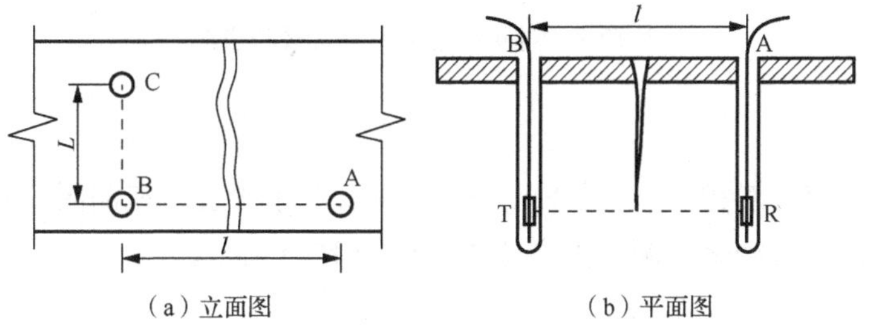

图 10-7　钻孔对测法检测混凝土裂缝深度

在被测裂缝两侧钻测试孔，两个对应测试孔的间距宜为 2000mm，其轴线应保持平行，孔径应比换能器的直径大 5～10mm，孔深应大于裂缝预计深度 600～800mm。为了便于判别，通过无缝混凝土的测点应不少于 3 点。孔中粉末碎屑应清理干净，如果测孔中存在粉尘，注水后会形成悬浮液，使超声波在测孔中大量散射而衰减，影响测试数据的分析和判断。当需要在混凝土结构侧面取横向测孔时，横向测孔的轴线应具有一定的倾斜角，以保证测孔中能蓄满水。宜在裂缝一侧多钻一个孔距相同但较浅的孔 C，通过 B、C 两孔测量无裂缝混凝土的声学参数。

2. 裂缝宽度检测

一般来说，裂缝宽度往往是不均匀的，工程鉴定时关注的是特定位置的最大裂缝宽度。以前常用裂缝对比卡测量裂缝宽度，后来用光学读数显微镜测量，现在能够用电子裂缝观测仪测量。带摄像头的电子裂缝观测仪克服了人直接俯在裂缝上进行观测的诸多不便，颇受技术人员青睐。

10.1.3 混凝土不密实区和空洞

混凝土结构在施工过程中，漏振、漏浆或石子架空在钢筋骨架上，会导致混凝土内部形成蜂窝状不密实或空洞等隐蔽缺陷。常通过超声检测法，根据结构或构件各测点的声时、波幅或频率值的相对变化，确定异常测点的坐标位置，进而判定缺陷的位置和范围。根据混凝土构件测试面位置的不同，可以选择对测法、斜测法或钻孔法进行混凝土中不密实区和空洞位置的检测。

1. 对测法

当构件具有两对互相平行的测试面时，可采用对测法。在测区的两对相互平行的测试面上，分别画出间距为 200～300mm 的网格，确定出测点的位置，如图 10-8 所示。

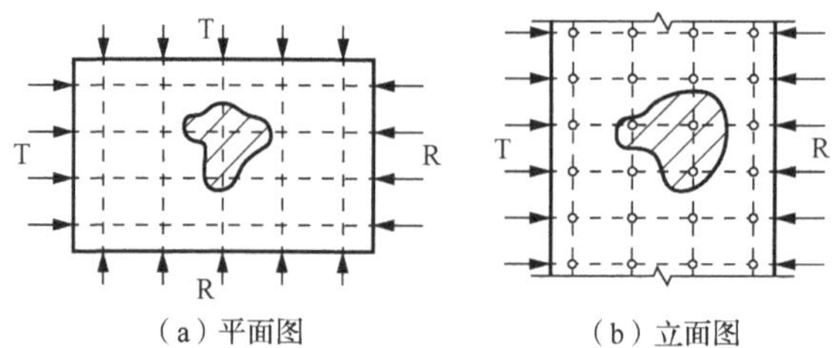

图 10-8 对测法检测不密实区和空洞

2. 斜测法

当被测构件只有一对相互平行的测试面时，可采用斜测法。在测区的两个相互平行的测试面上，分别画出交叉测试的两组测点位置，如图 10-9 所示。

3. 钻孔法

当测距较大时，可在测区的适当部位钻出平行于结构侧面的测试孔，孔径宜比换能器直径大 5～10mm，孔间距宜为 2～3m，其深度视测试情况确定。检测时，结构侧面采用厚度振动式换能器，测孔中采用径向振动式换能器，如图 10-10 所示。

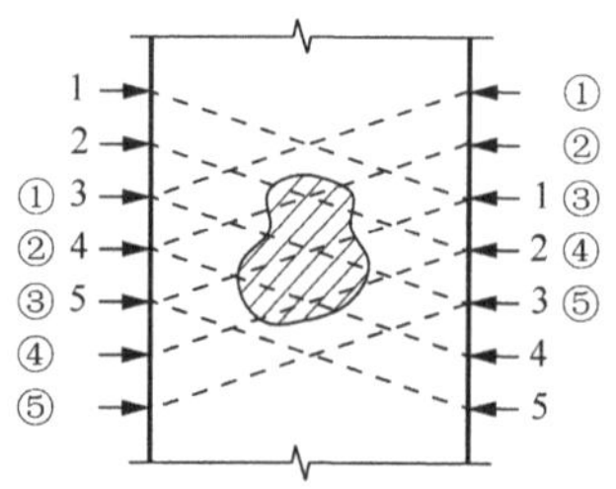

图 10-9 斜测法检测不密实区和空洞

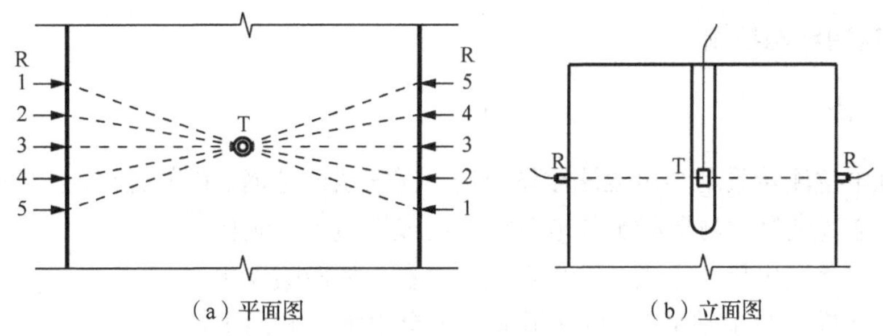

图 10-10　钻孔法检测不密实区和空洞

10.1.4　混凝土保护层厚度与钢筋数量、位置检测

混凝土中钢筋数量、钢筋间距和保护层厚度的无损检测大多采用钢筋探测仪进行，而钢筋探测仪主要利用电磁感应原理，如图 10-11 所示。根据电磁场理论，线圈是严格磁偶极子，当信号源供给交变电流时，它向外界辐射出电磁场。钢筋是一个电偶极子，它接收外界电场，从而产生大小沿钢筋分布的感应电流。钢筋的感应电流重新向外界辐射出电磁场（即二次场），使原激励线圈产生感应电动势，从而使线圈的输出电压发生变化，钢筋位置测定仪正是根据这一变化来确定钢筋所在位置及其保护层厚度的。当钢筋探测仪在钢筋的正上方时，线圈输出电压受钢筋所产生的二次磁场的影响最大。因此在测试中，在探头移动的过程中，可以自动锁定这个受影响最大的点，即信号值最大的点。根据保护层厚度和信号之间的对应关系得出厚度值。采用电磁感应法检测混凝土中的钢筋，适用于配筋稀疏且混凝土保护层厚度不太大的钢筋混凝土结构或构件的无损检测，有时需要配合破损检测法进行校核。混凝土保护层厚度对结构钢筋耐久性的影响按表 10-2 进行评判。表中的评定标度：1 表示良好，2 表示较好，3 表示较差，4 表示坏的，5 表示危险。

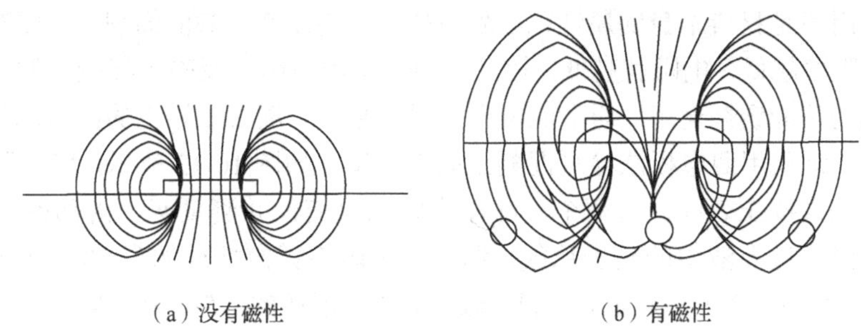

图 10-11　有无磁性介质（钢筋）时磁场的分布形状

表 10-2　钢筋保护层厚度评定标准

D_{ne}/D_{nd}	对结构钢筋耐久性的影响	评定标度
≥0.95	影响不显著	1
[0.85,0.95)	有轻度影响	2
[0.70,0.85)	有影响	3
[0.55,0.70)	有较大影响	4
<0.55	钢筋易失去碱性保护，发生锈蚀	5

注：D_{ne} 为测量部位实测保护层厚度特征值；D_{nd} 为保护层厚度设计值。

10.1.5 钢筋锈蚀状态检测

1. 半电池法

钢筋锈蚀电位测量采用半电池法测量原理：钢筋锈蚀是钢筋的氧化过程，铁失去电子，产生电势，铁（金属电极）与混凝土（电解质）组成半电池（负极）。利用已知电势的参比电极（正极、已知电位的电极，如硫酸铜电位电极，在一定条件下是个常数），与其组成一个全电池。利用电压表测量，得到钢筋锈蚀电位。显然，钢筋锈蚀程度越严重，则失去电子数就越多，负电势就越高。因此，可以通过测量钢筋/混凝土半电池电极与在混凝土表面的铜/硫酸铜参比电极之间的电位差的大小，评定混凝土中钢筋的锈蚀活化程度，如图 10-12 所示。钢筋电位与钢筋锈蚀状态按表 10-3 进行评判。表中的评定标度：1 表示良好，2 表示较好，3 表示较差，4 表示坏的，5 表示危险。

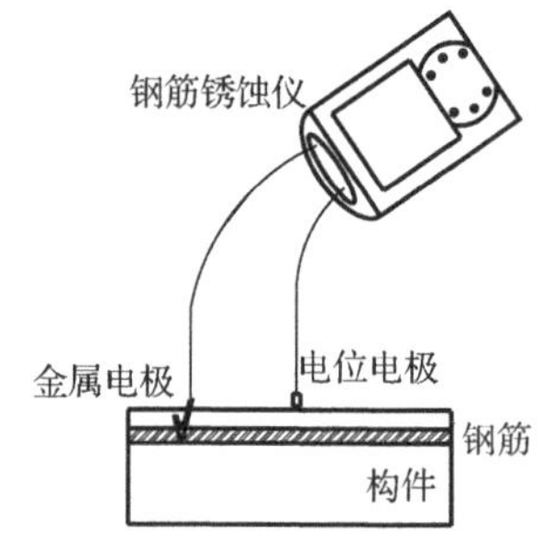

图 10-12 半电池法示意

表 10-3 钢筋锈蚀电位评定标准

电位水平/mV	混凝土内钢筋状态	评定标度
≥-200	无锈蚀活动性或锈蚀活动性不确定	1
[-200,-300)	有锈蚀活动性，但锈蚀状态不确定，可能坑蚀	2
[-300,-400)	有锈蚀活动性，发生锈蚀概率大于 90%	3
[-400,-500)	有锈蚀活动性，严重锈蚀可能性极大	4
<-500	构件存在锈蚀开裂区域	5

2. 四电极法

电阻及电阻率是材料本身的属性，电阻与材料的电阻率、截面面积、长度有关，与电阻率成正比，电阻率越低，电阻就越低。因此，混凝土的电阻率反映了混凝土的导电性能，可间接评判钢筋的可能锈蚀速率。通常混凝土电阻率越小，混凝土导电的能力越强，钢筋锈蚀发展速度越快。常采用四电极法检测混凝土的电阻率，如图 10-13 所示，将电阻率测定仪靠在待测电阻率的混凝土表面，对两个外部探头施加电流，并测量两个内部探头之间的潜在电位差异，电流通过孔液中的离子承载。混凝土电阻率评定标准如表 10-4 所示。表中的评定标度：1 表示良好，2 表示较好，3 表示较差，4 表示坏的，5 表示危险。

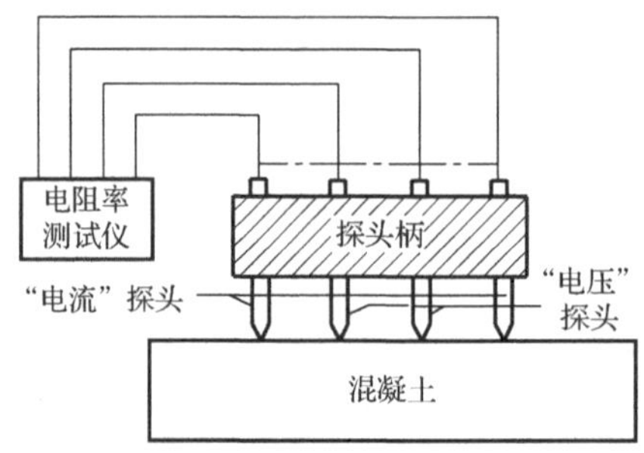

图 10-13 四电极法示意

表 10-4　混凝土电阻率评定标准

电阻率/（Ω·cm）	可能的锈蚀速率	评定标度
≥20000	很慢	1
[15000,20000)	慢	2
[10000,20000)	一般	3
[5000,10000)	快	4
<5000	很快	5

10.2　砌体结构无损检测

10.2.1　砌体强度检测

对使用多年的砌体结构进行检测，首先要检测其强度。砌体强度是由组成砌体的砌块强度和砂浆强度及砌筑质量来决定的。对于砌体结构的强度检测，传统的方法是直接截取标准试样法，即直接从砌体结构上截取试样进行抗压强度试验。但由于砌体结构的特点，直接截取试样会对试样产生较大的损伤，影响试验结果。砌体结构的现场检测方法有原位轴压法、扁顶法和原位单剪法等。

1. *原位轴压法*

原位轴压法检测砌体强度，是利用压力机对局部砌体施加轴向压力荷载，并使这部分砌体的受力达到极限状态，通过实测的破坏荷载和变形，得到墙体的抗压强度。其原理是在砌体上开凿两条水平槽孔，安装原位压力机，测试槽间砌体的抗压强度，进而换算为标准砌体的抗压强度。该方法的最大优点是综合反映了砌块材料、砂浆变形及砌筑质量对抗压强度的影响。测试设备具有变形适应能力强、操作简便等特点，对低强度砂浆、变形很大或抗压强度较高的墙体均适用，主要用于测试 240mm 厚的普通砖和空心砖墙。如图 10-14 所示，原位轴压法的检测设备为原位压力机，由手动液压泵、扁式千斤顶、反力板等组成。测试时，先在砌体测试部位的垂直方向按试样高度上下两端各开凿一个相当于扁式千斤顶尺寸的水平槽，在槽内各嵌入一扁式千斤顶，并用自平衡栏杆固定。通过加载系统对试样进行分级加载，直到试样受压开裂破坏，求得砌体的极限抗压强度。

2. *扁顶法*

扁顶法是利用砌体结构特点，在水平砂浆灰缝处开凿槽口，装入扁式千斤顶，依据应力释放和恢复原理，测得砌体的受压工作应力、弹性模量，并通过测定槽间砌体的抗压强度确定其标准砌体的抗压强度。扁顶法检测设备由扁式千斤顶、手动液压泵、变形测点等组成，如图 10-15 所示。试验时，将所检砌体的水平灰缝处砂浆掏空，形成两条水平空槽，然后把扁式千斤顶放入空槽内，通过手动液压泵加压，压力表的读数为施加压力的大小。在测试砌体部位布置变形测点，用于测量墙体的受压工作应力和砌体的弹性模量。

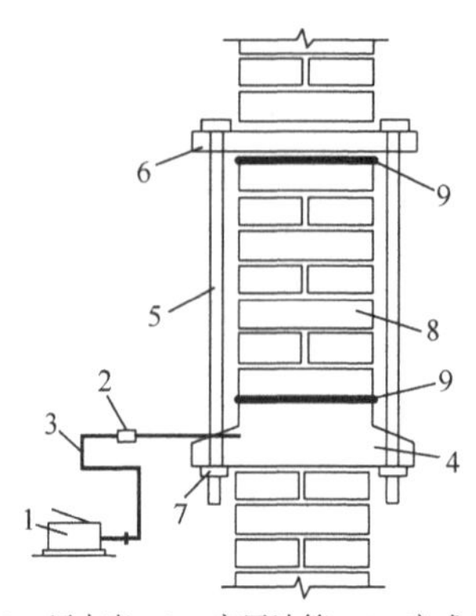

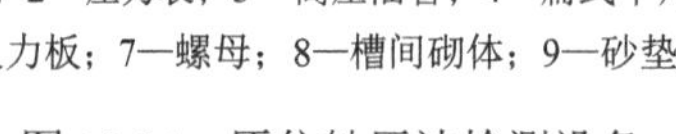
1—手动液压泵；2—压力表；3—高压油管；4—扁式千斤顶；5—拉杆；6—反力板；7—螺母；8—槽间砌体；9—砂垫层。

图 10-14　原位轴压法检测设备

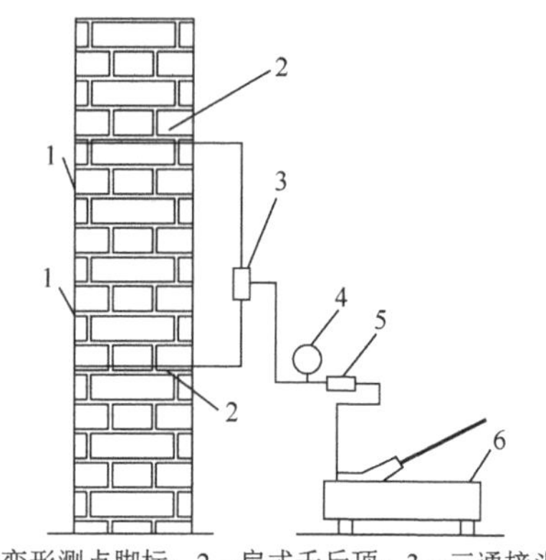

1—变形测点脚标；2—扁式千斤顶；3—三通接头；4—压力表；5—溢流阀；6—手动液压泵。

图 10-15　扁顶法检测设备

3. 原位单剪法

原位单剪法是在墙体上沿单个水平灰缝进行抗剪试验，以检测砌体的抗剪强度的方法。原位单剪法适用于推定砖砌体沿通缝断面的抗剪强度。检测时，测试部位宜选在窗洞口或其他洞口下三皮砖范围内，对墙体损伤较小，便于安放检测设备，且没有上部压力等因素的影响。检测设备包括螺旋千斤顶或卧式千斤顶、荷载传感器及数字荷载表等。试件的预估破坏荷载值应为千斤顶、传感器最大测量值的 20%～80%。检测前，应标定荷载传感器及数字荷载表，其示值相对误差不应大于 2%。试件具体尺寸应符合图 10-16 的规定。试件在加工过程中，应避免扰动被测灰缝。测试部位不应选在后砌窗下墙处，且其施工质量应具有代表性。

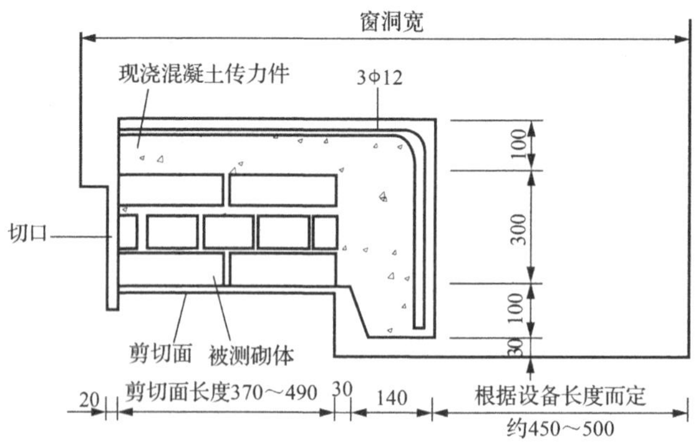

图 10-16　原位单剪法试件大样（单位：mm）

4. 原位单砖双剪法

原位单砖双剪法（图 10-17）是指使用专门的原位剪切仪（图 10-18）在砌体结构墙体上，对单块砌块进行剪切试验，检验砌体结构沿通缝断面的抗剪强度的一种检测方法。原位单砖双剪法适用于推定烧结普通砖砌体和烧结多孔砖砌体的抗剪强度。

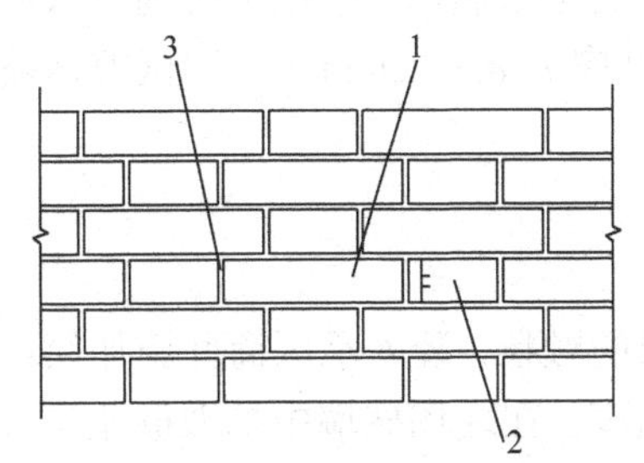

1—剪切试件；2—剪切仪主机；3—掏空的竖缝。

图 10-17　原位单砖双剪法试验示意图

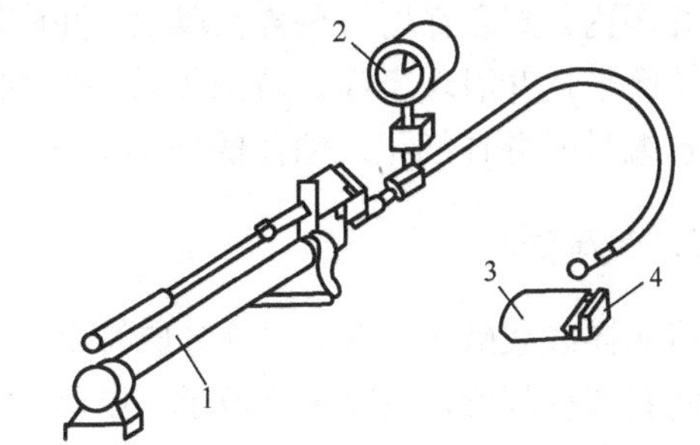

1—液压泵；2—压力表；3—剪切仪主机；4—承压钢板。

图 10-18　原位剪切仪示意图

10.2.2　砌筑块材检测

1. 回弹法

砌块回弹法的基本原理与混凝土回弹法相同，此处不再详述。

2. 取样法

测定既有建筑砌块强度时，从砌体上取样，清理干净后，按照常规方法进行试验。但是需要注意的是，如果需要依据块材的强度和砂浆的强度确定砌体强度，块材的取样位置应与砌筑砂浆的检测位置相对应。取样后的块材试验方法如下：

1）取 10 块砖做抗压强度试验，制作成 10 个试样。将砖样锯成两个半砖（每个半砖长度不小于 100mm），放入室温净水中浸 10～20min 后取出，以断口方向相反叠放，两者中间用厚度不超过 5mm 的强度等级为 42.5 的普通硅酸盐水泥调制成的稠度适宜的水泥砂浆粘牢，上、下面用厚度不超过 3mm 的同种水泥浆抹平，制成的试件上、下两面需相互平行并垂直于侧面，在不低于 10℃的不通风室内条件下养护 3 天后进行压力试验。

2）将试件平放在加压板中央，垂直于受压面加荷载，应均匀平稳，不得发生冲击或振动，加荷速度宜为 4～5kN/s，加荷至试件全部破坏，计算试件的抗压强度，精确至 0.1MPa。

10.2.3　砌筑砂浆检测

砌筑砂浆的强度采用取样的方法检测，如推出法、筒压法、砂浆片剪切法、点荷法等；砌筑砂浆强度的匀质性，可采用非破坏的方法检测，如回弹法、射钉法、贯入法、超声法、超声回弹缘合法等，当这些方法被用于检测既有砌筑砂浆的强度时，宜配合取样的检测方法。

1. 推出法

推出法示意图如图 10-19 所示。该方法采用推出仪从墙体上水平推出单块丁砖，测得水平推力及推出砖下的砂浆饱满度，以此推定砌筑砂浆的抗压强度。推出仪由钢制部件、传感器、推出力峰值测定仪等组成。检测时将推出仪安放在墙

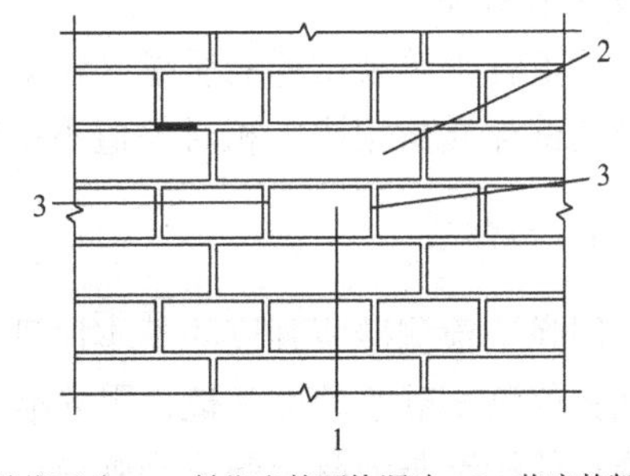

1—被推丁砖；2—被取出的两块顺砖；3—掏空的竖缝。

图 10-19　推出法示意图

体的孔洞内。测点宜均匀布置在墙上，并应避开施工中的预留洞口；被推丁砖的承压面可采用砂轮磨平，并清理干净；被推丁砖下的水平灰缝厚度应为 8～12mm；在测试前，被推丁砖应被编号，并详细记录墙体的外观情况。

2. 筒压法

将取样砂浆破碎、烘干并筛分成符合一定级配要求的颗粒，装入承压筒并施加筒压荷载后检测其破损程度，用筒压比表示，以此推定其抗压强度。在现场砖墙中抽取砂浆试样，在试验室内进行筒压荷载试验，测试筒压比，然后换算为砂浆强度。如图 10-20 所示，承压筒可用普通碳素钢或合金钢自行制作，也可用测定轻集料筒压强度的承压筒代替。

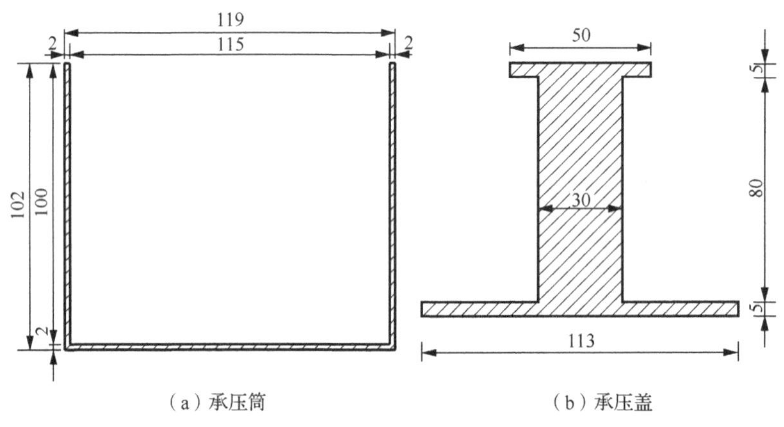

图 10-20 承压筒的构造（单位：mm）

检测时在每一测区，从距墙表面 20mm 内的水平灰缝中凿取砂浆约 4000g，砂浆片（块）的最小厚度不得小于 5mm；每次取烘干样品约 1000g，置于孔径分别为 5mm、10mm、15mm 的标准筛所组成的套筛中，机械筛 2min 或手工摇 1.5min 称取粒级 5～10mm 和 10～15mm 的砂浆颗粒各 250g，混合均匀后即为 1 个试样，共制备 3 个试样，每个试样应分两次装入承压筒，每次约装 1/2，在水泥跳桌上跳振 5 次；第二次装料并跳振后，整平表面，安装承压盖。将装料的承压筒置于试验机上，盖上承压盖，启动压力试验机，应于 20～40s 内均匀加载至规定的筒压荷载值后，立即卸载，不同品种砂浆的筒压荷载值分别为：水泥砂浆、石粉砂浆为 20kN；水泥石灰混合砂浆、粉煤灰砂浆为 10kN；施压后的试样倒入由孔径 5mm 和 10mm 标准筛组成的套筛中，装入摇筛机摇筛 2min 或人工摇筛 1.5min，筛子每隔 5s 的筛出量基本相等。

称量各筛筛余试样的质量（精确至 0.1g），各筛的分计筛余量和底盘剩余量的总和与筛分前的试样质量相比，相对差值不得超过试样质量的 0.5%。当超过时，应重新进行试验。

3. 回弹法

回弹法检测砂浆强度的基本原理与回弹法检测混凝土强度的原理相同。检测时，采用砂浆回弹仪测试砂浆的回弹值，用酚酞试剂测试砂浆的碳化深度，并综合推断砂浆强度。砂浆回弹仪的构造与混凝土强度回弹仪的基本相同，只是砂浆回弹仪的冲击动能远小于混凝土回弹仪的冲击动能。

检测时，先将砌体结构划分为若干个检测单元，每个单元随机选择 6 个构件作为 6 个测区。当不足 6 个构件时，应将每个构件当作一个测区进行检测。测试部位宜选在承重墙的可测面上，测位处的粉刷层、勾缝砂浆、污物应清理干净，撞击点处的砂浆表面应打磨平整。测试部位应不少于 5 个。每个测试部位均匀布置 12 个测点，两个测点的间距不应小于 20mm。每个测点上使用回弹仪连续弹击 3 次，第 1、2 次不读数，仅记录第 3 次的回弹值。在每一测试部位处选择 1～3 处灰缝，利用酚酞试剂测试砂浆的碳化深度，读数应精确至 0.5mm。

4. 贯入法

贯入法检测砌体砂浆强度是依据测钉贯入砂浆的深度和砂浆抗压强度之间的相关关系，将测钉贯入砂浆中，由测钉的贯入深度通过测强曲线来换算为砂浆抗压强度的检测方法。贯入法检测使用的仪器包括贯入式砂浆强度检测仪和贯入深度测量表，如图 10-21 和图 10-22 所示。

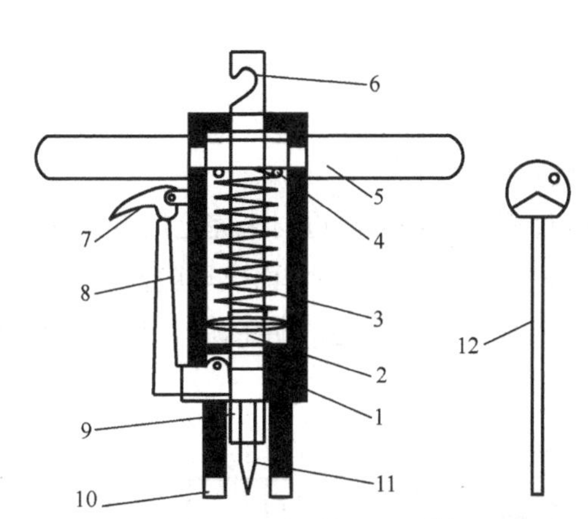

1—主体；2—贯入杆；3—工作弹簧；4—调整螺母；5—把手；6—加力槽；7—扳机；8—挂钩；9—测钉座；10—扁头；11—测钉；12—加力器。

图 10-21　贯入式砂浆强度检测仪

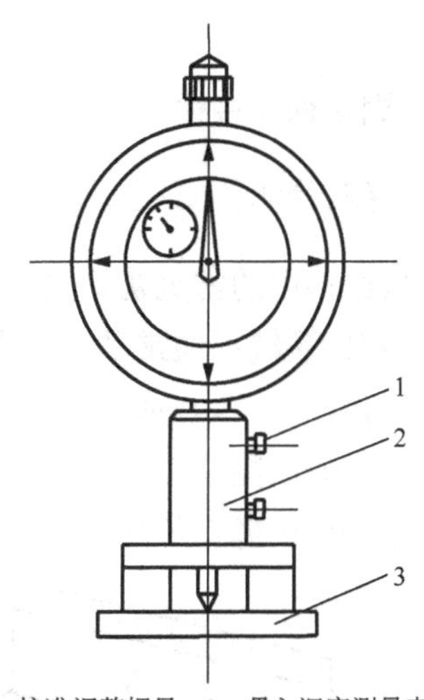

1—校准调整螺母；2—贯入深度测量表；3—铜制长方体量块。

图 10-22　贯入深度测量表

检测砌筑砂浆抗压强度时，应以面积不大于 $25m^2$ 的砌体构件作为一个构件。按批抽样检测时，应取龄期相近的同楼层、同品种、同强度等级砌筑砂浆，且不大于 $250m^3$ 砌体为一批，抽检数量不应少于砌体总构件数的 30%，且不应少于 6 个构件。被检测灰缝应饱满，其厚度不应小于 7mm，并应避开竖缝、门窗洞口等边缘位置。每一构件应测试 16 点。测点应均匀分布在构件的水平灰缝上，相邻测点水平间距不宜小于 240mm，每条灰缝测点不宜多于两点。

贯入检测：将测钉插入贯入杆的测钉座中，测钉尖端朝外，固定好测钉；用摇柄旋紧螺母，直至挂钩挂上为止，然后将螺母退至贯入杆顶端；将贯入仪对准灰缝并垂直紧贴被测砂浆的表面，握紧贯入仪的把手，扳动扳机将测钉射入被测砂浆中。

贯入深度测量：将测钉取出并将测孔中的粉尘清理干净；将贯入深度测量表的扁头对准，将测头插入测孔，从表盘（或液晶屏）上直接读取测量结果。

10.2.4 砌体裂缝观测

裂缝宽度可用 10～20 倍裂纹放大镜和刻度放大镜进行观测，可从放大镜中直接读数确定裂缝是否发展。常用宽 50～80mm、厚 1mm 的石膏板辅助观测，将石膏板固定在裂缝两侧，一般混凝土构件缝宽 1mm，砖砌体构件缝宽 20mm，若裂缝继续发展，则石膏板将被拉裂，即使荷载不增加，裂缝也将继续发展。

裂缝深度的量测，一般采用极薄的薄片插入裂缝中，粗略地测量深度，精确测量可选用超声波法。在裂缝两侧钻孔充水作为耦合介质，通过转换器对测，振幅突变处即为裂缝末端深度。

10.3 钢结构无损检测

10.3.1 钢结构连接检测

1. 焊缝检测

焊接结构中的常见初始缺陷主要有以下几种。

1）初始裂缝：通常是由于焊接结构在焊接过程中，焊肉与母材未完全熔合，存在间隙或者是焊接顺序、预热或冷却等处理不当，造成焊缝或母材冷热不均而出现脆性开裂引起的。相比其他初始缺陷，初始裂缝是最为危险的。它不仅是疲劳裂缝的萌生源，也是焊接结构实际运营过程中的薄弱位置，如图 10-23 所示。

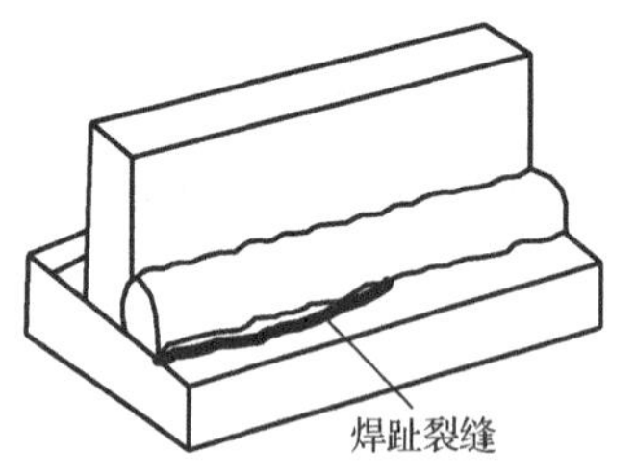

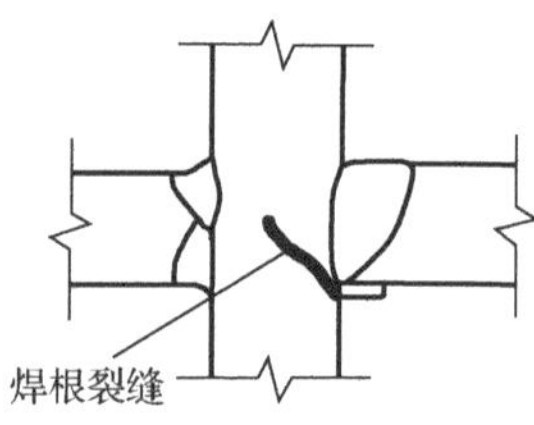

图 10-23 初始裂缝

2）母材咬边：主要是焊接设备参数设置有误或者采用不合理的施焊方式造成的。母材咬边多出现在角焊缝焊趾边缘，通常表现为坑槽状态。因此，母材咬边初始缺陷的存在，会使该位置附近的几何状态发生变化，出现应力集中现象，如图 10-24 所示。

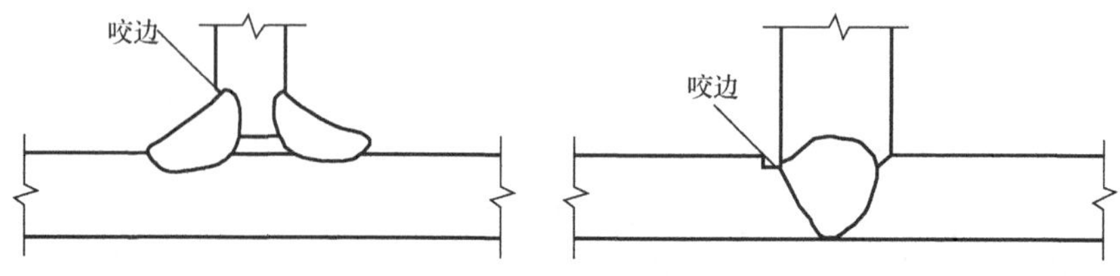

图 10-24 母材咬边

3）焊缝气孔：通常出现在焊肉内部，是由于焊缝焊接过程中周边环境温度、湿度和抗风措施采取不到位，以及施焊过程中电流不稳定、焊接不连续造成的。与母材咬边相比，焊缝气孔具有隐蔽性，通常也是疲劳裂缝萌生的重要部位，是较为危险的初始缺陷，如图 10-25 所示。

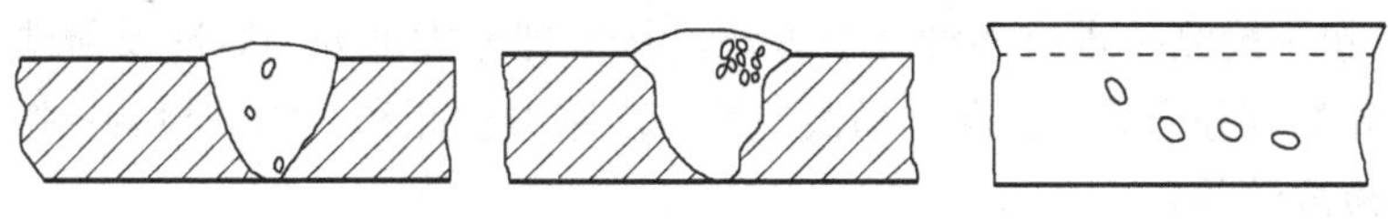

图 10-25　焊缝气孔

4）焊缝夹渣：通常是由于焊条材质较差、杂质较多或者是焊缝分层焊接，层与层之间存在杂质造成的。焊缝夹渣的存在会造成焊缝整体力学性能出现不均匀，降低焊缝的使用效能，如图 10-26 所示。

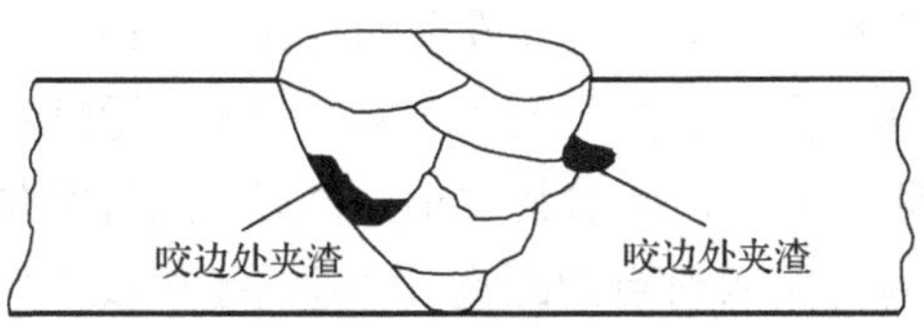

图 10-26　焊缝夹渣

5）未熔合：指焊缝焊肉与母材或焊肉层间尚未完全熔合。该初始缺陷通常出现在焊缝焊肉表面与母材表面交接处。当未熔合区域较大时，未熔合与焊缝夹渣难以区分。此外，未熔合初始缺陷的存在，使得焊肉与母材之间的连接不连续，并容易在未熔合边界出现尖端部位，进而萌生疲劳裂缝，如图 10-27 所示。

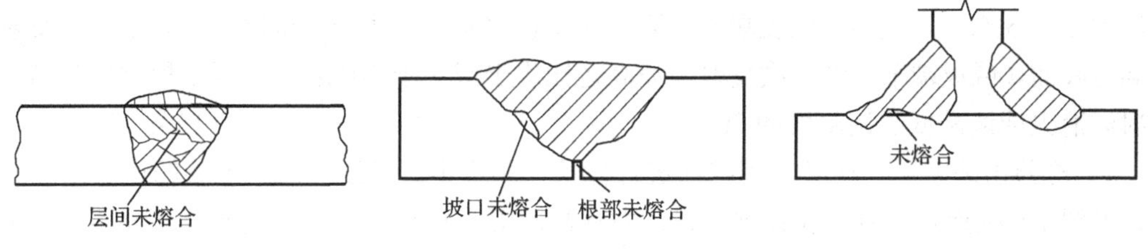

图 10-27　未熔合

6）未焊透：与未熔合相比较，未焊透是指焊接完成后，应连接的母材部分尚未熔合。未焊透初始缺陷通常发生在单、双面焊根部，或者是母材所开坡口钝边。由于未焊透改变了母材预定的连续状态，因而极易造成应力集中现象，增大钢结构发生疲劳破坏的潜在风险，如图 10-28 所示。

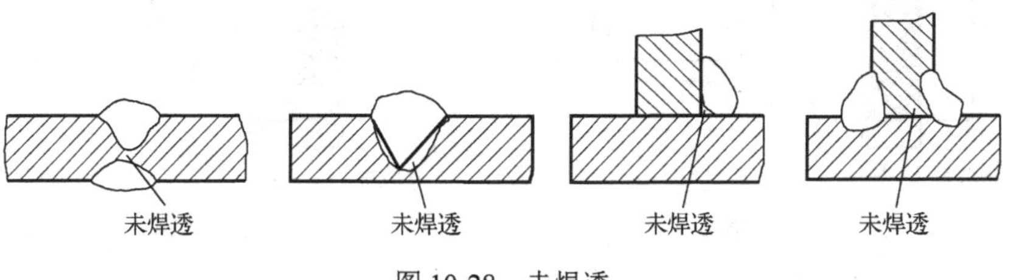

图 10-28　未焊透

检查焊缝缺陷时可采用超声波或射线检测。

（1）超声波

利用超声波对焊缝缺陷进行探测，依据的是超声波在材料中传播时的一些特性，如声波在通过材料时能量会有损失，在遇到两种介质的分界面时会发生反射等，常用的频率为0.5～25MHz。超声检测技术有多种分类方法，按原理分类可分为脉冲反射法、穿透法和共振法；按波形分类可分为纵波检测、横波检测、瑞利波检测和兰姆波检测；按耦合方式又可分为接触法和液浸法等。

超声波检测钢材和焊缝缺陷时多采用脉冲反射法进行。由声源产生的脉冲波被引入被检测试件中后，若材料是均质的，则声波沿一定的方向，以恒定的速度向前传播。随着距离的增加，声波的强度由于扩散和材料内部的散射与吸收而逐渐减小。当遇到两侧声阻抗有差异的界面时，则部分声能被反射。这种界面可能是材料中的某种缺陷（不连续），如裂纹、分层、孔洞等，也可能是试件的外表面与空气或水的界面。反射的程度取决于界面两侧声阻抗差异的大小，在金属与气体的界面上几乎全部反射。通过探测和分析反射脉冲信号的幅度、位置等信息，可以确定缺陷的存在，评估其大小、位置。通过测量入射声波和接收声波之间声传播的时间可以得知反射点距入射点的距离。焊缝的超声波探伤通常采用斜探头在焊缝两侧进行测量，利用与构件直接接触后所产生的折射横波进行检测。以对母材钢板连接焊缝两侧两倍板厚范围的区域进行探伤为实例，说明钢材的超声波探伤。

1）将探头置于母材的表面进行探伤，操作过程中应注意：仪器的水平扫描范围应大于或等于被检母材的两倍板厚；在对比试块上调节灵敏度，使从试块平底孔产生的第一反射波波高等于满刻度的50%左右。

2）在检测过程中，若发现存在以下情况即认定为缺陷：缺陷第一反射波波高大于或等于满刻度的50%；当底面（或板端部）第一次反射波波高未达到满刻度，但缺陷第一反射波波高与底面（或板端部）第一次反射波波高之比大于或等于50%；底面（或板端部）第一次反射波消失或波高低于满刻度的50%。

3）检验出缺陷后，在其周围继续进行检验，利用半波高度法确定缺陷的边界或指示长度，如图10-29所示。具体操作方法是：发现缺陷后，移动探头，使底面（或板端部）第一次反射波升高到检验灵敏度条件下满刻度的50%。此时，探头中心移动距离即为缺陷的指示长度，探头中心点即为缺陷的边界点。

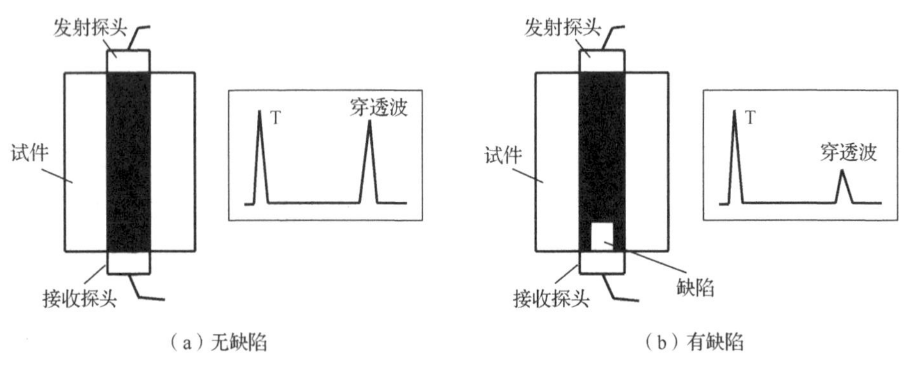

（a）无缺陷　　（b）有缺陷

图10-29　焊缝的探伤信号

对于单个缺陷，若指示长度小于或等于 40mm 时，其指示长度可不做记录。单个缺陷按其表现的最大长度作为该缺陷的指示长度，按其表现的面积作为该缺陷的单个指示面积。多个缺陷其相邻间距小于 100mm 或间距小于相邻小缺陷的指示长度，其各块缺陷面积之和也作为单个缺陷的指示面积。缺陷密集度的评定可按任一 1m×1m 检验范围内缺陷面积占的百分比确定。

此外，钢板连接焊缝的超声波探伤通常采用斜探头在焊缝两侧进行测量，利用与构件直接接触后产生的折射横波进行检测。

随着信息技术的不断进步，超声法检测技术经历了从模拟探伤到数字探伤，从单一晶片到相控阵晶片阵列，从 A 型显示到超声衍射声时检测等一系列发展。当前，应用于钢结构特别是焊缝的超声无损检测新技术主要有超声衍射时间差检测和超声相控阵检测两种。

超声衍射时间差检测（time of flight diffraction，TOFD）技术采用一对探头（一发一收）的工作模式，基于缺陷尖端对超声波的衍射作用，利用缺陷端点的衍射波信号探测和测定缺陷尺寸。图 10-30 为利用 TOFD 检测有缺陷构件的情况。首先看到的是直通波，直通波在工作表面以下，沿两个探头之间的最短路径进行传播。最后看到一个相当大的信号，这是构件底面反射的波形信号。如果构件内部存在缺陷，就会在直通波和底面反射波之间产生缺陷上端点和下端点的衍射波。

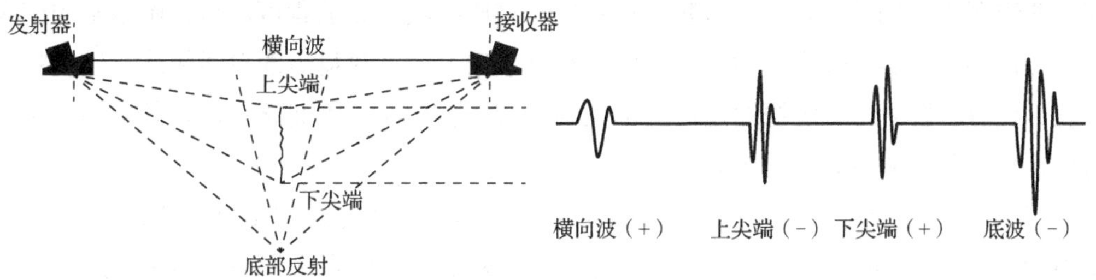

图 10-30　TOFD 检测缺陷构件的信号

超声相控阵检测技术是借鉴相控阵雷达技术的原理发展起来的。基本原理是通过控制阵列换能器中各个阵元激励（或接收）脉冲的时间延迟，改变阵元发射（或接收）声波至焊缝内某点的相位关系，并进一步改变聚焦点和声束方位，最终合成相控阵波束，实现成像扫描线，得到 A 型、B 型、C 型、P 型和 3D 型扫描成像，具体的超声相控阵检测技术的工作原理如图 10-31 所示。相比于常规超声检测，超声相控阵检测技术能够对焊缝内部和表面的初始缺陷、疲劳裂纹（图 10-32）进行准确的定位、定量和定性分析。

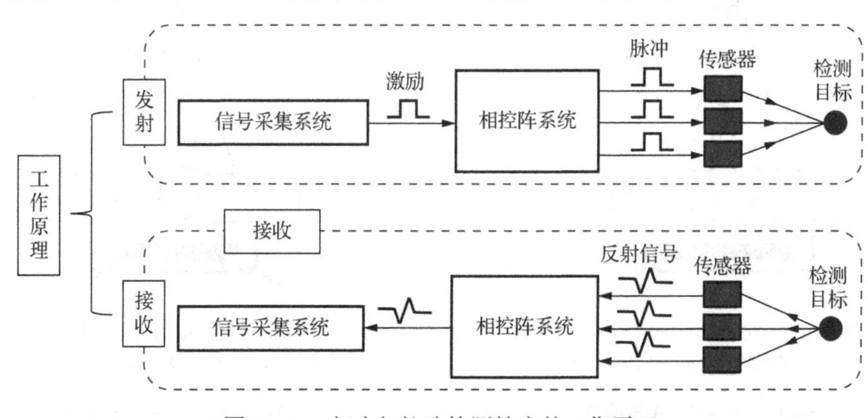

图 10-31　超声相控阵检测技术的工作原理

图 10-32　采用超声相控阵检测疲劳裂纹照片

（2）射线探伤检测

射线探伤指 X 射线、γ 射线和高能射线探伤。目前应用较多的是 X 射线探伤，有的也称 X 光照像。射线探伤是检查焊缝内部缺陷的一种准确而又可靠的方法。它可以无损地显示出焊缝内部缺陷的形状、大小和所在位置。X 射线和 γ 射线都是波长很短的电磁波，具有很强的穿透非透明物质的能力，并能被物质所吸收。物质吸收射线的程度，与物质本身的密实程度相关。材料越密实，吸收能力越强，射线越易衰减，通过材料后的射线越弱。当材料内部有松孔、夹渣、裂缝时，射线通过这些部位的衰减程度较小，因而透过试件的射线较强。根据透过试件的射线强弱，即可判断材料内部的缺陷。

进行 X 射线检验时，将 X 射线管对正焊缝，将装有感光底片的塑料袋放置在焊缝背面，如图 10-33 所示。X 射线透照时间短、速度快、灵敏度高；但设备重、费用高、穿透能力小，一般用于透照 40mm 以下的焊缝。γ 射线的穿透能力很大，可检查厚度达 300mm 的焊缝。通过 γ 射线的透视，即可发现缺陷。γ 射线检验原理如图 10-34 所示。γ 射线设备轻便，操作容易，透视时不需要电源，放射性元素使用寿命长，适合野外工作；但底片感光时间较长，透视小于 50mm 的焊缝时，灵敏度低，若防护不好，射线对人体危害较大。

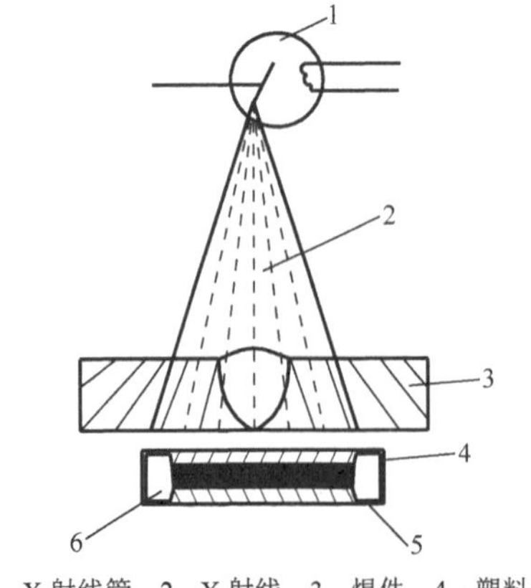

1—X 射线管；2—X 射线；3—焊件；4—塑料管；5—感光软片；6—铅屏。

图 10-33　X 射线检测原理

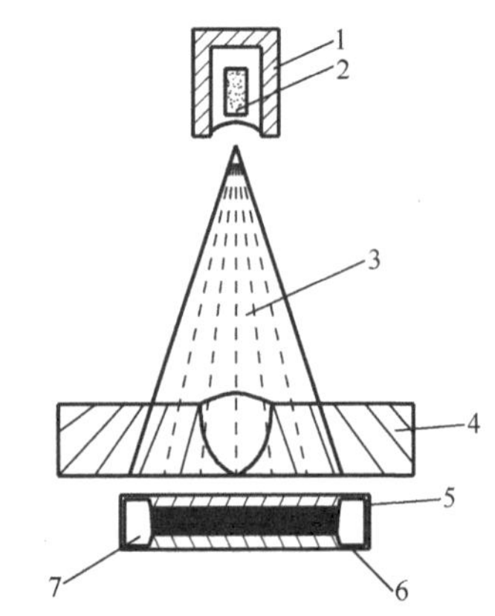

1—铅盒；2—放射性元素；3—γ 射线；4—焊件；5—塑料管；6—感光软片；7—铅屏。

图 10-34　γ 射线检测原理

2. 螺栓检测

钢结构节点连接螺栓的种类通常包括普通螺栓和高强螺栓两种。在对钢结构螺栓连接节点和高强螺栓的终拧扭矩进行检测前，要了解采用的螺栓种类、型号、规格和扭矩施加方法，应选择适用于高强螺栓的扭矩扳手，工作值宜控制在选用扭力扳手的测量限值的 20%～80%之间。扭矩扳手的测量精度不应大于 3%，并具有峰值保持功能。对高强螺栓终拧扭矩施工质量的检测，应在终拧 1～48h 之内完成。同时，由于连接接头处应力分布复杂，连接构造不当会造成局部应力高峰（应力集中），而产生张拉裂纹。连接接头处被连接件的损伤检测，需用 10 倍以上放大镜观察并记录被连接件及拼接板是否有张拉裂纹，以及裂纹的位置、尺寸，孔壁剪切及挤压损伤。

10.3.2　钢材强度检测

对于使用中的钢结构，了解结构钢材的力学性能特别是其强度，最理想的方法是截取试样，通过拉伸试验确定相应的钢材强度指标。但是在使用中的结构上截取试验试样会产生人为缺陷，影响结构的使用性能和正常工作。因此，采用表面硬度法检测，并通过检测结果推断钢材的强度等级是一种常用的钢材强度无损检测方法。硬度测量主要有压入法和回跳法两种。

压入法测量材料的布氏硬度（HB）、洛氏硬度（HR）和维氏硬度（HV），硬度值表示材料表面抵抗另一物体压入时所引起的塑性变形的能力。HV 精度较高，HB 次之，HR 稍差。

回跳法测量材料的肖氏硬度（HS）和里氏硬度（HL），硬度值表示金属弹性变形的大小，精度不如压入法，但比压入法要方便。利用表面硬度法现场检测钢材强度时，常采用测量材料的布氏硬度（HB）和洛氏硬度（HR），里氏硬度（HL）类似混凝土强度检测的回弹法，但精度稍差。

10.3.3　构件表面缺陷检测

1. 磁粉检测

磁粉检测又称为磁力探伤，其基本原理是漏磁场原理。铁磁性材料在磁场中被磁化时，材料表面或近表面由于存在的不连续或缺陷会使磁导率发生变化，即磁阻增大，使得磁路中的磁力线相应发生畸变，在不连续或缺陷的材料表面，根部磁力线受到挤压，除一部分磁力线直接穿越缺陷或在材料内部绕过缺陷外，还有一部分磁力线会离开材料表面，通过空气绕过缺陷再重新进入材料，从而在材料表面的缺陷处形成漏磁场。当采用微细的磁性介质（磁粉）铺撒在构件表面时，这些磁粉会被漏磁场吸附聚集，并形成在适当条件下目视可见的磁痕，从而显示出缺陷的存在、位置、形状和大小，如图 10-35 所示。磁粉检测的优点是：能直观地显示缺陷的形状、位置、大小，并可大致确定其性质；具有较高的灵敏度，可检出的缺陷最小宽度约 1μm；几乎不受试件大小和形状的限制；检测速度快、工艺简单、费用低廉。其局限性在于：只能适用于铁磁性材料的无损检测；只能发现表面和近表面的缺陷，可探测的深度通常不超过 1～2mm；不能确定缺陷的埋深和高度。

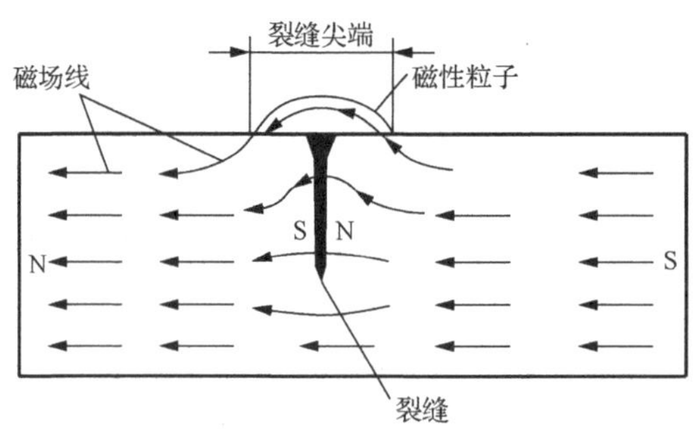

图 10-35 不连续处的漏磁场和磁痕分布

磁粉检测又分干法和湿法两种。

1）干法：将磁粉直接撒在被测工件表面，便于磁粉颗粒向漏磁场滚动。通常干法检测所用的磁粉颗粒较大，因此检测灵敏度较低。但是在被测工件不允许采用湿法接触时，如温度较高的试件，则只能采用干法检测。

2）湿法：将磁粉悬浮于载液（水或煤油等）之中形成磁悬液，并喷洒于被测工件表面，由于液体流动性较好，磁粉能够比较容易地向微弱的漏磁场移动，同时由于湿法流动性好，可以采用比干法更细的磁粉，使磁粉更易于被微小的漏磁场吸附，因此湿法比干法的检测灵敏度高。

2. 渗透检测

渗透检测的基本原理（图 10-36）是渗透剂在毛细作用下，渗入表面开口缺陷内，在去除构件表面多余的渗透剂后，通过显像剂的毛细作用，可以将缺陷内的渗透剂吸附到构件表面，形成痕迹，从而显示缺陷的存在。渗透法无损检测的优点是：不受被检试件几何形状、尺寸大小、化学成分和内部组织结构的限制，也不受缺陷方位的限制，一次操作可以检测出结构表面的所有开口缺陷；不需要特别昂贵和复杂的电子设备或仪器就可以对试件的表面缺陷进行检测，经济性明显；检测速度快，操作简单，对于大量的试件可以采取批量检测的方式进行检测；缺陷显示直观，检测灵敏度较高。渗透法无损检测的局限性在于只能适用于开口位于试件表面的缺陷，不能显示缺陷的深度和内部形状。

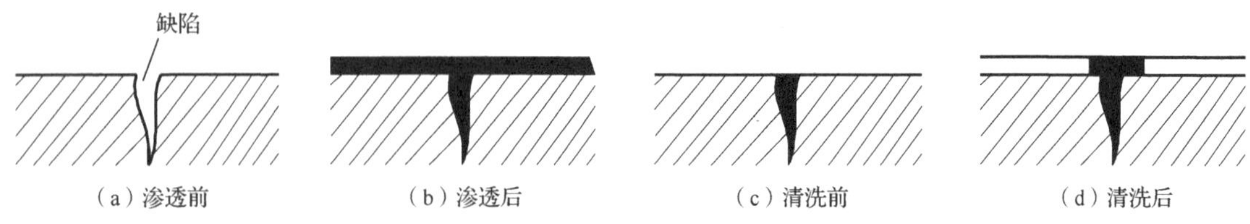

（a）渗透前　（b）渗透后　（c）清洗前　（d）清洗后

图 10-36 渗透检测原理

渗透检测根据所使用渗透剂的不同，可分为荧光渗透检测、着色渗透检测和荧光着色渗透检测；根据渗透剂去除方法的不同，可分为水洗型、亲油性后乳化型、溶剂去除型和亲水性后乳化型；根据显像剂的不同，可分为干粉显像剂成像、水溶解显像剂成像、水悬浮显像剂成像、溶剂悬浮显像剂成像和自成像；根据渗透检测灵敏度可分为低级、中级、高级和超高级。

渗透检测方法的选择，首先应满足检测缺陷类型和灵敏度的要求；其次可根据被检构件的表面粗糙度、检测工作量、检测现场水源、电源等条件选择。此外，还应考虑经济性的要求。对于疲劳裂纹、磨削裂纹或其他微细裂纹的检测，宜选用后乳化型荧光渗透检测；对于表面粗糙度较大的构件，可以选用水洗型荧光或着色渗透检测，着色渗透检测剂不适用于干粉显像剂和水溶解显像剂。

10.3.4 钢结构锈蚀检测

钢结构在潮湿、存水和酸碱盐腐蚀性环境中容易生锈，锈蚀导致钢材截面削弱，承载能力下降。钢材的锈蚀程度可由其截面厚度的变化来反映。检测锈蚀前，应先清除构件表面积灰、油污、锈皮等。对需要量测的部位，应采用钢丝刷、砂轮等工具进行清理，直到露出金属光泽。测量锈蚀损伤构件的厚度时，应沿其长度方向至少选取3个锈蚀较严重的区段，每个区段选取8～10个测点，采用测厚仪测量构件厚度。锈蚀严重的区段，测点数应适当增加。取各区段算术平均量测厚度的最小值作为构件的实际厚度。测量受锈蚀构件的厚度时，可采用测厚仪直接测量法或超声波测厚法等测量构件的实际厚度。超声波测厚仪采用脉冲反射波法测量厚度，超声波从一种均匀介质向另一种介质传播时，在界面会发生反射，测厚仪可测出探头自发出超声波至收到界面反射回波的时间，由于超声波在各种钢材中的传播速度已知，通过实测确定传播时间，测算出钢材的厚度。较大范围检测时可采用漏磁扫描检测仪。锈蚀损伤量为初始厚度减去实际厚度。初始厚度为构件未锈蚀部分的实测厚度。初始厚度取下列两个计算值的较大者：①所有区段全部测点的算术平均值加上3倍标准差；②公称厚度减去允许负公差的绝对值。

10.3.5 钢结构漆膜厚度检测

采用磁性和涡流两种测厚方法，可以无损地测量磁性金属基体（如钢、铁、合金和硬磁性钢）上覆盖的非磁性覆盖层（如锌、铝、铬、铜、橡胶、油漆等）的厚度，以及非磁性金属基体（如铜、铝、锌、锡等）上覆盖的非导电覆盖层（如橡胶、油漆、塑料、阳极氧化膜等）的厚度。

1）磁性法：当测头与覆盖层接触时，测头和磁性金属基体构成一闭合磁路，非磁性覆盖层的存在使得磁路磁阻变化，通过测量其变化可推断出覆盖层的厚度。

2）涡流法：利用高频交变电流在线圈中产生一个电磁场，当测头与覆盖层接触时，金属基体上产生电涡流，并对测头中的线圈产生反馈作用，通过测量反馈作用的大小可推断出覆盖层的厚度。

10.3.6 钢结构裂缝检测

钢结构裂缝检测可用试剂法进行。使用时，首先用特制清洁剂去除裂缝周围的油脂及其他杂质；其次，喷涂对比剂，等待5～15min；再次，用清水或特制清洁剂清除喷涂表面的对比剂，之后让表面干燥；最后，距离喷涂表面10～15cm喷涂很薄一层显影剂，1～2min后缺陷部分将显示为红色。试剂照片如图10-37所示，钢结构裂缝照片如图10-38所示。

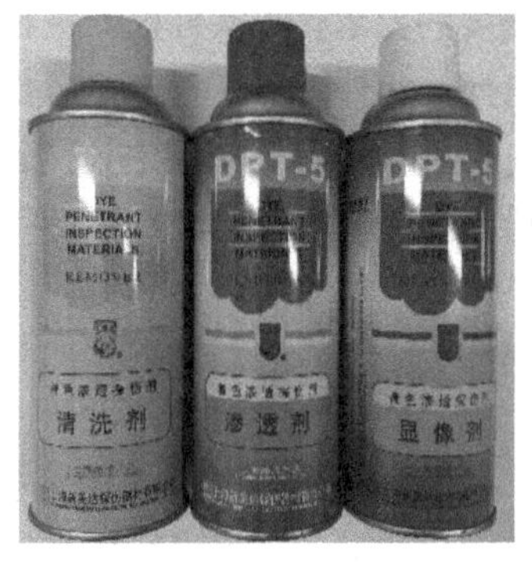

图 10-37 试剂照片

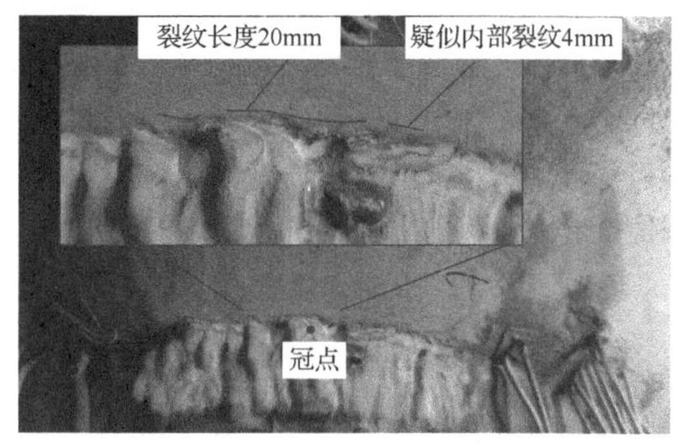

图 10-38 钢结构裂缝照片

10.4 其他无损检测

10.4.1 地基承载力检测

由于地基基础是位于地面以下的隐蔽体，其质量状况难以直接发现。对既有建筑，地基基础的质量状况往往通过上部结构的某些变化（如建筑物的斜裂缝等）反映出来。地基检测可分为室内试验和野外现场原位试验。室内试验虽然具有边界条件、排水条件和应力路径容易控制的优点，但由于试验需要取试样，而土样在采样、运送、保存和制备等方面会不可避免地受到不同程度的扰动，特别是对于饱和状态的砂质粉土和砂土，可能取不到原状土，这导致测得的力学指标严重失真。因此，为了取得准确可靠的力学指标，必须进行一定数量的野外现场原位试验。野外现场原位试验是指在不扰动地层的情况下对地层进行测试。原位试验有静力荷载试验、静力触探试验和圆锥动力触探试验等。下面对静力荷载试验和静力触探试验进行介绍。

1. 静力荷载试验

在设计的基础埋置深度处，在一定规格的承压板上逐级施加荷载，并观测每级荷载下地基的变形特性，从而评定地基的承载力，计算地基的变形模量，预测实际基础的沉降量。静力荷载试验所反映的是承压板以下 1.5～2.0 倍承压板直径或宽度范围内地基强度、变形的综合性状。由此可见，该方法犹如基础的缩尺模型试验，是模拟建筑物基础工作条件的一种测试方法，因而利用其成果确定的地基容许承载力可靠、有代表性。当试验影响深度范围内土质均匀时，此方法确定的该深度范围内土的变形模量比较可靠。

静力荷载试验的试验装置由承压板、加载装置及沉降观测装置等组成。承压板一般为方形板或圆形板；加载装置包括压力源、荷载台架或反力架，加载可采用重物加载或油压千斤顶反压加载两种方式；沉降观测装置有百分表、位移传感器和水准仪等。荷载试验加载示意图如图 10-39 所示。

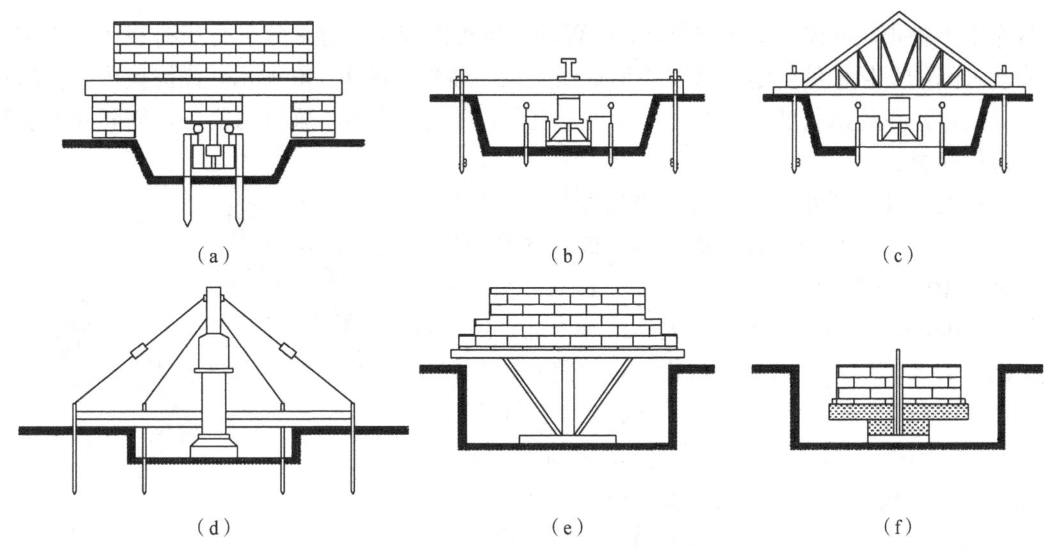

(a) (b) (c)

(d) (e) (f)

图 10-39 荷载试验加载示意图

试坑宽度不应小于压板宽度或直径的 3 倍，承压板面积不应小于 0.25m^2，对于软土不应小于 0.5m^2。应注意保持试验土层的原状结构和天然湿度。宜在准备试压的表面用超过 20mm 厚的粗、中砂层找平。加荷等级不应少于 8 级。最大加载量不应少于 2 倍荷载设计值。每级加载后，以 10min、10min、10min、15min、15min 为间隔读取沉降量，以后每隔 30min 读 1 次，当连续 2h 内每小时的沉降量小于 0.1mm 时，则认为已趋稳定，可再加下一级荷载。

2. 静力触探试验

触探是通过探杆用静力或动力将金属探头贯入土层，并量测各层土对探头的贯入阻力的大小，从而间接地判断土层性质的一类原位测试技术。触探既可用于划分土层、了解土层的均匀性，又可估计地基承载力和土的变形指标等。静力触探借助静压力将探头压入土层，利用电测技术测得贯入阻力，以此判断土的力学性质。触探杆将探头匀速贯入土层时，一方面引起尖锥以下局部土层的压缩，于是产生了作用于尖锥的阻力；另一方面又在孔壁形成圈挤实层，从而引起作用于探头侧壁的摩阻力。探头的这两种阻力是土的力学性质的综合反映。为了直观地反映勘探深度范围内土层的力学性质，可绘制土层深度与各种阻力间的关系曲线。

在静力触探的整个过程中，探头应匀速、垂直地压入土层中，压入速率一般控制在（1.2±0.3）m/min，静力触探探头上的传感器必须事先进行标定，室内标定非线性误差、重复性误差、滞后误差、温度漂移、归零误差等。在现场试验时，应检验现场的归零误差，应小于 3%，它是试验质量的重要指标。深度记录误差范围一般为±1%。当贯入深度大于 50m 时，应测量触探孔的偏斜度，校正土的分层界线。

10.4.2 桩基检测

1. 单桩竖向抗压静载试验

单桩竖向抗压静载试验，就是采用接近于竖向抗压桩实际工作条件的试验方法，加载时荷载作用于桩顶，桩顶产生竖向位移，即可得到单桩的荷载位移曲线和每级荷载作用下桩顶沉降随时间的变化曲线。通常采用的锚桩横梁反力装置如图 10-40 所示。锚桩按抗拔桩的规定计算确定，并对试验过程中的上拔量进行监测。横梁的刚度、强度与锚桩拉筋断面在加载前应进行验算。

加载时，通常逐级加载，每一级加载达到相对稳定后，再加下一级荷载。按试桩的预计最大试验加载力等分为 10～15 级进行逐级等量加载。若总位移大于或等于 40mm，本级荷载下沉量大于或等于前一级荷载下沉量的 5 倍时，加载即可终止，取比终止时荷载小一级的荷载为极限荷载。若总位移大于或等于 40mm，本级荷载加上后 24h 未稳定，加载即可终止，取比终止时荷载小一级的荷载为极限荷载。堆载材料可以选用混凝土块或沙袋，堆载重力不得小于预估试桩破坏荷载的 1.2 倍。堆载重量最好于试验前一次准备完成，并均匀稳固地堆放在平台上。作为基准梁的工字钢应足够长，且其高跨比应大于 1/40。

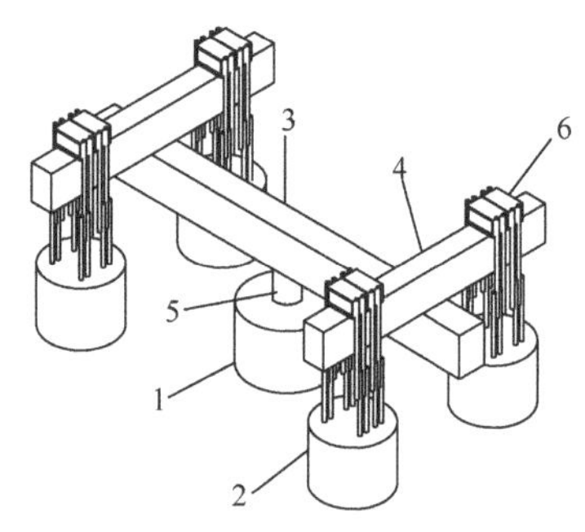

1—试桩；2—锚桩（4 根）；3—横梁；
4—次梁；5—加载千斤顶；6—垫块。

图 10-40　桩基竖向抗拔承载力试验装置

2. 单桩竖向抗拔静载试验

高耸结构往往承受较大的水平荷载，以致部分桩承受上拔力，多层地下室的底板也会承受地下水引起的浮力作用，因此对桩基进行现场原位抗拔试验尤为重要。桩基竖向抗拔承载力试验装置如图 10-40 所示，一般采用千斤顶进行加载，其反力装置多由桩帽、拉杆和反力梁组成。与抗压静载试验加载一样，抗拔承载力加载时，按每级加载为预计最大荷载的 1/15～1/10 进行，待达到稳定后再进行下一级加载。待桩顶荷载为桩受拉钢筋总极限承载力的 0.9 倍，或某级荷载作用下桩顶上拔位移为前一级荷载作用下的 5 倍，或累计上拔量超过 100mm 时，终止加载。

3. 单桩水平静载试验

桩的水平静载试验的目的主要是在桩顶自由的试验条件下，检测单桩的水平承载力，从而推定地基土水平抗力系数。单桩水平静载试验的适用性和试桩的选择条件，原则上与竖向静载试验相同，但在测试方法和步骤上不同。加载方法可根据工程桩实际受力特性选用单向多循环加载法或慢速维持荷载法，也可按设计要求采用其他加载方法。需要测量桩身应力或应变的试桩可采用慢速维持荷载法。

桩的水平荷载试验的加载方式如图 10-41 所示，主要设备由垫层、导木、钢管和卧式液压千斤顶等组成，采用千斤顶逐级施加荷载，反力直接传递给已施工完毕的桩基，用油压表或力传感器量测荷载的大小，用百分表或位移计量测试桩的水平位移。主要要求如下。

1）水平推力加载设备宜采用卧式液压千斤顶，其加载能力不得小于最大试验加载量的 1.2 倍。

2）水平推力的反力可由相邻桩提供。当专门设置反力结构时，其承载能力和刚度应大于试验桩的 1.2 倍。

3）荷载测量及其仪器的技术要求和竖向静载试验一样。水平力作用点宜与实际工程的桩基承台底面标高一致；千斤顶和试验桩接触处应安置球形铰支座，千斤顶作用力应水平通过桩身轴线；当千斤顶与试桩的接触面混凝土不密实或不平整时，应对其进行补强或补平处理。

4）桩的水平位移测量及其仪器的技术要求与竖向静载试验一样。在水平力作用平面的受检桩两侧应对称地安装两个位移计；当测量桩顶转角时，也应在水平力作用平面以上50cm的受检桩两侧对称地安装两个位移计。

5）位移测量的基准点设置不应受试验和其他因素的影响，基准点应设置在与作用力方向垂直且与位移方向相反的试桩侧面，基准点与试桩净距不应小于1倍桩径。

6）测量桩身应变时，各测试断面的测量传感器应沿受力方向对称地布置在远离中性轴的受拉和受压主筋上；埋设传感器的纵剖面与受力方向之间的夹角不得大于10°。地面下10倍桩径（宽）的深度范围内，桩身的主要受力部分应加密测试断面，断面间距不宜超过1倍桩径；超过10倍桩径（宽）的深度，测试断面间距可以加大。

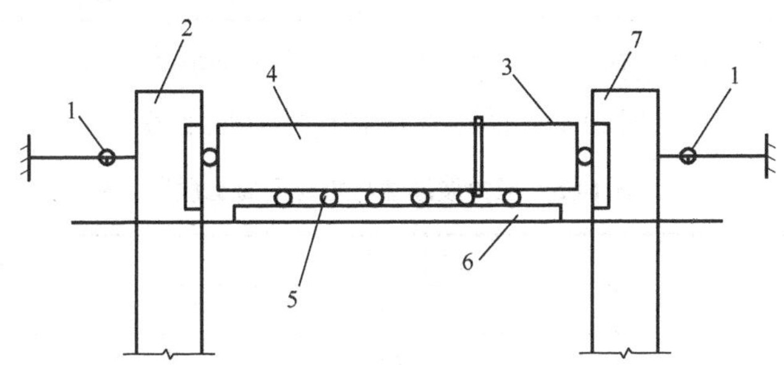

1—百分表；2—桩；3—千斤顶；4—导木；5—钢管；6—垫层；7—试桩。

图10-41 单桩水平荷载试验装置

4. 桩基动力检测

基桩静载试验接近于桩的实际工作条件，是种极为准确可靠的试验方法。但是，试验现场所需要的大吨位的反力装置，也使其成为历时最长、费用最高的一种基桩承载力测试方法。为此，国内外在采用动力检测方法来测试桩的承载能力方面进行了大量试验研究。另外，除评价桩的承载能力外，还需评价桩身完整性，即反映桩身截面尺寸相对变化、桩身材料密实性和连续性的综合定性指标。桩身完整性评价主要采用动力检测方法。根据单桩激振后桩土的相对位移或桩身所产生的应变量大小，动力检测法可分为低应变和高应变两大类。

（1）低应变法

低应变法是指采用低能量瞬态或稳态方式在桩顶激振，实测桩顶部的速度时程曲线，或在实测桩顶部的速度时程曲线的同时，实测桩顶部的力时程曲线，通过波动理论的时域分析或频域分析，对桩身完整性进行判定的检测方法。低应变法适用于检测混凝土桩的桩身完整性，判定桩身缺陷的程度及位置。桩的有效检测桩长范围应通过现场试验确定。低应变法对桩身缺陷程度的判断是定性的，尽管利用实测曲线拟合法分析能给出定量的结果，但由于桩的尺寸效应、测试系统的幅频与相频响应、高频波的弥散、滤波等造成的实测波形畸变，以及桩侧土阻尼、土阻力和桩身阻尼的耦合影响，曲线拟合法还不能达到精确定量的程度。

反射波法是一种低应变检测桩基的方法。其基本原理是：当应力波在一根均匀构件中传播时，其大小不会发生变化，波的传播方向与压缩波中质点的运动方向相同，但与拉伸波中质点的运动方向相反。当桩身某截面出现扩、缩颈或有夹泥截面等情况时，就会引起阻抗的变化，从而使一部分波产生反射并到达桩顶，由安装在桩顶的拾振器记录下来，并借此来判断桩的完整性。从图 10-42 可以看出，完好桩无反射波，但带缺陷的桩基有反射波现象存在。完好桩和缺陷桩的波形有着明显的区别。依据表 10-5 判断桩身混凝土质量。

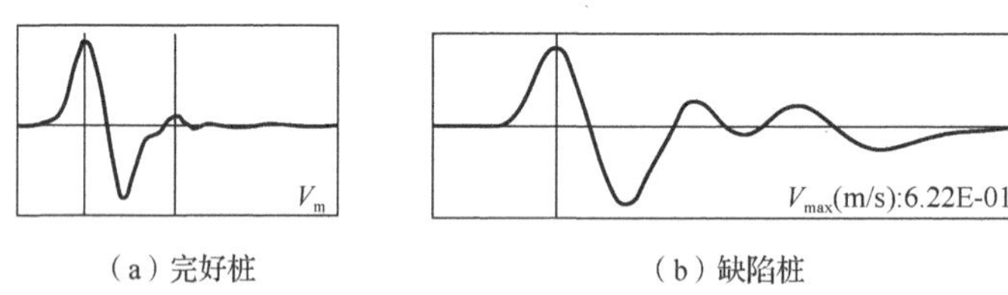

（a）完好桩　　（b）缺陷桩

图 10-42　完好桩和缺陷桩的反射波曲线

表 10-5　应力波波速与桩身混凝土质量

序号	桩身混凝土质量	应力波波速/(m/s)
1	极差	<1920
2	较差	1920～2750
3	可疑	2750～3300
4	良好	3300～4120
5	优良	>4120

（2）高应变法

高应变法是指用重锤冲击桩顶，实测桩顶附近或桩顶部的速度和力时程曲线，通过波动理论分析，对单桩竖向抗压承载力和桩身完整性进行判定的检测方法。由于采用重锤锤击贯入激振，使桩顶产生较大的贯入度，或使桩身产生较大的应变，因此也称为锤击贯入试验法。

高应变法适用于检测基桩的竖向抗压承载力和桩身完整性；监测预制桩打入时的桩身应力和锤击能量传递比，为选择沉桩工艺参数及桩长提供依据。对于大直径扩底桩和预估 $Q\text{-}S$ 曲线具有缓变型特征的大直径灌注桩，不宜采用本方法进行竖向抗压承载力检测。与低应变法检测的快捷、廉价相比，高应变法检测桩身完整性虽然是附带性的，但由于其激励能量和检测有效、深度大的优点，特别在判定桩身水平整合型缝隙、预制桩接头等缺陷时，能够在查明这些“缺陷”是否影响竖向抗压承载力的基础上，合理判定缺陷程度。当然，带有普查性的完整性检测，采用低应变法更为恰当。高应变法测试装置主要由锤击装置、测量装置、记录仪等组成。测试仪器的安装和连接如图 10-43 所示。

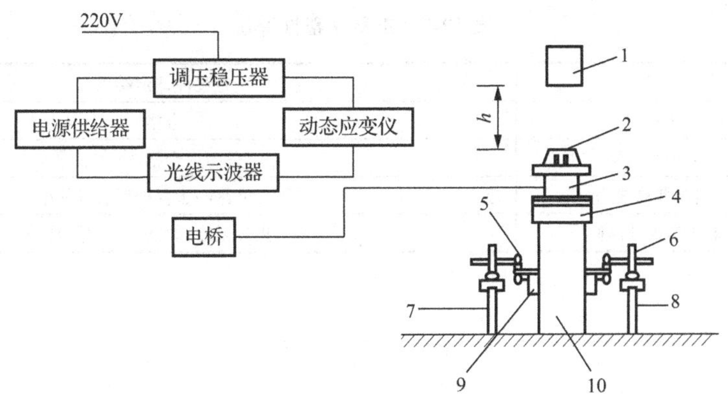

1—重锤；2—桩垫；3—力传感器；4—桩帽；5—百分表；6—表架；7、8—基准桩；9—加速度传感器；10—试桩。

图 10-43 锤击贯入试验装置示意图

高应变法桩身完整性判定如表 10-6 所示，β 值根据缺陷 x 处桩身截面阻抗与 x 以上桩身截面阻抗的比值确定。

表 10-6 高应变法桩身完整性判定

类别	Ⅰ	Ⅱ	Ⅲ	Ⅳ
β 值	1.0	[0.8,1.0)	[0.6,1.0)	(0,0.6)

5. *声波透射法*

根据桩径大小预埋超声检测管（简称声测管），桩径为 0.6～1.0m 时宜埋 2 根管；桩径为 1.0～2.5m 时宜埋 3 根管，按等边三角形布置；桩径为 2.5m 以上时宜埋 4 根管，按正方形布置，如图 10-44 所示。声测管之间应保持平行。声测管宜采用钢管，对于桩身长度小于 15m 的短桩，可用硬质 PVC 塑料管。管的内径宜为 35～50mm，各段声测管宜用外加套管连接并保持通直，管的下端应封闭，上端应加塞子。声测管的埋设深度应与灌注桩的底部齐平，管的上端应高于桩顶表面 300～500mm，同一根桩的声测管外露高度应相同。声测管应牢靠地固定在钢筋笼内侧。对于钢管，每 2m 间距设一个固定点，直接焊在架立筋上；对于 PVC 管，每 lm 间距设一个固定点，应牢固地绑扎在架立筋上。对于无钢筋笼的部位，声测管可用钢筋支架固定。

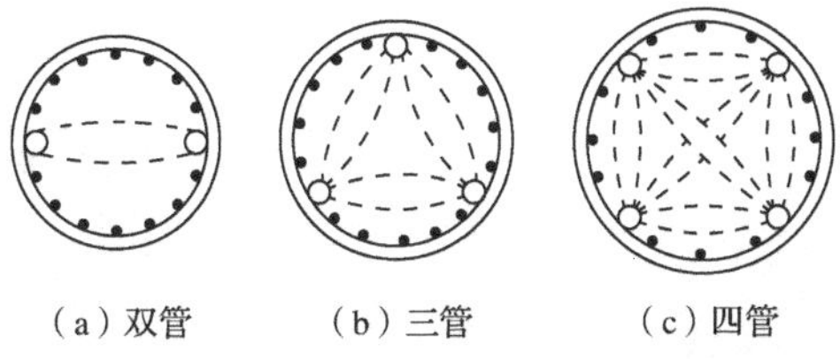

（a）双管　（b）三管　（c）四管

图 10-44 声测管埋设示意图

缺陷的性质应根据各声学参数的变化情况及缺陷的位置和范围进行综合判断，可按表 10-7 评价桩身完整性。

表 10-7　桩身完整性评价

类别	缺陷特征	完整性评定结果
Ⅰ	无缺陷	合格
Ⅱ	局部小缺陷	合格
Ⅲ	局部严重缺陷	不合格。经工程处理后可使用
Ⅳ	断桩等严重缺陷	不合格。报废或通过验证确定是否加固使用

思　考　题

1. 为什么说超声回弹法较回弹法可以更确切地反映混凝土强度？

2. 怎样看混凝土保护层厚度、混凝土碳化深度、混凝土电阻率和混凝土氯离子含量对钢筋混凝土结构中的钢筋锈蚀状态的影响？如何避免这些因素造成钢筋混凝土结构中的钢筋锈蚀？

3. 砌体的无损检测主要包括哪些内容？

4. 如何利用贯入法检测砌体砂浆的强度？在进行检测时需要注意哪些事项？

5. 钢结构的无损检测主要包括哪些内容？

6. 常用的桩基无损检测方法有哪些？有什么区别和联系？

第 11 章　建筑结构鉴定

建筑结构鉴定是通过调查、检测、试验及计算分析，按照相关设计规范和鉴定标准进行的综合评估。现已颁布的鉴定标准主要有《既有建筑鉴定与加固通用规范》(GB 55021—2021)、《工程结构通用规范》（GB 55001—2021）、《建筑结构检测技术标准》（GB/T 50344—2019）、《民用建筑可靠性鉴定标准》（GB 50292—2015）、《工业建筑可靠性鉴定标准》（GB 50144—2019）、《危险房屋鉴定标准》（JGJ 125—2016）、《建筑抗震鉴定标准》（GB 50023—2009）和《火灾后工程结构鉴定标准》（T/CECS 252—2019）等。结构鉴定的目的在于评定建筑结构的质量、性能或损伤原因等，以确保建筑结构的使用性和安全性。

同时，当鉴定原结构、构件在剩余设计工作年限内的安全性时，应按不低于原建造时的荷载规范和设计规范进行验算，如原结构、构件出现过与永久荷载和可变荷载相关的较大变形或损伤，则相关性能指标应按现行规范与标准的规定进行验算。当为结构加固、改变用途或延长工作年限的目的而鉴定原结构、构件的安全性时，应在调查结构上实际作用的荷载及拟新增荷载的基础上，按现行规范与标准的规定进行验算。

11.1　民用建筑可靠性鉴定

11.1.1　鉴定分类

民用建筑可靠性鉴定可分为可靠性鉴定、安全性检查或鉴定、使用性检查或鉴定及专项鉴定四大类，分别适用于不同状况的建筑物。

1）在下列情况下，应进行可靠性鉴定：①建筑物大修前；②建筑物改造或增容、改建或扩建前；③建筑物改变用途或使用环境前；④建筑物达到设计使用年限拟继续使用时；⑤遭受灾害或事故时；⑥存在较严重的质量缺陷或出现较严重的腐蚀、损伤、变形时。

2）在下列情况下，可仅进行安全性检查或鉴定：①各种应急鉴定；②国家法规规定的房屋安全性统一检查；③临时性房屋需延长使用期限；④使用性鉴定中发现安全问题。

3）在下列情况下，可仅进行使用性检查或鉴定：①建筑物使用维护的常规检查；②建筑物有较高舒适度要求。

4）在下列情况下，应进行专项鉴定：①结构的维修改造有专门要求；②结构存在耐久性损伤影响其耐久年限；③结构存在明显的振动影响；④结构需进行长期监测。

11.1.2 可靠性鉴定的对象和内容

民用建筑的鉴定对象可以是整幢建筑或所划分的相对独立的鉴定单元，也可为其中某一子单元或某一构件集，一般流程如图 11-1 所示。主要内容如下。

1）初步调查：图纸及施工资料、建筑物历史、考察现场、填写初步调查表、制定详细调查计划及检测、试验工作大纲，并提出需由委托方完成的准备工作。

2）详细调查：结构体系基本情况勘察；结构使用条件调查核实；地基基础，包括桩基础的调查与检测；材料性能检测分析；承重结构检查；围护系统的安全状况和使用功能调查；易受结构位移、变形影响的管道系统调查。

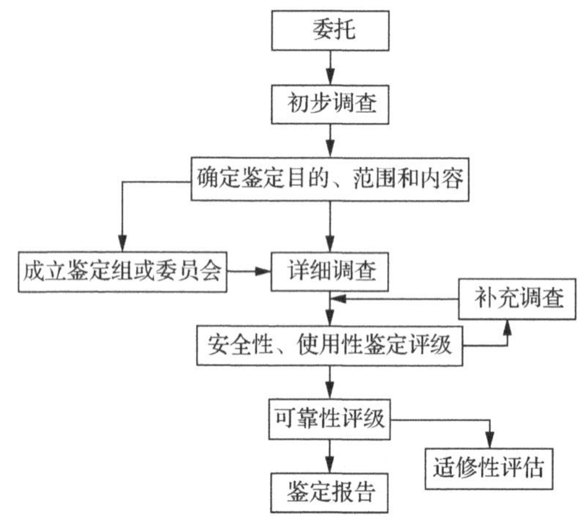

图 11-1 可靠性鉴定一般流程图

11.1.3 可靠性鉴定评级标准

1. 结构鉴定评级

进行建筑结构可靠性鉴定评级时，先将待鉴定结构划分为构件、子单元和鉴定单元 3 个层次，然后按地基基础、上部承重结构和围护系统承重部分对每个层次进行安全性评级（4 个等级）和使用性评级（3 个等级），根据安全性和使用性评定结果，评定每个层次的可靠性等级（4 个等级）。其评级程序如图 11-2 所示。

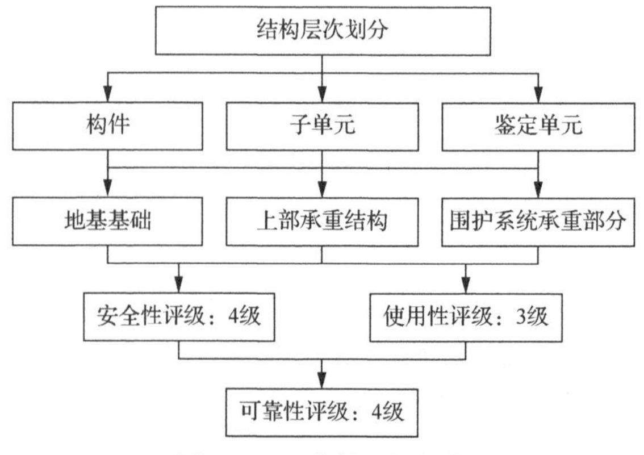

图 11-2 可靠性评级程序

1）可靠性鉴定评级的层次、等级划分及工作内容，具体如表 11-1 所示。

表 11-1　可靠性鉴定评级的层次、等级划分及工作内容

<table>
<tr><td colspan="2">层次</td><td>一</td><td colspan="2">二</td><td>三</td></tr>
<tr><td colspan="2">层名</td><td>构件</td><td colspan="2">子单元</td><td>鉴定单元</td></tr>
<tr><td rowspan="8">安全性鉴定</td><td>等级</td><td>a_u、b_u、c_u、d_u</td><td colspan="2">A_u、B_u、C_u、D_u</td><td>A_{su}、B_{su}、C_{su}、D_{su}</td></tr>
<tr><td rowspan="3">地基基础</td><td>—</td><td>地基变形评级</td><td rowspan="3">地基基础评级</td><td rowspan="7">鉴定单元安全性评级</td></tr>
<tr><td rowspan="2">按同类材料构件各检查项目评定单个基础</td><td>边坡场地稳定性评级</td></tr>
<tr><td>地基承载力评级</td></tr>
<tr><td rowspan="3">上部承重结构</td><td rowspan="2">按承载能力、构造、不适于承载的位移或损伤等检查项目评定单个构件等级</td><td>每种构件集评级</td><td rowspan="3">上部承重结构评级</td></tr>
<tr><td>结构侧向位移评级</td></tr>
<tr><td>—</td><td>按结构布置、支撑、圈梁、结构间连系等检查项目评定结构整体性等级</td></tr>
<tr><td>围护系统承重部分</td><td colspan="3">按上部承重结构检查项目及步骤评定围护系统承重部分各层次安全性等级</td></tr>
<tr><td rowspan="6">使用性鉴定</td><td>等级</td><td>a_s、b_s、c_s</td><td colspan="2">A_s、B_s、C_s</td><td>A_{ss}、B_{ss}、C_{ss}</td></tr>
<tr><td>地基基础</td><td>—</td><td colspan="2">按上部承重结构和围护系统工作状态评估地基基础等级</td><td rowspan="5">鉴定单元正常使用性评级</td></tr>
<tr><td rowspan="2">上部承重结构</td><td rowspan="2">按位移、裂缝、风化、锈蚀等检查项目评定单个构件等级</td><td>每种构件集评级</td><td rowspan="2">上部承重结构评级</td></tr>
<tr><td>结构侧向位移评级</td></tr>
<tr><td rowspan="2">围护系统功能</td><td>—</td><td>按屋面防水、吊顶、墙、门窗、地下防水及其他防护设施等检查项目评定围护系统功能等级</td><td rowspan="2">围护系统评级</td></tr>
<tr><td colspan="2">按上部承重结构检查项目及步骤评定围护系统承重部分各层次使用性等级</td></tr>
<tr><td rowspan="4">可靠性鉴定</td><td>等级</td><td colspan="2">a、b、c、d</td><td>A、B、C、D</td><td>Ⅰ、Ⅱ、Ⅲ、Ⅳ</td></tr>
<tr><td>地基基础</td><td colspan="3" rowspan="3">以同层次安全性和正常使用性评定结果并列表达，或按 GB 50292—2015 规定的原则确定其可靠性等级</td><td rowspan="3">鉴定单元可靠性评级</td></tr>
<tr><td>上部承重结构</td></tr>
<tr><td>围护系统</td></tr>
</table>

注：1．表中地基基础包括桩基和桩；

2．表中使用性鉴定包括适用性鉴定和耐久性鉴定；

3．① 根据构件各检查项目评定结果，确定单个构件等级；

② 根据子单元各检查项目及各构件集的评定结果，确定子单元等级；

③ 根据各子单元的评定结果，确定鉴定单元等级。

2）民用建筑安全性鉴定评级的各层次分级标准，应按表 11-2 的规定采用。

表 11-2　民用建筑安全性鉴定评级的各层次分级标准

层次	鉴定对象	等级	分级标准	处理要求
一	单个构件或其检查项目	a_u	安全性符合 GB 50292—2015 对 a_u 级的规定，具有足够的承载能力	不必采取措施
		b_u	安全性略低于 GB 50292—2015 对 a_u 级的规定，尚不显著影响承载能力	可不采取措施
		c_u	安全性不符合 GB 50292—2015 对 a_u 级的规定，显著影响承载能力	应采取措施
		d_u	安全性不符合 GB 50292—2015 对 a_u 级的规定，已严重影响承载能力	必须及时或立即采取措施

续表

层次	鉴定对象	等级	分级标准	处理要求
二	子单元或子单元中的某种构件集	A_u	安全性符合 GB 50292—2015 对 A_u 级的规定，不影响整体承载	可能有个别一般构件应采取措施
		B_u	安全性略低于 GB 50292—2015 对 A_u 级的规定，尚不显著影响整体承载	可能有极少数构件应采取措施
		C_u	安全性不符合 GB 50292—2015 对 A_u 级的规定，显著影响整体承载	应采取措施，且可能有极少数构件必须立即采取措施
		D_u	安全性极不符合 GB 50292—2015 对 A_u 级的规定，严重影响整体承载	必须立即采取措施
三	鉴定单元	A_{su}	安全性符合 GB 50292—2015 对 A_{su} 级的规定，不影响整体承载	可能有极少数一般构件应采取措施
		B_{su}	安全性略低于 GB 50292—2015 对 A_{su} 级的规定，尚不显著影响整体承载	可能有极少数构件应采取措施
		C_{su}	安全性不符合 GB 50292—2015 对 A_{su} 级的规定，显著影响整体承载	应采取措施，且可能有极少数构件必须及时采取措施
		D_{su}	安全性严重不符合 GB 50292—2015 对 A_{su} 级的规定，严重影响整体承载	必须立即采取措施

3）民用建筑使用性鉴定评级的各层次分级标准，应按表 11-3 的规定采用。

表 11-3　民用建筑使用性鉴定评级的各层次分级标准

层次	鉴定对象	等级	分级标准	处理要求
一	单个构件或其检查项目	a_s	使用性符合 GB 50292—2015 对 a_s 级的规定，具有正常的使用功能	不必采取措施
		b_s	使用性略低于 GB 50292—2015 对 a_s 级的规定，尚不显著影响使用功能	可不采取措施
		c_s	使用性不符合 GB 50292—2015 对 a_s 级的规定，显著影响使用功能	应采取措施
二	子单元或其中某种构件集	A_s	使用性符合 GB 50292—2015 对 A_s 级的规定，不影响整体使用功能	可能有极少数一般构件应采取措施
		B_s	使用性略低于 GB 50292—2015 对 A_s 级的规定，尚不显著影响整体使用功能	可能有极少数构件应采取措施
		C_s	使用性不符合 GB 50292—2015 对 A_s 级的规定，显著影响整体使用功能	应采取措施
三	鉴定单元	A_{ss}	使用性符合 GB 50292—2015 对 A_{ss} 级的规定，不影响整体使用功能	可能有极少数一般构件应采取措施
		B_{ss}	使用性略低于 GB 50292—2015 对 A_{ss} 级的规定，尚不显著影响整体使用功能	可能有极少数构件应采取措施
		C_{ss}	使用性不符合 GB 50292—2015 对 A_{ss} 级的规定，显著影响整体使用功能	应采取措施

注：1. 表中关于“不必采取措施”和“可不采取措施”的规定，仅对使用性鉴定而言，不包括安全性鉴定所要求采取的措施；
2. 当仅对耐久性问题进行专项鉴定时，表中“使用性”可直接改称为“耐久性”。

4）民用建筑可靠性鉴定评级的各层次分级标准，应按表 11-4 的规定采用。

表 11-4　民用建筑可靠性鉴定评级的各层次分级标准

层次	鉴定对象	等级	分级标准	处理要求
一	单个构件	a	可靠性符合 GB 50292—2015 对 a 级的规定，具有正常的承载功能和使用功能	不必采取措施
		b	可靠性略低于 GB 50292—2015 对 a 级的规定，尚不显著影响承载功能和使用功能	可不采取措施
		c	可靠性不符合 GB 50292—2015 对 a 级的规定，显著影响承载功能和使用功能	应采取措施
		d	可靠性极不符合 GB 50292—2015 对 a 级的规定，已严重影响安全	必须及时或立即采取措施

续表

层次	鉴定对象	等级	分级标准	处理要求
二	子单元或其中的某种构件	A	可靠性符合 GB 50292—2015 对 A 级的规定，不影响整体承载功能和使用功能	可能有个别一般构件应采取措施
		B	可靠性略低于 GB 50292—2015 对 A 级的规定，但尚不显著影响整体承载功能和使用功能	可能有极少数构件应采取措施
		C	可靠性不符合 GB 50292—2015 对 A 级的规定，显著影响整体承载功能和使用功能	应采取措施，且可能有极少数构件必须及时采取措施
		D	可靠性极不符合 GB 50292—2015 对 A 级的规定，已严重影响安全	必须及时或立即采取措施
三	鉴定单元	Ⅰ	可靠性符合 GB 50292—2015 对Ⅰ级的规定，不影响整体承载功能和使用功能	可能有极少数一般构件应在安全性或使用性方面采取措施
		Ⅱ	可靠性略低于 GB 50292—2015 对Ⅰ级的规定，尚不显著影响整体承载功能和使用功能	可能有极少数构件应在安全性或使用性方面采取措施
		Ⅲ	可靠性不符合 GB 50292—2015 对Ⅰ级的规定，显著影响整体承载功能和使用功能	应采取措施，且可能有极少数构件必须及时采取措施
		Ⅳ	可靠性极不符合 GB 50292—2015 对Ⅰ级的规定，已严重影响安全	必须及时或立即采取措施

5）民用建筑子单元或鉴定单元适修性评定的分级标准，应按表 11-5 的规定采用。

表 11-5　民用建筑子单元或鉴定单元适修性评定的分级标准

等级	评级标准
A_r	易修，修后功能可达到现行设计标准的要求；所需总费用远低于新建的造价；适修性好，应予修复
B_r	稍难修，但修后尚能恢复或接近恢复原功能；所需总费用不到新建造价的 70%；适修性尚好，宜予修复
C_r	难修，修后需降低使用功能，或限制使用条件，或所需总费用为新建造价的 70%以上；适修性差，是否有保留价值，取决于其重要性和使用要求
D_r	该鉴定对象已严重残损，或修后功能极差，已无利用价值，或所需总费用接近甚至超过新建造价，适修性很差；除文物、历史、艺术及纪念性建筑外，宜予拆除重建

2. 构件鉴定评级

（1）构件的安全性鉴定评级

如表 11-6 所示，构件的安全性鉴定评级应根据构件的不同种类，按照构件的承载力、构造和不适于继续承载的变形及裂缝进行鉴定评级，取其中最低的一级作为该构件的安全性等级。

表 11-6　构件安全性鉴定评级的检查项目

构件种类	检查项目				
混凝土结构构件	承载能力	构造	不适于承载的位移或变形	裂缝或其他损伤	—
钢结构构件	承载能力	构造	不适于承载的位移、变形或锈蚀	—	—
砌体结构构件	承载能力	构造	不适于承载的位移	裂缝或其他损伤	—
木结构构件	承载能力	构造	不适于承载的位移或变形	裂缝	危险性的腐朽和虫蛀

（2）构件的正常使用性鉴定评级

如表 11-7 所示，对于建筑构件正常使用性的鉴定评级，应根据结构构件的不同种类，按照构件的位移、裂缝（锈蚀）检查项目进行鉴定评级，取其中最低的一级作为该构件的正常使用性等级。

表 11-7　构件正常使用性鉴定评级的检查项目

构件种类	检查项目			
混凝土结构构件	位移或变形	裂缝	缺陷	损伤
钢结构构件	位移或变形	缺陷	锈蚀或腐蚀	—
砌体结构构件	位移	非受力裂缝	腐蚀	—
木结构构件	位移	干缩裂缝	初期腐朽	—

3. 子单元鉴定评级

（1）子单元安全性鉴定评级

子单元安全性鉴定评级属于民用建筑安全性的第二层次鉴定评级，应按地基基础、上部承重结构和围护系统承重部分进行鉴定评级。

1）地基基础。地基基础的安全性鉴定包括地基、桩基和斜坡 3 个检查项目，如表 11-8 所示。一般情况下，宜根据地基、桩基沉降观测资料，以及不均匀沉降在上部结构中反应的检查结果进行鉴定评级；当需对地基、桩基的承载力进行鉴定评级时，应以岩土工程勘察档案和有关检测资料为依据进行评定；对建造在斜坡场地上的建筑物，应根据历史资料和实地勘察结果，对边坡场地的稳定性进行评级。

表 11-8　地基基础安全性评级标准

级别	不均匀沉降与沉降裂缝	地基基础承载力	边坡场地稳定性
A_u 级	不均匀沉降小于规范允许沉降差；建筑物无沉降裂缝、变形或位移	地基基础承载力符合现行国家标准的规定	建筑场地地基稳定，无滑动迹象及滑动史
B_u 级	不均匀沉降不大于规范允许沉降差，且连续两个月地基沉降量小于每月 2mm；建筑物的上部结构虽有轻微裂缝，但无发展迹象	地基基础承载力符合现行国家标准的规定	建筑场地地基在历史上曾有过局部滑动，经治理后已停止滑动，且近期评估表明，在一般情况下，不会再滑动
C_u 级	不均匀沉降大于规范允许沉降差；或连续两个月地基沉降量大于每月 2mm；或建筑物上部结构砌体部分出现宽度大于 5mm 的沉降裂缝，预制构件连接部位可能出现宽度大于 1mm 的沉降裂缝，且沉降裂缝短期内无终止趋势	地基基础承载力不符合现行国家标准的规定	建筑场地地基在历史上发生过滑动，目前虽已停止滑动，但若触动诱发因素，今后仍有可能再滑动
D_u 级	不均匀沉降远大于现行规范允许沉降差；连续两个月地基沉降量大于每月 2mm，且尚有变快趋势；或建筑物上部结构的沉降裂缝发展显著；砌体的裂缝宽度大于 10mm；预制构件连接部位的裂缝宽度大于 3mm；现浇结构个别部分也已开始出现沉降裂缝	地基基础承载力不符合现行国家标准的规定	建筑场地地基在历史上发生过滑动，目前又有滑动或滑动迹象

2）上部承重结构。上部承重结构的安全性鉴定评级，应根据其构件集安全性等级、结构的整体性等级和结构侧向位移安全等级进行评定。

上部承重结构构件集安全性等级评定标准如表 11-9 所示，结构整体牢固性等级评定标准如表 11-10 所示，结构侧向位移安全等级评定标准如表 11-11 所示。

表 11-9　上部承重结构构件集安全性等级评定标准

等级	主要构件集		一般构件集	
	多高层建筑	单层建筑	多高层建筑	单层建筑
A_u 级	该构件集内，不含 c_u 级和 d_u 级，可含 b_u 级，但含量不应多于 25%	该构件集内，不含 c_u 级和 d_u 级，可含 b_u 级，但含量不应多于 30%	该构件集内，不含 c_u 级和 d_u 级，可含 b_u 级，但含量不应多于 30%	该构件集内，不含 c_u 级和 d_u 级，可含 b_u 级，但含量不应多于 35%
B_u 级	该构件集内，不含 d_u 级；可含 c_u 级，但含量不应多于 15%	该构件集内，不含 d_u 级，可含 c_u 级，但含量不应多于 20%	该构件集内，不含 d_u 级；可含 c_u 级，但含量不应多于 20%	该构件集内，不含 d_u 级；可含 c_u 级，但含量不应多于 25%
C_u 级	该构件集内，可含 c_u 级和 d_u 级；若仅含 c_u 级，其含量不应多于 40%；若仅含 d_u 级，其含量不应多于 10%；若同时含有 c_u 级和 d_u 级，c_u 级含量不应多于 25%；d_u 级含量不应多于 3%	该构件集内，可含 c_u 级和 d_u 级；若仅含 c_u 级，其含量不应多于 50%；若仅含 d_u 级，其含量不应多于 15%；若同时含有 c_u 级和 d_u 级，c_u 级含量不应多于 30%；d_u 级含量不应多于 5%	该构件集内，可含 c_u 级和 d_u 级，但 c_u 级含量不应多于 40%；d_u 级含量不应多于 10%	该构件集内，可含 c_u 级和 d_u 级，但 c_u 级含量不应多于 50%；d_u 级含量不应多于 15%
D_u 级	该构件集内，c_u 级或 d_u 级含量多于 C_u 级的规定数	该构件集内，c_u 级和 d_u 级含量多于 C_u 级的规定数	该构件集内，c_u 级或 d_u 级含量多于 C_u 级的规定数	该构件集内，c_u 级和 d_u 级含量多于 C_u 级的规定数

表 11-10　上部承重结构整体牢固性等级评定标准

检查项目	A_u 级或 B_u 级	C_u 级或 D_u 级
结构布置及构造	布置合理，形成完整的体系，且结构选型及传力路线设计正确，符合现行设计规范要求	布置不合理，存在薄弱环节，未形成完整的体系；或结构选型、传力路线设计不当，不符合现行设计规范要求，或结构产生明显振动
支撑系统或其他抗侧力系统的构造	构件长细比及连接构造符合现行设计规范要求，形成完整的支撑系统，无明显残损或施工缺陷，能传递各种侧向作用	构件长细比或连接构造不符合现行设计规范要求，未形成完整的支撑系统，或构件连接已失效或有严重缺陷，不能传递各种侧向作用
结构、构件间的联系	设计合理、无疏漏；锚固、拉结、连接方式正确、可靠，无松动变形或其他残损	设计不合理，多处疏漏；或锚固、拉结、连接不当，或已松动变形，或已残损
砌体结构中圈梁及构造柱的布置与构造	布置正确，截面尺寸、配筋及材料强度等符合现行设计规范要求，无裂缝或其他残损，能起封闭系统作用	布置不当，截面尺寸、配筋及材料强度不符合现行设计规范要求，已开裂，或有其他残损，或不能起封闭系统作用

表 11-11　上部承重结构侧向位移安全等级评定标准

<table>
<tr><td rowspan="2">检查项目</td><td colspan="4" rowspan="2">结构类别</td><td>顶点位移</td><td>层间位移</td></tr>
<tr><td>C_u 级或 D_u 级</td><td>C_u 级或 D_u 级</td></tr>
<tr><td rowspan="11">结构平面内的侧向位移/mm</td><td rowspan="4">混凝土结构或钢结构</td><td colspan="3">单层建筑</td><td>$>H/150$</td><td>—</td></tr>
<tr><td colspan="3">多层建筑</td><td>$>H/200$</td><td>$>H_i/150$</td></tr>
<tr><td rowspan="2">高层建筑</td><td colspan="2">框架</td><td>$>H/250$ 或>300mm</td><td>$>H_i/150$</td></tr>
<tr><td colspan="2">框架剪力墙</td><td>$>H/300$ 或>400mm</td><td>$>H_i/250$</td></tr>
<tr><td rowspan="7">砌体结构</td><td rowspan="4">单层建筑</td><td rowspan="2">墙</td><td>$H\leq 7$m</td><td>$>H/250$</td><td>—</td></tr>
<tr><td>$H>7$m</td><td>$>H/300$</td><td>—</td></tr>
<tr><td rowspan="2">柱</td><td>$H\leq 7$m</td><td>$>H/300$</td><td>—</td></tr>
<tr><td>$H>7$m</td><td>$>H/330$</td><td>—</td></tr>
<tr><td rowspan="3">多层建筑</td><td rowspan="2">墙</td><td>$H\leq 10$m</td><td>$>H/300$</td><td rowspan="2">$>H_i/300$</td></tr>
<tr><td>$H>10$m</td><td>$>H/330$</td></tr>
<tr><td>柱</td><td>$H\leq 10$m</td><td>$>H/330$</td><td>$>H_i/330$</td></tr>
<tr><td colspan="5">单层排架平面外侧倾</td><td>$>H/350$</td><td>—</td></tr>
</table>

注：表中 H 为结构顶点高度；H_i 为第 i 层的层间高度。墙包括带壁柱墙。

3）围护系统的承重部分。围护系统承重部分的安全性，应根据该系统专设的和参与该系统工作的各种构件的安全性等级，以及该部分结构整体性的安全性等级进行评定。

（2）子单元正常使用性鉴定评级

子单元正常使用性鉴定评级属于民用建筑正常使用性的第二层次鉴定评级，应按地基基础、上部承重结构和围护系统进行鉴定评级。

1）地基基础。地基基础的正常使用性，可根据其上部承重结构或围护系统的工作状态进行评估。

① 当上部承重结构和围护系统的使用性检查未发现问题，或所发现问题与地基基础无关时，可根据实际情况认定为 A_s 级或 B_s 级。

② 当在上部承重结构或围护系统中发现的问题与地基基础有关时，可根据上部承重结构和围护系统所评的等级，取其中较低的一级作为地基基础的使用性等级。

2）上部承重结构。上部承重结构子单元的使用性鉴定评级，应根据其所含各种构件集的使用性等级和结构的侧向位移等级评定，必要时还应对结构的振动影响进行评估。

① 当评定一种构件集的使用性等级时，应按下列规定评级。

a．对单层房屋，以计算单元中每种构件集为评定对象。

b．对多层和高层房屋，允许随机抽取若干层为代表层进行评定。

② 代表层的选择应符合规范规定：在计算单元或代表层中，评定一种构件集的使用性等级时，应根据该层或该种构件集中每一受检构件的评定结果，按下列规定评级。

a．A_s 级，在该构件集内，不含 c_s 级构件，可含 b_s 级构件，但含量不多于 25%～35%。

b．B_s 级，在该构件集内，可含 c_s 级构件，但含量不多于 20%～25%。

c．C_s 级，在该构件集内，c_s 级含量多于 B_s 级的规定数。

③ 上部结构使用功能的等级，应根据计算单元或代表层所评的等级，按下列规定进行确定。

a．A_s 级，不含 C_s 级的计算单元或代表层，可含 B_s 级，但含量不宜多于 30%。

b．B_s 级，可含 C_s 级的计算单元或代表层，但含量不多于 20%。

c．C_s 级，在该计算单元或代表层中，C_s 级含量多于 B_s 级的规定值。

结构侧向位移等级评定标准如表 11-12 所示。

表 11-12　结构侧向位移等级评定标准

检查项目	结构类型		位移限值		
			A_s 级	B_s 级	C_s 级
钢筋混凝土结构或钢结构的侧向位移	多层框架	层间	$\leqslant H_i/500$	$\leqslant H_i/400$	$>H_i/400$
		结构顶点	$\leqslant H/600$	$\leqslant H/500$	$>H/500$
	高层框架	层间	$\leqslant H_i/600$	$\leqslant H_i/500$	$>H_i/500$
		结构顶点	$\leqslant H/700$	$\leqslant H/600$	$>H/600$
	框架-剪力墙框架-筒体	层间	$\leqslant H_i/800$	$\leqslant H_i/700$	$>H_i/700$
		结构顶点	$\leqslant H/900$	$\leqslant H/800$	$>H/800$
	筒中筒 剪力墙	层间	$\leqslant H_i/950$	$\leqslant H_i/850$	$>H_i/850$
		结构顶点	$\leqslant H/1100$	$\leqslant H/900$	$>H/900$

续表

检查项目	结构类型		位移限值		
			A_s级	B_s级	C_s级
砌体结构侧向位移	以墙承重的多层房屋	层间	$\leqslant H_i/550$	$\leqslant H_i/450$	$>H_i/450$
		结构顶点	$\leqslant H/650$	$\leqslant H/550$	$>H/550$
	以柱承重的多层房屋	层间	$\leqslant H_i/600$	$\leqslant H_i/500$	$>H_i/500$
		结构顶点	$\leqslant H/700$	$\leqslant H/600$	$>H/600$

注：表中 H 为结构顶点高度；H_i 为第 i 层的层间高度。

3）围护系统。围护系统使用等级的评定标准如表 11-13 所示。

表 11-13　围护结构使用等级的评定标准

检查项目	A_s级	B_s级	C_s级
屋面防水	防水构造及排水设施完好，无老化、渗漏及排水不畅的迹象	构造设施基本完好，或略有老化迹象，但尚未渗漏或积水	构造设施不当或已损坏，或有渗漏，或积水
吊顶	构造合理，外观完好，建筑功能符合设计要求	构造稍有缺陷，或有轻微变形或裂纹，或建筑功能略低于设计要求	构造不当或已损坏，或建筑功能不符合设计要求，或出现有碍外观的下垂
非承重内墙	构造合理，与主体结构有可靠联系，无可见位移，面层完好，建筑功能符合设计要求	略低于 A_s级要求，但尚不显著影响其使用功能	已开裂、变形，或已破损，或使用功能不符合设计要求
外墙	墙体及其面层外观完好，无开裂、变形；墙脚无潮湿迹象；墙厚符合节能要求	略低于 A_s级要求，但尚不显著影响其使用功能	不符合 A_s级要求，且已显著影响其使用功能
门窗	外观完好，密封性符合设计要求，无剪切变形迹象，开闭或推动自如	略低于 A_s级要求，但尚不显著影响其使用功能	门窗构件或其连接已损坏，或密封性差，或有剪切变形，已显著影响其使用功能
地下防水	完好，且防水功能符合设计要求	基本完好，局部可能有潮湿迹象，但不渗漏	有不同程度损坏或有渗漏
其他防护设施	完好，且防护功能符合设计要求	有轻微缺陷，但尚不显著影响其使用功能	有损坏，或防护功能不符合设计要求

4. 鉴定单元鉴定评级

（1）安全性评级

民用建筑鉴定单元的安全性鉴定评级，应根据地基基础、上部承重结构和围护系统承重部分的安全性等级，依据下列原则确定。

1）一般情况下，鉴定单元安全性等级取地基基础和上部承重结构的较低等级。

2）对于评为 A_{su} 级或 B_{su} 级，但围护系统承重部分的等级为 C_u 级或 D_u 级时，可根据实际情况降低一级或二级，但不得低于 C_u 级。

3）对于存在下列情况的，可直接评定为 D_{su} 级建筑：建筑物处于有危房的建筑群中，且直接受到其威胁；建筑朝一方向倾斜，且速度开始变快。

4）建筑动力特性与原先记录或理论分析的计算值相比有明显变化的，例如，建筑物基本周期显著变长或基本频率显著下降，或建筑物振型有明显改变或振幅分布无规律，可以判断其承重结构可能有异常，应进一步检查、鉴定和评级。

（2）使用性评级

民用建筑鉴定单元的正常使用性鉴定评级，应根据地基基础、上部承重结构和围护系统的使用性等级，以及建筑结构整体的使用功能进行评定。一般情况下取 3 个子单元中最低的等级作为鉴定单元的使用性等级。对于评为 A_{ss} 级或 B_{ss} 级的单元，若存在以下情况，宜将所评等级降为 C_{ss} 级。

1）房屋内外装修已大部分老化或残损。

2）房屋管道、设备需全部更换。

11.1.4 可靠性及适修性评级

1. 可靠性

民用建筑的可靠性鉴定，按构件、子单元、鉴定单元 3 个层次，以安全性和正常使用性的鉴定结构为依据进行。若不要求给出可靠性等级，则各层次的可靠性可采取直接列出其安全性等级和使用性等级的形式表明。若需要给出各层次的可靠性等级，则可按下列原则确定：

1）当该层次安全性等级低于 b_u 级、B_u 级或 B_{su} 级时，应按安全性等级确定。

2）除上述情形外，可按安全性等级和正常使用性等级中的较低等级确定。

3）当考虑鉴定对象的重要性和特殊性时，允许对评定结果做不大于一级的调整。

在民用建筑可靠性鉴定过程中，当委托方要求对 C_{su} 级和 D_{su} 级的鉴定单元，或 C_u 级和 D_u 级的子单元提出处理建议时，宜对其适修性进行评估。

2. 适修性

1）在民用建筑可靠性鉴定中，当委托方要求对 C_{su} 级和 D_{su} 级鉴定单元，或 C_{su} 级和 D_{su} 级子单元（或其中某种构件集）的处理提出建议时，宜对其适修性进行评估。

2）有文物、历史、艺术价值或有纪念意义的建筑物，不进行适修性评估，应予以修复或保存。

11.2 工业建筑可靠性鉴定

11.2.1 鉴定分类

鉴定对象可以是工业建（构）筑物整体或所划分的相对独立的鉴定单元，也可是结构系统或结构。鉴定目标使用年限应根据工业建筑的使用历史、当前的技术状况和今后的维修使用计划，由委托方和鉴定方共同商定。对鉴定对象的不同鉴定单元，可确定不同的目标使用年限。

1）在下列情况下，应进行可靠性鉴定：①达到设计使用年限拟继续使用；②用途或使用环境改变；③进行改造或增容、改建或扩建；④遭受灾害或事故；⑤存在较严重的质量缺陷或者较严重的腐蚀、损伤、变形。

2）在下列情况下，宜进行可靠性鉴定：①使用维护中需要进行常规检测鉴定；②需要进行较大规模维修；③其他需要掌握结构可靠性水平时。

3）在下列情况下，宜进行专项鉴定：①结构进行维修改造有专门要求；②结构存在耐久性损伤影响其耐久年限；③结构存在疲劳问题影响其疲劳寿命；④结构存在明显振动影响；⑤结构需要进行长期监测。

4）在下列情况下，可仅进行安全性鉴定：①各种应急鉴定；②国家法规规定的安全性鉴定；③临时性建筑需延长使用期限。

11.2.2 鉴定评级标准

工业建筑物的可靠性鉴定评级，应划分为构件（包括构件本身和构件之间的连接件）、结构系统、鉴定单元 3 个层次。其中，结构系统和构件两个层次的鉴定评级应包括安全性等级评定和使用性等级评定，需要时可由此综合评定其可靠性等级。各层次的等级应按表 11-14 规定的评定项目分层次进行评定。当不要求评定可靠性等级时，可直接给出安全性评定结果和正常使用性评定结果。专项鉴定的鉴定程序可按可靠性鉴定程序执行，但鉴定程序的工作内容应符合专项鉴定的要求。

表 11-14 工业建筑可靠性鉴定评级的层次、等级划分及项目内容

<table>
<tr><td>层次</td><td>Ⅰ</td><td colspan="3">Ⅱ</td><td>Ⅲ</td></tr>
<tr><td>层名</td><td>鉴定单元</td><td colspan="3">结构系统</td><td>构件</td></tr>
<tr><td rowspan="12">可靠性鉴定</td><td>一、二、三、四</td><td rowspan="6">安全性评定</td><td colspan="2">A、B、C、D</td><td>a、b、c、d</td></tr>
<tr><td rowspan="11">建筑物整体或某一区段</td><td rowspan="2">地基基础</td><td>地基变形斜坡稳定性</td><td rowspan="5">承载能力构造和连接</td></tr>
<tr><td>承载功能</td></tr>
<tr><td rowspan="2">上部承重结构</td><td>整体性</td></tr>
<tr><td>承载功能</td></tr>
<tr><td>围护结构</td><td>承载功能/构造连接</td></tr>
<tr><td rowspan="6">使用性评定</td><td colspan="2">A、B、C</td><td>a、b、c</td></tr>
<tr><td>地基基础</td><td>影响上部结构正常使用的地基变形</td><td rowspan="5">变形或偏差/裂缝/缺陷和损伤/腐蚀/老化</td></tr>
<tr><td rowspan="2">上部承重结构</td><td>使用状况/使用功能</td></tr>
<tr><td>位移或变形</td></tr>
<tr><td>围护系统</td><td>使用状况/使用功能</td></tr>
</table>

注：1. 工业建筑结构整体或局部有明显不利影响的振动、耐久性损伤、腐蚀、变形时，应考虑其对上部承重结构安全性、使用性的影响进行评定。

2. 构筑物由于结构形式多样，其特殊功能结构系统可靠性评定应按规定进行，但应符合本表的评级层次和分级原则。

1. 工业建筑构件的可靠性鉴定评级

1）构件的安全性评级标准应符合表 11-15 的规定。

表 11-15　构件的安全性评级标准

级别	分级标准	是否采取措施
a 级	符合国家现行标准的安全性要求，安全	不必采取措施
b 级	略低于国家现行标准的安全性要求，不影响安全	可不采取措施
c 级	不符合国家现行标准的安全性要求，影响安全	应采取措施
d 级	极不符合国家现行标准的安全性要求，已严重影响安全	必须立即采取措施

2）构件的使用性评级标准应符合表 11-16 的规定。

表 11-16　构件的使用性评级标准

级别	分级标准	是否采取措施
a 级	符合国家现行标准的正常使用要求，在目标使用年限内能正常使用	不必采取措施
b 级	略低于国家现行标准的正常使用要求，在目标使用年限内尚不明显影响正常使用	可不采取措施
c 级	不符合国家现行标准的正常使用要求，在目标使用年限内明显影响正常使用	应采取措施

3）构件的可靠性评级标准应符合表 11-17 的规定。

表 11-17　构件的可靠性评级标准

级别	分级标准	是否采取措施
a 级	符合国家现行标准的可靠性要求，安全适用	不必采取措施
b 级	略低于国家现行标准的可靠性要求，能安全适用	可不采取措施
c 级	不符合国家现行标准的可靠性要求，影响安全，或影响正常使用	应采取措施
d 级	极不符合国家现行标准的可靠性要求，已严重影响安全	必须立即采取措施

2. 工业建筑结构的可靠性鉴定评级

1）结构系统的安全性评级标准应符合表 11-18 的规定。

表 11-18　结构系统的安全性评级标准

级别	分级标准	是否采取措施
A 级	符合国家现行标准的安全性要求，不影响整体安全	不必采取措施或有个别次要构件宜采取适当措施
B 级	略低于国家现行标准的安全性要求，尚不明显影响整体安全	可不采取措施或有极少数构件应采取措施
C 级	不符合国家现行标准的安全性要求，影响整体安全	应采取措施或有极少数构件应立即采取措施
D 级	极不符合国家现行标准的安全性要求，已严重影响整体安全	必须立即采取措施

2）结构系统的使用性评级标准应符合表 11-19 的规定。

表 11-19　结构系统的使用性评级标准

级别	分级标准	是否采取措施
A 级	符合国家现行标准的正常使用要求，在目标使用年限内不影响整体正常使用	不必采取措施或有个别次要构件宜采取适当措施
B 级	略低于国家现行标准的正常使用要求，在目标使用年限内尚不明显影响整体正常使用	可能有少数构件应采取措施
C 级	不符合国家现行标准的正常使用要求，在目标使用年限内明显影响整体正常使用	应采取措施

3）结构系统的可靠性评级标准应符合表 11-20 的规定。

表 11-20　结构系统的可靠性评级标准

级别	分级标准	是否采取措施
A 级	符合国家现行标准的可靠性要求，不影响整体安全，可正常使用	不必采取措施或有个别次要构件宜采取适当措施
B 级	略低于国家现行标准的可靠性要求，尚不明显影响整体安全，不影响正常使用	可不采取措施或有极少数构件应采取措施
C 级	不符合国家现行标准的可靠性要求，或影响整体安全，或影响正常使用	应采取措施，或有极少数构件应立即采取措施
D 级	极不符合国家现行标准的可靠性要求，已严重影响整体安全，不能正常使用	必须立即采取措施

3. 工业建筑鉴定单元的可靠性鉴定评级

1）鉴定单元的安全性评级标准应符合表 11-21 的规定。

表 11-21　鉴定单元的安全性评级标准

级别	分级标准	是否采取措施
一级	符合国家现行标准的安全性要求，不影响整体安全	可不采取措施或有极少数次要部件宜采取适当措施
二级	略低于国家现行标准的安全性要求，尚不明显影响整体安全	可有极少数构件应采取措施
三级	不符合国家现行标准的安全性要求，影响整体安全	应采取措施，可能有极少数构件应立即采取措施
四级	极不符合国家现行标准的安全性要求，已严重影响整体安全	必须立即采取措施

2）鉴定单元的使用性评级标准应符合表 11-22 的规定。

表 11-22　鉴定单元的使用性评级标准

级别	分级标准	是否采取措施
一级	符合国家现行标准的正常使用要求，在目标使用年限内不影响整体正常使用	不必采取措施或有极少数次要构件宜采取适当措施
二级	略低于国家现行标准的正常使用要求，在目标使用年限内尚不明显影响整体正常使用	可有少数构件应采取措施
三级	不符合国家现行标准的正常使用要求，在目标使用年限内明显影响整体正常使用	应采取措施

11.3　危险房屋鉴定

11.3.1　鉴定程序及方法

1. 鉴定程序

房屋危险性鉴定应根据委托要求确定鉴定范围和内容。鉴定实施前应调查、收集和分析房屋原始资料，并进行现场查勘，制定检测鉴定方案，根据检测鉴定方案对房屋现状进行现场检测，必要时应采用仪器测试、结构分析和验算。房屋危险性等级评定应在对调查、查勘、检测、验算的数据资料进行全面分析的基础上进行综合评定。应按《危险房屋鉴定标准》(JGJ 125—2016)相关规定出具鉴定报告，提出原则性的处理建议。

2. 鉴定方法

房屋危险性鉴定应根据地基危险性状态和基础及上部结构的危险性等级按下列两阶段进行综合评定。

1）第一阶段为地基危险性鉴定，评定房屋地基的危险性状态。

2）第二阶段为基础及上部结构危险性鉴定，综合评定房屋的危险性等级。基础及上部结构危险性鉴定应按下列三层次进行。

① 第一层次为构件危险性鉴定，其等级评定为危险构件和非危险构件两类。

② 第二层次为楼层危险性鉴定，其等级评定为 A_u、B_u、C_u、D_u 四个等级。

③ 第三层次为房屋危险性鉴定，其等级评定为 A、B、C、D 四个等级。

11.3.2 地基危险性鉴定

地基的危险性鉴定包括地基承载能力、地基沉降、土体位移等内容。

需对地基进行承载力验算时，应通过地质勘察报告等资料来确定地基土层分布及各土层的力学特性，同时宜根据建造时间确定地基承载力提高的影响，地基承载力提高系数可按现行国家标准《建筑抗震鉴定标准》(GB 50023—2009）相应规定取值。

地基危险性状态鉴定应符合下列规定：

1）可通过分析房屋近期沉降、倾斜观测资料和其上部结构因不均匀沉降引起的反应的检查结果进行判定。

2）必要时宜通过地质勘察报告等资料对地基的状态进行分析和判断，缺乏地质勘察资料时，宜补充地质勘察。

11.3.3 构件危险性鉴定

当构件同时符合下列条件时，可直接评定为非危险构件。

1）构件未受结构性改变、修复或用途及使用条件改变的影响。

2）构件无明显的开裂、变形等损坏。

3）构件工作正常，无安全性问题。

构件的危险性鉴定应包括构件的承载能力、构造与连接、裂缝和变形等内容。具体如下：

1. 基础构件

基础构件的危险性鉴定可通过分析房屋近期沉降、倾斜观测资料和其因不均匀沉降引起上部结构反应的检查结果进行判定。判定时，应检查基础与承重砖墙连接处的水平、竖向和斜向阶梯形裂缝状况，基础与框架柱根部连接处的水平裂缝状况，房屋的倾斜位移状况，地基滑坡、稳定、特殊土质变形和开裂状况等。必要时宜结合开挖方式对基础构件进行检测，通过验算承载力进行判定。

2. 砌体结构构件

1）查明不同类型构件的构造连接部位状况。
2）查明纵横墙交接处的斜向或竖向裂缝状况。
3）查明承重墙体的变形、裂缝和拆改状况。
4）查明拱脚裂缝和位移状况，以及圈梁和构造柱的完损情况。
5）确定裂缝宽度、长度、深度、走向、数量及分布，并观测裂缝的发展趋势。

3. 混凝土结构构件

1）查明墙、柱、梁、板及屋架的受力裂缝和钢筋锈蚀状况。
2）查明柱根和柱顶的裂缝状况。
3）查明屋架倾斜及支撑系统的稳定情况。

4. 钢结构构件

1）查明各连接节点的焊缝、螺栓及铆钉状况。
2）查明钢柱与梁的连接形式及支撑杆件、柱脚与基础连接部位的损坏情况。
3）查明钢屋架杆件弯曲、截面扭曲、节点板弯折状况和钢屋架挠度、侧向倾斜等偏差状况。

5. 木结构构件

1）查明腐朽、虫蛀、木材缺陷、节点连接、构造缺陷、下挠变形及偏心失稳情况。
2）查明木屋架端节点受剪面裂缝状况。
3）查明屋架的平面外变形及屋盖支撑系统的稳定情况。

11.3.4 房屋危险性鉴定

房屋危险性鉴定应根据被鉴定房屋的结构形式和构造特点，按其危险程度和影响范围进行鉴定。根据房屋的危险程度可进行下列等级划分。

A 级：无危险构件，房屋结构能满足安全使用要求。

B 级：个别结构构件评定为危险构件，但不影响主体结构安全，基本能满足安全使用要求。

C 级：部分承重结构不能满足安全使用要求，房屋局部处于危险状态，构成局部危房。

D 级：承重结构已不能满足安全使用要求，房屋整体处于危险状态，构成整幢危房。

综合评定原则：房屋危险性鉴定应以房屋的地基、基础及上部结构构件的危险性程度的判定为基础，结合下列因素进行全面分析和综合判断。

1）各危险构件的损伤程度。
2）危险构件在整幢房屋中的重要性、数量和比例。
3）危险构件相互间的关联作用及对房屋整体稳定性的影响。
4）周围环境、使用情况和人为因素对房屋结构整体的影响。
5）房屋结构的可修复性。

11.4 建筑抗震鉴定

11.4.1 建筑抗震鉴定的基本规定

既有建筑应按《建筑工程抗震设防分类标准》（GB 50223—2008）分为4类，其抗震措施核查和抗震验算的综合鉴定应符合下列要求。

丙类：应按本地区设防烈度的要求核查其抗震措施并进行抗震验算。

乙类：6～8度时应按比本地区设防烈度高一度的要求核查其抗震措施，9度时应适当提高要求；抗震验算应按不低于本地区设防烈度的要求采用。

甲类：应经专门研究，按不低于乙类的要求核查其抗震措施，抗震验算应按高于本地区设防烈度的要求采用。

丁类：7～9度时，应允许按比本地区设防烈度低一度的要求核查其抗震措施，抗震验算应允许比本地区设防烈度适当降低要求；6度时应允许不做抗震鉴定。

既有建筑的抗震鉴定应包括下列内容及要求。

1）搜集建筑的勘察报告、施工和竣工验收的相关原始资料；当资料不全时，应根据鉴定的需要进行补充实测。

2）调查建筑现状与原始资料相符合的程度、施工质量和维护状况，发现相关的非抗震缺陷。

3）根据各类建筑结构的特点、结构布置、构造和抗震承载力等因素，采用相应的逐级鉴定方法，进行综合抗震能力分析。

4）对既有建筑整体抗震性能作出评价，对符合抗震鉴定要求的建筑应说明其后续使用年限，对不符合抗震鉴定要求的建筑提出相应的抗震减灾对策和处理意见。

抗震鉴定分为两级。第一级鉴定应以宏观控制和构造鉴定为主进行综合评价，第二级鉴定应以抗震验算为主结合构造影响进行综合评价。

A类建筑的抗震鉴定，当符合第一级鉴定的各项要求时，建筑可评为满足抗震鉴定要求，不再进行第二级鉴定；当不符合第一级鉴定要求时，除GB 50023—2009各章有明确规定的情况外，应由第二级鉴定作出判断。

B类建筑的抗震鉴定，应先检查其抗震措施和现有抗震承载力，再作出判断。当抗震措施不满足鉴定要求而现有抗震承载力较高时，可通过构造影响系数进行综合抗震能力的评定；当抗震措施鉴定满足要求时，主要抗侧力构件的抗震承载力不低于规定的95%，次要抗侧力构件的抗震承载力不低于规定的90%，也可不做加固处理。

C类建筑的抗震鉴定，按现行国家标准《建筑抗震设计标准》（2024年版）（GB/T 50011—2010）的要求进行抗震鉴定。

对不符合鉴定要求的建筑，可根据其不符合要求的程度、部位对结构整体抗震性能影响的大小，以及有关的非抗震缺陷等实际情况，结合使用要求、城市规划和加固难易等因素的分析，通过技术经济比较，提出相应的维修、加固、改造或更新等抗震减灾对策。

11.4.2　场地、地基和基础

1. 场地

6 度、7 度时，对建造于对抗震有利地段的建筑，可不进行场地对建筑影响的抗震鉴定。

对建造于危险地段的既有建筑，应结合规划更新（迁离）；暂时不能更新的，应进行专门研究，并采取应急的安全措施。

7～9 度时，建筑场地为条状突出山嘴、高耸孤立山丘、非岩石和强风化岩石陡坡、河岸和边坡的边缘等不利地段，应对其地震稳定性、地基滑移及可能危害进行评估；非岩石和强风化岩石陡坡的坡度及建筑场地与坡脚的高度差均较大时，应估算局部地形导致其地震影响增大的后果。建筑场地有液化侧向扩展且距常时水线 100m 范围内，应判明液化后土体流滑与开裂的危险。

2. 地基和基础

地基基础现状的鉴定，应着重调查上部结构有无不均匀沉降裂缝和倾斜，基础有无腐蚀、酥碱、松散和剥落，以及上部结构的裂缝、倾斜有无发展趋势。

丁类建筑；地基主要受力层范围内不存在软弱土、饱和砂土和饱和粉土或严重不均匀土层的乙类、丙类建筑；6 度时的各类建筑；7 度时，地基基础现状无严重静载缺陷的乙类、丙类建筑可不进行其地基基础的抗震鉴定。

对地基基础现状进行鉴定时，当基础无腐蚀、酥碱、松散和剥落，上部结构无不均匀沉降裂缝和倾斜，或虽有裂缝、倾斜但不严重且无发展趋势，该地基基础可评为无严重静载缺陷。

存在软弱土、饱和砂土和饱和粉土的地基基础，应根据烈度、场地类别、建筑现状和基础类型，进行液化、震陷及抗震承载力的两级鉴定。符合第一级鉴定的规定时，应评为地基符合抗震要求，不再进行第二级鉴定。

对于静载下已出现严重缺陷的地基基础，应审核其静载下的承载力。

同一建筑单元存在不同类型基础或基础埋深不同时，宜根据地震时可能产生的不利影响，估算地震导致两部分地基的差异沉降，检查基础抵抗差异沉降的能力，并检查上部结构相应部位的构造抵抗附加地震作用和差异沉降的能力。

11.4.3　多层砌体房屋

对于多层砌体房屋的抗震鉴定，房屋的高度和层数、抗震墙的厚度和间距、墙体实际达到的砂浆强度等级和砌筑质量、墙体交接处的连接、女儿墙、楼梯间和出屋面烟囱等易倒塌伤人的部位应重点检查；7～9 度时，还应检查墙体布置的规则性，楼、屋盖处的圈梁，楼、屋盖与墙体的连接构造等。

多层砌体房屋的外观和内在质量应符合下列要求：墙体不空鼓、无严重酥碱和明显歪闪；支承大梁、屋架的墙体无竖向裂缝，承重墙、自承重墙及其交接处无明显裂缝；木楼、屋盖构件无明显变形、腐朽、蚁蚀和严重开裂；混凝土构件符合有关规定。

现有砌体房屋的抗震鉴定，应按房屋高度和层数、结构体系的合理性、墙体材料的实际强度、房屋整体性连接构造的可靠性、局部易损易倒部位构件自身及其与主体结构连接构造的可靠性，以及墙体抗震承载力的综合分析，对整幢房屋的抗震能力进行鉴定。

当砌体房屋层数超过规定时，应评为不满足抗震鉴定要求；当仅有出入口和人流通道处的女儿墙、出屋面烟囱等不符合规定时，应评为局部不满足抗震鉴定要求。

A 类砌体房屋应进行两级综合抗震能力鉴定。在第一级鉴定中，墙体的抗震承载力应依据纵、横墙间距进行简化和验算，当符合第一级鉴定的各项规定时，应评为满足抗震鉴定要求；不符合第一级鉴定要求时，除有明确规定的情况外，应在第二级鉴定中采用综合抗震能力指数法，计入构造影响作出判断。进行第二级鉴定时，应根据房屋不符合第一级鉴定的具体情况，分别采用楼层平均抗震能力指数方法、楼层综合抗震能力指数方法和墙段综合抗震能力指数方法。

B 类砌体房屋，在对其整体性连接构造的检查中应包括构造柱的设置情况，墙体的抗震承载力应采用现行国家标准《建筑抗震设计标准》（2024 年版）（GB/T 50011—2010）的底部剪力法等方法进行验算，或按照 A 类砌体房屋计入构造影响进行综合抗震能力的评定。

11.4.4 多层及高层混凝土房屋

多层及高层混凝土房屋抗震鉴定适用于现浇及装配整体式钢筋混凝土框架（包括填充墙框架）、框架-抗震墙及抗震墙结构。其最大高度（或层数）应符合下列规定：A 类建筑抗震鉴定时，房屋的总层数不超过 10 层；B 类建筑抗震鉴定时，房屋适用的最大高度应符合表 11-23 的要求，对不规则结构、有框支层抗震墙结构或Ⅳ类场地上的结构，适用的最大高度应适当降低。

表 11-23 B 类现浇钢筋混凝土房屋适用的最大高度 （单位：m）

结构类型	烈度			
	6	7	8	9
框架结构	同非抗震设计	55	45	25
框架-抗震墙结构		120	100	50
抗震墙结构		120	100	60
框支抗震墙结构	120	100	80	不应采用

钢筋混凝土房屋的外观和内在质量宜符合下列要求：梁、柱及其节点的混凝土仅有少量微小开裂或局部剥落；钢筋无露筋、锈蚀；填充墙无明显开裂或与框架脱开；主体结构构件无明显变形、倾斜或歪扭。现有钢筋混凝土房屋的抗震鉴定，应按结构体系的合理性、结构构件材料的实际强度、结构构件的纵向钢筋和横向箍筋的配置、结构构件连接的可靠性、填充墙等与主体结构的拉结构造及构件抗震承载力的综合分析，对整幢房屋的抗震能力进行鉴定，并依据其设防烈度重点检查下列薄弱部位。

1）6 度时，应检查局部易掉落伤人的构件、部件及楼梯间非结构构件的连接构造。

2）7 度时，除应按 1）检查外，还应检查梁柱节点的连接方式、框架跨数及不同结构体系之间的连接构造。

3）8、9 度时，除应按 1）、2）检查外，还应检查梁、柱的配筋，材料强度，各构件间的连接，结构布置的规则性，短柱分布，使用荷载的大小和分布等。

当梁柱节点构造和框架跨数不符合规定时，应评为不满足抗震鉴定要求；当仅有出入口、人流通道处的填充墙不符合规定时，应评为局部不满足抗震鉴定要求。

A 类钢筋混凝土房屋应进行两级综合抗震能力鉴定。当符合第一级鉴定的各项规定时，除 9 度外应允许不进行抗震验算而评为满足抗震鉴定要求；不符合第一级鉴定的要求且非 9 度时，除有明确规定的情况外，应在第二级鉴定中采用屈服强度系数法和综合抗震能力指数法作出判断。

B 类钢筋混凝土房屋应根据所属的抗震等级进行结构布置和构造检查，并通过内力调整进行抗震承载力验算；或按照 A 类钢筋混凝土房屋计入构造影响对综合抗震能力进行评定。

建筑抗震鉴定还包括内框架和底层框架砖房、单层钢筋混凝土柱厂房、单层砖柱厂房、空旷厂房、木结构和土石墙房屋、烟囱和水塔等，在此不再一一详述。

11.5　火灾后工程鉴定

11.5.1　鉴定程序

火灾后的工程结构鉴定，一般按图 11-3 所示流程进行。

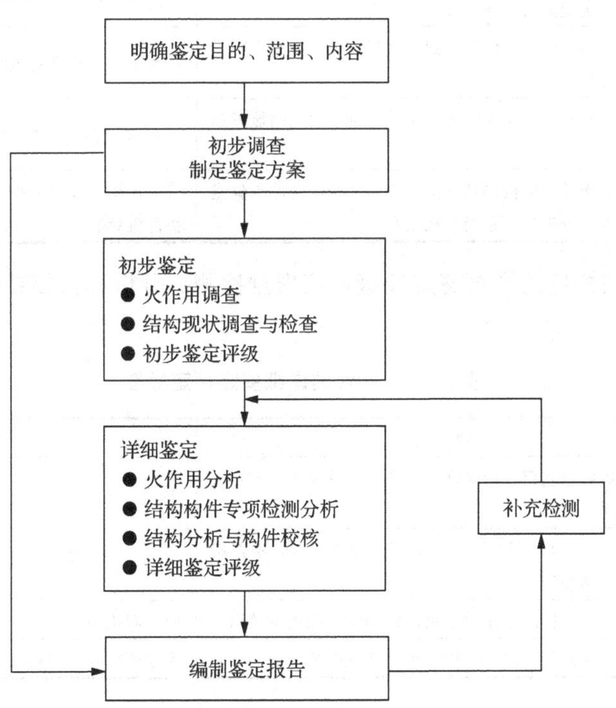

图 11-3　火灾后工程结构鉴定流程

火灾后工程结构鉴定应分为初步鉴定和详细鉴定两阶段。初步鉴定应以构件的宏观检查评估为主，详细鉴定应以安全性分析为主，如表 11-24 所示。

表 11-24　火灾后工程结构鉴定

初步鉴定	详细鉴定
1）通过火作用调查，初步判断结构在火灾中所承受的温度范围和作用时间，包括调查火灾过程、火场残留物状况及火灾影响区域等。 2）结构现状调查与检查应调查结构构件受火灾的损伤程度，包括烧灼及温度损伤状态和特征等。 3）初步鉴定评级应根据结构构件损伤特征进行，对于不需要进行详细鉴定的结构，可根据初步鉴定结果直接编制鉴定报告	1）火作用分析应根据火作用调查与检测结果，进行结构构件过火温度分析。结构构件过火温度分析应包括推定火灾温度过程及温度分布，推断火灾对结构的作用温度及分布范围，判断构件受火温度。 2）结构构件专项检测分析应根据详细鉴定的需要，对受火与未受火结构构件的材质性能、结构变形、节点连接、结构构件承载能力等进行专项检测分析。 3）结构分析与构件校核应根据受火结构材质特性、几何参数、受力特征和调查与检测结果，进行结构分析计算和构件校核。 4）详细鉴定评级应根据受火后的结构分析计算和构件校核分析结果，按国家现行标准规定进行结构整体的安全性鉴定评级或可靠性鉴定评级

火灾后工程结构构件的初步鉴定评级，应根据构件的烧灼损伤程度按表 11-25 的规定评定。

表 11-25　构件的初步鉴定评级标准

级别	烧灼损伤程度	应对措施
Ⅰ	未遭受烧灼作用，未发现火灾及高温造成的损伤，构件材料、性能及安全状况未受到火灾影响	不必采取措施
$Ⅱ_a$	轻微烧灼，未发现火灾及高温造成的损伤，构件材料、性能及安全状况受火灾影响不大	可不采取措施或仅采取提高耐久性的措施
$Ⅱ_b$	轻度烧灼，构件材料及性能受到轻度影响，火灾尚不明显影响构件安全	应采取提高耐久性或局部处理和外观修复措施
Ⅲ	中度烧灼，构件材料及性能受到明显影响，火灾明显影响构件安全	应采取加固或局部更换措施
Ⅳ	严重烧灼或破坏，结构倒塌或构件塌落，结构构件承载能力丧失或大部分丧失，危及结构安全	应立即进行安全防护，并采取彻底加固、更换或拆除的措施

火灾后工程结构构件的详细鉴定评级，应根据检测、分析和校核结果，按表 11-26 的规定评定。

表 11-26　构件的详细鉴定评定标准

级别	分级标准	应对措施
a	未受到火灾影响且符合国家现行标准安全性要求，安全，可正常使用	不必采取措施
b	受火灾影响，或略低于国家现行标准安全性要求，不影响安全，可正常使用	宜采取适当措施
c	不符合国家现行标准安全性要求，影响安全和正常使用	应采取措施
d	极不符合国家现行标准安全性要求，严重影响安全	应立即加固、更换或拆除

11.5.2　火作用调查与分析

火作用调查与分析宜包括火作用调查、火场温度分布推断、构件表面温度及结构内部温度推断。

1）火作用调查应包括下列内容。

① 火灾过程调查，包括起火时间、部位、蔓延路径，燃烧特点和持续时间，灭火过程及措施等。

② 火灾荷载调查，包括可燃物种类、特性、数量、分布等。

③ 火场环境调查，包括消防措施、燃烧环境、通风条件，受火墙体及楼盖的热传导特性等。

④ 火场残留物状况调查，包括火场残留物种类及烧损状况等。

⑤ 火灾影响区域调查与确定，应根据火灾过程、现场残留物状况及结构外观烧损状况综合判定。

2）火场温度分布应根据火灾调查、结构表面状况、火灾荷载及火场残留物状况、火灾燃烧时间、通风条件、灭火过程等综合分析推断。

3）结构构件表面温度及结构内部温度和作用范围可根据构件表面的颜色和油漆，还可根据爆裂、剥落、开裂程度、锤击反应声音、形态和碳化情况等推断。

11.5.3 结构构件现状检测

结构构件现状检测应包括烧灼损伤状况检查、温度作用损伤检查和结构材料性能检测，具体如表 11-27 所示。

表 11-27 结构构件现状检测内容

类别	检测内容
混凝土结构构件	构件颜色、裂损情况、锤击反应、混凝土脱落及露筋情况、受力钢筋与混凝土黏结状况、变形、混凝土及钢筋材料性能等。预应力混凝土结构构件检测还包括预应力锚具和预应力筋历经温度等
钢结构构件	涂装与防火保护层、构件开裂情况、局部变形、整体变形、连接损伤情况、材料性能等
砌体结构构件	外观损伤情况、构件裂缝情况、结构变形、材料性能等
木结构构件	构件外观损伤情况、防火保护层开裂情况、连接板残余变形、螺栓滑移构件变形、剩余有效截面尺寸等
钢-混组合结构构件	除混凝土结构构件和钢结构构件检测内容外，还包括混凝土与型钢之间的连接情况等

1）结构构件烧灼损伤状况检查应符合下列规定。

① 对于直接暴露于火焰或高温烟气的结构构件，应全数检查烧灼损伤部位。

② 对于次要构件或连接，可采用外观目测、锤击回声、探针、开挖探槽（孔）、超声等方法检查。

③ 对于重要构件或连接，宜通过材料微观分析判断。

2）结构构件温度作用损伤检查应符合下列规定。

① 对于承受温度应力作用的结构构件及连接节点，应检查结构构件及连接节点的变形、裂损状况。

② 对于不便观察或仅通过观察难以发现问题的结构构件，可辅以温度应力分析判断。

3）结构材料性能检测应符合下列规定：

① 火灾后结构材料的性能将要发生明显改变时，应通过抽样检验或模拟试验确定材料的性能指标。

② 对于烧灼程度特征明显、材料性能对结构性能影响敏感程度较低，且火灾前材料性能明确的结构材料，可根据温度场推定结构材料的性能指标，并通过取样检验修正。

11.6 建筑结构鉴定实例

11.6.1 民用建筑可靠性鉴定实例1——钢筋混凝土框架结构

1. 工程概况及鉴定内容

本工程为幼儿园的四层现浇钢筋混凝土框架结构。每层层高均为 3.0m，房屋总高度约为 12.45m，建筑面积约为 680m^2，于 2016 年建成。地处抗震设防烈度 6 度区（0.05g），抗震设防类别为重点设防类（乙类），框架抗震等级为三级，属 C 类建筑。本次鉴定的后续工作年限为 50 年。为了解结构安全状况和使用情况，开展可靠性及抗震鉴定。

2. 现场检测内容与检测结果

1）建筑、结构布置及使用功能调查

本工程框架双向拉通，结构传力路线清晰，可形成完整系统。现装修工程施工尚未完成。外墙为 200mm 厚蒸压加气混凝土砌块墙，内墙及各层卫生间隔墙分别为 200mm、120mm 厚混凝土多孔砖砌体墙，斜屋面不上人，铺设刚性屋面。

（2）结构构件工作状态检查

1）地基基础工作状态：本工程设计采用预应力管桩基础，经现场检查，基础周边地面未见明显沉陷、开裂，上部结构未见因基础不均匀沉降引起的明显裂缝。

2）上部结构外观与内在质量：框架柱、梁、板构件及其连接未见明显变形及裂缝；填充墙、门窗等围护结构及装饰装修构件未见明显开裂、变形等异常状况。

3）上部承重结构侧向位移量测：实测最大侧向位移为 H/971，各测点侧向位移均未超过规范限值 H/200，且各测点侧向位移方向无明显一致性。

（3）上部结构构件施工质量检测

本工程施工内业资料较为完整，包括混凝土开盘鉴定、钢筋工程报验申请表、钢筋加工工程检验批质量验收记录、钢筋隐蔽工程验收记录、预应力管桩桩尖焊接及电焊接桩隐蔽工程验收记录等。根据上述资料，本工程预应力管桩贯入深度、桩尖焊接及电焊接桩焊接质量符合设计及施工规范要求，主体结构钢筋配置满足设计要求。现场检测对上部结构构件尺寸、混凝土强度、主筋、箍筋及拉结筋分布等进行抽检验证，均符合规范要求。

3. 结构验算与分析

根据检测数据并结合设计施工图进行复核验算，框架柱、梁承载能力可满足规范要求。在多遇地震作用下，楼层 X 向、Y 向的最大弹性层间位移角分别为 1/1721 和 1/1912，均满足规范限值 1/550 的要求。

4. 建筑物可靠性鉴定评级

（1）地基基础子单元

本工程采用预应力管桩基础，现场检查室内及建筑周边地面未见明显沉陷、开裂，各测点侧向位移均未超过规范限值 $H/200$，上部结构构件未见明显不均匀沉降裂缝。因此，地基基础子单元安全性等级评定为 A_u 级，正常使用性等级评定为 A_s 级，可靠性等级评定为 A 级。

（2）上部承重结构子单元

1）安全性等级。经现场检查，框架柱、梁构件及其连接节点状况良好。根据现场检测数据，结合设计施工图进行复核验算，框架柱、梁、板构件承载能力满足规范要求。本工程各层结构主要构件集及一般构件集的安全性等级均评定为 A_u 级；根据各层结构主要构件集及一般构件集的安全性等级评定结果，各层的层安全性等级均评定为 A_u 级；根据各层的层安全性等级评定结果，本工程上部结构承载功能的安全性等级评定为 A_u 级；本工程采用现浇钢筋混凝土框架结构，框架双向基本拉通，结构传力路线清晰，可形成完整系统。结构整体性等级评定为 A_u 级；实测最大侧向位移为 $H/971$，各测点侧向位移均未超过规范多层混凝土结构建筑不适于承载的顶点位移限值 $H/200$。结构侧向位移等级评定为 A_u 级。

综合考虑承载功能等级、结构整体性等级及结构侧向位移等级的评定结果，上部承重结构子单元安全性等级评定为 A_u 级。

2）使用性等级。经现场检查，各层混凝土结构构件工作状态未见明显变形、裂缝、缺陷和损伤等异常。本工程各层钢筋混凝土结构构件集的使用性等级均评定为 A_s 级；根据各层结构构件集的使用性等级评定结果，各层的使用性等级均评定为 A_s 级；根据各层的使用性等级评定结果，本工程上部结构使用功能等级评定为 A_s 级。实测最大层间侧向位移为 $H/971$，该侧向位移值未超过多层钢筋混凝土结构顶点位移 A_s 级限值 $H/600$，结构的侧向位移等级评定为 A_s 级。

综合考虑上部结构使用功能和结构侧向位移所评等级，上部承重结构子单元使用性等级评定为 A_s 级。

3）可靠性等级。根据安全性等级和使用性等级的评定结果，本工程上部承重结构子单元可靠性等级评定为 A 级。

（3）围护系统子单元

本工程围护结构构件工作状态未见明显异常。围护系统子单元安全性等级评定为 A_u 级，使用性等级评定为 A_s 级，可靠性等级评定为 A 级。

综上所述，根据地基基础、上部承重结构、围护系统各子单元评定结果，本工程结构安全性等级评定为 A_{su} 级，使用性等级评定为 A_{ss} 级，可靠性等级评定为 I 级。

5. 抗震性能评估

本工程采用现浇钢筋混凝土多跨框架结构体系，框架双向布置，可形成完整系统，结构传力路线清晰。框架柱、梁构件的截面尺寸、混凝土强度、箍筋加密区长度与平均间距、柱轴压比、填充墙体与框架柱间拉结筋平均间距等抗震构造措施可满足规范要求。经复核验算，框架柱、梁抗震承载能力满足规范要求。在多遇地震作用下，楼层 X 向、Y 向的最大弹性层间位移角计算值分别为 1/1721 和 1/1912，未超过规范限值 1/550。以上表明本工程综合抗震能力满足要求。

6. 结论

根据现场调查、检测、验算分析数据，可靠性等级评定为 I 级，即可靠性符合鉴定标准的要求，不影响整体承载功能和使用功能。本工程综合抗震能力评为满足规范要求。

11.6.2 民用建筑可靠性鉴定实例 2——砌体结构

1. 工程概况及鉴定内容

本工程为四层（局部五层）混合结构职工宿舍楼。原结构于 1990 年建成，经现场调查，现状建筑、结构于 1995 年扩建一～三层（6-8）-（G-H）轴及一层（13-17）-（G-H）轴，其余建筑、结构平面布置与原设计基本相符。采用浆砌毛石基础，上部结构分别采用 240mm 厚、180mm 厚烧结普通砖墙及（14）-（G）轴、（16）-（A）轴钢筋混凝土柱共同承重，楼、屋盖为现浇钢筋混凝土结构，各层层高均为 2.8m，房屋高度为 11.3m，建筑面积约为 1199m^2。地处抗震设防烈度 6 度区（0.05g），抗震设防类别为标准设防类，本工程在《建筑抗震设计规范》（GBJ 11—1989）[已作废，现行标准为《建筑抗震设计标准》（2024 年版）（GB/T 50011—2010）] 正式执行前设计建造，属 A 类建筑，本次鉴定的后续工作年限按 20 年考虑。为了解结构安全状况，开展结构安全性鉴定。

2. 现场检测内容与检测结果

（1）建筑、结构布置及使用功能调查

经现场调查，现状建筑、结构平面布置存在以下主要变更：一层、二层、四层、五层（16）-（B-F）轴增设门洞，尺寸为 800mm×2200mm；三层（16-18）-（B-F）轴增设卫生间；1995 年扩建一～三层（6-8）-（G-H）轴及一层（13-17）-（G-H）轴，现作为客厅使用。其余各层建筑、结构平面布置与原设计基本相符。外墙、内墙抹白灰面层，屋面不上人，铺设琉璃瓦。

（2）结构构件工作状态检查

1）地基基础检查。本工程设计采用浆砌毛石基础，现（H）轴室外排水沟局部破损，其余室外排水沟工作状态未见明显异常。对（6-8）-（H）轴基础局部开挖检查，毛石基础局部松动、砌筑砂浆不饱满，基础现状工作状态如图 11-4 所示；对（18-20）-（A）轴基础局部开挖检查，毛石基础未见明显松动，砌筑砂浆较为饱满，基础现状工作状态如图 11-5 所示。受现场地下管道限制，（6-8）-（H）轴基础未能开挖至地基对持力层现状进行检查。

图 11-4　（6-8）-（H）轴基础现状

图 11-5　（18-20）-（A）轴基础现状

2）上部结构外观与内在质量。

承重墙体：1Q-（14-17）-（H）、1Q-（17）-（G-H）、3Q-（9）-（G-H）墙体渗水、霉变，如图 11-6 所示；各层（6）-（H）轴、（8）-（H）轴及一层（13）-（H）轴、（17）-（H）轴新旧墙体连接处未咬槎砌筑，如图 11-7 所示；其余承重墙体未见明显开裂、变形等异常。

钢筋混凝土构件：2B-（14-17）-（G-H）、WB-（1-2）-（E-H）开裂、渗水，根据裂缝形态与位置分析，为非受力裂缝，裂缝宽度最大测度值分别约为 0.24mm、0.30mm，未超过规范限值要求，如图 11-8 所示；其余钢筋混凝土柱、梁、板构件及其连接未见明显变形及裂缝。

围护结构及装饰、装修：（13）-（A-B）轴屋面琉璃瓦垫层开裂，如图 11-9 所示；（20）-（G-H）轴挑檐局部残损，如图 11-10 所示；（1-2）-（E-H）轴、（9-12）-（G-H）轴、（18-20）-（G-H）轴区域烟囱局部残损、粉刷层剥落，如图 11-11 所示；其余围护结构构件及装饰、装修工作状态未见明显异常。

图 11-6　墙体渗水、霉变

图 11-7　轴新旧墙体连接处未咬槎砌筑

图 11-8　开裂 W_{max}≈0.24mm

图 11-9　屋面琉璃瓦垫层开裂

图 11-10　挑檐局部残损

图 11-11　烟囱局部残损、粉刷层剥落

3）上部承重结构侧向位移。实测最大侧向位移为 H_i/156，部分测点侧向位移超过规范限值 H_i/300，其中（A）轴、（B）轴及（18-20）-（H）轴等墙体出现较大的局部倾斜。

（3）砖砌体抗压强度检测

1）砌筑砂浆抗压强度：依据《贯入法检测砌筑砂浆抗压强度技术规程》（JGJ/T 136—2017），实测砌筑砂浆抗压强度推定值为 1.1MPa，达不到设计标号 25#的要求。

2）砖抗压强度：依据《砌体工程现场检测技术标准》（GB/T 50315—2011），实测砖抗压强度推定等级为 MU7.5，达到设计标号 75#的要求。

3. 结构静力验算与分析

根据现场检测数据并结合测绘图纸，进行复核验算分析。一层、二层少数墙段及三层个别墙段受压承载力不满足规范要求，其余各层墙段受压承载力、局部受压和高厚比均满足规范要求。

4. 结构安全性鉴定评级（不考虑抗震性能）

（1）地基基础子单元

本工程于 1990 年建成，上部结构未见明显不均匀沉降裂缝，但部分测点侧向位移超过规范限值 H_i/300，其中（A）轴、（B）轴及（18-20）-（H）轴等墙体出现较大的局部倾斜。经开挖检查，（6-8）-（H）轴毛石基础局部松动、砌筑砂浆不饱满。按不均匀沉降在上部结构中的反应检查结果，结合毛石基础工作状态，本工程地基基础子单元安全性等级评定为 C_u 级。

（2）上部承重结构子单元

1）结构承载功能等级。

砌体构件集：一层、二层少数墙段及三层个别墙段受压承载力不满足规范要求，其余各层墙段受压承载力、局部受压和高厚比均满足规范要求，少数墙体渗水、霉变。根据以上调查情况，一层、二层砌体结构主要构件集的安全性等级评定为 C_u 级，三～五层砌体结构主要构件集的安全性等级评定为 B_u 级。

钢筋混凝土柱主要构件集：本工程钢筋混凝土柱构件工作状态未见明显异常，各层钢筋混凝土柱主要构件集的安全性等级评定为 B_u 级。

钢筋混凝土梁主要构件集：本工程钢筋混凝土梁构件工作状态未见明显异常，各层钢筋混凝土梁主要构件集的安全性等级评定为 B_u 级。

钢筋混凝土板一般构件集：个别楼板开裂、渗水，裂缝宽度尚未超过规范限值，其余板构件未见明显开裂、变形等异常。各层钢筋混凝土板一般构件集的安全性等级评定为 B_u 级。

根据各层砌体结构主要构件、钢筋混凝土结构主要构件集及一般构件集的安全性等级评定结果，一层、二层的层安全性等级评定为 C_u 级，三～五层的层安全性等级评定为 B_u 级。

根据各层的层安全性等级评定结果，上部结构承载功能的安全性等级评定为 C_u 级。

2）结构整体性等级。本工程四层、五层（14）-（F-G）轴墙体布置未闭合，各层（6）-（H）轴、（8）-（H）轴及一层（13）-（H）轴、（17）-（H）轴新旧墙体连接处未咬槎砌筑。结构整体性等级评定为 B_u 级。

3）结构侧向位移等级。实测最大侧向位移为 H_i/156，部分测点侧向位移超过规范限值 H_i/300，其中（A）轴、（B）轴及（18-20）-（H）轴等墙体出现较大的局部倾斜，结构侧向位移等级评定为 C_u 级。

综合考虑承载功能等级、结构整体性等级及结构侧向位移等级的评定结果，上部承重结构子单元安全性等级评定为 C_u 级。

（3）围护系统承重部分子单元

经现场检查，屋面局部琉璃瓦垫层开裂，挑檐局部残损，烟囱局部残损、粉刷层剥落，其余围护结构构件未见明显裂缝、变形等异常。围护系统承重部分子单元安全性等级评定为 C_u 级。

综合考虑地基基础、上部承重结构及围护系统承重部分安全性等级评定结果，本工程安全性等级评定为 C_{su} 级。

5. 抗震性能评估

（1）场地、地基和基础

本工程地处抗震设防烈度 6 度区（0.05g），可不进行场地对建筑影响的抗震鉴定。根据结构安全性鉴定结果，地基基础子单元安全性等级评定为 C_u 级，应予加固处理，由此表明本工程地基基础不满足鉴定标准要求。

（2）上部结构（第一级鉴定）

1）房屋外观和内在质量：本工程实测最大侧向位移为 H_i/156，部分测点侧向位移超过规范限值 H_i/300，其中（A）轴、（B）轴及（18-20）-（H）轴等墙体出现较大的局部倾斜，也存在个别墙体渗水、霉变，个别楼板开裂、渗水，屋面局部琉璃瓦垫层开裂，挑檐局部残损，烟囱局部残损、粉刷层剥落。不满足鉴定标准要求。

2）房屋层数和高度：本工程为四层（局部五层）混合结构，房屋高度为 11.3m，满足规范限值五层、16.0m 的鉴定要求。

3）结构体系：本工程横墙最大间距为 4m，满足规范限值 13m 的要求；房屋的高度与宽度之比满足鉴定标准不宜大于 2.2 的要求；高度均不大于底层平面的最长尺寸。满足鉴定标准要求。

4）实际材料强度：实测砖抗压强度推定等级为 MU7.5，满足鉴定标准规定的最低强度等级 MU7.5 的要求。砌筑砂浆抗压强度推定值为 1.1MPa，满足鉴定标准规定的最低强度等级 M0.4 的要求。砖强度推定等级不低于砌筑砂浆强度等级。满足鉴定标准要求。

5）整体性连接构造：本工程各层均设置圈梁，但四层、五层（14）-（F-G）轴墙体布置未闭合，各层（6）-（H）轴、（8）-（H）轴及一层（13）-（H）轴、（17）-（H）轴新旧墙体连接处未咬槎砌筑。房屋外观和内在质量整体性连接构造不满足鉴定标准要求。

（3）抗震鉴定结论

本工程地基基础、房屋外观及内在质量、整体性连接构造不满足鉴定要求，评为综合抗震能力不满足鉴定标准要求。

6. 结论及建议

经现场调查、勘测，本工程结构安全性等级评定为C_{su}级，综合抗震能力评为不满足规范要求。建议请具有相应资质的单位进行加固设计与施工。

11.6.3 工业建筑可靠性鉴定实例——单层钢结构厂房

1. 工程概况及鉴定内容

某仓库为单层双坡双跨封闭式门式刚架结构，采用钢筋混凝土柱下独立基础，现状结构沿纵向布置11榀双坡双跨刚架，（11）-（B-C）轴跨度为15.5m，其余各轴跨度均为21.4m。室内外高度差为1.2m，房屋檐口高度为9.30m，屋脊高度为11.44m，建筑面积为2962.8m^2。外墙标高±0.00m以下采用200mm厚加气混凝土砌块砌筑，其上围护外墙及屋面均采用压型钢板及冷弯薄壁型钢檩条。为了解结构安全状况，开展工业建筑可靠性鉴定。

2. 现场检测内容与检测结果

（1）建筑、结构布置、支撑系统及使用条件调查

本工程为单层双坡双跨封闭式门式刚架轻型钢结构。经现场调查、勘测，现状（B）轴填充墙由混凝土多孔砖墙变为轻钢龙骨轻质隔墙，（B）轴门洞位置由两端开间变更至（4-5）-（B）轴，其余现状建筑布置、钢柱、钢梁布置、柱网尺寸及层高与设计基本相符。现状结构沿纵向布置11榀双坡双跨刚架，（11）-（B-C）轴跨度为15.5m，其余各轴跨度均为21.4m，（1-2）轴刚架榀距为7.0m，（2-10）轴刚架榀距为6.95m，（10-11）轴刚架榀距为6.0m。室内外高度差为1.2m，房屋檐口高度为9.3m，屋脊高度为11.44m。横向结构由钢柱、钢梁组成，纵向结构由钢柱、柱间支撑、屋面水平支撑和刚性系杆组成。整体结构布置合理，可形成完整的空间受力体系，传力路径明确。

本工程外墙标高±0.00m以下采用200mm厚加气混凝土砌块砌筑，其上围护外墙及屋面均采用压型钢板及冷弯薄壁型钢檩条。墙面檩条及屋面檩条布置与设计基本相符，设置2道圆钢拉条；屋面檐口及屋脊处檩条均设置斜拉条。

本工程柱间支撑及屋面支撑均采用柔性支撑，支撑布置于2个端开间及（5-6）轴开间，各刚架柱柱顶及屋脊处沿房屋纵向通长设置刚性水平系杆，支撑系统布置合理，形成完整的支撑系统。

（2）地基基础调查

本工程设计采用钢筋混凝土柱下独立基础，持力层为中砂层。室外台阶开裂，不排除为回填土固结沉陷所致；标高±0.00m以下加气混凝土砌块外墙未见因基础不均匀沉降引起的裂缝，上部刚架未见因基础不均匀沉降引起的变形。

（3）上部结构及构件工作状态调查

1）主刚架、支撑系统、墙面檩条及屋面檩条等主体承重结构：柱脚节点、柱梁节点、梁梁节点未见明显变形。（10-11）-（A）轴柱间支撑松动、脱落，如图11-12所示，其余支撑系统杆件基本张紧；（11）-（1/A-2/A）轴拉条锈蚀，如图11-13所示；其余钢柱、钢梁、连接节点板、柱脚锚栓、节点螺栓表面均采用喷砂后生赤锈处理法，未发现明显锈蚀现象。

图 11-12　柱间支撑松动、脱落

图 11-13　轴拉条锈蚀

2）钢柱侧向位移量测：选取（1）轴、（2）轴、（9）轴及（11）轴 4 榀刚架，对其刚架柱倾斜采用吊垂法进行量测，各钢柱倾斜方向无明显一致性，最大测点倾斜值为 $H/87$，绝大多数测点倾斜值超过钢结构单层≤10m 的无吊车厂房钢柱侧向（水平）位移 B 级倾斜限值 $H/700$。

3）围护结构系统：标高±0.00m 以下多处加气混凝土砌块外墙水平开裂，屋面多处渗水。

（4）上部结构及构件的施工质量检验

1）钢结构构件规格和连接节点构造核查。抽取部分钢柱、钢梁构件量测其截面尺寸，抽取部分刚架连接节点量测其几何尺寸、螺栓直径和间距等，部分构件截面尺寸与设计不符；GL2、GL3 隅撑间距较设计值偏大；（10）-（D）轴及（11）-（C）轴柱梁节点由设计双面端板栓焊混合刚接变为单面端板螺栓铰接，各柱梁节点、斜梁拼接节点端板厚度由 22mm 变为 20mm，GZ02 及各柱梁节点、斜梁节点加劲板厚度由 8mm 变为 10mm，（4）-（B）轴柱梁节点螺栓缺失，（10）-（D）轴柱梁节点螺母缺失。

抽取部分支撑系统杆件、檩条、隅撑等构件量测其截面尺寸，部分构件截面尺寸与设计不符。（10-11）-（A）轴柱间支撑松动、脱落，部分边柱隅撑缺失，（5）-（B-D）轴梁下翼缘隅撑脱落，多处檩托板螺栓缺失，典型图片如图 11-14～图 11-16 所示。

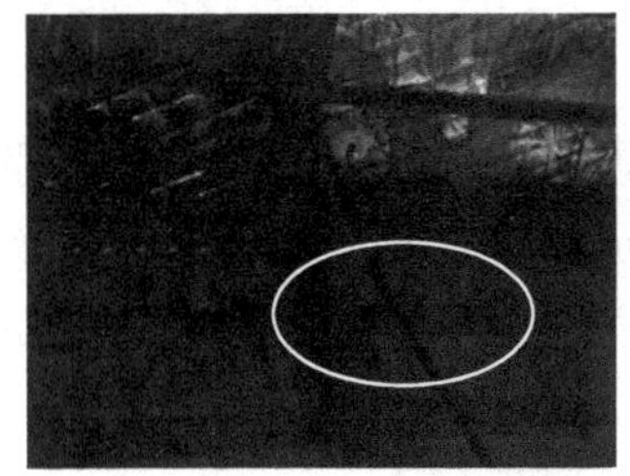

图 11-14　边柱隅撑缺失

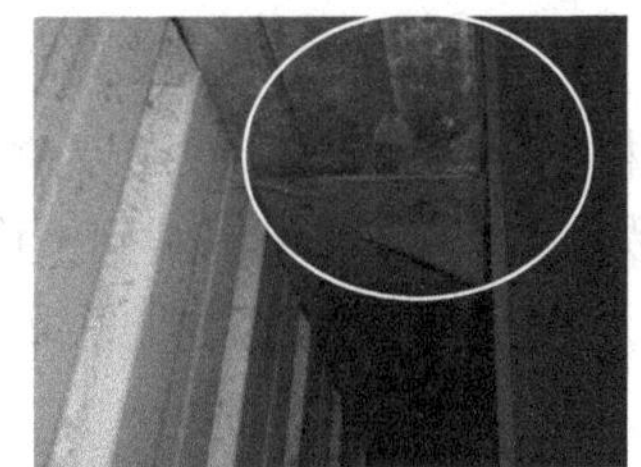

图 11-15　柱边檩托板螺栓缺失

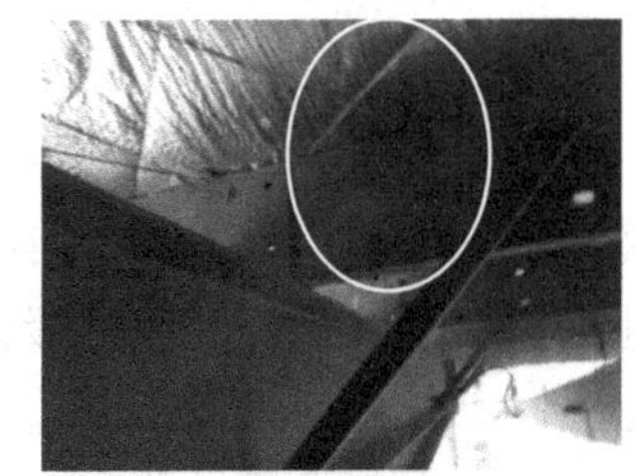

图 11-16　屋面檩托板螺栓缺失

2）焊缝外观质量及全熔透焊缝超声波检测。多数柱脚节点、柱梁节点、梁梁节点的翼缘与端板的连接焊缝未按设计采用全熔透坡口对接焊，连接焊缝不均匀、不饱满，部分存在未焊满、咬边、夹渣等现象，不满足二级焊缝外观质量标准。设计墙面檩条材质为 Q235A，横向与竖向檩条采用螺栓连接，现状墙面横向与竖向檩条采用焊缝连接，根据《钢结构设计标准》（GB 50017—2017）第 4.3.3.1 条规定，Q235A 钢不宜用于焊接结构，且连接焊缝均为点焊，焊缝不饱满，连接不牢靠。现场抽取 3 根钢柱及 3 根钢梁设计要求采用质量等级为二级全熔透坡口对接焊的连接焊缝，采用超声波探伤进行内部缺陷的检验。结果表明，所检 3 根钢柱及 3 根钢梁全熔透连接焊缝均不符合《钢结构工程施工质量验收标准》（GB 50205—2020）规定的二级焊缝质量等级的要求。

3. 验算分析

根据现场检测数据并结合设计图纸，对门式刚架结构进行承载力验算分析。

1）部分构件面外稳定、长细比不满足规范要求。（10）轴刚架梁最大计算挠度为 $L/112$（L 为最大梁长），大于 $L/180$；刚架柱柱顶最大计算侧向位移为 $h/46$（h 为侧向位移），大于 $h/60$，不满足规范要求。其余各榀刚架梁最大计算挠度为 $L/215$，小于 $L/180$；刚架柱柱顶最大计算侧向位移为 $h/82$，小于 $h/60$，均满足规范要求。

2）抗风柱整体稳定性应力比为 1.51，挠度应力比为 2.06，不满足规范要求；抗风柱强度、长细比可满足规范要求。

3）柱间支撑强度应力比为 1.57，刚性系杆稳定应力比为 1.95，屋脊处刚性系杆稳定应力比约为 1.88，不满足规范要求；其余柱间支撑杆件长细比、屋面水平支撑杆件承载能力及杆件长细比满足规范要求。

4）墙面檩条受弯强度及挠度不满足规范要求，受剪强度、长细比可满足规范要求；屋面檩条受弯强度及挠度不满足规范要求，长细比可满足规范要求，详见表 11-28。

表 11-28　墙面檩条及屋面檩条验算结果不足汇总表

构件名称	验算内容	计算结果	设计限值	鉴定系数
墙面檩条	受弯强度	576N/mm^2	205N/mm^2	0.36
	挠度	100mm	70mm	0.70
屋面檩条	受弯强度	362N/mm^2	205N/mm^2	0.57
	挠度	59mm	46mm	0.78

4. 可靠性鉴定评级

（1）地基基础

本工程设计采用钢筋混凝土柱下独立基础，持力层为中砂层。室外台阶开裂、与主体脱裂，不排除为回填土固结沉陷所致，上部结构未见因基础不均匀沉降引起的明显变形与裂缝。地基基础子单元安全性等级评定为 A_u 级，正常使用性等级评定为 A_s 级，可靠性等级评定为 A 级。

（2）上部承重结构

1）安全性等级。

结构整体性：本工程节点形式未按设计要求采用刚接而是采用铰接，该榀刚架无法形成静定结构，为机动体系。局部结构布置不合理，未形成完整的体系，传力路径不当。整体性等级评定为 C 级。

承载功能：本工程存在上述及与设计不等相关问题，根据现场检测数据并结合设计图纸进行复核验算，所检个别刚架、柱、梁的强度、稳定及长细比不满足规范要求。承载功能等级评定为 D 级。

综合考虑结构整体性等级及承载功能等级的评定结果，上部承重结构安全性等级评定为D级。

2）使用性等级。

结构使用状况：钢柱、钢梁、柱脚节点、柱梁节点、梁梁节点未见明显变形；（10-11）-（A）轴柱间支撑松动、脱落，其余支撑系统杆件基本张紧；（11）-（1/A-2/A）轴拉条锈蚀，其余钢柱、钢梁、连接节点板、柱脚锚栓、节点螺栓表面均采用喷砂后生赤锈处理法，未发现明显锈蚀现象。结构的使用状况等级评定为B级。

结构水平位移：轴刚架梁最大计算挠度为$L/112$，大于$L/180$；刚架柱柱顶最大计算侧向位移为$h/46$，大于$h/60$，不满足规范要求。各钢柱倾斜方向无明显一致性，最大测点倾斜值为$H/87$，多数测点倾斜值超过钢结构单层≤10m 的无吊车厂房钢柱侧向（水平）位移 B级倾斜限值$H/700$。结构侧向位移等级评定为C级。

综合考虑上部承重结构使用状况等级及结构水平位移等级的评定结果，上部承重结构的使用性等级评定为C级。

3）可靠性等级评定。根据上部承重结构的安全性等级及使用性等级的评定结果，上部承重结构系统的可靠性等级评定为D级。

（3）围护结构系统评级

标高±0.00m 以下多处加气混凝土砌块外墙水平开裂，屋面多处渗水。围护系统子单元安全性等级评定为C_u级，使用性等级评定为C_s级，可靠性等级评定为C级。

5. 结论及建议

根据地基基础、上部承重结构系统、围护结构系统可靠性等级评定结果，本工程结构可靠性等级评定为Ⅳ级，极不符合国家现行标准规范的可靠性要求，已严重影响整体安全，必须立即采取措施。

11.6.4 火灾后工程鉴定实例

1. 工程概况

某车间为二层现浇钢筋混凝土框架结构，于 2012 年建成并投入使用至今，总建筑面积为1561.68m^2。根据××消防救援大队出具的《火灾事故认定书》（××消火认字〔2021〕第 00××号），起火时间为 2021 年 10 月 17 日 17 时 02 分 12 秒；起火点位于制浆区 B3承重柱东北侧的不锈钢桶的东侧轮子下方位置；起火原因为静电引发不锈钢桶周边混合蒸气爆燃，引燃周边可燃物蔓延成灾。为了解火灾后结构构件的损伤状况，进行检查鉴定。

2. 建筑、结构布置核查及火作用调查与分析

（1）建筑、结构布置核查

经现场核查，建筑、结构平立面布置与委托方提供的设计图纸基本相符。

（2）火作用调查与分析

一层：车间两端楼梯间受填充墙阻隔未直接过火，楼梯间内仅构件表面局部附着油烟；

其余区域柱、梁、板及墙面粉刷面层普遍脱落，柱、梁角部混凝土普遍酥松、空鼓或脱落，部分角部纵向钢筋露筋，板底混凝土普遍脱落，局部混凝土熔化酥脆，锤击声音发哑，板底钢筋外露，局部钢筋烧熔、断裂，裸露的混凝土普遍呈浅黄色，锤击声音发闷；（3）-（B-G）轴窗户均已烧毁，多数现已拆除，残留的铝质窗框普遍有滴状物形成，残留玻璃有流动状物形成；沿车间纵向设置的搅拌机、储蓄罐及管道钢支架普遍扭曲变形。根据残留物形态、分布位置、结构构件表观状况分析，一层车间内温度普遍高于 800℃，（2-3）-（E-G）轴局部区域温度达到 1100℃左右，两端楼梯间温度低于 300℃。一层火场残留物现状详见图 11-17～图 11-20。

图 11-17　一层车间搅拌机局部烧损严重

图 11-18　一层掉落的风扇外观已变形

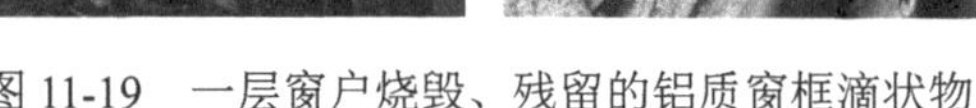
图 11-19　一层窗户烧毁、残留的铝质窗框滴状物

图 11-20　机器管道变形

二层：车间两端楼梯间受填充墙阻隔未直接过火，楼梯间内仅构件表面附着少量油烟；其余区域受火灾影响，（1/2-3）-（2/C-D）轴屋面板底混凝土局部脱落，板底钢筋露筋，其余柱、梁、板及墙面粉刷面层普遍被油烟附着，局部粉刷面层脱落，未发现火灾及高温造成结构构件的损伤；（3）-（B-G）轴多数铝质窗框变形，铝合金熔化，残留玻璃边角变圆，（3）轴附近区域存在设备、材料局部烧毁、钢风管变形严重等现状，其余区域仅构件表面被熏黑。根据残留物形态、分布位置、结构构件表观状况分析，（3）-（B-G）轴附近区域温度达到 800℃左右，室内及楼梯间仅受烟熏影响，温度普遍低于 200℃。二层火场残留物现状分布详见图 11-21 和图 11-22。根据现场调查、检测结果，车间一层、二层均为火灾影响区域。

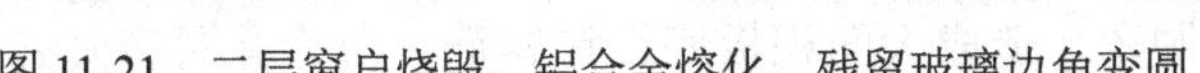

图 11-21　二层窗户烧毁、铝合金熔化、残留玻璃边角变圆

图 11-22　混凝土板熔化酥脆、脱落

3. 混凝土承重结构构件（框架柱、梁、板）损伤状况检查

（1）外观检查及初步鉴定评级

1）框架柱：多数一层框架柱粉刷面层脱落，混凝土表面油烟和烟灰大面积烧光，颜色呈土黄色或灰白色，表面存在裂缝，裂缝宽度测读值约为 0.54～5.0mm，锤击声音沉闷，部分框架柱面层混凝土脱落深度约为 18～50mm，框架柱角部混凝土脱落深度约为 40～90mm，个别框架柱受力钢筋露筋。二层框架柱未直接过火，但受上窜油烟影响，框架柱混凝土的颜色基本未变或被黑色覆盖，未发现火灾及高温造成的结构损伤。根据现场调查的构件损伤状态特征，车间两端楼梯间内个别框架柱初步鉴定评级为II_a级或II_b级，其余区域一层框架柱的初步鉴定评级均为III级；二层框架柱初步鉴定评级均为II_a级。

2）梁：多数二层梁混凝土表面油烟和烟灰大面积烧光，颜色呈土黄色或灰白色，表面存在裂缝，裂缝宽度测读值约为 0.24～5.0mm，锤击声音沉闷，部分梁侧混凝土脱落深度约为 20～60mm，梁底角部混凝土脱落深度约为 30～70mm，个别梁底受力钢筋露筋。屋面层梁未直接过火，但受上窜油烟影响，屋面层梁混凝土的颜色基本未变或被黑色覆盖，未发现火灾及高温造成的结构损伤。根据现场调查的构件损伤状态特征，车间两端楼梯间内及车间外部挑板区域个别二层梁初步鉴定评级为II_a级或II_b级，其余区域二层梁构件初步鉴定评级均为III级；屋面梁初步鉴定评级均为II_a级。

3）板：多数二层板混凝土表面油烟和烟灰大面积烧光，颜色呈土黄色或灰白色，表面存在裂缝，裂缝宽度测读值为 0.34～4.5mm，锤击声音沉闷，板底混凝土脱落深度约为 15～110mm，板底钢筋大面积露筋，其中（2-3）-（2/E-1/F）轴区域楼板受力钢筋大面积露筋、变形，部分钢筋烧熔、断裂。屋面层板未直接过火，但受上窜油烟影响，个别屋面层板底局部混凝土脱落、露筋，其余板混凝土的颜色基本未变或被黑色覆盖，未发现火灾及高温造成的结构损伤。根据现场调查的构件损伤状态特征，车间两端楼梯间内板构件初步鉴定评级为II_a级，起火点附近（2-3）-（2/E-1/F）轴区域二层板初步鉴定评级为IV级，其余区域二层板初步鉴定评级均为III级；大部分屋面层板初步鉴定评级为II_a级，个别屋面层板初步鉴定评级为II_b级。

（2）钻芯检测

根据上述检查结果，选取明显过火损伤的 6 根柱构件及 4 根梁构件、未明显过火损伤的 1 根柱构件及 1 根梁构件，采用钻芯法检测其芯样外观质量。检查结果表明，过火损伤的芯样构件外表面存在裂缝，过火损伤深度约为 15～60mm，孔洞内混凝土裂缝深度约为 40～170mm，其中 2L-（1-2）-（D）钻取的芯样溃散。对高径比符合规范要求的 6 个芯样进行抗压强度试验。数据表明，所检 6 个芯样试件混凝土抗压强度值为 28.4～64.3MPa，达到设计强度等级 C25 的要求。

（3）钢筋检测

个别一层柱、部分二层梁角部混凝土过火后爆裂、脱落，造成角部局部纵向钢筋露筋。多数二层板板底混凝土过火后爆裂、脱落，造成大面积板底钢筋露筋。为了解钢筋火灾损伤状况，从钢筋露筋相对严重的板构件中选取 4 组ϕ8.0 钢筋进行力学性能检验。检验数据表明，所检钢筋力学性能均未达到 HPB235 的指标要求。

4. 非结构构件受火影响状况外观检查

现场对一、二层填充墙体、门窗框、女儿墙等非结构构件受火影响状况进行检查。经检查，一层室内地面找平层普遍灼烧粉碎，二层楼面找平层普遍鼓起、开裂。一层、二层外立面区域多处窗户破损，其中（3）-（B-G）轴窗户普遍破损、玻璃爆裂、窗框变形。一、二层多数窗下墙体竖向开裂，楼梯间多数墙体存在斜向开裂、粉刷层脱落、与梯段板连接处脱开，其中一层（1）轴墙体灼烧开裂，局部墙体爆裂严重，（3）轴处系梁、构造柱粉刷层开裂、脱落，混凝土表层呈浅黄色，尚存在个别墙体与柱、梁连接处脱开；二层填充墙附着油烟、部分粉刷层开裂、脱落；屋面部分女儿墙开裂、附着油烟。

5. 上部承重结构侧向位移量测

根据现场实际条件布置 10 个测点量测结构侧向位移，车间整体向南侧倾斜，结构实测最大顶点位移为 H/257，所测测点 1、4、5 的顶点位移均超过多层厂房上部承重结构使用性要求的顶点位移 B 级限值 H/450；结构实测最大层间位移为 h/180，所测测点 8、10 的层间位移均超过多层厂房上部承重结构使用性要求的层间位移 B 级限值 h/350，但上部承重结构构件未见明显因侧向位移引起的裂损。

6. 结论及建议

1）对评级为Ⅳ级的楼板构件应立即进行安全防护，并立即采取措施进行加固处理。

2）对评级为II_b级或Ⅲ级的柱、梁及楼板构件应及时进行修复加固处理，确保结构的安全性能、耐久性能和正常使用性能。

3）对评级为II_a级的柱、梁及楼板构件可采取提高耐久性的修复措施。

4）对受损的非结构构件采取必要的修复措施。

5）加固处理应充分考虑结构的整体性，避免局部加固导致薄弱部位转移，并应考虑加固所产生的荷载对地基基础可能产生的不利影响。建议委托具有相应资质的单位进行加固设计与施工。

思　考　题

1. 民用建筑与工业厂房可靠性鉴定评级过程及层次划分有何异同？
2. 民用建筑可靠性鉴定应分为几个层次进行？每个层次各划分为几个评定等级？
3. 工业建筑可靠性鉴定中结构系统的鉴定评级里的结构系统包括什么？
4. 为什么要进行建筑抗震鉴定？
5. 为什么要进行火灾后工程鉴定？

第 12 章　桥梁结构检测与试验

截至 2024 年年末，全国公路桥梁 110.81 万座，规模居世界第一。但是，在使用荷载、环境变化与结构性能衰退等共同因素作用下，有的桥梁适用性不足，甚至出现安全事故。因此，需要借助一定的手段，科学、合理、有效地对桥梁结构进行检测、试验与评定。真实记录桥梁当前的结构与使用状况；了解车辆和交通量的改变及其对桥梁运行产生的影响；跟踪结构与材料性能的变化及其对桥梁的影响；对桥梁当前及未来的交通量、荷载等级、承载能力及耐久性进行评估与预测；提出桥梁维修或加固建议，使桥梁长期处于良好的工作状态。

12.1　桥梁外观检查与结构检测

12.1.1　桥梁结构外观检查与常见病害类型

桥梁外观检查是通过检查桥梁的技术状况及缺陷和损伤的性质、部位、严重程度、发展趋势，弄清出现缺陷和损伤的主要原因。以便能分析和评价既存缺陷和损伤对桥梁质量和使用承载能力的影响，并为桥梁的维修和加固设计提供可靠的技术数据和依据。因此，桥梁外观检查是进行桥梁养护、维修与加固的先导工作，是决定维修与加固方案可行和正确与否的可靠保证。它是桥梁评定、养护、维修与加固工作中必不可少的重要组成部分。

1. 上、下部结构常见病害

桥梁结构有混凝土结构、钢结构和钢-混凝土组合结构，材料性质和桥梁结构所处的恶劣环境决定了桥梁结构必然产生一些病害，如缺陷和劣化、裂缝等，如表 12-1 和表 12-2 所示。

表 12-1　缺陷和劣化的分类

结构类型	缺陷	劣化
混凝土	表观缺陷包括：蜂窝、麻面、疏松区、夹渣、孔洞、露筋、裂缝、剥落及掉角等；内部缺陷可能出现疏松区、空洞，预应力管道压浆不饱满等	混凝土的碳化、氯离子侵蚀、碱-骨料反应、混凝土的冻融破坏、混凝土风化等方面。 钢筋的锈蚀是在电解作用下的一种劣化过程
钢结构	夹层、裂纹、非金属夹杂和明显的偏析等；钢构件焊缝缺陷包括裂缝、焊瘤、烧穿、弧坑、气孔、未焊透、夹渣、咬边、未熔合，以及焊缝尺寸不合要求、焊缝形成不良	环境侵蚀造成钢结构腐蚀；低温、焊接缺陷等引起钢结构低温脆断；钢结构出现裂纹和裂纹扩展

表 12-2 裂缝的分类

裂缝类型	病害表现形式
结构裂缝	由静、动荷载所造成，包括弯曲裂缝及剪力裂缝。弯曲裂缝发生于构件最大拉应力区，一般在构件跨中底部；剪力裂缝一般发生于主梁支点附近的梁腹底部
非结构裂缝	温度变化引起热胀冷缩裂缝；养护期间收缩造成干缩裂缝；大体积混凝土内外部温差造成体积裂缝；钢筋锈蚀后体积膨胀导致钢筋锈蚀裂缝；墩台不均匀沉降引起沉降裂缝

2. 桥面系常见病害

桥面铺装层出现病害将使车辆行驶时产生严重的跳动，不仅影响行车舒适性，还会导致主体结构损伤，进而导致混凝土劣化和钢筋锈蚀，常见病害如表 12-3 所示。

表 12-3 桥面铺装常见病害

桥面类型	病害类型	病害表现形式
水泥混凝土桥面	裂缝	在桥面铺装上出现纵（横）向线状裂缝或相互连接的网（格）状裂缝
	高低差	在与结构连接部位产生高低之差，影响行车的舒适性
	磨光	桥面铺装被行驶的车轮磨耗，形成平滑的状态
	脱皮露骨	桥面铺装表层产生脱皮或局部破损露骨
	坑槽	桥面铺装层局部脱落而产生的洞穴或长槽
沥青混凝土桥面	裂缝	在桥面铺装上出现纵（横）向线状裂缝或相互连接的网（格）状裂缝
	高低差	在与结构连接部位产生高低之差，影响行车的舒适性
	凸凹	桥面铺装沿纵断面方向周期性的波状起伏，或表面鼓包
	松散露骨	桥面铺装的细集料慢慢脱离，表面呈现锯齿式的粗糙状态
	车辙	车辆长时间在路面上行驶后留下的车轮永久性压痕
	泛油	桥面铺装表面有沥青渗出

伸缩缝的病害将引起行车条件恶化、产生噪声和漏水现象，严重的还会导致主体结构损坏，常见病害如表 12-4 所示。

表 12-4 伸缩缝常见病害

伸缩缝类型	病害表现形式
橡胶伸缩缝	橡胶条破坏损伤、剥离；在橡胶嵌条连接部位漏水；伸缩缝构造部位下陷或凸出；锚固构件破损、锚固螺栓松脱；车辆行驶时不适，发出噪声
钢板伸缩缝	角钢与钢筋混凝土梁锚固不牢，钢板松动；缝内塞进石块或其他异物，使伸缩缝接头活动异常；排水管发生破坏损伤或被土、沙堵塞；表面钢板焊接部位损伤破坏；梳形钢板伸缩缝在梳齿与承托板的焊接处出现裂缝，甚至被剪断
镀锌薄钢板伸缩缝	软性防水材料，如沥青砂或聚氯乙烯胶泥等老化、脱落；伸缩缝凹槽填入其他硬物，不能自由变形；镀锌薄钢板上压填的铺装层，如水泥混凝土或沥青混凝土等断裂、剥离；伸缩缝上后铺压填部分发生沉陷、高低不平；墩台下沉，出现异常的伸缩，车辆行驶时出现冲击作用及噪声

3. 支座常见病害

支座是桥梁的传力构件，长期使用会产生一定的病害，使得桥梁上、下部结构受到不利的影响，并可能对结构造成重大损伤，常见病害如表 12-5 所示。

表 12-5 支座常见病害

支座类型	病害表现形式
简易垫层支座	油毛毡破裂、掉落、老化；墩台顶部混凝土开裂
橡胶支座	橡胶老化、变质；填充砂浆开裂、破碎；支座错位、脱空、变形严重
盆式橡胶支座	螺栓剪断；螺母松动
弧形钢板支座	滑动面、滚动面生锈，不能转动；固定支座的销钉剪断，活动支座的上、下座板锈蚀；支座不平或积水；垫板翘起、扭曲、断裂
摆柱式支座	摆柱混凝土剥落、露筋；支座螺母松动或螺栓脱落；上、下面钢板及齿板锈蚀；垫板翘起、扭曲、断裂

4. 特殊灾害引起的桥梁结构损伤

桥梁的特殊灾害指的是地震、洪水、强风、漂浮物撞击等自然灾害及超载车辆行驶、车船意外撞击、火灾、爆炸等人为灾害，可能造成的桥梁结构损伤状况如表 12-6 所示。

表 12-6 特殊灾害造成的桥梁结构主要损伤

桥梁部件	灾害				
	洪水	地震	意外撞击	超重车辆行驶	滑坡
上部结构	栏杆损坏；桥体位移和损坏，落梁，排水设施失效	落梁，支座损坏，错位	被撞构件及联系部位破坏，支座破坏	梁、拱、桥面板裂缝，支座损坏	因桥台推出而压屈
下部结构	因冲刷而产生的沉陷和倾斜	沉陷、倾斜、位移，砌体破坏，抗震墩破坏	墩台位移	墩台裂缝沉陷	桥台推出、胸墙破坏

12.1.2 桥梁结构与耐久性检测

1. 结构几何参数检测

结构几何参数检测应包括下列内容：桥梁的跨径、宽度、净空和拱矢高；构件的长度与截面尺寸；桥面铺装厚度；结构检算需采用的其他几何参数。桥梁结构断面测量应符合下列规定。

1）中小跨径桥梁单跨测量断面不少于 3 个，大跨径桥梁单跨测量断面不得少于 5 个。

2）桥梁墩柱、桥塔的测量断面不少于 3 个，断面突变处应布设测量点。

桥面铺装层厚度可采用雷达结合钻芯修正的方法测定，检测断面可布设在跨径 4 等分点位置。

2. 结构线形与变位检测

结构变位是指结构变形、位移等现象的统称，包括结构变形（挠度）、位移（沉降）、转动和结构组成构件的相对错位等。

1）梁式结构应测量主梁的纵向线形和墩台顶的变位，主梁的纵向线形可通过测量桥面结构纵向线形的方式测定；拱结构应测定拱轴线、桥面结构纵向线形和墩台顶的变位；斜拉桥和悬索桥应测定塔顶变位、桥面结构纵向线形，悬索桥还应测定主缆线形。

2）桥梁结构纵向线形测量时，测点应沿桥纵向在桥轴线和车行道上、下游边缘线 3 条线上分别布设，且宜布设在桥跨结构的特征点截面上。对等截面桥跨结构，可布设在桥跨或桥面结构的跨径等分点截面上；对中小跨径桥梁，单跨测量截面不宜少于 5 个；对大跨径桥梁，单跨测量截面不宜少于 9 个。拱轴线宜按桥跨的 8 等分点或其整数倍分别在拱背和拱腹布设测点；悬索桥主缆线形可在索夹位置处的主缆顶面布设测点，测量时应记录现场温度、风向和风速。

3）墩台基础变位检测应包括基础的沉降、位移和转角，测点不得少于 4 个。受冲刷或淤积影响的墩台基础，应检测冲刷深度或淤积高度。对设有永久性变位观测点的墩台基础，可通过测量永久性变位观测点的平面坐标与高程的变化分析其变位。对无永久性变位观测点的墩台基础，可采用几何测量、垂线测量、光学测距等间接测量的方法，或通过测量桥跨结构形态参数的变化推定其变位。

3. 构件材料强度与裂缝检测

桥梁结构主要承重构件的材料强度宜采用无损检测方法检测，当对无损检测方法推定的混凝土强度有怀疑或进行混凝土强度鉴定时，可采用钻芯法对混凝土推定强度进行修正或验证，芯样应在有代表性构件的次要部位钻取。裂缝检测应包括受检桥跨内全部结构受力构件，当不具备全数检测条件时，应对下列构件的裂缝进行检测：重要的构件、裂缝较多或裂缝宽度较大的构件、存在明显变形的构件。具体的检测方法可以参照本书相关章节的内容。

4. 构件缺损及耐久性状况检测

按桥梁结构构件部位的不同开展相应检测。耐久性状况包括钢结构防腐、防火涂层厚度，混凝土碳化，钢筋锈蚀电位，混凝土氯离子含量、混凝土电阻率、钢筋保护层厚度等内容。

5. 支座和伸缩装置状况检测

支座方面重点检测支座型号和工作状态是否符合设计的规定，伸缩装置方面主要检测其平整程度、部件及锚固区的破损和失效情况。

6. 索力检测

当拉索、吊索、系索的锚下或索上安装有测力传感器时，索力可直接利用测力传感器测量。拉索、吊索、系索的索力测量可采用振动法，应符合下列规定：索的振动可使用测振传感器测量，给出的振动特征频率不宜低于五阶；索力分析时，应计入索的抗弯刚度、边界约束条件和垂度的影响；当拉索、吊索、系索的索力调整时，应实时测量索的振动频率，并建立索力与振动频率的数值对应关系。

12.2　桥梁荷载试验

桥梁荷载试验的目的是保证桥梁在运营过程的安全可靠，检验桥梁结构的承载能力及其工作状况是否符合设计标准或能否满足使用要求。在桥梁通车前或者运营多年后，通过桥梁荷载试验对结构承载能力和质量水平进行科学评价。荷载试验包括静载试验和动载试验。

1）确定新建桥梁的承载能力和使用性能（验收性试验）。对于重要桥梁，在交工阶段可通过成桥荷载试验验证桥梁的设计与施工质量，为交工验收提供依据。

2）评估既有桥梁的使用性能与承载能力（鉴定性试验）。对于因自然灾害而遭受损伤的桥梁、设计或施工存在缺陷的桥梁、长期运营结构性能退化的桥梁、拟提高荷载等级的桥梁、需通过特殊重型车辆荷载的桥梁，均需通过荷载试验来评定其使用性能及承载能力，为后期的养护维修、改建、限载使用等提供科学依据。

3）对采用新技术、新结构、新工艺、新材料的桥梁，可通过成桥荷载试验掌握结构在荷载作用下的实际受力状态，为完善桥梁设计理论积累资料，为规范地修改、完善提供依据。

12.2.1 试验程序

荷载试验应按照试验准备阶段、试验加载及测试阶段和试验分析评定阶段 3 个阶段进行。

1. 试验准备阶段

荷载试验宜在封闭交通状态下实施；应选择温差小的时段进行，以夜间为宜，气温宜在5～35℃之间；不宜在强风、大雨、大雾、大浪等恶劣环境下进行。当桥梁周围出现冲击、振动、强磁场等干扰测试效果的不利因素时，不宜进行荷载试验。准备阶段主要内容如下。

1）资料准备。包括设计资料、施工资料、监理资料、施工监控资料和竣工资料等。

2）现场调查。主要调查桥梁结构的总体尺寸，主要构件截面尺寸，主要部位的高程，桥面平整度，支座工作状况，材料的物理力学性能，结构物的裂缝、缺陷、损伤和钢筋锈蚀状况等。

3）测试孔选择。对拟试验桥联（座）进行现场踏勘和外观检查，需选择代表性桥孔作为测试孔，同时宜考虑便于支架搭设或检测车操作、加载方便、仪器设备连接容易实现等情况。

4）方案编制。根据试验控制荷载作用下的结构内力、变位及结构基频等的理论计算结果，结合测试内容，按等效原则拟定试验荷载大小、试验工况、加载位置及方法；制订试验加载、测点布设及测试方案等。

2. 试验加载及测试阶段

1）现场准备：试验测点放样、布置，荷载组织，现场交通组织及试验测试系统安装、调试等。

2）预加载试验：正式加载前应先进行预加载，检验整个试验测试系统的工作状况，并进行调试。

3）正式加载试验：按照预定的荷载试验方案进行加载试验，并记录各测点的测值和相关信息。

4）过程监控：监测主要控制截面最大效应实测值，并与相应的理论计算值进行分析比较，关注结构薄弱部位的力学指标变化、既有病害的发展变化情况，判断桥梁结构受力是否正常，再加载是否安全，确定可否进行下一级加载。

3. 试验分析评定阶段

根据试验实施过程中的实际荷载及其布置，按照实际施加荷载数量对桥梁结构内力、应力（应变）和变形进行理论计算，并按照数理统计的方法对原始测试数据进行处理；最终，通过理论计算和测试数据对比分析，对试验桥梁作出科学判断与评价，形成荷载试验报告，说明桥梁存在的问题，对桥梁日后的养护管理提出建议。

12.2.2　静载试验

静载试验是通过在桥梁结构上施加与设计荷载或使用荷载等效的静态外加荷载，利用检测仪器设备测试桥梁结构控制部位及截面在各级试验荷载作用下的位移、应变、裂缝等参数，并与桥梁结构在相应荷载作用下的计算值和有关规范规定值作比较，从而对桥梁结构在荷载作用下的工作性能及使用能力作出评价。主要测试内容有：结构控制截面的最大变位（变形、挠度）及变位的纵向、横向分布规律，结构最大拉应力、压应力及截面应力分布（中性轴位置），支点变位及支座的工作性能，支点附近截面主拉应力，墩顶梁底压应力，既有裂缝的特征及新增裂缝的出现和扩展情况等。对于缆索支撑体系的桥梁，还需要进行拉索、主缆和吊杆索力等的检测。鉴定性荷载试验的测试内容除上述测试内容外，还应依据结构损伤的程度、部位、特征，结合鉴定目的适当地增加测试内容。

1. 试验荷载的确定

桥梁荷载试验往往以设计采用的标准活载（汽车+人群）为控制（不考虑荷载分项系数），模拟设计所考虑的最不利受力状态进行布载，测试活载作用引起的结构效应。验收性试验，依据竣工图文件建立计算模型，并根据试验对象的设计荷载或使用荷载等级确定试验等效荷载，按照现行规范规定对结构的控制截面内力、应力（应变）、变形等效应进行计算。鉴定性试验，依据桥梁几何尺寸、材料特性及结构损伤等实测参数建立模型，根据原设计荷载或目标荷载等级，按照相应的规范规定对结构的控制截面进行检算。

2. 荷载工况

静载试验通常包含若干个主要试验加载工况和若干个附加试验加载工况，如表 12-7 所示。静载试验工况包括中载工况和偏载工况。偏载工况能够反映桥梁的实际内力，变形状态与设计状态的差异，为最不利工况。考虑到桥梁运营荷载的随机性，为了反映一般情况下的桥梁受力特征，亦应考虑中载工况。横向支撑不对称的直桥、斜弯桥、异形桥等应通过计算确定试验工况的加载位置偏载的方向。拼宽桥梁应针对新旧结构分别设置工况和测试截面，并增设横向联系试验工况。

表 12-7　静载试验加载工况

结构形式	不同试验加载工况时的测试内容	
	主要工况	附加工况
简支梁桥	跨中最大正弯矩和挠度；支点最大剪力	$L/4$ 最大正弯矩和挠度；墩台最大竖向反力
连续梁桥	边跨最大正弯矩和挠度；中跨的最大正弯矩和跨中挠度；支点截面最大负弯矩	墩顶支点最大剪力；墩台最大竖向反力
悬臂梁桥 T 形刚构	支点截面最大负弯矩；悬臂端最大挠度；锚固跨最大正弯矩和挠度	墩顶支点最大剪力；挂梁跨中最大正弯矩和挠度；桥墩最大竖向反力
拱桥	拱顶最大正弯矩和挠度；拱脚最大负弯矩；$L/4$ 最大正弯矩和最大负弯矩及其最大正挠度、负挠度绝对值之和	$L/8$ 最大正弯矩和最大负弯矩；$3L/8$ 最大正弯矩和最大负弯矩；拱脚最大水平推力
连续刚构	跨中最大正弯矩和跨中挠度；墩顶截面最大负弯矩；边跨最大正弯矩和挠度	墩顶截面最大剪力；中跨桥墩最大竖向反力；中跨 $L/4$ 最大剪力和挠度
刚架桥	跨中截面最大正弯矩和挠度；结点截面最大负弯矩	柱脚截面最大负弯矩和最大水平推力
钢桁桥	跨中、支点截面的主桁杆件最大内力；跨中截面的挠度	$L/4$ 截面的主桁杆件最大内力和挠度；桥面系结构构件的最大内力和变位；墩台最大竖向反力

续表

结构形式	不同试验加载工况时的测试内容	
	主要工况	附加工况
斜拉桥	主梁最大挠度；主梁控制截面最大内力；索塔塔顶最大纵向位移；索塔控制截面最大内力；斜拉索最大拉力	主梁最大纵向漂移
悬索桥	主梁最大挠度；主梁控制截面最大内力；主塔塔顶最大纵向位移；主塔控制截面最大内力；主缆最大拉力	主梁最大纵向漂移；吊杆最大拉力

3. 静载试验效率

静载试验效率是指试验荷载的内力效应与设计荷载的内力效应的比值，是衡量试验加载充分程度的指标。对于交（竣）工验收荷载试验阶段，静载试验效率值宜介于 0.85～1.05 之间；否则，静载试验效率值宜介于 0.95～1.05 之间。静载试验效率应按下式计算：

$$\eta_s = \frac{S_{sate}}{S_k(1+\mu)} \tag{12-1}$$

式中，η_s 为静载试验效率；S_{sate} 为在静载试验的实际工况荷载作用下，控制截面的最大内力或变位计算值；S_k 为在控制荷载作用下，控制截面的最不利内力或变位计算值；μ 为设计冲击系数。

4. 测试内容和控制截面

静载试验的测试内容应反映桥梁结构内力、应力（应变）、位移及裂缝最不利控制截面的力学特征，试验过程应关注可能出现的异常现象。验收性试验控制截面的选择要根据试验桥梁的受力特点，以能反映桥梁最不利受力状态为原则；应力控制截面要优先考虑活载内力较大的截面，同时也应选择恒载与活载组合内力较大的截面；变位控制截面可根据经验或理论计算结果确定，选择活载变形较大的部位进行控制；裂缝控制部位主要选在初始裂缝宽度较宽、计算拉应力较大的部位，一般测点布置如表 12-8 所示；鉴定性试验应将结构或构件检算不满足要求或存在疑问的截面、缺损程度严重的截面，选定为控制截面。

表 12-8　不同结构形式桥梁的测试内容和控制截面

结构形式	测试内容和控制截面		
	应力测试	挠度测试	其他测试
简支梁桥	跨中、支点	跨中、四分点	支点转角、支点沉降
连续梁桥	中跨和边跨最大正弯矩截面、支点	边跨最大正弯矩截面、中跨最大正弯矩截面、四分点	支点转角、支点沉降
悬臂梁桥	支点、牛腿、跨中	悬臂端、跨中	悬臂端和支点转角
拱桥	跨中、四分点、拱桥	跨中、四分点、八分点	墩台沉降及拱脚水平位移
连续刚构	中跨和边跨最大正弯矩截面、支点、固结墩墩身最大弯矩截面	跨中、四分点	支点转角、支点沉降
刚架桥	跨中、墩梁结点或刚臂结点、柱脚	跨中、四分点	柱脚转角
钢桁架	跨中、支点	跨中、四分点	支点转角、支点沉降
斜拉桥	主梁控制截面、索塔控制截面、斜拉索索力	主梁跨中、四分点、八分点	塔顶水平位移
悬索桥	主梁控制截面、主塔控制截面、主缆、吊杆	主梁跨中、四分点、八分点	塔顶水平位移

5. 测点布设

测点布设应遵循的原则——必要、适量、观测方便且安全。试验测点应根据控制截面及测试内容布设，并能反映桥梁结构的最不利受力特征；测点的数量和其体现的被测量，能满足结构分析和判断的需要；宜采用桥梁施工控制的有效测点。常见测点布设如表 12-9 所示，有下列基本要求。

1）控制测点应布设为试验测点。

2）挠度观测点的布设应考虑加载位置及荷载横向分布的影响；主梁竖向位移的纵桥向测点宜布设在各工况荷载作用下挠度曲线的峰值位置，主梁竖向位移的横向测点布设应充分反映桥梁横向挠度分布特征，整体式截面不宜少于 3 个，多梁式（分离式）截面宜逐片梁布设。

3）单向应变测点的布设应体现左右对称、上下兼顾、重点突出的原则，并应能充分反映截面高度方向的应变分布特征。单点应变测点的布设不宜少于两组。测点布设完毕，应准确测量其位置。结构对称时，1/2 横截面的应变测点可减少，但不宜少于 2 个。应变测试应设置补偿片，补偿片的位置应处于与结构相同材质、相同环境的非受力部位。

4）钢筋混凝土结构的受拉区应变测点宜布设在受拉区主钢筋上。

5）裂缝测点应布设在开裂明显、宽度较大的部位。

6）倾角测点宜根据需要布设在转动明显、角度较大的部位。

7）测点的布设应便于仪器安装和观测读数，并应保障观测人员、仪器设备的安全；当观测数据的测点或部位存在危险时，应采取妥善的安全措施。

表 12-9　应变测点和位移测点布设示意

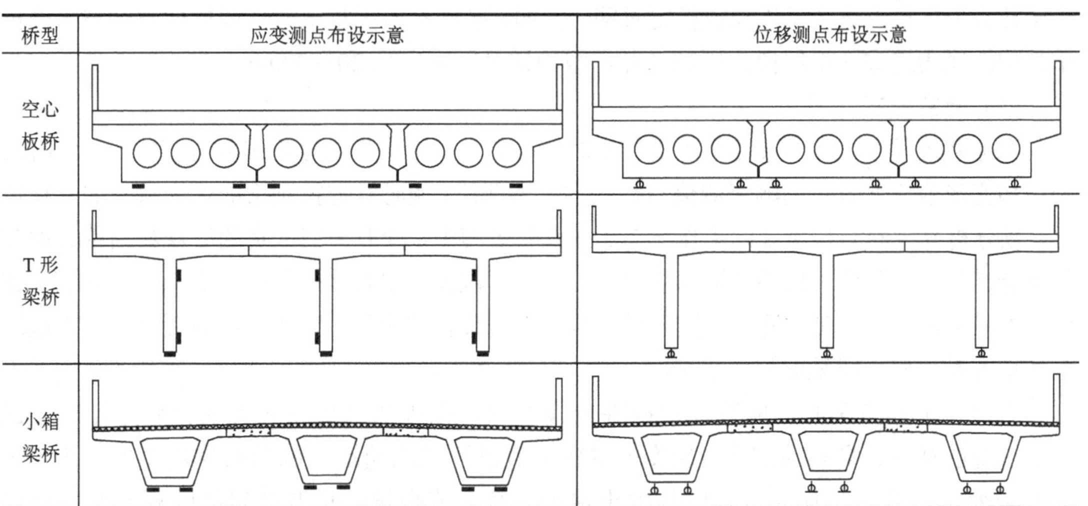

桥型	应变测点布设示意	位移测点布设示意
空心板桥		
T 形梁桥		
小箱梁桥		

6. 试验加载及测试

（1）加载设备与称重

静载试验可根据具体条件选用加载车辆或重物直接加载，试验加载应保证桥梁结构整体及局部受力安全。车行桥梁静载试验宜采用装载重物的车辆加载，采用加载车辆加载时，宜采用三轴载重车辆。当设计荷载为汽车超 20 级或公路-Ⅰ级时，通常采用两辆三轴车辆模拟 55t 重车，由于车型差异及荷载效率控制值的差异，可根据车型及荷载效率适当调整两车之间的间距。静载开始前，加载车辆要落实重物装载、过磅等事项，并如实记录和见证。人行天桥可采用重物或水箱加载。可采用体积法或者将堆放重物的体积与容重换算为加载物的重力。无论采用哪种方法确定加载重量，均应做到准确、可溯源且误差不得超过 5%。

（2）加载实施

静载试验应在现场指挥人员的统一指挥下，按荷载试验方案中的计划有秩序地进行。一般应分级加载，加载级数应根据试验荷载总量和荷载分级增量确定，可分成 3～5 级。当桥梁的调查和验算工作不充分或桥梁技术状况较差时，应尽量加密分级。当试验条件限制时，附加控制截面可只进行最不利加载。加载过程中，也应确保非控制截面内力或变形不超过控制荷载作用下的最不利值。当将加载车辆作为试验荷载时，可采用逐列或逐排增加试验荷载的方式：逐渐增加加载车数量、先轻车后重车、使加载车位于内力影响线的不同部位等。这些方法可以单独使用，也可以综合运用。采用重物加载时，按荷载分级逐级加载，每级荷载堆放位置准确、整齐稳定。荷载施加完毕后，逐级卸载。

（3）加载与测量时间

加载时间间隔必须满足结构反应稳定的时间要求。静力分级加载只有在前一级荷载作用时的结构变位相对稳定后，才能施加下一级荷载。在荷载作用下，结构最大变位测点在最后 5min 的变位增量小于第一个 5min 变位增量的 15%，或小于量测仪器的最小分析率时，即可认为结构变位达到相对稳定。钢筋混凝土结构不宜少于 15min，钢结构不宜少于 10min。若因连接较弱或变形缓慢而造成测点观测值稳定时间较长，结构的实测变形（或应变）值远小于计算值，则可适当延长加载稳定时间。例如，某些拱桥因拱上建筑或桥面系参与主要承重结构的受力造成变形缓慢，则加（卸）载稳定时间可定为 20～30min。

（4）异常处置

在加载过程中，应对关键测点进行实时监控，并与结构理论分析结果进行比对，实时绘制结构变形或应变较大的测点测值与荷载的关系曲线，随时掌握控制截面受力状态的变化情况，以分析和判断结构所处的工作状态。在试验过程中，应有专门人员随时观察结构关键部位可能产生的新裂缝，构件薄弱部位是否有开裂、破损，组合构件的结合面是否有开裂、错位，支座附近混凝土是否开裂，横隔板结构是否拉裂，结构是否产生异响或晃动等。当出现上述情况时，应立即采取相应措施。

当出现下列情况时，应暂停加载并查找原因，在确认结构及人员安全后方可继续试验。出现的情况：实测的应力（应变）或变位值已达到或超过控制荷载作用下的应力（应变）或变位计算值；加载过程中结构出现新裂缝，或少量结构既有裂缝的开展宽度超过允许裂缝宽度；实测结构变位的规律与计算结果相差较大；桥体发出异常响声或发生其他异常情况。

当加载过程中结构既有裂缝的长度或宽度急剧开展，超过裂缝宽度限值的结构裂缝大量增多，或新的结构裂缝大量出现，或发生其他结构损坏时，应立即中止试验。

7. 试验数据分析

经过荷载试验的桥梁，应根据整理的试验资料分析结构的工作状况，进一步评定桥梁的承载能力，为新建桥梁验收作出鉴定结论，或作为既有桥梁承载能力鉴定检算的依据。根据实测结果、理论计算值及设计规范限值，对结构静力性能进行综合分析评价。评价的指标主要有两方面：一是实测值与理论值的比较，该类指标反映实际结构与设计结构的符合程度，说明结构的工作性能及安全储备；二是控制测点的实测值与规范限值的比较，说明结构所处的工作状态。

1）试验数据分析时，应根据温度变化、支点沉降及仪表标定结果的影响对测试数据进行修正。当影响小于 1%时，可不修正。

① 温度影响修正可按式（12-2）进行计算：

$$\Delta S_t = \Delta S - K_t \Delta t \tag{12-2}$$

式中，ΔS_t 为温度修正后的测点加载测值变化量；ΔS 为温度修正前的测点加载测值变化量；Δt 为相应于 ΔS 观测时间段内的温度变化量；K_t 为空载时温度上升 1℃时的测点测值变化量。

② 当支点有沉降发生时，支点沉降修正可按式（12-3）计算：

$$c = \frac{l-x}{l} \cdot a + \frac{x}{l} \cdot b \tag{12-3}$$

式中，c 为测点的支点沉降修正量；l 为 A 支点到 B 支点的距离；x 为挠度测点到 A 支点的距离；a、b 分别为 A、B 支点的沉降量。

③ 测点位移或应变可按式（12-4）～式（12-6）计算：

$$S_t = S_l - S_i \tag{12-4}$$

$$S_e = S_l - S_u \tag{12-5}$$

$$S_p = S_t - S_e = S_u - S_i \tag{12-6}$$

式中，S_t、S_e、S_p 分别为试验荷载作用下测量的结构总位移（应变值）、弹性位移（应变值）、残余位移（应变）值；S_i、S_u 均为加载前的测值；S_l 为加载达到稳定时的测值。

2）相对残余位移或相对残余应变。测点的相对残余位移或相对残余应变应按式（12-7）计算。当相对残余位移或相对残余应变大于 20%时，应查明原因；当结果无误时，桥梁结构的承载能力应评定为不满足要求。

$$S_p' = \frac{S_p}{S_t} \times 100\% \tag{12-7}$$

式中，S_t、S_p 分别为试验荷载作用下控制测点的总位移（应变）实测值、残余位移（应变）实测值；S_p' 为测点的相对残余位移（应变）。

3）校验系数。校验系数 ζ 是评定结构工作状况，确定桥梁整体刚度和承载能力的一个重要指标。当 $\zeta=1$ 时，说明实测值与计算值完全相符；当 $\zeta<1$ 时，说明结构工作性能较好，承载力有一定富余，有安全储备；当 $\zeta>1$ 时，说明结构工作性能不理想，应判定为承载能力或整体刚度不足。表 12-10 为常规桥梁在结构工作状态良好时的校验系数 ζ 的正常取值范围。

表 12-10 校验系数 ζ 的正常取值范围

结构类型	应变（或应力）校验系数	变位（或挠度）校验系数
钢桥	0.75～0.95	0.75～0.95
钢筋混凝土板桥	0.30～0.70	0.40～0.80
钢筋混凝土梁桥	0.40～0.80	0.50～0.90
预应力混凝土桥	0.50～0.90	0.60～1.00
砌体拱桥	0.60～1.00	0.60～1.00

影响校验系数取值大小的因素是多方面的，如结构体系、所用材料及模型参数、计算假定、测试误差等，因此在合理取用参数、保证测试精度的同时，还应客观地分析实际结构与计算模型的差异。校验系数超出正常值范围时，即校验系数过大或过小，都应该从多方面分析原因。过大可能是因为组成结构的材料强度或弹性模量较低、结构各部分连接性能较差、刚度较低等。理论计算或荷载计算图式偏于安全、材料强度及弹性模量比实际值高、支座摩阻力对结构受力的有利影响、桥梁铺装层参与结构受力、拱上建筑联合作用等都有可能造成校验系数值偏小。试验时，加载物称重误差、仪器的观测误差，也对校验系数值有一定影响。有时还需结合实测绝对量值的大小和规范限值及动载试验，进行综合分析评价。

12.2.3 动载试验

桥梁结构在移动的车辆、人群、风作用和地震作用等动力荷载作用下会产生振动，仅靠理论分析还不能满足工程应用的需要，一般需用理论分析与试验测试相结合的方法解决。常规的动载试验包括动力特性试验和动力响应试验。动力特性试验是指通过环境激励、桥面跑车、制动等方式激振，测定桥梁结构自由振动响应信号，进而识别桥梁结构动力特性参数，如结构的固有自振频率、振型和阻尼比。动力响应试验是指在试验桥面上通过载重试验汽车以不同速度匀速行驶激振，测定桥梁控制部位及截面的动挠度、动应变等振动响应，识别桥梁结构的动力放大系数。

1. 动力特性试验

1）在进行桥梁动载试验时，首先要设法使桥梁产生一定的振动，然后用测振仪器测试和记录，通过分析振动信号得到桥梁的动力特性和响应。一般采用环境随机激振法（脉动或风荷载），还可以使用车辆余振法、跳车激振法、起振机激振法和其他人工激振法等。

环境随机激振法是指在桥面无任何交通荷载及桥址附近无规则振源的情况下，通过测定桥梁由风荷载、地脉动、水流等随机激励引起的微幅振动来识别结构自振特性参数的方法。该方法需对采集的长样本信号进行能量平均，以便消除随机因素的影响。对悬索桥、斜拉桥等自振频率较低的桥型，为保证频率分辨率和提高信噪比，采集时间一般不小于 30min。对于小跨径桥梁，采集时间可以酌情减少。环境随机激振法更适合大跨柔性桥梁。车辆余振法，是利用车辆驶离桥面后引起的桥梁结构余振信号来识别结构自振特性参数的方法，对小阻尼桥梁效果较好。为提高信噪比，获取尽可能大的余振信号，可采用不同的车速进行多次试验，或在桥跨特征截面设置弓形障碍物进行激振（有障碍行车激振），通常结合行车动力响应试验统筹考虑获取余振信号。跳车激振法，是通过让单辆载重汽车的后轮在指定位置从三角形垫块上突然下落对桥梁产生冲击作用，激起桥梁的振动。该方法更适用于其他方法中不易激振的、刚度较大的桥梁，如石拱桥、小跨径梁式桥等。梁式桥采用跳车激振法时，一般进行车辆自重附加质量影响的修正。研究表明，对跨径小于 20m 的简支梁桥，车辆自重的影响是不可忽略的。起振机激振法，是指起振机采用可控的定点正弦激励或正弦扫描激励使结构产生稳态振动。该方法测试精度高，但需要较为庞大的起振机设备，运输不方便，同时安装起振机将对桥面产生一定的损伤。在需要高精度识别桥梁结构动力特性时，可以采用此方法。

轻柔的结构桥梁，如人行天桥，其自振特性测试可采用跳梁法或力锤敲击法。跳梁法是指人群在桥梁上突然跳起，落地后根据拾振器记录的竖向振动衰减波形得出自振频率与阻尼比。力锤敲击法，现场测试时，宜通过单点敲击、多点拾振获取振动曲线。

2）桥梁动载试验的测试截面应根据桥梁结构振型特征和行车动力响应最大的原则确定。一般可根据桥梁结构规模按跨径 8 等分或 16 等分简化布置。桥塔或高墩，宜按高度分 3～4 个节段分段布置。大型桥梁振型测试可将结构分成几个单元分别测试，整个试验布置一个固定参考点（应避开振型节点），每次测试都应包含固定参考点。将几个单元的测试数据通过参考点关联，将得到全桥结构振型图。在测试桥梁结构行车响应时，应选择桥梁结构振动响应幅值最大部位为测试截面。简单结构宜选择跨中 1 个测试截面，复杂结构应增加测试截面。用于冲击效应分析的动挠度测点，每个截面应至少 1 个。采用动应变评价冲击效应时，每个截面在结构最大活载效应部位的测点数不宜少于 2 个。桥梁自振特性试验应包括竖平面内弯曲、横向弯曲自振特性及扭转自振特性的测试。应根据试验目的和需要确定测试纵桥向竖平面内的弯曲自振特性。桥梁的测试阶次应不少于表 12-11 的规定。

表 12-11　桥梁的测试阶次

桥型	简支梁桥	非简支梁桥、拱桥	斜拉桥、悬索桥
测试阶次	1 阶	3 阶	9 阶

2. 动力响应试验

动力响应测试内容包括动挠度或动应变、振动加速度或速度等。

（1）加载方式

1）无障碍行车试验：宜在 5～80km/h 范围内取多个大致均分布的车速进行行车试验。车速在桥联（孔）上宜保持恒定，每个车速工况应进行 2～3 次重复试验。

2）有障碍行车试验：可设置如图 12-1 所示的弓形障碍物模拟桥面坑洼进行行车试验，车速宜取 5～20km/h，障碍物宜布置在结构冲击效应显著部位。

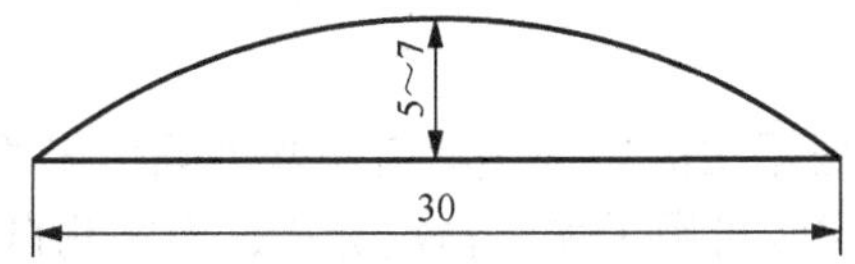

图 12-1　弓形障碍物横断面示意图（单位：cm）

3）制动试验：车速宜取 30～50km/h，制动部位应为动态效应较大的位置。对漂浮体系桥梁，应测试主梁纵向位移等项目。

宜首选无障碍行车试验，有障碍行车试验和制动试验可根据实际情况选择。无障碍行车试验、有障碍行车试验和制动试验应全面记录车桥耦合振动和桥梁自由衰减振动的动态响应，记录时间宜以振动波形的振幅衰减至零为止。此外，移动荷载为人群的人行天桥可采用跳（跑）梁法试验，人群以不同的速度奔跑，可以检验天桥结构在动力荷载作用下的受迫振动特性。人群跳动试验是通过人群下落所产生的冲击激发结构的振动，在指定位置拾取结构的振动响应，对结构的模态特征参数进行识别。为了保证行人跳动有效地激起天桥结构的振动，需要足够的人群重量。人群跳动的位置可按所测结构的振型来确定。

（2）动载试验效率

动力试验工况荷载和加载位置可采用动载试验效率进行控制，动载试验效率计算式为

$$\eta_d = \frac{S_{dyn}}{S_d} \tag{12-8}$$

式中，η_d 为动载试验效率；S_{dyn} 为在动力试验的实际工况荷载作用下，控制截面的最大内力或变位计算值；S_d 为在控制荷载作用下，控制截面的最不利内力或变位计算值。

3. 试验结果评定

（1）动力放大系数

动力放大系数应根据跑车试验中不同速度下记录的动应变或动变位曲线（图 12-2）进行分析，按式（12-9）～式（12-11）计算；计算动力放大系数时应优先采用桥梁跑车试验下的动变位时程曲线计算；受现场条件限制无法测定动变位时，可采用动应变时程曲线。

$$\mu_{dyn} = \frac{S_{max}}{S_{ds}} - 1 \tag{12-9}$$

$$\mu_{dyn} = \frac{S_{max}}{S_{mean}} - 1 \tag{12-10}$$

$$S_{mean} = \frac{S_{max} + S_{min}}{2} \tag{12-11}$$

式中，μ_{dyn} 为动力放大系数；S_{ds} 为车辆停驶时，静态车辆荷载作用下测点的最大变位或应变值；S_{max} 为车辆行驶时，动态车辆荷载作用下测点的最大变位或应变值（波峰值）；S_{min} 为车辆行驶时，动态车辆荷载作用下测点的最小变位或应变值（同周期的波谷值）；S_{mean} 为车辆行驶时，动态车辆荷载作用下测点的变位或应变算术平均值。

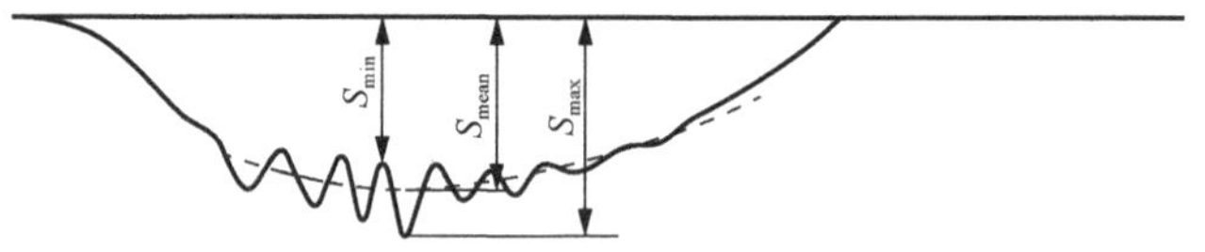

图 12-2　动应变或动变位曲线

（2）结构刚度评价

结构刚度的变化情况应根据实测自振频率值与基准频率值的比较进行评价。实测自振频率与基准频率（计算频率）比较可用于如下情况分析：当实测自振频率大于基准频率时，应调查该桥的受力体系是否发生更改或加固，或计算频率是否有误；两者接近时，说明结构实际刚度没有降低或改变很少；当实测自振频率小于基准频率且相差较显著时，应分析结构刚度退化的原因。

（3）舒适性评价

检测中发现一些桥梁结构动力舒适性能差，其评价指标可参考采用狄克曼指标或斯佩林指标进行评定。根据国内外研究资料，当桥梁竖向振动加速度超过 0.65m/s^2 时，会引起车辆

司乘人员的不适，因此可以根据实测振动加速度评价行车舒适性。另外，实测加速度还可作为同类桥型行车冲击效应对比评价的辅助性指标。由于人行天桥的振动、晃动会引起行人的恐慌、不安全感，为了保证行人的舒适性，天桥的竖向最低振动频率不应大于 3.0Hz，横向最低振动频率不宜大于 2.5Hz。

（4）振型和阻尼比

桥梁结构振型宜采用环境激励等方法进行模态参数识别。阻尼参数可采用波形分析法、半功率带宽法或模态分析法得到。结构阻尼参数宜取用多次试验、不同分析方法所得到结果的均值，单次试验的实测结果与均值的偏差不超过 20%。

12.3 桥梁技术状况评估

12.3.1 桥梁技术状况评估的分类

公路桥梁总体技术状况评定等级按《公路桥梁技术状况评定标准》（JTG/T H21—2011）分为 5 类，如表 12-12 所示。

表 12-12 公路桥梁总体技术状况评定等级

技术状况评定等级	评分	桥梁技术状况描述
1 类	[95,100]	全新状态，功能完好
2 类	[80,95)	有轻微缺损，对桥梁使用功能无影响
3 类	[60,80)	有中等缺损，尚能维持正常使用功能
4 类	[40,60)	主要构件有大的缺损，严重影响桥梁使用功能，或影响承载能力，不能保证正常使用
5 类	[0,40)	主要构件存在严重缺损，不能正常使用，危及桥梁安全，桥梁处于危险状态

城市桥梁按照《城市桥梁养护技术规范》（CJJ 99—2017），根据桥梁重要程度，城市桥梁养护等级分为 5 类：单孔跨径大于 100m 的特殊结构桥梁为 I 类养护桥梁，II～V类养护桥梁则为 I 类养护桥梁以外的其他桥梁，分别为城市快速路上的桥梁、城市主干路上的桥梁、城市次干路上的桥梁及城市支路和街坊路上的桥梁，如表 12-13 和表 12-14 所示。

表 12-13 I 类养护的城市桥梁完好状态评定等级

评定等级	桥梁技术状况描述
合格级	桥梁结构完好或结构构件有损伤，但不影响桥梁安全，应进行保养小修
不合格级	桥梁结构构件损伤，影响结构安全，应立即修复

表 12-14 II～V类养护的城市桥梁完好状态评定等级

等级	状态	BCI 范围	养护对策
A 级	完好	[90,100]	日常保养
B 级	良好	[80,90)	保养小修
C 级	合格	[66,80)	针对性小修或中修工程
D 级	不合格	[50,66)	检测评估后进行中修、大修或加固工程
E 级	危险	[0,50)	检测评估后进行大修、加固或改扩建工程

12.3.2 桥梁技术状况评定方法

1. 评定流程

桥梁技术状况评定包括桥梁构件、部件、桥面系、上部结构、下部结构和全桥评定。应采用分层综合评定方法，先对各构件进行评定，然后对各部件进行评定，再对桥面系、上部结构和下部结构分别进行评定，最后进行桥梁总体技术状况的评定，如图 12-3 所示。

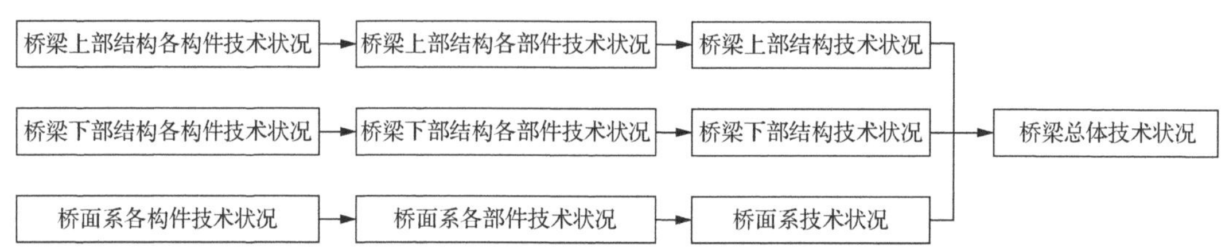

图 12-3　桥梁技术状况评定指标

桥梁技术状况评定流程如图 12-4 所示。

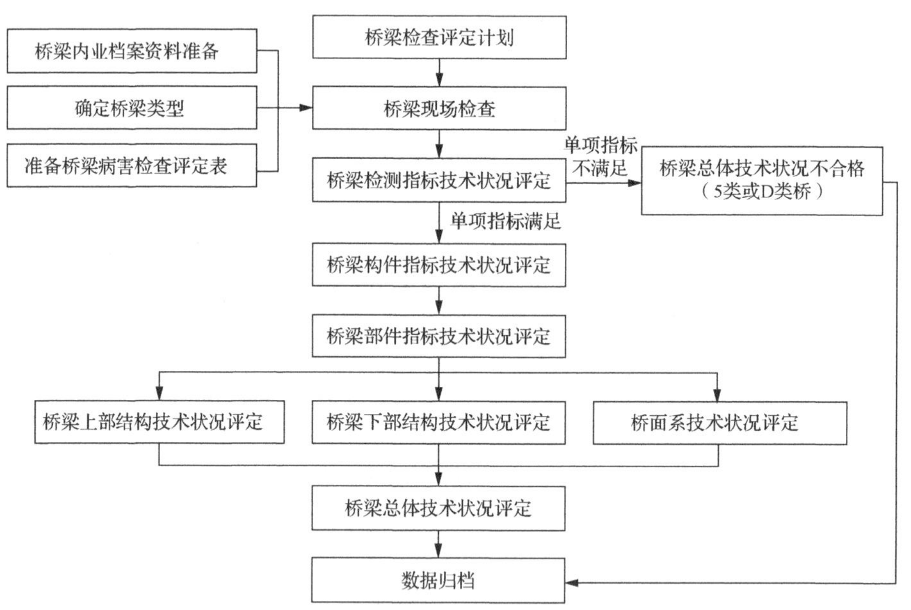

图 12-4　桥梁技术状况评定流程

2. 构件编号

为准确地对病害进行描述，在检测前应对结构的各组成部件进行统一编号。编号一般以里程增加方向由小向大来编制桥孔及墩台编号，构件编号在横桥向一般自前进方向的右侧起由小向大编号。某简支梁桥的编号如图 12-5 所示。

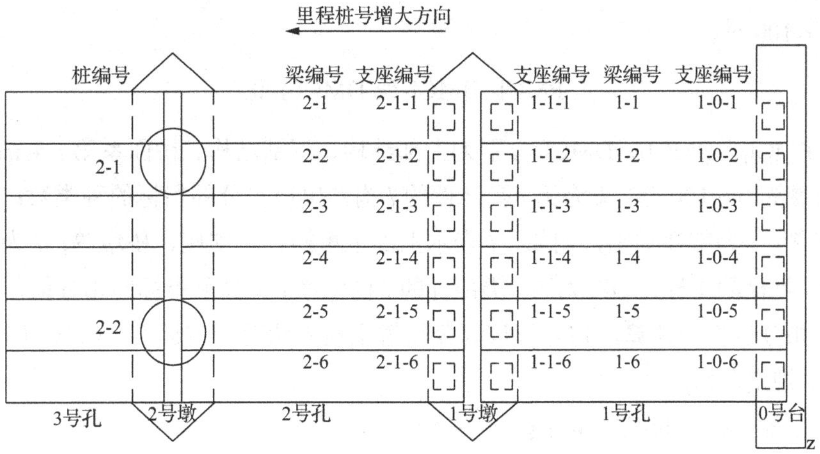

图 12-5　某简支梁桥编号示意图

3. 常用仪器及重点检查部位

在检查桥梁技术状况时应抓住重点，对重点部位进行仔细检查，如表 12-15 所示。

表 12-15　桥梁重点检查部位

桥型或构件	重点检查部位
桥面板	跨中；支承处；组合桥梁桥面板与梁的结合部位；桥面板的接头或连接处
简支梁	跨中；1/4 跨径处；支承处
悬臂梁	跨中；1/4 跨径处；支承处；牛腿部位或梁端
连续梁	跨中；反弯点处（约为跨径的 1/5 处）；支承点
刚架桥	跨中；隅节点处；悬臂梁端；柱的固结处或铰结处
桁架桥	节点附近；跨中
拱桥	拱顶、1/4 跨径处和拱脚处；空腹小拱的立柱或立墙上下端；侧墙与拱圈连接处；双曲拱桥的波顶、肋波结合处
墩台帽及盖梁	支承（座）附近；盖梁跨中及柱顶

4. 计算步骤

（1）桥梁构件技术状况评定计算

公路桥梁总体技术状况评定等级按《公路桥梁技术状况评定标准》（JTG/T H21—2011）进行计算。依据病害的种类、各病害的扣分值，按式（12-12）计算各构件的得分。

$$\mathrm{PMCI}_l(\mathrm{BMCI}_l\text{或}\mathrm{DMCI}_l)=100-\sum_{x=1}^{k}U_x \tag{12-12}$$

当 $x=1$ 时，

$$U_1=\mathrm{DP}_{i1}$$

当 $x\geqslant 2$ 时，

$$U_x=\frac{\mathrm{DP}_{ij}}{100\times\sqrt{x}}\times\left(100-\sum_{y=1}^{x-1}U_y\right)\text{（其中，}j=x\text{，}x\text{ 取 }2,3,4,\cdots,k\text{）}$$

当 $k\geqslant 2$ 时，$U_1,\cdots,U_x$ 公式中的扣分值 DP_{ij} 按照从大到小的顺序排列。

当 $DP_{ij}=100$ 时，

$$PMCI_l(BMCI_l 或 DMCI_l)=0$$

上述式中，$PMCI_l$、$BMCI_l$、$DMCI_l$ 分别为上部结构、下部结构、桥面系第 i 类部件的 l 构件的得分，值域为 0～100 分；k 为第 i 类部件的 l 构件出现扣分的指标的种类数；U、x、y 均为引入的变量；i 为部件类别，例如，i 表示上部承重构件、支座、桥墩等；j 为第 i 类部件的 l 构件第 j 类检测指标；DP_{ij} 为第 i 类部件的 l 构件第 j 类检测指标的扣分值，根据构件各种检测指标扣分值进行计算，扣分值按《公路桥梁技术状况评定标准》（JTG/T H21—2011）中的表 4.1.1 规定取值。

（2）桥梁部件技术状况评定计算

桥梁部件指的是桥梁结构中同类构件的统称，如所有的梁、所有的桥墩、所有的支座等，其技术状况评分计算式为

$$PCCI_i(BCCI_i或DCCI_i)=\overline{PMCI}(\overline{BMCI}或\overline{DMCI})-\frac{100-PMCI_{min}(BMCI_{min}或DMCI_{min})}{t} \quad (12\text{-}13)$$

式中，$PCCI_i$、$BCCI_i$、$DCCI_i$ 分别为上部结构、下部结构、桥面系第 i 类部件的得分，值域为 0～100 分；当上部结构（下部结构、桥面系）中的主要部件的某一构件评分值 $PMCI_l$（$BMCI_l$、$DMCI_l$）在[0,60)区间时，其相应的部件评分值 $PCCI_l=PMCI_l$（$BCCI_l=BMCI_l$、$DCCI_l=DMCI_l$）；$\overline{PMCI}$、$\overline{BMCI}$、$\overline{DMCI}$ 分别为上部结构、下部结构、桥面系第 i 类部件各构件的得分平均值，值域为 0～100 分；$PCCI_{min}$、$BCCI_{min}$、$DCCI_{min}$ 分别为上部结构、下部结构、桥面系第 i 类部件中分值最低的构件得分值；t 为随构件的数量而变的系数，见《公路桥梁技术状况评定标准》（JTG/T H21—2011）中的表 4.1.2。

（3）桥梁结构技术状况评定计算

桥梁结构包括上部结构、下部结构和桥面系三部分，其技术状况评分计算式为

$$SPCI(SBCI或BDCI)=\sum_{i=1}^{m}PCCI_i(BCCI_i或DCCI_i)\times w_i \quad (12\text{-}14)$$

式中，SPCI、SBCI、BDCI 分别为桥梁上部结构、下部结构、桥面系技术状况评分，值域为 0～100 分；m 为上部结构（下部结构或桥面系）的部件种类数；w_i 为第 i 类部件的权重。

（4）桥梁总体技术状况评定计算

桥梁总体技术状况评分 D_r 根据上部结构、下部结构和桥面系技术状况评分，计算式为

$$D_r=BDCI\times w_D+SPCI\times w_{SP}+SBCI\times w_{SB} \quad (12\text{-}15)$$

式中，D_r 为桥梁总体技术状况评分，值域为 0～100 分；w_D、w_{SP}、w_{SB} 分别为桥面系、上部结构和下部结构在全桥中的权重。

城市桥梁按照《城市桥梁养护技术规范》（CJJ 99—2017）进行计算，方法基本与公路桥梁一致，这里不再详述。

5. 特殊情况

当桥梁出现下列情况之一时，即可判定为不合格级（D 类或 5 类桥）。

1）预应力梁出现受力裂缝且裂缝宽度超过限值，拱桥的拱脚产生水平位移或无铰拱拱脚产生较大的转动。

2）钢结构节点板及连接铆钉、螺栓损坏在 20%以上，钢箱梁开焊，钢结构主要构件有严重扭曲、变形、开焊，锈蚀削弱截面面积 10%以上。

3）墩、台、桩基础出现结构性断裂缝，裂缝有开合现象，倾斜、位移、沉降变形，危及桥梁安全。

4）结构关键部位混凝土出现压碎或压杆失稳、变形现象。

5）结构永久变形大于设计及规范限值。

6）结构刚度达不到设计标准要求。

7）支座错位、变形、破损严重、脱空，已失去正常支承功能。

8）基底冲刷面达 20%以上。

9）通过桥梁验算检测，承载能力下降 25%以上。

10）人行道栏杆残缺超过 20%或单处大于 2m。

11）上部结构有落梁和脱空趋势或梁、板断裂，预应力冒头严重锈蚀失效。

12）钢-混凝土组合梁、桥面板发生纵向开裂，支座和梁端区域发生滑移或开裂。

13）斜拉桥拉索或锚具损伤。

14）吊桥主缆及锚具损伤，拱桥系杆或吊杆及锚具损伤。

15）其他危及桥梁结构安全的部件损坏。

12.4　桥梁承载能力评定

桥梁需要针对其结构或构件强度、刚度、抗裂性和稳定性进行承载能力评定，包括持久状态下承载能力极限状态和正常使用极限状态。承载能力极限状态针对结构或构件截面强度和稳定性，正常使用极限状态主要针对结构或构件的刚度和抗裂性。《公路桥梁承载能力检测评定规程》（JTG/T J21—2011）中的桥梁承载能力评定以现行设计规范为基础。检算评定中的材料强度设计值及分项安全系数按设计规范取用，抗力中引入截面折减系数和承载力恶化系数，分别考虑结构劣化造成的截面折减和结构在未来一段时间内继续劣化的可能。同时，采用抗力整体修正系数——承载能力检算系数 Z_1 体现既有结构计算模型复杂引起的分析结果不确定性的影响。《城市桥梁检测与评定技术规范》（CJJ/T 233—2015）则根据结构实体检测结果进行检算，将检测结果直接代入抗力效应计算模型且未考虑劣化发展一段时间后的性能。具体评定流程如图 12-6 所示。

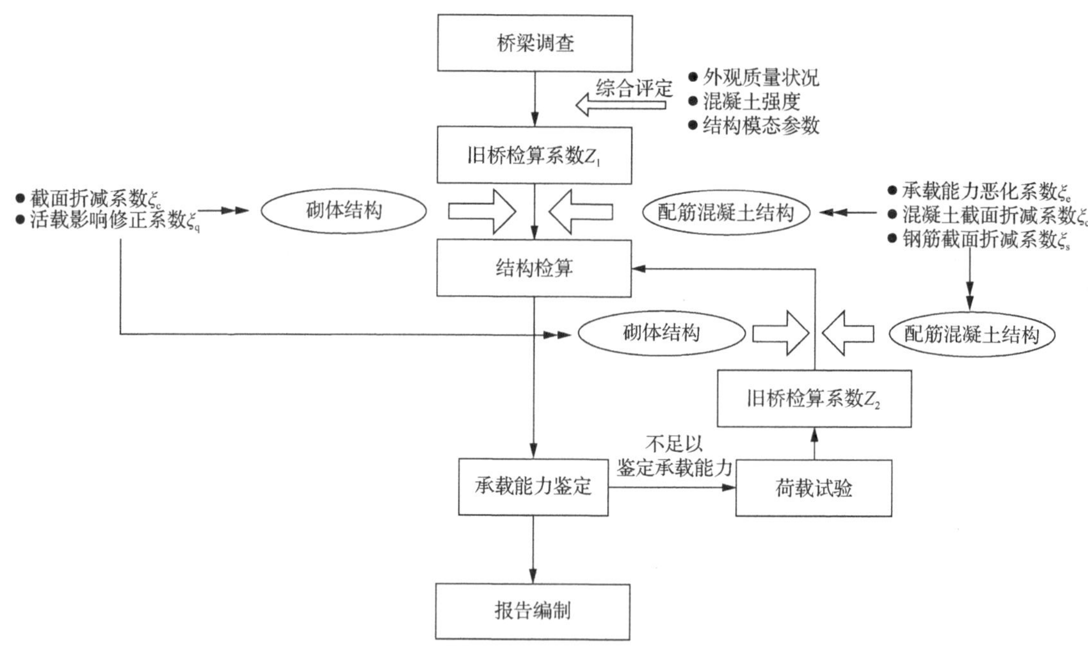

图 12-6 桥梁承载能力评定流程

12.4.1 按照《公路桥梁承载能力检测评定规程》（JTG/T J21—2011）评定

对于砌体结构桥梁，计算承载能力极限状态的抗力效应时，通过引入检算系数 Z_1（检测评定时）或 Z_2（荷载试验评定时）、截面折减系数 ξ_c 进行修正；配筋混凝土桥梁，计算承载能力极限状态的抗力效应时，通过引入检算系数 Z_1 或 Z_2、承载能力恶化系数 ξ_e、混凝土和钢筋截面折减系数 ξ_c 和 ξ_s 进行修正；对于钢结构桥梁，计算承载能力极限状态的抗力效应时，通过引入检算系数 Z_1 或 Z_2 进行修正。其中，各系数均在试验检测评定基础上得出。当桥梁结构或构件的检算系数评定标度大于或等于 3 时，需进行正常使用极限状态评定。此外，承载能力检算评定时还需考虑实际汽车荷载与标准汽车荷载的差异。对于交通繁忙和重载车辆较多的桥梁，从典型代表交通量、大吨位车混入率和轴荷分布情况 3 个方面进行综合修正，最终以活载影响修正系数 ξ_q 体现。

砌体拱桥、配筋混凝土桥梁结构或构件承载能力极限状态按式（12-16）和式（12-17）进行验算，正常使用极限状态按现行规范验算。

$$\gamma_0 S \leqslant R(f_d, \xi_c a_d) Z_1 \tag{12-16}$$

$$\gamma_0 S \leqslant R(f_d, \xi_c a_{dc}, \xi_s a_{ds}) Z_1 (1 - \xi_e) \tag{12-17}$$

式中，γ_0 为结构重要性系数；S 为荷载效应函数；R 为抗力效应函数；f_d 为材料强度设计值；a_d、a_{dc}、a_{ds} 为结构的几何尺寸；Z_1 为承载能力检算系数；ξ_c 为混凝土截面折减系数；ξ_e 为承载能力恶化系数；ξ_s 为钢筋截面折减系数。

钢结构桥梁结构构件强度、总体稳定及疲劳强度验算按照现行公路桥涵设计标准执行，其应力限值为 $Z_1[\sigma]$，在荷载下的变形应符合式（12-18）的要求：

$$f_{d1} \leqslant Z_1[f] \tag{12-18}$$

式中，f_{d1} 为计入活载影响修正系数的荷载变形计算值；$[f]$ 为容许变形值。

1. 检算系数 Z_1

砌体及配筋混凝土、钢结构桥梁的承载能力检算系数 Z_1 值分别按表 12-16 和表 12-17 计算。

表 12-16　砌体及配筋混凝土桥梁的承载能力检算系数 Z_1 值

承载能力检算系数评定标度 D	受弯	轴心受压	轴心受拉	偏心受压	偏心受拉	受扭	局部承压
1	1.15	1.20	1.05	1.15	1.15	1.10	1.15
2	1.10	1.15	1.00	1.10	1.10	1.05	1.10
3	1.00	1.05	0.95	1.00	1.00	0.95	1.00
4	0.90	0.95	0.85	0.90	0.90	0.85	0.90
5	0.80	0.85	0.75	0.80	0.80	0.75	0.80

表 12-17　钢结构桥梁承载能力检算系数 Z_1 值

缺损状况评定标度	性状描述	Z_1 值
1	焊缝完好，各节点铆钉、螺栓无松动；构件表面完好，无明显损伤，防护涂层略有老化、污垢	(0.95,1.05]
2	焊缝完好，少数节点有个别铆钉、螺栓松动变形；构件表面有少量锈迹，防护涂层油漆变色，起泡剥落，面积在 10%以内	(0.90,0.95]
3	少数焊缝开裂，部分节点有铆钉、螺栓松动变形；构件表面有少量锈迹，防护涂层油漆明显老化变色并伴有大量起泡剥落，面积在 10%～20%以内。个别次要构件有异常变形，行车稍感振动或摇晃	(0.85,0.90]
4	焊缝开裂，并造成截面削弱。连接部位铆钉、螺栓松动变形，10%～30%已损坏；构件表面锈迹严重，截面损失在 3%～10%以内，防护涂层油漆明显老化变色并普遍起泡剥落，面积在 50%以上。个别主要构件有异常变形，行车有明显振动或摇晃并伴有异常声音	(0.80,0.85]
5	焊缝开裂严重，造成截面削弱在 10%以上。连接部位 30%以上铆钉、螺栓已损坏；构件表面锈迹严重，截面损失在 10%以上，材质特性明显退化；防护涂层油漆完全失效。主要构件有异常变形，行车有明显振动或摇晃显著并伴有不正常移动	≤0.80

2. 承载能力恶化系数 ξ_e

1）根据检测结果，确定构件恶化状况评定标度 E，如表 12-18 所示。

表 12-18　配筋混凝土桥梁结构或构件恶化状况评定标度

序号	检测指标名称	权重 a_j	综合评定方法
1	缺损状况	0.32	恶化状况评定标度 E 按下式计算： $E=\sum_{j=1}^{7}E_j a_j$ 式中，E_j 为结构或构件某项检测评定指标的评定标度；a_j 为某项检测评定指标的权重。 $\sum_{j=1}^{7}a_j=1$
2	钢筋锈蚀电位	0.11	
3	混凝土电阻率	0.05	
4	混凝土碳化状况	0.20	
5	钢筋保护层厚度	0.12	
6	氯离子含量	0.15	
7	混凝土强度	0.05	

注：不需要混凝土电阻率、混凝土碳化状况、氯离子含量 3 项检测指标评定时，其评定标度值应取 1。

2）根据恶化状况评定标度 E 及桥梁所处的环境条件确定配筋混凝土桥梁的承载能力恶化系数 ξ_e，如表 12-19 所示。

表 12-19　配筋混凝土桥梁的承载能力恶化系数 ξ_e 值

恶化状况评定标度 E	环境条件			
	干燥	干、湿交替	干、湿交替	干、湿交替
	不冻	不冻	冻	冻
	无侵蚀性介质	无侵蚀性介质	无侵蚀性介质	有侵蚀性介质
1	0.00	0.02	0.05	0.06
2	0.02	0.04	0.07	0.08
3	0.05	0.07	0.10	0.12
4	0.10	0.12	0.14	0.18
5	0.15	0.17	0.20	0.25

3．混凝土截面折减系数 ξ_c 和钢筋截面折减系数 ξ_s

1）依据材料风化、碳化、物理与化学损伤 3 项检测指标的评定标度确定结构或构件截面损伤的综合标度 R，确定砌体与配筋混凝土桥梁截面折减系数 ξ_c，如表 12-20 所示。

表 12-20　砌体与配筋混凝土桥梁截面折减系数 ξ_c

截面损伤综合评定标度 R	截面折减系数 ξ_c
$1 \leqslant R<2$	(0.98,1.00]
$2 \leqslant R<3$	(0.93,0.98]
$3 \leqslant R<4$	(0.85,0.93]
$4 \leqslant R<5$	≤0.85

2）在配筋混凝土结构中，发生腐蚀的钢筋截面折减系数 ξ_s 按表 12-21 确定。

表 12-21　配筋混凝土钢筋截面折减系数 ξ_s

评定标度	性状描述	截面折减系数 ξ_s
1	沿钢筋出现裂缝，宽度小于限值	(0.98,1.00]
2	沿钢筋出现裂缝，宽度大于限值，或钢筋锈蚀引起混凝土发生层离	(0.95,0.98]
3	钢筋锈蚀引起混凝土剥落，钢筋外露，表面有膨胀薄锈层或坑蚀	(0.90,0.95]
4	钢筋锈蚀引起混凝土剥落，钢筋外露，表面膨胀性锈层显著，钢筋断面损失在 10%以内	(0.80,0.90]
5	钢筋锈蚀引起混凝土剥落，钢筋外露，出现锈蚀剥落，钢筋断面损失在 10%以上	≤0.80

4．活载影响修正系数 ξ_q

依据实际调查的典型代表交通量、大吨位车辆混入率和轴荷分布情况，可确定活载影响修正系数 ξ_q，计算式为

$$\xi_q \leqslant \sqrt[3]{\xi_{q1}\xi_{q2}\xi_{q3}} \tag{12-19}$$

式中，ξ_{q1} 为典型代表交通量影响修正系数，按表 12-22 确定；ξ_{q2} 为大吨位车辆混入影响修正系数，按表 12-23 确定；ξ_{q3} 为轴荷分布影响修正系数，按表 12-24 确定。

表 12-22　交通量影响修正系数 ξ_{q1}

典型代表交通量 Q_m/设计交通量 Q_d	ξ_{q1}	典型代表交通量 Q_m/设计交通量 Q_d	ξ_{q1}
$1<Q_m/Q_d\leqslant1.3$	[1.0,1.05)	$1.7<Q_m/Q_d\leqslant2.0$	[1.10,1.20)
$1.3<Q_m/Q_d\leqslant1.7$	[1.05,1.10)	$2.0<Q_m/Q_d$	[1.20,1.35)

表 12-23　大吨位车辆混入影响修正系数 ξ_{q2}

大吨位车辆混入率 a	ξ_{q2}	大吨位车辆混入率 a	ξ_{q2}
$a<0.3$	[1.0,1.05)	$0.5\leqslant a<0.8$	[1.10,1.20)
$0.3\leqslant a<0.5$	[1.05,1.10)	$0.8\leqslant a<1.0$	[1.20,1.35)

表 12-24　轴荷分布影响修正系数 ξ_{q3}

实际调查轴荷分布中轴重超过 14t 所占百分比 β	ξ_{q3}	实际调查轴荷分布中轴重超过 14t 所占百分比 β	ξ_{q3}
$\beta<5\%$	1.00	$15\%\leqslant\beta<30\%$	1.30
$5\%\leqslant\beta<15\%$	1.15	$\beta\geqslant30\%$	1.40

12.4.2　按照《城市桥梁检测与评定技术规范》（CJJ/T 233—2015）评定

钢结构桥梁承载能力极限状态和正常使用状态评定均应符合《公路钢结构桥梁设计规范》（JTG D64—2015）的要求。钢筋混凝土、砌体桥梁的结构或构件按正常使用状态评定时，应满足现行规范《公路钢筋混凝土及预应力混凝土桥涵设计规范》（JTG 3362—2018）和《公路圬工桥涵设计规范》（JTG D61—2005）的要求。按承载能力极限状态评定时，应符合下式要求：

$$\gamma_0 S\leqslant R(f_m,a_m,f_{ad}) \tag{12-20}$$

式中，γ_0 为结构重要性系数；S 为承载能力极限状态下作用组合的效应设计值；R 为结构或构件的抗力函数；f_m 为材料强度的实测值；a_m 为结构或结构构件几何参数的实测值；f_{ad} 为损伤、钢筋锈蚀、约束条件变异等对结构或构件产生的不利影响附加值。其中，钢筋锈蚀的具体量化值可通过钢筋截面折减系数 ξ_s 乘以钢筋截面面积标称值得到，而 ξ_s 需要根据原位实测及评定结果，按表 12-25 确定。

表 12-25　钢筋混凝土的钢筋截面折减系数 ξ_s

缺损程度评定	截面折减系数 ξ_s
完好	0.98～1.00
轻微	0.95～0.98
中等	0.90～0.95
严重	0.80～0.90
危险	0.80 以下

12.5 桥梁结构现场试验实例

12.5.1 某简支梁桥技术状况评定与桥梁检算实例

1. 工程概况与检测目的

某中桥桥面宽度为 9.0m，桥梁长度为 85.68m。桥梁上部结构采用 4m×20.0m 钢筋混凝土 T 形梁，全桥采用先简支后桥面连续结构体系，单跨横向由 4 片 T 形梁组成，T 形梁高为 1.50m，宽为 1.60m；下部结构为明挖扩大基础柱式桥墩、重力式 U 形桥台；桥面铺装采用水泥混凝土。通过对全桥进行桥梁技术状况等级评估，对实际结构使用性能和工作状态作出评价，为桥梁运营的安全性提供技术依据，并为今后桥梁的维护、管理提供原始资料。

2. 外观检测与技术状况评定

（1）桥梁病害位置编号

桥梁前进方向：以“→”为桥梁前进方向。桥梁各构件如无特殊说明，纵向按路线前进方向、横向按面对前进方向由左至右的原则进行编号；桥台与桥跨按照路线前进方向依次增大的原则进行编号；主梁编号按从左往右，依次称为“1#梁～4#梁”。

（2）外观检查

通过对桥梁外观病害的详细检查可知，该桥主要病害有：上部承重构件 4 处剥落露筋，面积合计为 $0.09m^2$，最大面积为 0.2m×0.2m；共 91 处裂缝，长度合计为 26.62m，最大长度为 1.1m；上部一般构件 3 处剥落露筋，面积合计为 $0.07m^2$，最大面积为 0.2m×0.2m；桥台 2 处杂物堆积，1 处盖梁剥落露筋，面积为 $0.13m^2$；人行道护栏 2 处开裂；1 个泄水孔堵塞。

（3）线形测量

桥面线形测量选择车流量较小的时段进行，采用数字水准仪进行测量。桥面纵向线形沿桥纵向分断面布设测点，为行车道左、右边缘线 2 条线，按四等工程水准测量要求进行闭合水准测量，并在桥梁附近稳定位置布设 3 个基准点，桥面纵断面高程线形如图 12-7 所示。

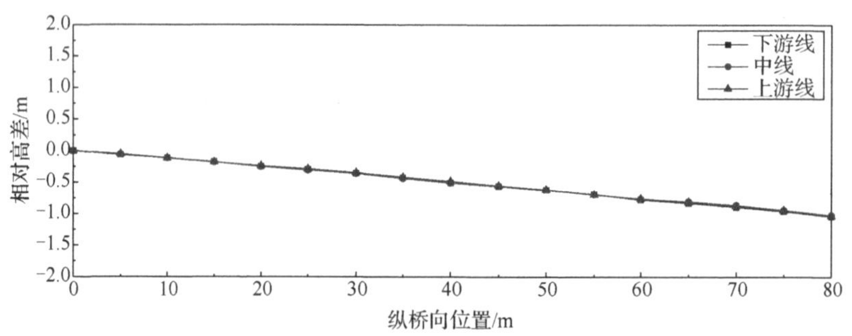

图 12-7 桥面纵断面高程线形

（4）混凝土强度检测

选取该桥梁 T 形梁、墩柱、台帽和盖梁布置混凝土回弹测区，全桥共布置 80 个测区，代表性结果如表 12-26 所示，各构件推定混凝土强度等级均大于设计强度等级，满足设计要求。在已测混凝土回弹值的测区中，选取有代表性的 3 个测区作为碳化深度检测点，测试混凝土的碳化深度，并以其平均值作为该构件每个测区的碳化深度，检测结果如表 12-27 所示。

表 12-26　混凝土强度计算结果

构件名称	混凝土强度换算值的平均值/MPa	混凝土强度换算值的均方差/MPa	强度推定值/MPa	推定混凝土强度等级	设计强度	是否满足设计要求
2-1#梁	44.3	1.00	42.7	C40	C30	是
2-3#梁	45.8	0.95	44.2	C40	C30	是
3-1#梁	44.6	0.89	43.1	C40	C30	是
3-3#梁	43.4	1.14	41.5	C40	C30	是
1#墩左侧墩柱	43.9	1.78	41.0	C40	C30	是
2#墩左侧墩柱	46.3	1.29	44.2	C40	C30	是
2#墩盖梁	42.8	1.30	40.7	C40	C30	是
0#台台帽	41.8	1.21	39.8	C35	C30	是

表 12-27　混凝土碳化检测结果

构件名称	碳化深度检测值/mm			
	测区 1	测区 2	测区 3	平均值
2-1#梁	3.25	3.5	3	3.5
2-3#梁	2.75	3	3.5	3.0
3-1#梁	3	3.25	3.5	3.5
3-3#梁	3.5	3.5	3.75	3.5
1#墩左侧墩柱	3.25	3.25	3.5	3.5
2#墩左侧墩柱	3.75	3.5	3.5	3.5
2#墩盖梁	3.5	3.75	3.5	3.5
0#台台帽	3.5	3.25	3.25	3.5

（5）钢筋保护层厚度检测

利用钢筋位置探测仪进行钢筋混凝土保护层厚度和钢筋位置测量。选取该桥梁 T 形梁的保护层上的 40 个测点，墩盖梁的保护层上的 40 个测点，测量结果如表 12-28 所示。检测结果表明，上、下部结构钢筋保护层厚度对结构钢筋耐久性有影响。

表 12-28　钢筋保护层厚度检测结果

构件与测区位置		各测点钢筋保护层厚度实测值/mm										平均值/mm	特征值/mm	设计值/mm	评定标度	对结构钢筋耐久性的影响
		1	2	3	4	5	6	7	8	9	10					
2-1#梁	距 1#墩盖梁约 10m	39	44	40	41	43	39	41	40	38	42	41	38	44	2	有轻度影响
2-3#梁	距 1#墩盖梁约 10m	40	43	41	42	43	44	47	38	44	40	42	40	44	2	有轻度影响

续表

构件与测区位置		各测点钢筋保护层厚度实测值/mm										平均值/mm	特征值/mm	设计值/mm	评定标度	对结构钢筋耐久性的影响
		1	2	3	4	5	6	7	8	9	10					
3-1#梁	距2#墩盖梁约10m	39	40	39	44	45	43	44	41	40	44	42	38	44	2	有轻度影响
3-3#梁	距2#墩盖梁约10m	45	42	44	41	39	40	40	41	42	39	41	38	44	2	有轻度影响
1#墩	左侧墩柱	36	42	39	45	47	37	37	39	40	45	41	34	40	3	有影响
2#墩	左侧墩柱	42	40	40	38	37	35	41	42	41	39	40	37	40	2	有轻度影响
2#墩	盖梁	35	33	37	38	36	37	35	39	40	40	37	34	40	2	有轻度影响
0#台	台帽	36	35	34	33	30	32	30	35	39	38	34	31	40	3	有影响

（6）桥梁技术状况评定

该桥梁各部件权重及其相应的得分和总体技术状况的评定如表12-29所示，现阶段桥梁上部结构、下部结构和桥面系的技术状况等级分别评定为3类、1类和2类，桥梁总体技术状况等级评定为2类，桥梁总体技术状况描述为“有轻微缺损，对桥梁使用无影响”。

表12-29 桥梁技术状况综合评定

部位	类别	评价部件	权重	重新分配后权重	评价分	分部总分	分部权重
上部结构	1	上部承重构件	0.7	0.7	65	74	0.4
	2	上部一般构件	0.18	0.18	93		
	3	支座	0.12	0.12	100		
下部结构	4	翼墙、耳墙	0.02	0.02	100	97	0.4
	5	锥坡、护坡	0.01	0.01	100		
	6	桥墩	0.3	0.31	89		
	7	桥台	0.3	0.31	100		
	8	墩台基础	0.28	0.28	100		
	9	河床	0.07	0.07	100		
	10	调治构造物	0.02	—	—		
桥面系	11	桥面铺装	0.4	0.4	85	91	0.2
	12	伸缩缝装置	0.25	0.25	100		
	13	人行道	0.1	0.1	85		
	14	栏杆、护栏	0.1	0.1	100		
	15	排水系统	0.1	0.1	88		
	16	照明、标志	0.05	0.05	100		
总体技术状况评分 D_r							87

3. 结构检算

（1）检算资料

根据桥梁竣工图纸，采用C30混凝土，弹性模量E_c=3.0×10^{4}MPa，泊松比$\mu=0.2$，抗压强度设计值f_{cd}=13.8MPa，抗拉强度设计值f_{td}=1.39MPa；纵向主筋采用HRB335，f_{gw}=280MPa，弹性模量E_s=2.0×10^{5}MPa，泊松比$\mu=0.3$。箍筋采用235钢，f_{gk}=195MPa，抗拉压强度设计值$f_y=f_y'=280$MPa；跨中截面采用的抗拉钢筋为12Φ32，A_g=9651mm^2。支点截面采用的抗

拉钢筋为 4Φ32，A_g=3217mm^2；斜截面处弯起钢筋为 4Φ32，A_w=3217mm^2；箍筋采用双肢 Φ8 钢筋，A_k=100mm^2。箍筋间距 S_k=140mm，具体如图 12-8 所示。

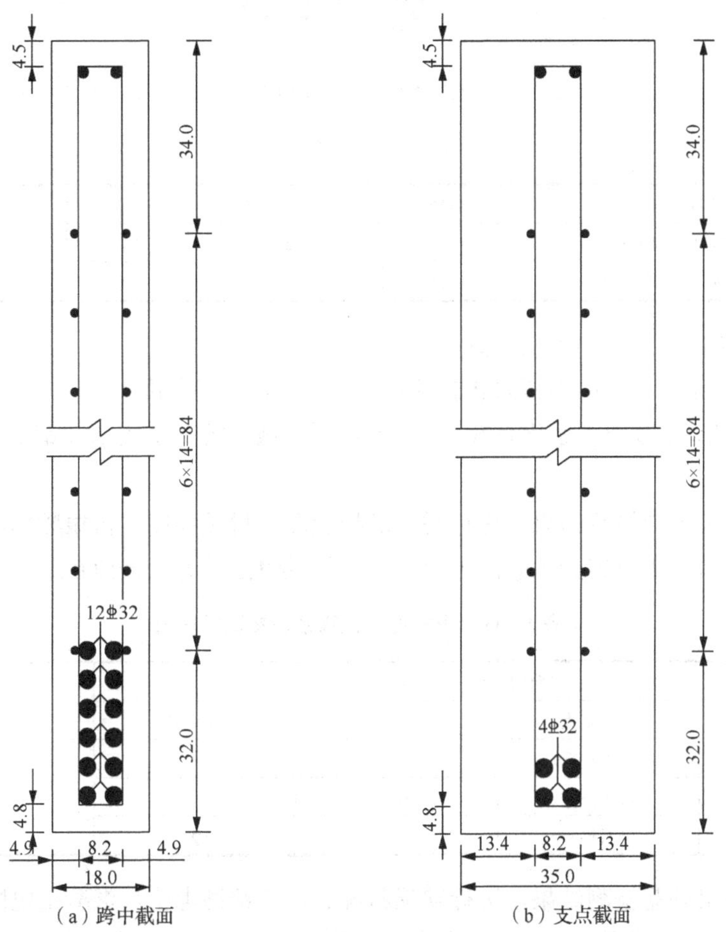

图 12-8　钢筋配置图（单位：cm）

恒载包括自重桥面铺装。混凝土收缩徐变按现行设计规范计算，按 10 年考虑。活载和其他荷载包括：汽车荷载（汽-20 级）、人群荷载（3kN · m）、温度荷载（温升：+25℃。温降：-10℃）。承载能力极限状态基本组合效应表达式为

$$\gamma_0 S_{\mathrm{ud}} = \gamma_0 \left(\sum_{i=1}^{m} \gamma_{\mathrm{Gik}} S_{\mathrm{Gik}} + \gamma_{\mathrm{Q1}} S_{\mathrm{Q1K}} + \Psi_C \sum_{i=1}^{m} \gamma_{\mathrm{Qj}} S_{\mathrm{Qjk}} \right) \tag{12-21}$$

本桥设计时采用的设计荷载为汽-20 级，因此在结构检算时采用的规范为《公路桥涵设计通用规范》(JTJ 021—1989) 和《公路钢筋混凝土及预应力混凝土桥涵设计规范》(JTJ 023—1985)，同时参照《公路桥涵设计通用规范》(JTG D60—2015) 和《公路钢筋混凝土及预应力混凝土桥涵设计规范》(JTG 3362—2018) 的相关规定执行。

（2）计算模型及设计内力值

根据该桥设计图纸和现场实测资料，采用有限元程序进行计算分析。计算模型如图 12-9 所示，荷载效应如表 12-30 所示。

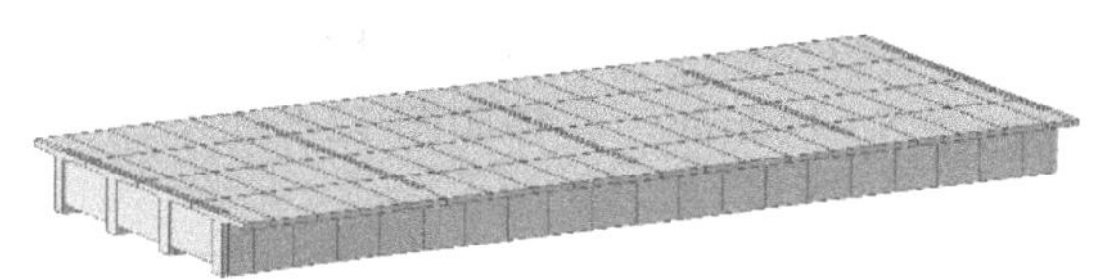

图 12-9 有限元模型

表 12-30 荷载效应

项目	恒载	汽车-20 级	人群	最不利荷载组合
跨中截面弯矩/（kN·m）	1193	842	73	2693
距支点 $h/2$ 处截面剪力/kN	-226	-310	-10	-716

（3）考虑折减后的抗力效应计算

在计算桥梁结构承载能力极限状态的抗力效应时，应根据桥梁检测结果，采用引入承载能力检算系数 Z_1、承载能力恶化系数 ζ_e、配筋混凝土截面折减系数 ζ_c 和钢筋截面折减系数 ζ_s 的方法修正。

1）根据桥梁外观检测结果，进行桥梁缺损状况、材质强度、自振频率等参数标度值评定，详见表 12-31，可以得到承载能力检算系数 Z_1 为 1.08，取 Z_1=1.00。

表 12-31 承载能力检算系数参数标度值

部件评估权重与标度值				承载能力检算系数 Z_1 标度值
序号	评估要素	权重	标度值	
1	缺损状况	0.4	3	2.1
2	材质强度	0.3	1	
3	自振频率	0.3	2	

2）根据桥梁外观检测结果，进行缺损状况、钢筋锈蚀电位、混凝土电阻率、混凝土碳化状况、混凝土保护层厚度、氯离子含量、混凝土强度等参数标度值评定，详见表 12-32，可以得到承载能力恶化系数 ζ_e 为 0.06。

表 12-32 承载能力恶化系数参数标度值

部件评估权重与标度值				恶化状况评定标度值 E
序号	评估要素	权重	标度值	
1	缺损状况	0.32	3	1.76
2	钢筋锈蚀电位	0.11	1	
3	混凝土电阻率	0.05	1	
4	混凝土碳化状况	0.20	1	
5	混凝土保护层厚度	0.12	2	
6	氯离子含量	0.15	1	
7	混凝土强度	0.05	1	

3）根据桥梁外观检测结果，进行材料风化、混凝土碳化、物理与化学损伤等参数标度值评定，详见表 12-33，可以得到配筋混凝土截面折减系数 ζ_c 为 0.99。

表 12-33　配筋混凝土截面折减系数参数标度值

部件评估权重与标度值				截面损伤综合评定标度值 R
序号	评估要素	权重	标度值	
1	材料风化	0.10	1	1.55
2	混凝土碳化	0.35	1	
3	物理与化学损伤	0.55	2	

4）钢筋截面折减系数 ζ_s，根据现场资料，取钢筋截面折减系数 ζ_s 为 0.98。

（4）加固方案

T 形梁采用的加固方案如图 12-10 和表 12-34 所示：主梁抗弯加固采用粘贴钢板进行抗弯加固，钢板宽为 180mm，厚为 6mm，梁底粘贴的钢板面积 A_{sn}=180mm×6mm=1080mm^2；主梁抗剪加固：采用粘贴 U 形箍板进行两端支点附近的抗剪加固，钢板规格为 150mm×4mm，每块钢板的间距为 750～1425mm。采用的钢板为 Q235 钢板，弹性模量 E_s=2.1×10^{5}MPa，抗拉强度设计值 f_{sn}=280MPa。

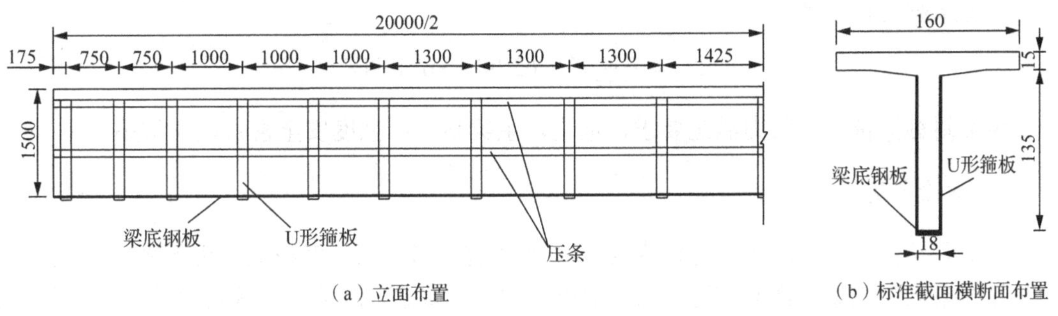

（a）立面布置　　（b）标准截面横断面布置

图 12-10　加固方案示意图（单位：cm）

表 12-34　一片主梁钢板加固材料数量

板材类型	单片规格（长×宽×厚）	片数/片	总计面积/m^2	
Q235 梁底钢板	20m×0.18m×0.006m	1	3.6	合计
Q235 U 形箍板	2.79m×0.15m×0.004m	19	7.9	11.5

（5）结构承载力验算

根据《公路桥梁加固设计规范》（JTG/T J22—2008）第 6.1.6 条，第二阶段弯矩组合设计值按《公路桥涵设计通用规范》（JTG D60—2015）第 4.1.6 条取用，其弯矩组合设计值：

$$M_d = 1.2M_G + 1.4M_q + 0.8\times1.4M_{rq} = 1.2\times1193 + 1.4\times842 + 0.8\times1.4\times73 \approx 2693(\text{kN}\cdot\text{m})$$

加固后，跨中截面正截面承载力满足要求。

$$\begin{aligned}M &= [f_{sd}A_s(h_s - x/2)\xi_s + f_{sn}A_{sn}(h_{sn} - x/2)]Z_1(1-\xi_e)\\&= [280\times9651\times(1316-96.82/2)\times0.98 + 195\times1080\times(1503-96.82/2)]\times1\times(1-0.06)\\&= 3443.4(\text{kN}\cdot\text{m}) > \gamma_0 M_d = 1.0\times2693 \approx 2693(\text{kN}\cdot\text{m})\end{aligned}$$

加固后，主梁抗弯承载力满足要求。

（6）加固后支点斜截面抗剪承载力验算

支点处剪力最大：

$$0.51\times10^{-3}\times\sqrt{f_{\mathrm{cu,k}}}\times bh_0\times\xi_{\mathrm{c}}\times Z_1\times(1-\xi_{\mathrm{e}})$$

$$=0.51\times10^{-3}\times\sqrt{30}\times350\times1420\times0.98\times1\times(1-0.07)\approx1265(\mathrm{kN})>\begin{matrix}791\mathrm{kN}\\674\mathrm{kN}\end{matrix}$$

支点附近截面尺寸符合要求。

顶端截面剪力计算值：$V_{\mathrm{x}}=V_{1/2}+(V_0-V_{1/2})\dfrac{2x}{l}=26+(791-26)\times\dfrac{2\times7.58}{19.5}\approx621(\mathrm{kN})$

斜截面抗剪验算：

$$V_{\mathrm{d}}=\left[\alpha_1\alpha_3(0.43\times10^{-3})bh_0\phi_{\mathrm{cs}}\sqrt{(2+0.6P)\sqrt{f_{\mathrm{cu,k}}}\mu_{\mathrm{k}}R_{\mathrm{gk}}}+0.75\times10^{-3}R_{\mathrm{gw}}\sum A_{\mathrm{w}}\sin\theta_{\mathrm{b}}\right]\xi_{\mathrm{s}}Z_1(1-\xi_{\mathrm{e}})$$

$$=\left[1.0\times1.1\times0.43\times10^{-3}\times350\times1420\times0.78\times\sqrt{(2+0.6\times0.647)\times\sqrt{30}\times0.002\times195}\right.$$

$$\left.+0.75\times10^{-3}\times280\times3217\times\frac{\sqrt{2}}{2}\right]\times0.95\times1\times(1-0.07)\approx784(\mathrm{kN})$$

抗剪承载力设计值：

$$V_{\mathrm{u}}=\frac{1}{1.25}V_{\mathrm{d}}\approx627\mathrm{kN}>621\mathrm{kN}$$

主梁斜截面抗剪承载力满足要求，但是，主梁斜截面强度安全富余量非常小。

4. 结论与建议

现阶段总体技术状况等级评定为 2 类，即“有轻微缺损，对桥梁使用无影响”；承载能力验算结果表明主梁正截面抗弯、抗剪承载力均满足要求，但是抗剪承载力强度安全富余量非常小。为保证桥梁的安全运营及耐久性，建议依据《公路桥涵养护规范》（JTG 5120—2021）相关规定进行处理。

12.5.2 某双曲拱桥技术状况评定与荷载试验实例

1. 工程概况与检测目的

某大桥于 1974 年建成通车，2003 年进行了桥面系加固工作。桥梁总宽度为 8.80m=0.80m（栏杆及人行道）+7.20m（机动车道）+0.80m（栏杆及人行道）。桥面横坡为 1.5%。上部结构为一孔钢筋混凝土双曲拱桥，净跨径 L_0=50m。拱桥横向由 5 片拱圈组成，每片拱圈横向间距为 1.80m。桥台为重力式桥台。设计荷载为汽车-15 级。为对全桥当前技术状况进行综合检测评定，判断桥梁整体结构的承载能力和安全使用条件，开展荷载试验与技术状况评定。

2. 外观检查、结构检测与技术状况评定

（1）桥梁病害位置编号

桥台从××侧往××侧分别编号为 0#台和 1#台。拱肋编号以 L 表示拱肋，编号为 L_i；拱波编号以 B 表示拱波，编号为 B_i，其中 i 表示由上游侧往下游侧第 i 片拱肋（拱波）；腹拱编号以 F 表示腹拱，编号为 F_i，其中 i 表示由××侧往××侧第 i 个腹拱。

（2）外观检查

桥面系：桥面铺装存在 5 条横向裂缝，总长度为 15m，缝宽为 1～2mm；1 条纵向裂缝，长度为 3m，缝宽为 2mm。栏杆存在 2 处破损，距 1#拱座 1m 处栏杆立柱倾斜，拱顶处栏杆扶手弯曲。人行道铺装层存在 1 处破损，面积为 $0.06m^2$，如图 12-11 所示。

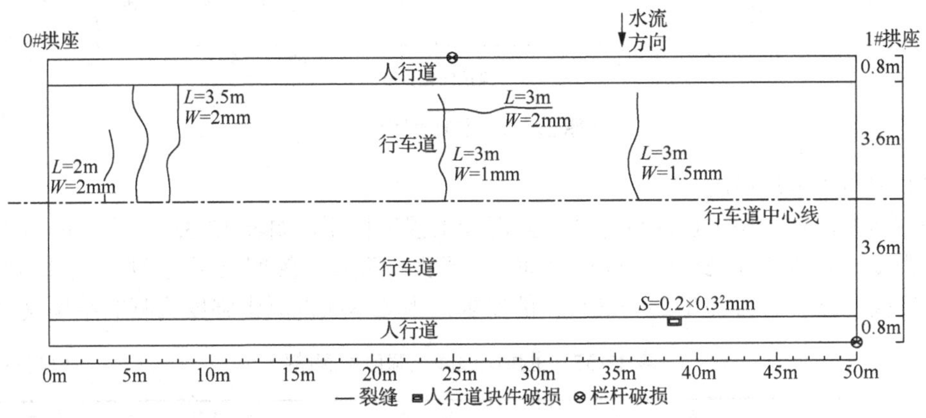

图 12-11　桥面系病害分布

上部结构：主拱圈有 3 处蜂窝麻面，面积合计为 $0.27m^2$；2 处混凝土剥落露筋，面积合计为 $0.09m^2$。拱波有 4 处纵向裂缝，长度为 4.5～23m，宽度为 1mm；开裂的拱波存在灰缝脱落和渗水现象。腹拱有 1 处裂缝，长度为 0.2～0.35m；4 处砌缝开裂，长度为 0.6～3.5m，如图 12-12 所示。

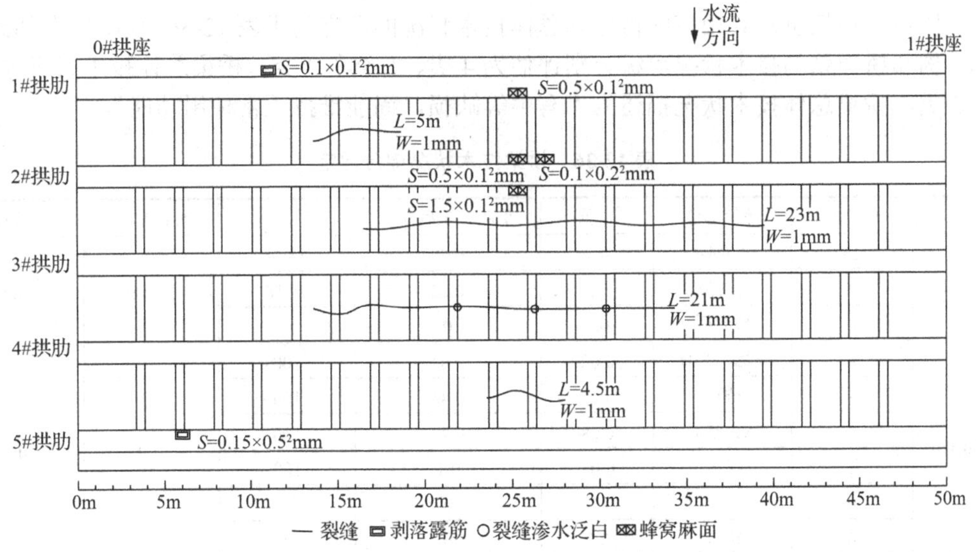

图 12-12　上部结构病害分布

（3）线形测量

高程测点布置在大桥上、下游侧和桥面中心线上，纵桥向每隔 2.5m 布置一个测试截面，共 60 个测点，采用高精度水准仪进行线形测量，精度满足规范要求，结果如图 12-13 所示。

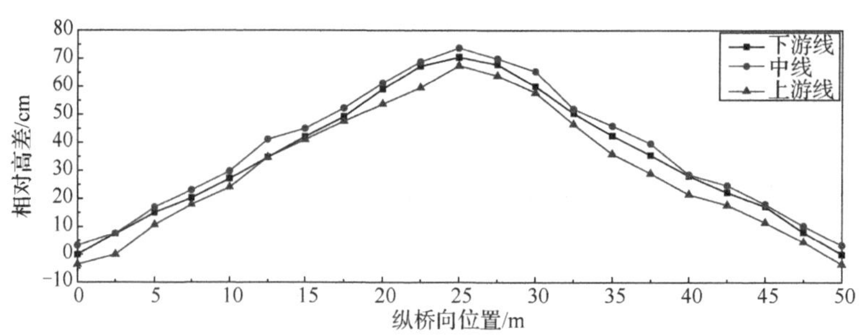

图 12-13 实测桥面线形

（4）混凝土强度检测

采用回弹法对大桥主拱圈进行现龄期混凝土强度检测，如表 12-35 所示，主拱圈现龄期混凝土强度推定值在 38.2～54.6MPa 之间。由于大桥混凝土龄期已超过《回弹法检测混凝土抗压强度技术规程》（JGJ/T 23—2011）的要求，因此本次混凝土强度检测的结果仅供参考。

表 12-35 主拱圈混凝土强度检测结果 （单位：MPa）

构件名称	强度平均值	强度标准差	强度最小值	强度推定值
1#	57.3	1.66	54.7	54.6
2#	54.6	3.00	48.3	49.7
3#	41.6	2.07	38.7	38.2
4#	42.6	1.43	41.1	40.2
5#	42.9	1.66	40.2	40.2

（5）桥梁技术状况评定

大桥各部件权重及其相应的得分和总体技术状况的评定列于表 12-36。现阶段上部结构、下部结构和桥面系的技术状况等级分别评估为 4 类、1 类和 3 类，桥梁总体技术状况等级评定为 3 类，桥梁总体技术状况描述为“有中等缺损，尚能维持正常使用功能”。

表 12-36 桥梁技术状况综合评定

部位	构件数 n	评价部位	权重	重新分配后权重	评价分	分部总分	分部权重
上部结构	13	主拱圈	0.7	0.78	54.44	59.88	0.4
	19	拱上结构	0.2	0.22	79.18		
	0	桥面板	0.1	0	—		
下部结构	4	翼墙、耳墙	0.02	0.03	100	100	0.4
	2	桥台	0.3	0.45	100		
	2	墩台基础	0.28	0.42	100		
	1	河床	0.07	0.1	100		
	0	锥坡、护坡	0.01	0	—		
	0	桥墩	0.3	0	—		
桥面系	1	桥面铺装	0.4	0.54	60	76.84	0.2
	2	人行道	0.1	0.13	85		
	2	栏杆护栏	0.1	0.13	65.54		
	1	排水系统	0.1	0.13	100		
	0	伸缩缝装置	0.25	0	—		
总体技术状况评分 D_r							79.32

3. 静载试验

（1）测试工况

采用有限元软件建立空间有限元模型，如图 12-14 所示。采用约 420kN 载重汽车（三轴重车）1 部加载。加载工况的车辆载重及车辆分布方式按等效方式布载，各工况加载示于图 12-15～图 12-18 和表 12-37。各加载工况试验荷载下的各测试项目静载试验效率 η 为 0.95～1.05，符合规范的要求。

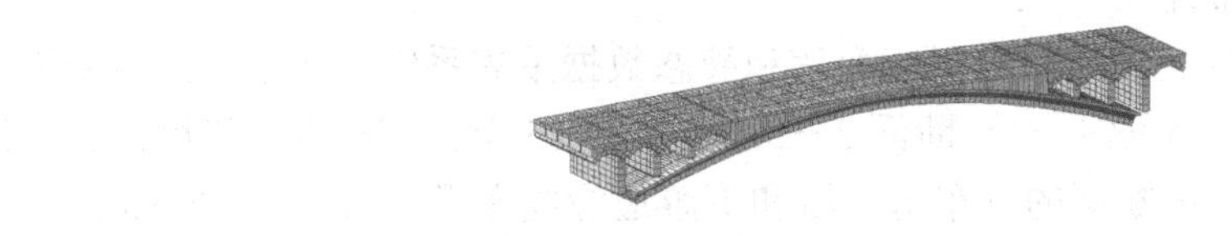

图 12-14　有限元模型示意图

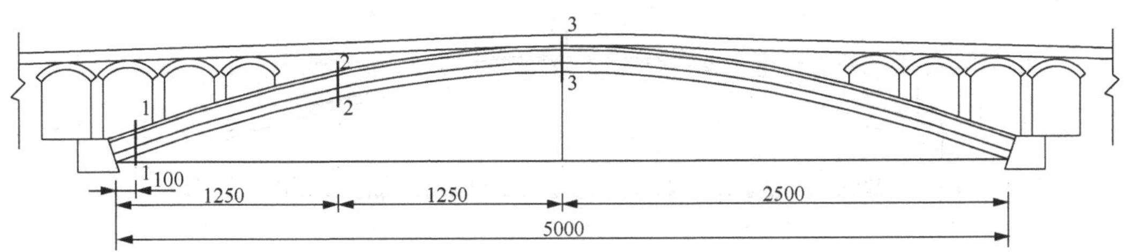

图 12-15　控制截面示意图（单位：cm）

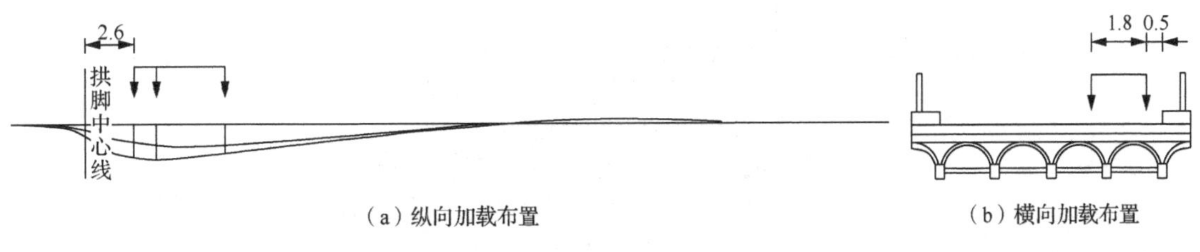

图 12-16　工况 1 加载布置示意图（单位：m）

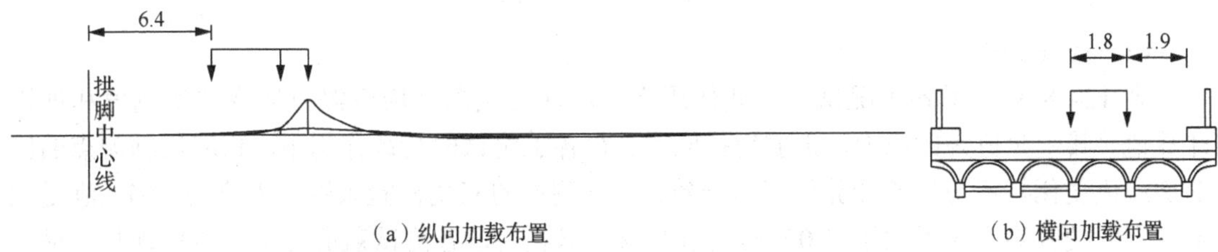

图 12-17　工况 2 加载布置示意图（单位：m）

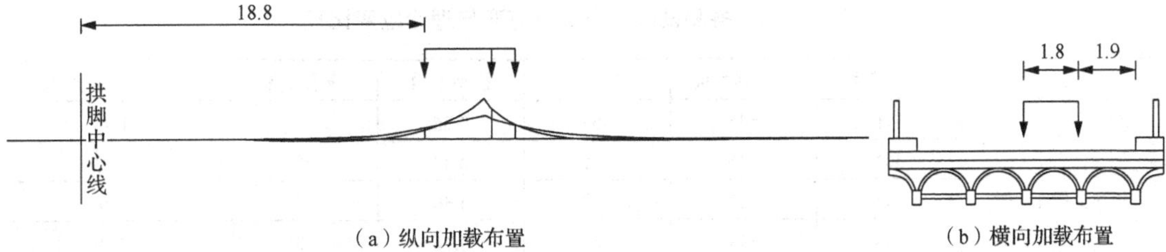

图 12-18　工况 3 加载布置示意图（单位：m）

表 12-37　静载测试工况及试验效率

静载工况	内容	车辆数	设计荷载内力/（kN·m）	实际汽车荷载内力/（kN·m）	试验效率系数
工况 1	拱脚截面（1—1 断面）最不利负弯矩	1	-184.34	-174.84	**0.95**
工况 2	*L*/4 跨截面（2—2 断面）最不利正弯矩	1	21.79	20.57	**0.95**
工况 3	拱顶截面（3—3 断面）最不利正弯矩	1	87.99	85.83	**0.98**

（2）测点断面与测点布置

如图 12-19 所示，应变测试采用电阻应变片和静态数据采集系统，在各个测试断面的拱圈底缘布置应变片，测试断面 1—1～断面 3—3，全桥共 15 个应变测点。挠度测试采用高精度水准仪观测，在各测试断面的行车道上游和下游边缘线布设测点，测试断面 2—2～断面 4—4，全桥共 6 个挠度测点。

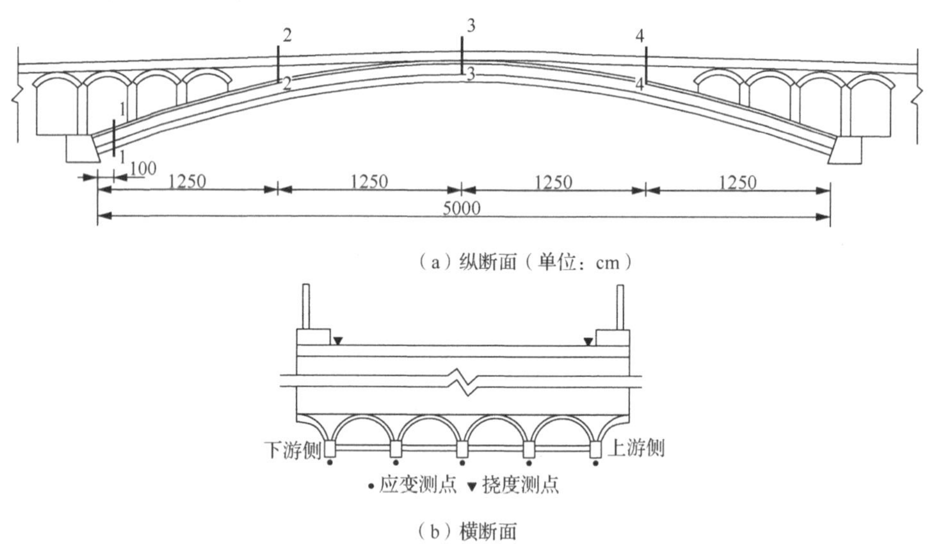

（a）纵断面（单位：cm）

（b）横断面

图 12-19　静载试验测点布置

（3）应变分析

表 12-38 列出了各工况试验荷载作用下，相应控制断面应变测点应变的实测值和理论计算值，其中负值为压应力，正值为拉应力。在各工况试验荷载作用下，相应控制测点的应变实测值变化规律与理论计算值基本一致，控制测点的应变校验系数最大值为 0.91，满足规范规定的校验系数应不大于 1.00 的限值要求。退载后，各测试截面应变基本可恢复，最大相对残余应变为 19.23%，满足规范规定的残余应变不超过 20%的限值要求。

表 12-38　各测试跨测点实测应变与理论应变比较　（$\times10^{-6}$）

工况	测点编号	实测弹性值	理论计算值	校验系数	残余应变	相对残余应变/%
工况 1	1-1	-35	-63	**0.56**	-4	11.43
	1-2	-26	-55	**0.47**	-5	19.23
	1-3	-22	-39	**0.56**	-2	9.09
	1-4	-19	-25	**0.76**	-3	15.79
	1-5	-13	-13	—	0	0

续表

工况	测点编号	实测弹性值	理论计算值	校验系数	残余应变	相对残余应变/%
工况 2	2-1	6	5	—	0	0
	2-2	8	13	**0.62**	1	12.5
	2-3	12	14	**0.86**	1	8.33
	2-4	3	5	**0.6**	0	0
	2-5	3	3	—	0	0
工况 3	3-1	9	15	**0.6**	1	11.11
	3-2	16	32	**0.5**	2	12.5
	3-3	13	30	**0.43**	1	7.69
	3-4	10	11	**0.91**	1	10
	3-5	3	6	**0.5**	0	0

（4）挠度分析

表 12-39 列出了工况 2、工况 3 主要测点挠度实测值与理论值的比较，挠度以向上为正，向下为负，在各工况荷载作用下，挠度实测值变化规律与理论计算值基本一致，挠度校验系数最大值为 0.93，满足规范规定的校验系数应不大于 1.00 的限值要求。退载后，变形基本可恢复，最大相对残余变位为 9.38%，满足规范规定的残余变位不超过 20%的限值要求。

表 12-39　各测试跨测点实测挠度与理论挠度比较　（单位：mm）

工况	测点编号	实测值	理论值	校验系数	残余变位	相对残余变位/%
工况 2	1-1	−0.32	−0.38	**0.84**	−0.03	9.38
	1-2	−0.27	−0.29	**0.93**	−0.02	7.41
工况 3	2-1	−0.47	−1.02	**0.46**	−0.04	8.51
	2-2	−0.23	−0.48	**0.48**	−0.01	4.35

4. 动载试验

（1）测试工况

1）自振特性测试：采用环境脉动法测量桥梁的固有频率、振型。

2）跑车试验：采用一辆约 420kN 重车加载，车辆与桥轴线同向行驶，分别以 10km/h、20km/h、30km/h 的车速过桥。

3）制动试验：采用一辆约 420kN 重车加载，以 30km/h 的速度行驶至测试断面时紧急制动。

（2）测点布置

在桥面 $L/8$、$L/4$、$L/2$、$3L/4$、$7L/8$ 和拱肋 $L/8$、$7L/8$ 处，分别布设竖向和横向加速度拾振器各一个，以测量大桥的面内、面外振动前几阶频率和振型。采用电阻应变片量测振动应变，从而计算桥梁冲击系数，桥面加速度响应由加速度拾振器量测。强迫振动测点布置在拱顶，其中加速度传感器布置在上游侧，动应变布置在 3#拱肋底缘。具体测点布置如图 12-20 所示。

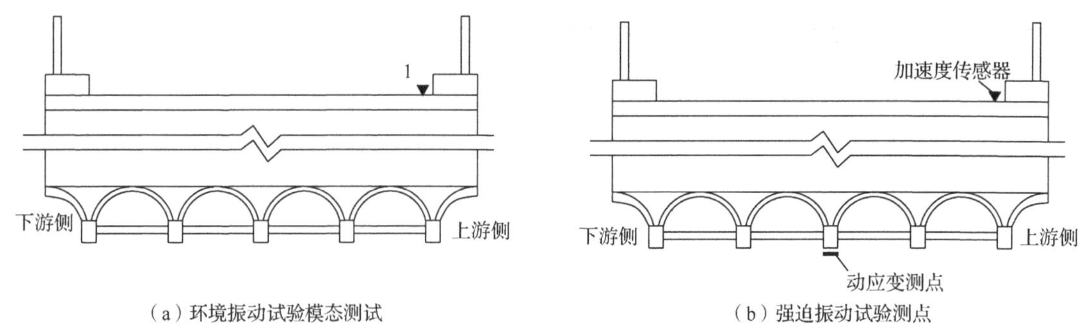

（a）环境振动试验模态测试　　（b）强迫振动试验测点

图 12-20　动载试验测点布置

（3）试验结果分析

1）自振频率与振型：实测与理论得到的面外一阶振型均为对称，实测频率为 5.08Hz，大于理论频率 4.64Hz；实测与理论得到的面内振型均为对称，实测频率为 6.47Hz，大于理论频率 6.03Hz。

2）冲击系数：实测标准荷载作用下的冲击系数 $1+\mu$ 为 1.07～1.14，小于设计冲击系数 1.17。

3）加速度响应：正常行车时产生的最大加速度为 0.016g，制动时产生的最大加速度为 0.013g。

5. 结论与建议

大桥主拱圈主要病害是拱肋混凝土剥落和拱波裂缝。拱肋混凝土剥落的主要原因是拱肋钢筋保护层不足，受雨水浸蚀导致钢筋锈蚀、混凝土胀裂，并在车辆振动荷载作用下进一步加剧。拱波裂缝主要是由于早期建设的双曲拱桥主拱圈刚度不足，横向联系刚度较弱，活载横向分布较差，拱肋受力不均，在超载车辆作用下，加剧拱肋受力不均现象，拱波顶部因抗力不足产生开裂。

外观检查结果表明大桥现阶段桥梁上部结构、下部结构和桥面系的技术状况等级分别评估为 4 类、1 类和 3 类，桥梁总体技术状况等级评定为 3 类，桥梁总体技术状况描述为“有中等缺损，尚能维持正常使用功能”。桥梁荷载试验表明大桥主桥结构目前尚能满足设计荷载（汽车-15 级）的通行要求。建议对大桥的病害根据规范要求进行处理，并提高设计荷载等级的桥梁加固。

12.5.3　某单塔斜拉桥技术状况评定与荷载试验实例

1. 工程概况与检测目的

某主桥长为 365m，为两跨预应力混凝土斜拉桥，跨径组成为 200m+165m，采用墩塔梁固结体系。荷载设计等级为公路-I 级，设计行车时速为 80km/h，双向 6 车道。主桥主梁采用分离式流线型双箱预应力混凝土箱形结构。斜拉索锚固在外悬臂板的弧线形锯齿块上，在每对斜拉索间及相邻两对斜拉索间分别设置一道横梁，将两分离式单箱连成整体，全桥布置 52 对共 104 根斜拉索。为了解大桥的技术状况水平，判断结构使用安全性，需开展荷载试验与技术状况评定。

2. 外观检查、结构检测与技术状况评定

（1）桥梁病害位置编号

为便于对主梁内部外观检查结果进行描述，依据大桥设计和竣工图纸，对大桥的桥墩、斜拉索和主梁病害位置进行编号。对于桥墩，从××往××方向，依次编号为 1#墩、2#墩（塔）和 3#墩。对于斜拉索，主跨编号为 M，边跨编号为 S，上游编号为 U，下游编号为 D，从桥塔位置往两侧依次编号为 1，2，…，26。例如，主跨下游距离桥塔最近的斜拉索编号为 MD1。对于主梁，依据设计图纸的节段划分，从 1#墩往 3#墩方向，依次编号为 EZ-XJ、EZ-HL、EZ-52、EZ-51、…、EZ-1、EZ-0、EB-1、EB-2、EB-38、EB-HL、EB-XJ。

（2）外观检查

主要病害有：斜拉索护套锈蚀；部分斜拉索保护层损坏；斜拉索锚具锈蚀；3#墩承台出现冲蚀和破损；桥面铺装出现坑洞；伸缩缝堵塞；人行道破损缺失；栏杆护栏锈蚀破损；照明设施损坏缺失；排水设施构件缺失，并造成主梁污蚀等，主要病害如图 12-21 所示。

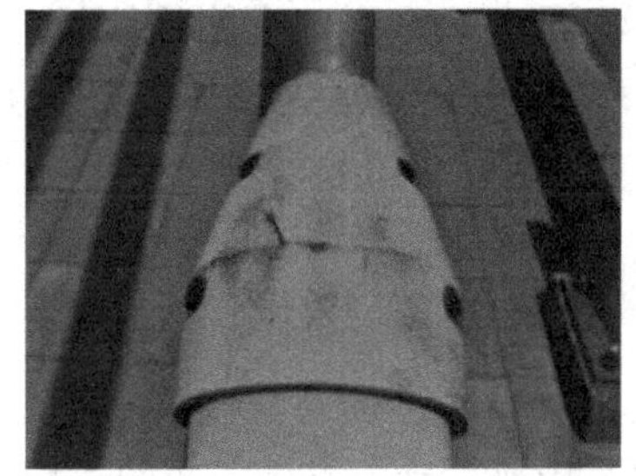

（a）斜拉索护套锈蚀

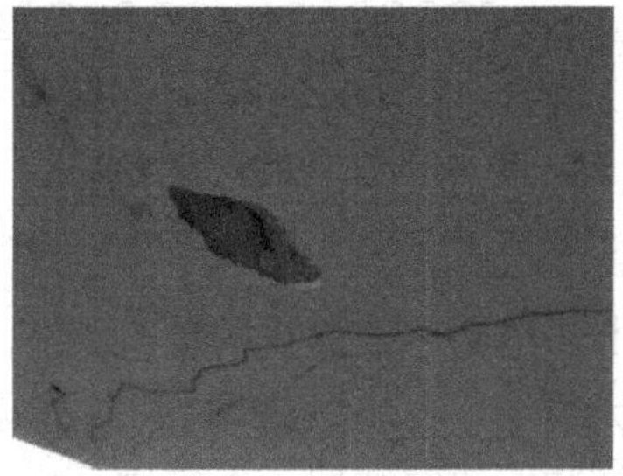

（b）主梁底面混凝土剥落、露筋

（c）斜拉索锚具锈蚀（索塔端）

图 12-21　大桥主要病害

（3）混凝土强度检测

采用回弹法测量混凝土强度，全桥主梁共分为 29 个构件，抽取其中 10 个构件进行强度测试（仅示出 5 处）。索塔分为上游和下游 2 个构件，每个桥墩设为一个构件，如表 12-40 所示。大桥主梁、索塔、桥墩各抽检构件的混凝土推定强度均大于主梁的强度设计值（C50、C50、C30）。可认定该桥主梁、索塔和桥墩混凝土未出现明显的强度退化现象。

表 12-40　大桥主梁混凝土强度检测结果　（单位：MPa）

构件			混凝土抗压强度换算值			现龄期混凝土强度推定值	构件			混凝土抗压强度换算值			现龄期混凝土强度推定值
名称		编号	平均值	标准差	最小值		名称		编号	平均值	标准差	最小值	
主梁	1#构件	1	59.3	4.52	51.9	51.9	索塔	1#构件	1	57.9	2.78	54.2	53.3
	2#构件	2	58.9	3.91	52.9	52.5		2#构件	2	58.3	2.68	54.3	53.9
	3#构件	3	58.3	3.32	52.2	52.8	桥墩	1#构件	1	47.3	3.58	42.1	41.4
	4#构件	4	57.4	3.52	52.2	51.6		2#构件	2	48.1	3.28	42.7	42.7
	5#构件	5	58.2	3.17	53.2	53		3#构件	3	46.2	3.12	41.2	41.1

（4）斜拉索索力检测

大桥实测拉索索力分布结果如图 12-22 所示，距离主塔近的斜拉索索力小，远离主塔的斜拉索索力大，符合斜拉索的设计原则，索力沿全桥的分布规律正常，拉索应力未大于容许应力，安全系数均大于 2.5，满足规范的规定。

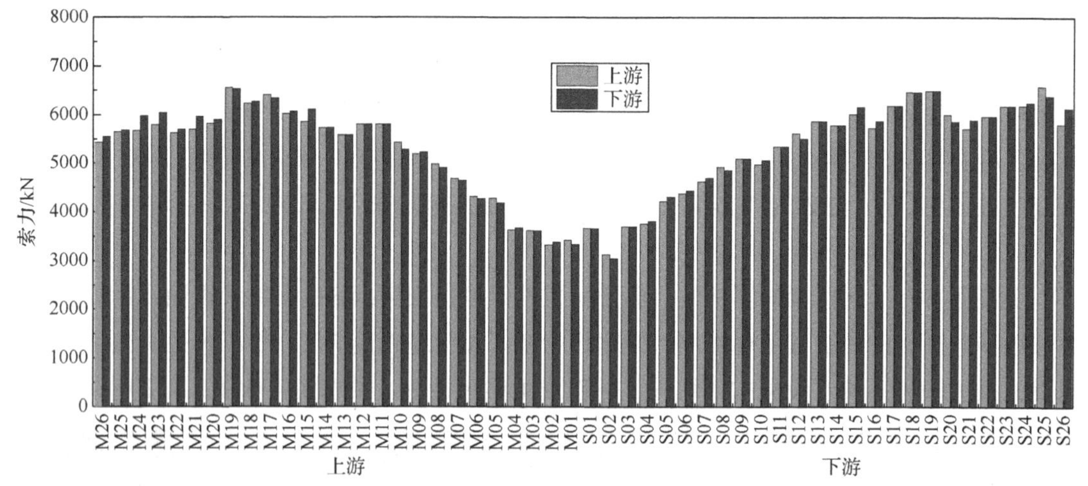

图 12-22 实测索力分布

（5）桥梁技术状况评定

将主桥分成 3 个部位，即上部结构、下部结构和桥面系。上部结构分为斜拉索系统、主梁、索塔和支座；下部结构分为翼墙、耳墙、锥坡、护坡、桥墩、桥台、墩台基础、河床、调治构造物；桥面系分为桥面铺装、伸缩装置、人行道、栏杆、护栏、排水系统、照明、标志。按照本桥的实际情况，各个部位的构件数、具体评价部位和根据本桥实际情况调整后的权重值如表 12-41 所示。

表 12-41 桥梁各构件权重值

部位	构件数 n	评价部位	原有权重	调整后权重	部位	构件数 n	评价部位	原有权重	调整后权重
桥面系	1	桥面铺装	0.4	0.4	上部结构	3	斜拉索系统	0.4	0.4
	2	伸缩缝装置	0.25	0.25		1	主梁	0.25	0.25
	1	人行道	0.1	0.1		1	索塔	0.25	0.25
	2	栏杆、护栏	0.1	0.1		1	支座	0.1	0.1
	1	排水系统	0.1	0.1	下部结构	3	桥墩	0.3	0.46
	2	照明、标志	0.05	0.05		3	墩台基础	0.28	0.43
						1	河床	0.07	0.11

以斜拉索系统为例，斜拉索系统包括：斜拉索、斜拉索护套、锚具和减震装置。其中，斜拉索外观检查未发现病害，实得分 100 分；斜拉索护套评定指标共分为 6 项——漆膜损坏、护套裂缝、护套锈蚀、防护层破损、护套上端浆液离析和渗水，外观检查发现防护层破损扣分 25 分，实得分 75 分；锚具评定指标共分为 4 项——锚杯积水、锚具内潮湿、防锈油结块和锚具锈蚀，外观检查发现锚具锈蚀扣分 25 分，实得分 75 分；减震装置外观检查未发现病害，实得分 100 分。因此，斜拉索系统实得分 83.33 分，如表 12-42 所示。

表 12-42　桥梁上部结构技术状况评分

部件及权重			$PCCI_i$	SPCI
序号	评估要素	权重 w_i		
1	斜拉索系统	0.4	83.33	80.83
2	主梁	0.25	75	
3	索塔	0.25	75	
4	支座	0.1	100	

以墩台基础为例，基础评定指标共分为 7 项：冲刷淘空、剥落露筋、冲蚀、河底铺砌损坏、沉降、滑移倾斜和裂缝。外观检查发现冲蚀。因此，冲蚀项扣分 25 分，墩台基础实得分 75 分，如表 12-43 所示。

表 12-43　桥梁下部结构技术状况评分

部件及权重			$BCCI_i$	SBCI
序号	评估要素	权重 w_i		
1	桥墩	0.46	100	89.25
2	墩台基础	0.43	75	
3	河床	0.11	100	

以桥面铺装为例，沥青混凝土桥面铺装评定指标共分为 4 项：变形、泛油、破损和裂缝。外观检查发现破损，扣分 25 分，桥面铺装实得分 75 分，其余如表 12-44 所示。

表 12-44　桥梁桥面系技术状况评分

部件及权重			$DCCI_i$	BDCI
序号	评估要素	权重 w_i		
1	桥面铺装	0.4	75	75.5
2	伸缩缝装置	0.25	75	
3	人行道	0.1	75	
4	栏杆、护栏	0.1	87.5	
5	排水系统	0.1	65	
6	照明、标志	0.05	80	

对大桥各评估要素技术状况进行综合评定的结果如表 12-45 所示。大桥现阶段桥梁上部结构、下部结构和桥面系的技术状况等级分别评估为 2 类、2 类和 3 类，总体技术状况评估等级为 2 类桥，即描述为“有轻微缺损，对桥梁使用功能无影响”。

表 12-45　桥梁技术状况综合评定

评估要素	权重	部件技术状况评分	
上部结构	0.4	SPCI	80.83
下部结构	0.4	SBCI	89.25
桥面系	0.2	BDCI	75.5
桥梁总体技术状况评分 D_r		83.13	

3. 静载试验

(1) 有限元模型

采用有限元程序建立有限元模型，如图 12-23 所示，主梁、主塔和主墩采用三维梁单元进行模拟。主梁、主塔与墩顶通过刚性连接来模拟，两边跨端约束其竖向、横向平动自由度和纵向、竖向转动自由度，主墩墩基结合部视为固定支座。全桥共划分为 463 个单元、567 个节点。恒载作用下的内力可以通过将恒载均摊到各个构件来计算；在移动荷载作用时，求得各个工况测试断面的影响线，以确定各个工况的车辆纵向分布。

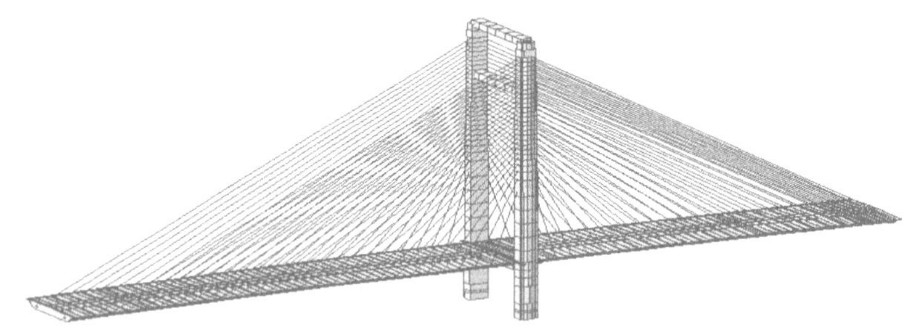

图 12-23　大桥有限元模型示意图

(2) 测试工况

试验采用 30t 左右的三轴载重汽车 18 辆，静载试验工况试验选择的应变控制断面为：主跨距桥塔轴线 166.25m 处（1—1 断面）最不利正弯矩布载，边跨距桥塔轴线 103.25m 处（2—2 断面）最不利正弯矩布载，边跨距桥塔轴线 12.25m 处（3—3 断面）最不利负弯矩布载，桥塔根部距承台顶面 4m 处（4—4 断面）最不利弯矩布载。静载测试断面纵向布置如图 12-24 所示。

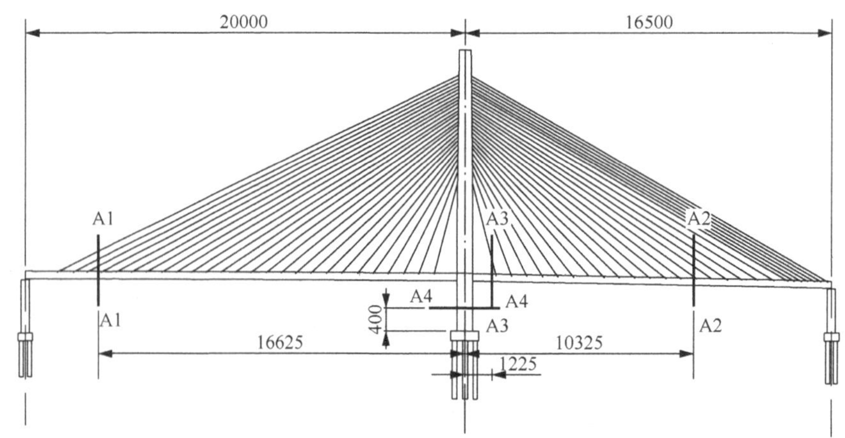

图 12-24　静载测试断面纵向布置图（单位：cm）

静载试验测试以上 4 个断面的正弯矩和负弯矩受力性能，分成中载和偏载，共 8 个工况。按照设计荷载公路-I 级，静载试验加载工况的车辆载重及车辆分布方式按等效方式布载，试验荷载下的各测试项目的静载试验效率 η 为 0.97～1.05，如表 12-46 所示。

表 12-46　静载测试工况与试验效率系数

静载工况	内容	车辆数	设计荷载内力（kN·m）/位移（mm）	实际汽车荷载内力（kN·m）/位移（mm）	试验效率系数
工况 1	1—1 断面最不利正弯矩布载（中载）	12	57121.4	55683.1	0.98
工况 2	1—1 断面最不利正弯矩布载（偏载）	12	57121.4	55683.1	0.98
工况 3	2—2 断面最不利正弯矩布载（中载）	18	47681.8	50078.4	1.05
工况 4	2—2 断面最不利正弯矩布载（偏载）	18	47681.8	50078.4	1.05
工况 5	3—3 断面最不利负弯矩布载（中载）	18	−21918.1	−22529.9	1.03
工况 6	3—3 断面最不利负弯矩布载（偏载）	18	−21918.1	−22529.9	1.03
工况 7	4—4 断面不利负弯矩布载（中载）	14	−51762.4	−51772.3	1.00
	塔顶最不利纵向偏位布载（中载）		28.5	27.5	0.97
工况 8	4—4 断面不利负弯矩布载（偏载）	14	−52045.7	−51945.3	1.00
	塔顶最不利纵向偏位布载（偏载）		29.1	28.8	0.99

（3）测点断面与测点布置

对控制断面进行应变测试，分别在各个测试断面的顶底板布置应变计，测试这些断面在正、负弯矩区的受力性能。静载主梁挠度的测点布置在测试孔每跨的 $L/4$、$L/2$、$3L/4$ 断面，在每个测试断面的箱梁桥轴线布设测点，如图 12-25 所示。各工况下均采用全站仪对主塔顶部的偏位进行测量。主塔位移测点布置在塔顶上、下游两侧。

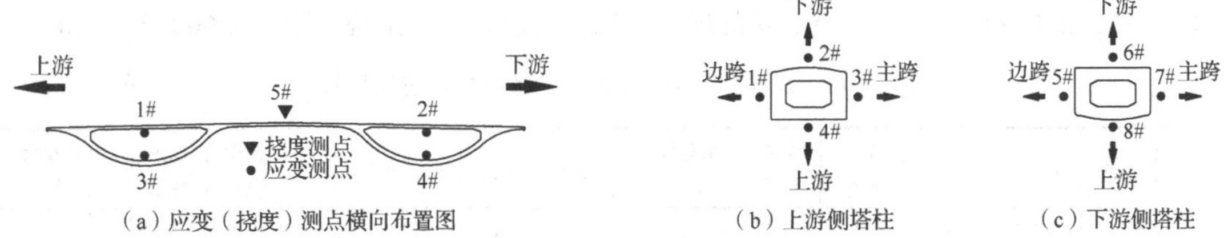

（a）应变（挠度）测点横向布置图　（b）上游侧塔柱　（c）下游侧塔柱

图 12-25　静载试验测点布置

（4）应变分析

如表 12-47 所示，荷载作用下主要测试断面的应变实测值变化规律与理论计算值变化规律基本一致，控制断面应变校验系数最大值为 0.98，满足规范规定的应变校验系数不超过 1.00 的限值要求。退载后，各测试断面应变基本可恢复，控制测点的最大相对残余应变为 18.75%，满足规范规定的残余应变不超过 20%的限值要求。

表 12-47　各测试跨测点实测应变与理论应变比较　（$\times10^{-6}$）

工况	测试断面	测点	实测值	理论值	校验系数	残余应变	相对残余应变/%	工况	测试断面	测点	实测值	理论值	校验系数	残余应变	相对残余应变/%
1	1—1断面	1-1	−22	−47	0.47	−3	13.64	2	1—1断面	1-1	−38	−47	0.81	−3	7.89
		1-2	−39	−47	0.83	−5	12.82			1-2	−42	−47	0.89	−5	11.9
		1-3	35	98	0.36	1	2.86			1-3	44	98	0.45	1	2.27
		1-4	49	98	0.5	4	8.16			1-4	38	98	0.39	4	10.53

续表

工况	测试断面	测点	实测值	理论值	校验系数	残余应变	相对残余应变/%	工况	测试断面	测点	实测值	理论值	校验系数	残余应变	相对残余应变/%
3	2—2断面	2-1	−36	−45	0.81	−5	13.89	6	3—3断面	3-1	13	19	0.68	2	15.38
		2-2	−34	−45	0.76	−3	8.82			3-2	4	19	0.21	0	0
		2-3	88	93	0.95	10	11.36			3-3	−25	−40	0.63	−1	4
		2-4	47	93	0.51	5	10.64			3-4	−27	−40	0.68	−1	3.7
4	2—2断面	2-1	−28	−45	0.63	−5	17.86	7	4—4断面	4-1	13	16	0.81	2	15.38
		2-2	−33	−45	0.74	−3	9.09			4-2	−18	−20	0.9	−1	5.56
		2-3	91	93	0.98	10	10.99			4-3	14	16	0.88	0	0
		2-4	38	93	0.41	5	13.16			4-4	−16	−20	0.8	−3	18.75
5	3—3断面	3-1	15	19	0.78	2	13.33	8	4—4断面	4-1	14	16	0.88	2	14.29
		3-2	5	19	0.26	0	0			4-2	−15	−20	0.75	−1	6.67
		3-3	−28	−40	0.7	−1	3.57			4-3	15	16	0.94	0	0
		3-4	−32	−40	0.8	−1	3.13			4-4	−18	−20	0.9	−3	16.67

（5）主梁挠度分析

如表 12-48 所示，荷载作用下主梁挠度变化规律与理论计算值变化规律基本一致，各工况控制测点的校验系数最大值为 0.98，小于规范规定的位移校验系数 1.00 的限值要求。退载后主梁挠度基本可恢复，控制测点的最大相对残余变形为 19.69%，满足规范中的残余变形限值不超过 20%的限值要求。各荷载工况下主梁最大挠度为 61.60mm，考虑长期挠度系数 1.425 后的挠度为 87.78mm，小于规范规定的预应力混凝土主梁挠度限值 $L/600=333$mm。

表 12-48　各测试跨测点挠度实测值与理论值的比较　（单位：mm）

工况	测点	实测值	理论值	校验系数	残余变形	相对残余变形/%	工况	测点	实测值	理论值	校验系数	残余变形	相对残余变形/%
1	1	−47.2	−63.14	0.75	−3.5	7.42	3	4	−20	−25.47	0.79	−3.8	19
	2	−33.1	−37.46	0.88	−1.4	4.23		5	−56.2	−69.06	0.81	−3.7	6.58
	3	−10.7	−10.87	0.98	−2	18.69		6	−54	−63.56	0.85	−2.1	3.89
2	1	−50.2	−63.14	0.8	−3.5	6.97	4	4	−19.3	−25.47	0.76	−3.8	19.69
	2	−35.3	−37.46	0.94	−1.4	3.97		5	−58.3	−69.06	0.84	−3.7	6.35
	3	−10.3	−10.87	0.95	−2	19.42		6	−55.2	−63.56	0.87	−2.1	3.8

（6）主塔偏位分析

如表 12-49 所示，主塔塔顶断面测点位移的校验系数在 0.50～0.70，实测值和理论值吻合较好。

表 12-49　各工况下主塔塔顶断面测点位移实测值与理论值的比较

工况	测点	主塔偏位/mm		校验系数	工况	测点	主塔偏位/mm		校验系数
		实测值	理论值				实测值	理论值	
7	1	−13.7	−27.55	0.5	8	1	−14.6	−28.78	0.51
	2	−14.3	−27.55	0.52		2	−18.3	−26.32	0.7

4. 动载试验

（1）测试工况

动载测试工况与内容如表 12-50 所示。

表 12-50　动载测试工况

动载工况	荷载	测试内容	动载工况	荷载	测试内容
工况 1	环境激励	面内固有频率、振型和阻尼比	工况 5	30km/h，一部行车	主梁冲击系数和加速度
工况 2	环境激励	面外固有频率、振型和阻尼比	工况 6	40km/h，一部行车	主梁冲击系数和加速度
工况 3	10km/h，一部行车	主梁冲击系数和加速度	工况 7	跨中跳车	主梁冲击系数和加速度
工况 4	20km/h，一部行车	主梁冲击系数和加速度	工况 8	制动试验	主梁冲击系数和加速度

（2）测点断面与测点布置

环境振动试验测点在边跨和主跨 $L/4$、$L/2$、$3L/4$ 处布设竖向（面内）和横向（面外）加速度拾振器各一个，以测量大桥的面内振动前 5 阶频率和振型。强迫振动试验测点采用电阻应变片量测振动应变，从而计算桥梁冲击系数；桥面加速度响应由加速度拾振器量测。强迫振动测点布置在主跨箱梁距离主塔 166.25m 处，具体测点布置如图 12-26 所示。

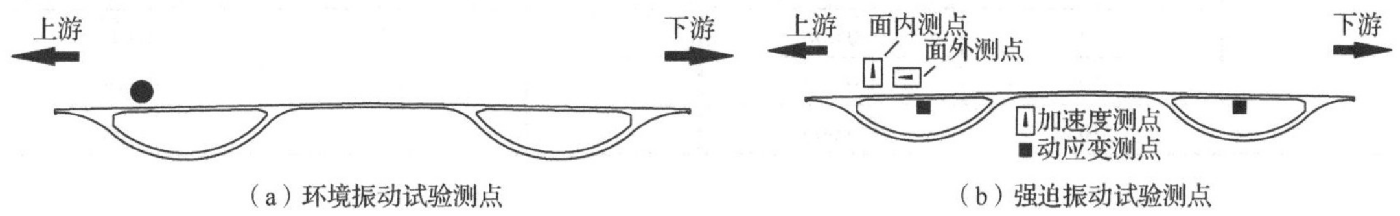

（a）环境振动试验测点　　（b）强迫振动试验测点

图 12-26　动载试验测点布置

（3）试验结果分析

主桥的理论模态和试验模态列于表 12-51。大桥固有振动模态的理论结果与实测结果接近，振型一致；一阶面内振动为反对称，实测一阶基频为 0.39Hz，大于理论模态 0.36Hz。

表 12-51　主桥固有模态

序号	理论结果		试验结果	
	频率/Hz	振型	频率/Hz	振型
1	0.36		0.39	
2	0.65		0.68	
3	0.92		0.98	
4	1.24		1.27	

将应变时程曲线进行时域分析后得到不同车速下的冲击系数，示于表 12-52。可以看出，实测活载冲击系数 $1+\mu$ 为 1.04～1.10；实测标准荷载作用下的冲击系数为 1.02～1.04，小于设计冲击系数 1.05。下游侧从边跨往主跨方向行驶时，桥梁在各种车速下，跑车和跳车、制动试验的最大加速度如表 12-53 所示。主桥在 20km/h 正常行车时发生的最大加速度为 0.012g，在 30km/h 制动时发生的最大加速度为 0.008g，跳车荷载作用下的最大加速度为 0.016g，均小于人体不适的限值 0.065g，故该桥行车舒适度满足要求。

表 12-52　主桥实测冲击系数

车速/（km/h）	标准荷载应变/10^{-6}	实测动载作用下的最大动应变/10^{-6}	相应静载作用下的最大应变/10^{-6}	$1+\mu$	标准荷载 $1+\mu$
10	-39	-17.54	-16.31	1.08	1.05
20	-39	-13.85	-12.62	1.10	1.05
30	-39	-15.08	-14.46	1.04	1.05
40	-39	-13.85	-12.61	1.10	1.05

表 12-53　最大加速度实测值

工况	车速/（km/h）	最大加速度/g	工况	车速/（km/h）	最大加速度/g
1	10	0.006	4	40	0.01
2	20	0.012	5	跳车	0.016
3	30	0.006	6	制动	0.008

5. 结论与建议

通过对大桥主桥斜拉桥进行的外观检查、斜拉索索力检测和静动载试验，表明在试验荷载作用下，该桥结构受力性能良好，可满足设计荷载（公路-I 级）的通行要求，满足承载力要求。大桥现阶段桥梁上部结构、下部结构和桥面系的技术状况等级分别评估为 2 类、2 类和 3 类。主桥斜拉桥总体技术状况评估等级为 2 类，即描述为“有轻微缺损，对桥梁使用功能无影响”。建议如下：对主梁和主塔的已锈蚀钢筋进行除锈处理，并对裸露的钢筋进行混凝土保护层修复，以隔绝空气和水，防止钢筋继续生锈；对所有已锈蚀的斜拉索锚具、斜拉索护套进行除锈和防锈处理，对防护层损坏的斜拉索进行修补，并加固斜拉索锚具的防护构造。按照规范要求对受损结构进行修补。

思　考　题

1. 在什么情况下考虑进行静、动载试验？桥梁动载试验一般采用哪些激振方式？
2. 为什么要开展桥梁技术状况评定？分层综合评定的具体步骤有哪些？
3. 旧桥的桥梁检算主要考虑哪些因素？与新桥验算有何区别？

第 13 章　土木工程结构监测与进展

结构监测是指对结构进行间歇性或连续的长期观察或量测。它可分为施工期间监测和使用期间监测。施工期间监测通常是对受力和构造复杂、施工难度大的工程结构所采取的施工监测控制，确保结构在施工过程中的受力和变形始终处于安全范围内，且建成后的结构线形符合设计要求，结构永久荷载的内力状态接近设计预期。使用期间的监测习惯称为结构健康监测，起初是将应变、位移和温度等测量集成服务于结构健康监测，随后增加风力和结构动力监测内容，能够在强风速或结构振动异常时向管理部门进行安全预警。随着网络技术的发展，监测系统逐步实现了实时监测、同步分析和数据网络共享等目标。

土木工程结构在全寿命期内不断遭受外在荷载、环境侵蚀和自然灾害等作用，其实际性能状态已随着服役时长逐渐劣化而变得不可靠，如建筑结构的突然倒塌、桥梁的骤然折断等。结构监测已成为保障重要工程结构健康运营的有效手段和首要选择。

13.1　结构监测方法与系统组成

13.1.1　结构监测方法

土木工程结构监测需统筹考虑，宜设定监测预警值。监测预警值应满足工程设计及对结构监测对象的控制要求。根据对结构状态进行监控、预警及评价的要求选择合理的监测参数。监测参数可分为静态参数与动态参数，其中静态参数包括：静力荷载（作用）及所产生的应变、变形与裂缝，温湿度及腐蚀类等环境参数。动态参数包括：动力荷载（作用）及其引起的加速度、速度、动位移、动应变等参数，以及结构频率、振型及阻尼比等动力特性参数。

1）应变监测：根据监测目的和工程要求，以及传感器技术、环境特性选择合理的应变计。应变计的量程应与量测范围相适应，具备温度补偿功能，应变量测的精度应为满量程的0.5%，监测值控制为满量程的30%～80%。混凝土构件选择大标距的应变计；对于应变梯度较大的应力集中区域，选用标距较小的应变计。

2）变形监测：主要包括倾斜、沉降、标高、挠度及收缩徐变监测等。根据结构或构件的变形特征可分为水平位移监测、垂直位移监测、三维位移监测和其他位移监测，其中三维位移根据现场条件和精度要求选择光学仪器法、卫星定位系统法及摄影法进行监测。根据监测仪器的种类，监测方法可分为机械式测试仪器法、电测仪器法、光学仪器法及卫星定位系统法。变形监测仪器的量程应介于测点位移估计值或允许值的 2～3 倍。采用机械式测试仪器时，精度应为测点位移估计值的 1/10。

3）温湿度监测：包括环境及构件温度监测和环境湿度监测。

4）风及风致响应监测：对风敏感的结构宜进行风及风致响应监测，如高度超过 200m 的高层与高耸结构、大跨屋盖结构及容易产生风致振动的桥梁结构等。

5）地震动及地震响应监测：对于设防烈度为 7、8、9 度时，高度分别超过 160m、120m、80m 的大型公共建筑和特别重要的特大桥应进行地震响应监测。

6）腐蚀监测：在氯离子含量较高或受腐蚀影响较大的区域或有设计要求时，需要进行腐蚀监测。

13.1.2 结构监测系统

结构监测的目的是针对工程结构长期服役安全的需求，建立一种最少人工干预的状态监测、特征识别和状态评估的自动化系统，为结构的管理和养护提供决策支撑。一套完整的结构监测系统通常包括以下 5 个部分。

1）传感器子系统：主要由能够感测环境与荷载作用、结构响应、结构几何变形、结构耐久性这 4 类物理量的传感元件组成，依据结构力学原理进行优化布设，实现对结构整体性能和局部性能的全面感知。在布置传感器测点时，要抓住监测对象的实际状态及变化趋势，对结构的内力分布、变形和动力特性等作全面的分析，选择结构静动力反应及变形较大的部位，并结合现场实际情况确定测点位置。测点的数量既要考虑到监测系统的可靠性，又要考虑经济性。

2）数据采集子系统：包括硬件采集设备和软件模块，以实时、定时、触发或混合的模式采集各个待测数据，其需要对各种类型传感器信号进行同时控制、同步采集和高速解调，实现监测数据的高质量获取。

3）数据传输子系统：包括传输线缆、交换机、信号收发器和放大器等，以总线型、环形、星形、树形或混合型结构进行组网，通过有线或无线的方式将采集的数据传输到数据存储与管理子系统中。

4）数据存储与管理子系统：由中心数据库、数据管理软件及硬件等组成，提供监测数据和结构自身信息的存储、查询、调用和简单统计分析功能。

5）结构预警与评估子系统：由高性能计算机和专业分析软件组成，其功能是对预处理过的数据进行力学分析，包括模型修正、模态识别、损伤诊断、状态评估、寿命预测、维护决策等。

13.2 高层与高耸结构监测

13.2.1 高层与高耸结构监测的主要内容

一般情况下，高度为 300m 及以上的高层与高耸结构、施工过程导致结构最终位形与设计目标位形存在较大差异的高层与高耸结构、带有隔震体系的高层与高耸结构、其他对结构变形比较敏感的高层与高耸结构需要进行结构监测。主要监测内容如下。

1）变形监测：主要包括沉降、倾斜和裂缝观测。在水平方向产生的位移称为建筑物的水平位移，向上的垂直位移称为上升，向下的垂直位移称为建筑物的沉降。倾斜包括基础倾斜和上部结构倾斜，基础倾斜指的是基础两端由于不均匀沉降而产生的差异沉降现象，上部结构倾斜指的是建筑的中心线或其墙、柱上某点相对于底部对应点产生的偏离现象。

2）裂缝监测：对建筑物上产生的裂缝进行宽度、深度、错开等监测。

3）内部监测：对建筑物基础进行应力监测、应变监测、温湿度监测、地下水位监测。

4）其他监测：对于高耸结构一般还应进行振动监测、风及风致响应监测等。

13.2.2　高层结构监测实例

1. 工程概况

某住宅楼为地上 32 层、地下 1 层钢筋混凝土剪力墙结构，设计采用冲孔灌注桩基础，采用数字水准仪和全站仪对建筑物的沉降和倾斜进行观测。

2. 测点布置

在该楼共布置 8 个沉降观测点和 14 个倾斜测点，如图 13-1 和图 13-2 所示，并于 2021 年 5 月 11 日至 2021 年 9 月 3 日对该楼进行 4 次观测，共计 3 个观测周期。

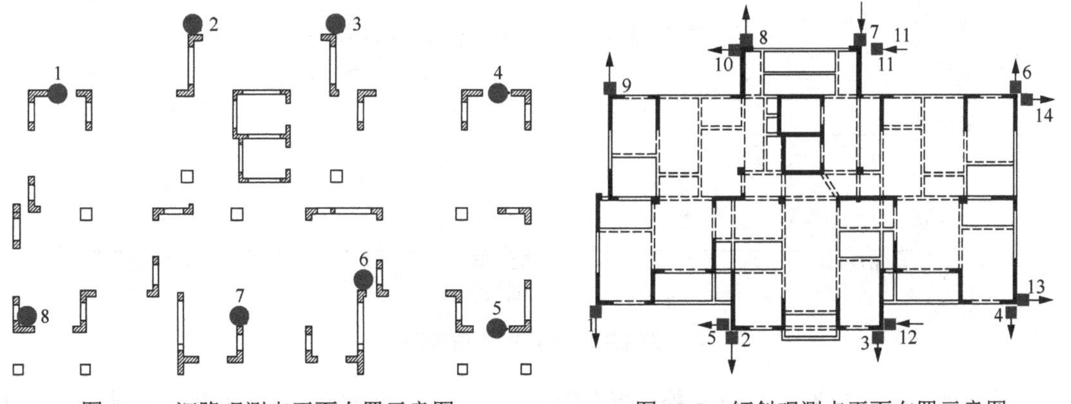

图 13-1　沉降观测点平面布置示意图　　图 13-2　倾斜观测点平面布置示意图

3. 监测结果分析

观测前对所使用的仪器进行 i 角检验，检验结果符合《建筑变形测量规范》（JGJ 8—2016）第 4.2.4 条关于二等水准观测的仪器 i 角不大于 15″的规定。现场共设置 3 个基准点，均设置在地质情况良好不易被破坏的区域。每次观测时对各基准点进行互测，其检测结果表明基准点在各观测周期内稳定、未见异常。本次沉降观测按照二等变形水准的测量要求采用环线闭合的观测方式进行沉降观测，闭合差均满足《建筑变形测量规范》（JGJ 8—2016）表 4.2.3-2 规定的二等变形测量环线闭合差$\leqslant 1.0\sqrt{n}$ mm（n 为测站数）的要求，观测误差满足《建筑变形测量规范》（JGJ 8—2016）表 3.2.2 规定的二等变形测量误差不超过±0.5mm 的要求。各沉降点观测数据如表 13-1 和图 13-3 所示，在 2021 年 5 月 11 日至 2021 年 9 月 3 日观测期间，各观测点最大累积沉降量为 0.59mm，日均沉降速率均≤0.01mm/d。根据《建筑变形测量规范》（JGJ 8—2016）第 7.1.5 条 4 款规定，可认为在观测期内该建筑沉降未见明显异常。

表 13-1　沉降变形观测结果

测点编号	第一周期（2021-5-11—2021-6-16）（36 天）			第二周期（2021-6-16—2021-7-16）（30 天）			第三周期（2021-7-16—2021-9-3）（49 天）		
	本次沉降/mm	日均沉降速率/（mm/d）	累积沉降/mm	本次沉降/mm	日均沉降速率/（mm/d）	累积沉降/mm	本次沉降/mm	日均沉降速率/（mm/d）	累积沉降/mm
1	-0.20	<0.01	-0.20	-0.03	<0.01	-0.23	-0.15	<0.01	-0.38
2	—	—	—	0.00	<0.01	0.00	-0.18	<0.01	-0.18
3	-0.19	<0.01	-0.19	-0.06	<0.01	-0.25	0.04	<0.01	-0.21
4	-0.18	<0.01	-0.18	-0.06	<0.01	-0.24	-0.19	<0.01	-0.43
5	-0.34	0.01	-0.34	0.08	<0.01	-0.26	-0.22	<0.01	-0.48
6	-0.18	<0.01	-0.18	-0.19	0.01	-0.37	-0.16	<0.01	-0.53
7	-0.25	0.01	-0.25	-0.16	<0.01	-0.41	-0.12	<0.01	-0.53
8	-0.25	0.01	-0.25	-0.21	0.01	-0.46	-0.13	<0.01	-0.59

注：表中负号表示下沉。“—”表示因现场检测条件限制，本次未测。

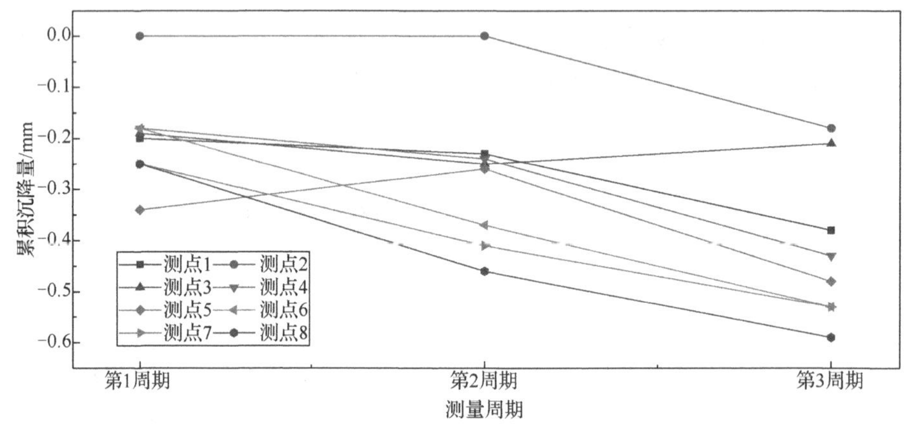

图 13-3　沉降时程曲线图

现场采用全站仪对该楼进行整体倾斜观测，各观测点的倾斜方向为建筑物顶部相对于底部的偏移方向，部分观测点的数据整理结果如表 13-2 所示。该楼所检 14 个观测点在整个观测期间（2021 年 5 月 11 日至 2021 年 9 月 2 日）的顶点位移均未超出《民用建筑可靠性鉴定标准》（GB 50292—2015）规定的结构不适于继续承载的安全性侧向位移限值，表明现阶段该楼尚未产生明显整体倾斜。在 2021 年 5 月 11 日至 2021 年 9 月 2 日整个观测周期内，该楼所检各观测点的倾斜方向和数值未见明显变化。

表 13-2　倾斜观测结果

测点	观测日期	测点位移 Δi/mm	测点高度 H/m	顶点位移	测点	观测日期	测点位移 Δi/mm	测点高度 H/m	顶点位移
1	2021-5-11	18	56.275	H/3126	2	2021-5-11	10	57.293	H/5729
	2021-6-15	14	56.303	H/4022		2021-6-15	11	57.121	H/5193
	2021-7-15	15	56.122	H/3741		2021-7-15	13	57.097	H/4392
	2021-9-2	17	56.304	H/3312		2021-9-2	12	57.386	H/4782

续表

测点	观测日期	测点位移 Δi/mm	测点高度 H/m	顶点位移	测点	观测日期	测点位移 Δi/mm	测点高度 H/m	顶点位移
3	2021-5-11	12	57.222	H/4769	4	2021-5-11	11	61.067	H/5552
	2021-6-15	11	57.18	H/5198		2021-6-15	13	61.153	H/4704
	2021-7-15	10	57.13	H/5713		2021-7-15	9	61.184	H/6798
	2021-9-2	14	57.112	H/4079		2021-9-2	12	60.872	H/5073

注：参照《民用建筑可靠性鉴定标准》（GB 50292—2015）第 7.3.10 条规定的混凝土结构高层建筑不适于承载的顶点位移限值为 H/300。

13.3　桥梁结构监测

13.3.1　桥梁结构监测的主要内容

一般情况下，对特别重要的特大桥、主跨跨径大于 150m 的梁桥、主跨跨径大于 300m 的斜拉桥、主跨跨径大于 500m 的悬索桥、主跨跨径大于 200m 的拱桥和处于复杂环境或结构特殊的其他桥梁结构需要进行结构监测，主要监测内容如下。

1）变形监测：桥梁变形按其类型可分为静态变形和动态变形。静态变形是指变形观测的结果只表示在某一期间内的变形值。动态变形是指在外力影响下而产生的变形，它表示桥梁在某个时刻的瞬时变形。变形监测主要包括桥梁墩台变形观测、塔柱变形观测、桥面挠度观测和桥面水平位移观测等。

2）应力监测：桥梁应力监测分为静应力监测和动应力监测。对桥梁关键断面开展静应力监测，了解桥梁结构在施工荷载、自然荷载等作用下的受力情况，并进行分析；对桥梁结构疲劳敏感区域进行动应力监测，掌握不同应力水平下的循环次数，估算疲劳寿命。

3）索力监测：斜拉桥、悬索桥、柔性系杆拱桥等是以索（主缆、吊索、系索）为主要承重构件的结构，其强度和几何形状主要依靠索的强度和索长来保证。尤其是索长，除直接影响结构的几何形状外，还影响结构受力，从而影响结构强度。因此，索力及其变化是监测的重点，可以直接确定索的工作状态和推断加劲梁、主梁、主拱圈、桥塔等结构的受力水平，从而推断全桥的受力状态和承载力。

4）桥梁工作环境监测：桥梁阴面和阳面的日照强度、温湿度、风及风致响应、桥址处的降雨量、桥址处气压、混凝土中有害物质（氯离子等）的侵入、钢筋的锈蚀、大气相对湿度等。

5）交通荷载监测：交通流量、流向、轴重、偏载和车速大小直接关系结构的长期使用安全和疲劳使用寿命，交通荷载监测可以为建立大桥的荷载模型提供原始资料，也可以为大桥养护管理部门处理各种突发事件提供技术支持。

6）其他监测：如地震及船撞响应、动力响应、基础沉降、支座位移与反力监测等。

13.3.2 桥梁结构监测实例

1. 某钢桁架桥运营期裂缝成因监测

(1) 背景工程

某钢桁架桥是一座三跨连续桥梁，跨径布置为200m+400m+200m，如图13-4～图13-5所示。在日常检测中发现在P6桥墩处有一处裂缝，该处结构为矩形断面，中跨方向断面为500mm×574mm，长为26.803m；边跨方向断面为500mm×558mm，长为27.335m，钢材屈服强度为235MPa。接缝处板厚12mm，其余处板厚均为9mm。靠海侧裂缝长度为465mm，上腹板裂缝长度为510mm，最大裂缝宽度为4mm，如图13-6所示。断口检查显示，裂纹为约200mm长的疲劳裂纹。金相调查、化学分析和金属拉伸试验结果表明该桥所用的钢材和焊缝满足规范要求，焊缝中没有缺陷。因此，桥梁发生疲劳破坏的可能原因是车辆荷载或风致振动。一方面，大桥的平均日交通量约为3000辆且无重车通行；另一方面，这座桥位于岛屿之间的海峡上，强风长期横向吹过桥面，因此，风致振动被认为是引起疲劳裂纹的主要原因。

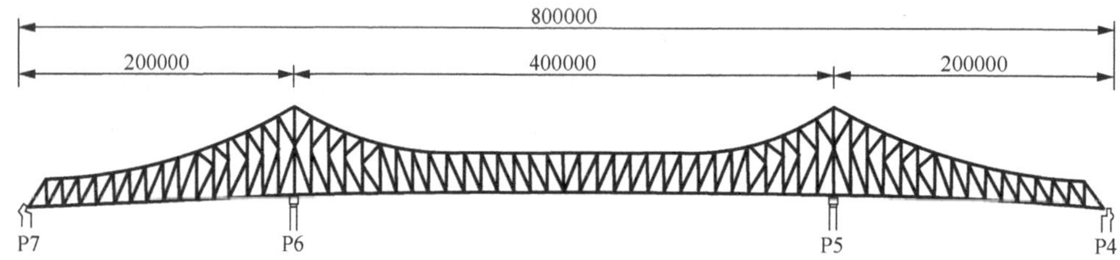

图13-4 桥梁立面图（单位：mm）

图13-5 大桥实景图

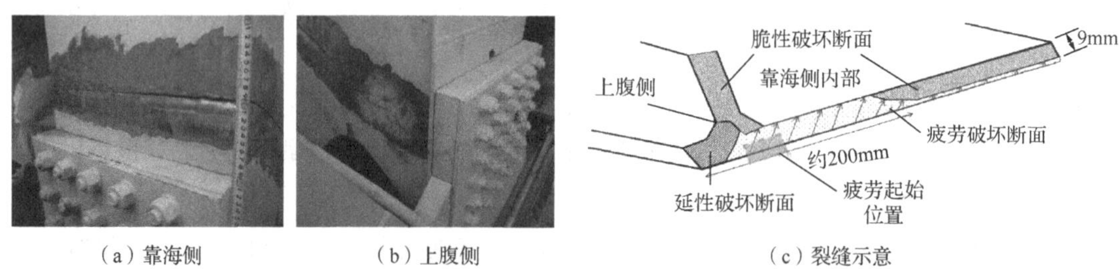

(a) 靠海侧 (b) 上腹侧 (c) 裂缝示意

图13-6 裂缝图示

（2）监测系统概况

为了确认裂缝发生的主要原因，对修复后的开裂构件和与开裂构件结构特征相似的对角构件进行了长期远程监测，测点数量如表 13-3 所示，观测位置如图 13-7 所示。在两个中间桁架（P5 和 P6）的南、北两侧各布置 4 个风速仪，为减少主体结构对下游风向测量的影响，风速仪高度设置在 5m 左右，如图 13-8（a）所示。应变片分别设置在图 13-7 所示的两个构件的焊趾附近，如图 13-8（c）和（d）所示。加速度和应变的采样频率为 100Hz，风速和风向的采样频率为 1Hz。

表 13-3　测点数量

项目	位置	数量
加速度（面外振动）	斜构件	8（P5 和 P6 各 4 个）
加速度（面内振动）	斜构件	2（P5 和 P6 各 1 个）
风振动方向	墩顶	6（P5 和 P6 各 3 个）
风速	墩顶	6（P5 和 P6 各 3 个）
应变	斜构件	11（P5 侧 5 个，P6 侧 6 个）

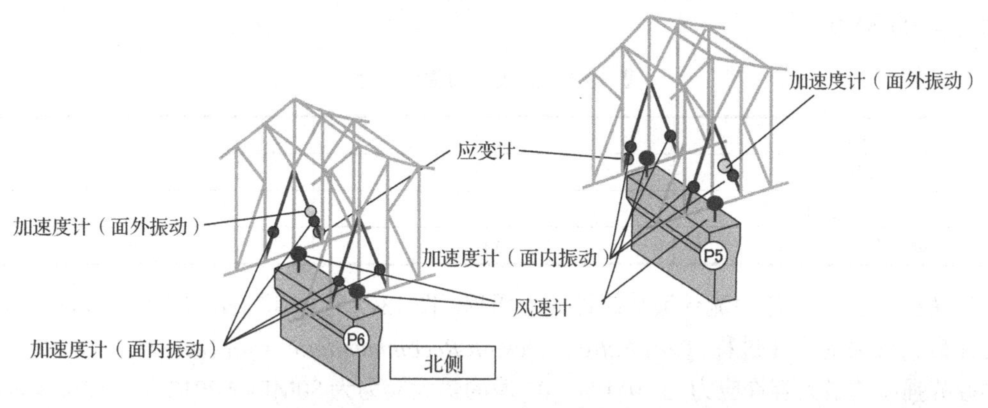

图 13-7　观测位置示意图

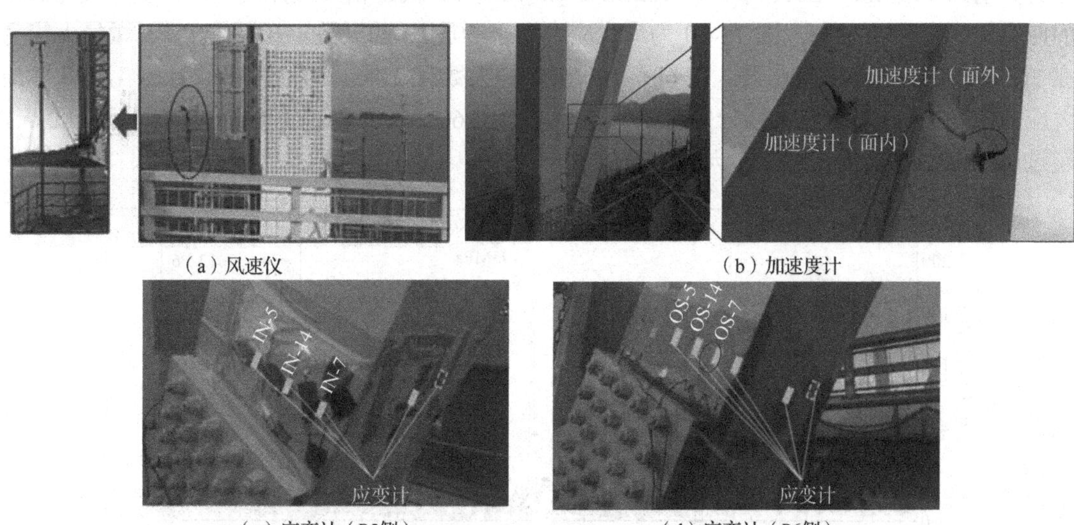

（a）风速仪　（b）加速度计

（c）应变计（P5侧）　（d）应变计（P6侧）

图 13-8　传感器照片

（3）分析结果

1）被测构件的动态特性。通过冲击试验测定了其固有频率和阻尼常数，结果如表 13-4 所示。边跨和中跨构件的第一阶固有频率分别约为 6.3Hz 和 6.7Hz。中跨构件与边跨构件相比，由于中跨构件断面较大，中跨构件的频率高于边跨构件，且开裂构件修复后的频率略高于其他构件。所有构件的阻尼常数均小于 0.02。

表 13-4　桁架面内固有频率及阻尼常数

位置		P5				P6			
		中跨		边跨		中跨		边跨	
		北	南	北	南	北	南	北	南
固有频率/Hz	1st	6.72	6.76	6.21	6.36	6.83	6.74	6.29	6.29
	2nd	17.51	17.55	16.61	16.94	17.86	17.57	16.78	16.64
阻尼常数		0.018	0.018	0.018	0.017	0.018	0.017	0.019	0.019

利用固有频率和矩形断面的施特鲁哈尔数 *St*，可估算出构件涡激振动临界风速，如表 13-5 所示。所有构件的涡激振动临界风速都超过 25m/s，则卡门涡激振动的无量纲风速为 $v_r = 1/St \approx 8.0$。

表 13-5　涡激振动临界风速

位置	中跨	边跨
长宽比 *D*/*B*	0.871	0.896
施特鲁哈尔数 *St*	0.12	0.12
涡激振动临界风速/（m/s）	28	26

2）最大应力。采用雨流计数法统计应力历程，图 13-9 为 P5 墩 IN-7 应变计和 P6 墩 OS-7 应变计最大应力的变化过程。参考 *Fatigue Design Recommendations for Steel Highway Bridges*，D 类疲劳强度的最大容许应力为 39MPa。P5 墩的最大应力为 80MPa（2012 年），P6 墩的最大应力分别为 195MPa（2011 年）和 162MPa（2012 年）。根据相关统计资料，将发生疲劳破坏的应力阈值定为 30MPa，图 13-10 为最大应力大于 30MPa 的天数。2012 年，P5 墩最大应力在 30～60MPa 的天数有 6 天，在 60～100MPa 的天数有 3 天。2011 年和 2012 年，P6 墩最大应力在 30～60MPa 的天数分别有 11 天和 6 天，在 60～100MPa 的天数分别有 1 天和 0 天，超过 100MPa 的天数分别有 3 天和 1 天。

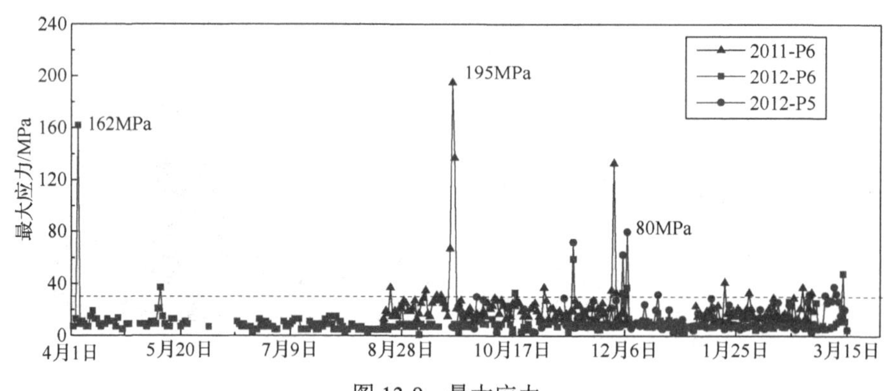

图 13-9　最大应力

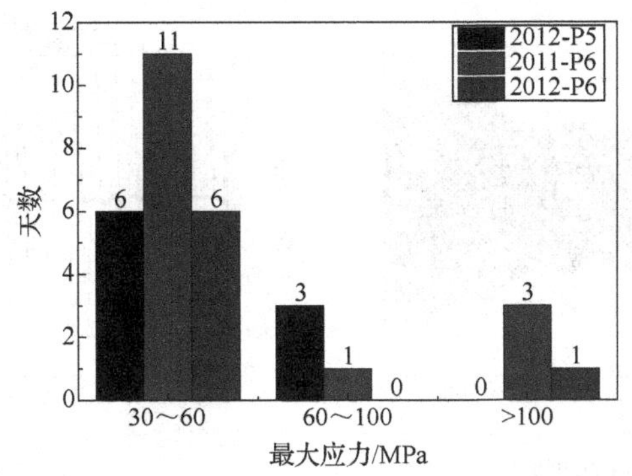

图 13-10　最大应力分布

3）风荷载及风致响应。分析日最大应力大于 30MPa 的风况数据，并计算其 10min 内的平均风速。分析表明，桥梁应力大于 50MPa 时，风向基本与桥梁轴线垂直，风速大于 15m/s 和在 6～8m/s，分别被称为“现象 A”和“现象 B”。“现象 A”以 2012 年 10 月 1 日 IN-7 应变计测得的最大应力与 P5 墩北侧 10min 平均风速的关系为例，如图 13-11（a）所示，风速为 6～8m/s 时引起振动，风向介于东北偏北和东北之间，与桥梁轴线近似垂直，最大应力为 30～40MPa，这种现象对疲劳损伤的影响可能较小。“现象 B”以 2012 年 4 月 3 日 OS-7 应变计测得的最大应力与 P6 墩南侧 10min 平均风速的关系为例，如图 13-11（b）所示，风向介于西和南之间，与桥梁轴线近似垂直，风速大于 15m/s 时引起振动，最大应力可达 90MPa。

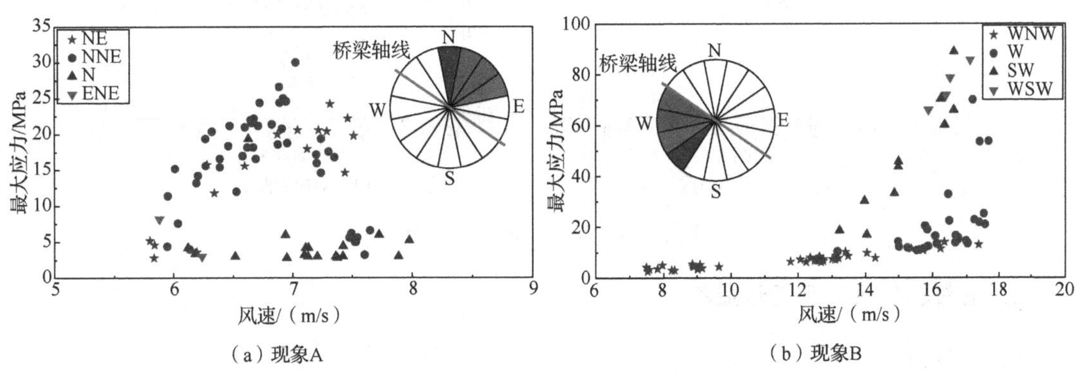

图 13-11　最大应力范围与 10min 平均风速的关系

“现象 A”发生时的 IN-7 应变计记录的应力历程示例如图 13-12（a）所示，记录开始时间为 2012 年 10 月 1 日 23:50。在图 13-12（b）中，比较 IN-5、IN-14 和 IN-7 的应力历程，时间为 4s，IN-5 的应力非常小，IN-7 的应力大约是 IN-14 的 2 倍，数值和应变计到中性轴的距离之比相同，因此可知构件在桁架平面内振动。IN-14 和 IN-7 的应力历程重合，频率为 6.3Hz，与构件的面内一阶固有频率相同。因此，“现象 A”是构件在一阶固有频率上的相对稳定的面内振动。

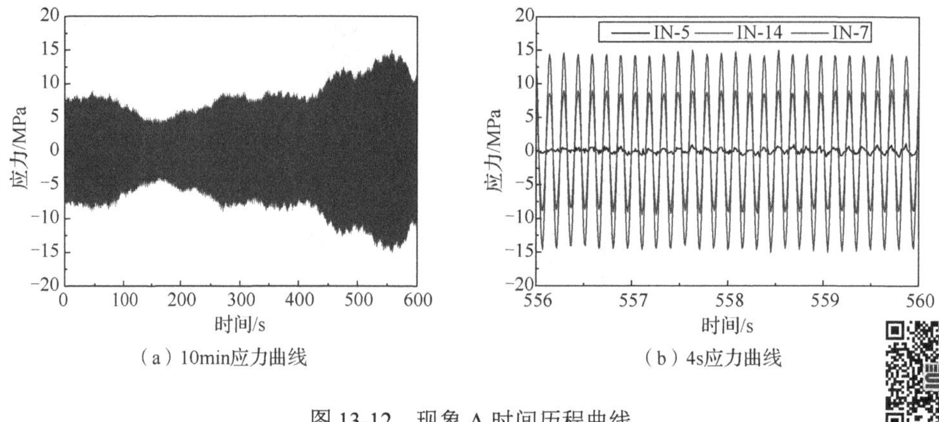

（a）10min应力曲线　（b）4s应力曲线

图 13-12　现象 A 时间历程曲线

图 13-12（彩图）

图 13-13 给出了“现象 B”发生时的应力历程，记录开始时间为 2012 年 4 月 3 日 6:50。与“现象 A”相比，应力幅值波动明显。大应力幅振动持续时间很短。即使在最大压力发生前后的 4s 内，压力也没有保持恒定。在一阶固有频率上的面内振动的同时，发生了面外振动。

图 13-13（彩图）

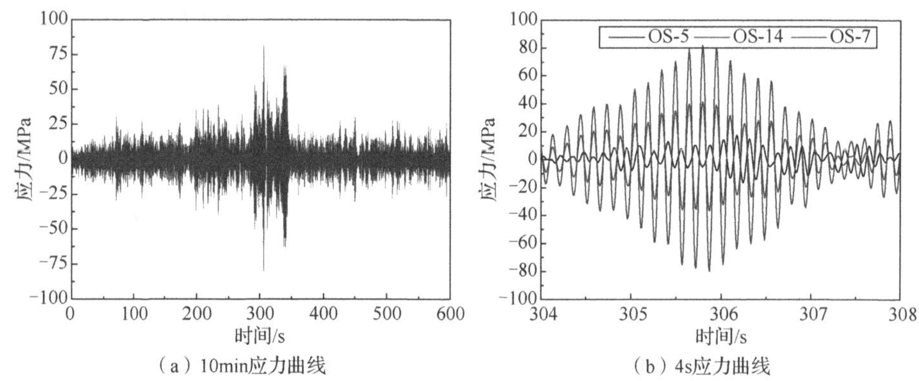

（a）10min应力曲线　（b）4s应力曲线

图 13-13　现象 B 时间历程曲线

2. 某斜拉桥运营期变形监测

（1）工程概况

某桥梁工程有南、北两座斜拉桥，南汊主桥为三跨半漂浮体系双塔双索面组合梁斜拉桥，跨径组成为 135m+300m+135m=570m。主梁采用双工字型钢主梁与混凝土板共同受力的组合梁，两者之间通过剪力钉实现共同受力。斜拉索采用 1670MPa 平行钢丝斜拉索，索塔采用 H 型桥塔。北汊主桥为五跨连续半漂浮体系双塔双索面斜拉桥，跨径布置为 95m+230m+780m+230m+95m=1430m。主梁采用扁平流线型钢箱梁，索塔采用钻石型，斜拉索采用 1670MPa 平行钢丝斜拉索。

（2）监测目的

桥梁在车辆荷载、温度荷载、风荷载、混凝土收缩和徐变、索力损失、基础冲刷、地基沉陷等因素影响下，可能会出现桥面下挠、扭转、开裂、下沉、移位等病害，使得车辆无法正常行驶而诱发交通事故，甚至会进一步导致桥墩倾覆、梁体断裂、桥面坍塌等严重安全事故。为确保桥面车辆及桥下船只通航的安全，维养部门非常有必要及时掌握桥梁的变形、位移状况，而布设桥梁永久性观测点并定期观测是一种简单、实用、有效的桥梁变形监测形式。

（3）监测实施

1）基准控制网：简称基准网，由基准点组成，其作用是为首次及后续定期观测提供统一的参照系，确保不同时期的观测数据能够进行比较，从而计算、分析桥梁各时间间隔内的变形值、位移值、变化速率及累积变形值、位移值。基准网分为水平位移基准网和垂直位移基准网，分别作为桥梁水平位移观测和竖向位移观测的参照系。每座桥均应建立一个监测基准网。GPS 接收机必须经检定合格后方可用于变形测量作业，基准网技术要求如表 13-6 所示。在各控制点上分别架设 GPS，根据规范的时间要求，存储足够数据后，通过专用软件进行基线解算、平差、坐标换算后，可获得国家坐标系或其他坐标系的坐标。

表 13-6　基准网技术要求

等级	平均边长/km	固定误差 A/mm	比例误差系数 B/（mm/km）	约束点间的边长相对中误差	约束平差后最弱边相对中误差
二等	9	≤10	≤2	≤1/250000	≤1/120000

2）桥面监测：《工程测量标准》（GB 50026—2020）规定，大桥、特大桥变形监测技术等级要求为二等，精度指标如表 13- 7 所示。相比于桥梁施工控制测量，其精度要求提高了约 20 倍。按照《国家一、二等水准测量规范》（GB/T 12897—2006）中桥面二等水准测量的要求，奇数站应采用后前前后，偶数站应采用前后后前。本项目测量采用后前前后，虽不严格满足规范要求，但是在测量过程中严格控制每一站视线长度和前后视距差、累积视距差、视线高度、重复测量次数，使测量精度满足二等水准测量要求。桥面测量的路线分为 4 条，南汉主桥及引桥分为 S1 和 S2，北汊主桥及引桥分为 N1 和 N2，如图 13-14 所示。

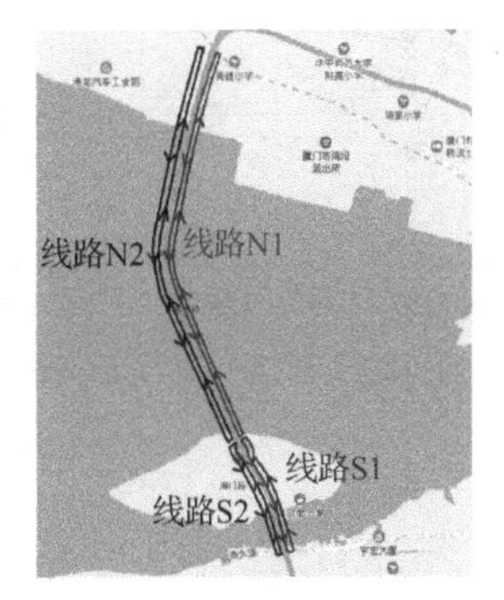

图 13-14　桥面测量路线示意图

表 13-7　二级变形测量精度要求　　（单位：mm）

等级	垂直位移监测		水平位移观测
	变形观测点的高程中误差	相邻变形观测点的高差中误差	变形观测点的点位中误差
二等	±0.5	±0.3	±3.0

3）主塔监测：主塔变形测量采用 GPS，通过在主塔顶布设 GPS 接收器采集实时数据，测点分布在南北汊主塔塔顶，主塔为“H”字形结构，在每个“H”主塔布设 2 个测点，共计 4 个测点，如图 13-15 所示。

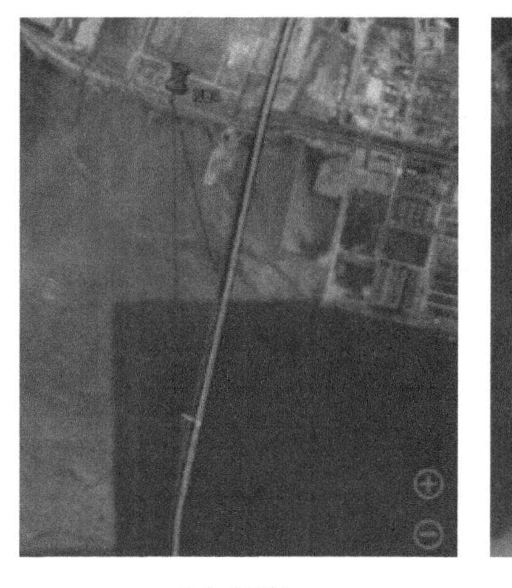

（a）北汉桥

（b）南汉桥

图 13-15　主塔测量路线示意图

4）桥墩监测：墩台位移的测量采用全站仪进行，分布在主桥主墩、辅助墩、过渡墩，每个墩布置 4 个测点。在各观测墩上布置 L 形棱镜进行观测，如图 13-16 所示。

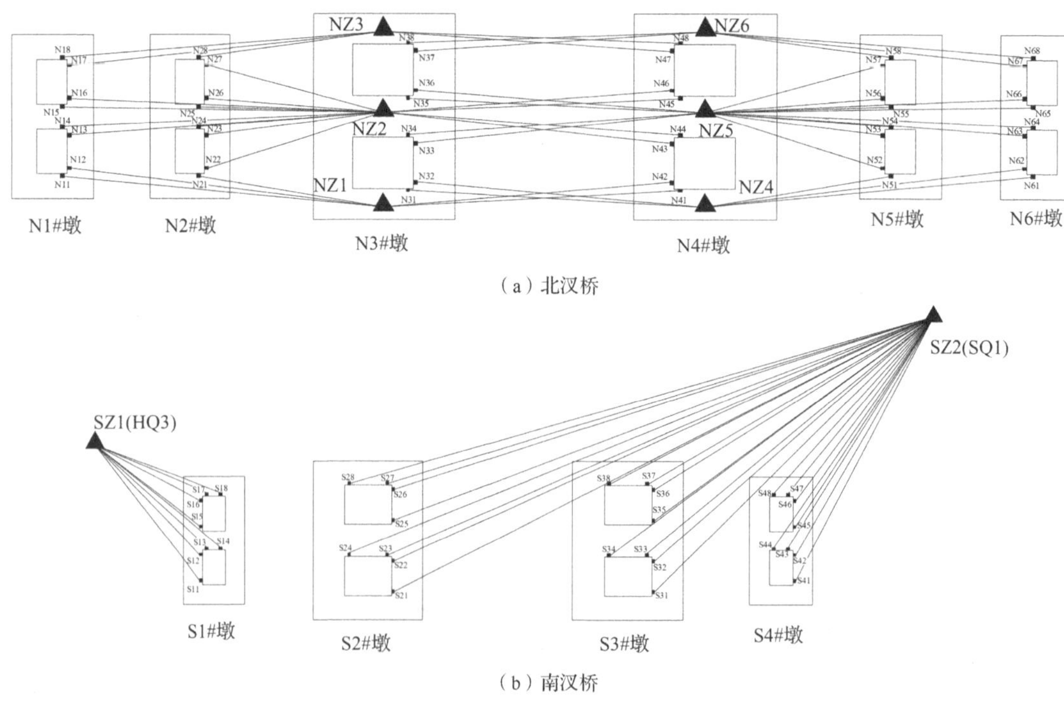

（a）北汉桥

（b）南汉桥

图 13-16　墩台测量路线示意图

现场监测照片如图 13-17 所示。

图 13-17　现场监测照片

（4）监测数据分析

1）桥面高程监测：桥面高程监测变化趋势如图 13-18 所示。与前一次监测结果相比，主桥桥面高程变化范围为-53.1～90.9mm，引桥桥面高程变化范围为-70.3～34.8mm。根据《公路斜拉桥设计规范》（JTG/T 3365-01—2020）第 4.4.1 条规定，在车道荷载作用下，钢梁、钢组合梁和混合梁在主孔采用钢梁时容许变形应不大于 $l/400$（l 为主跨跨径，当为不对称的独塔斜拉桥时，为较大的跨径），因此桥面高程监测结构小于规范规定的容许变形。

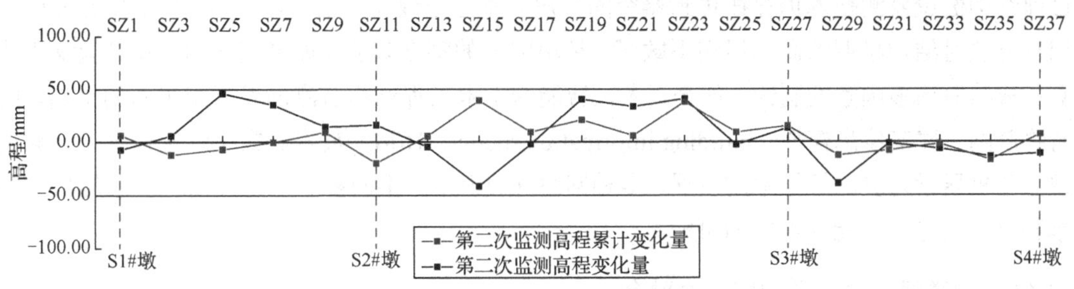

图 13-18　桥面高程监测变化趋势

2）桥塔位移监测：主塔坐标测量部分结果如表 13-8 所示。通过结果发现，与前一次监测结果相比，主塔坐标变化范围为-29.2～6.7mm，变化幅度较小，小于规范规定的容许变形。

表 13-8　主塔坐标的测量结果

测点号	坐标方向	监测值			测点号	坐标方向	监测值		
		上一次值/m	本次值/m	变化量/mm			上一次值/m	本次值/m	变化量/mm
T1	X	2700373.0957	2700373.0820	-13.7	T2	X	2700380.0217	2700379.9990	-22.7
	Y	598164.8551	598164.8596	4.5		Y	598194.7755	598194.7710	-4.5
	H	137.5415	137.5362	-5.3		H	137.5146	137.5207	6.1

3）桥墩位移监测：1#墩台坐标测量结果如表 13-9 所示。通过结果发现，与前一次监测结果相比，桥墩坐标变化范围为-25.4～17.9mm，墩台位移变化幅度较小，小于规范规定的容许变形。

表 13-9 墩台测点坐标数据

测点号	坐标方向	监测值			测点号	坐标方向	监测值		
		上一次值/m	本次值/m	变化量/mm			上一次值/m	本次值/m	变化量/mm
S11	X	2700508.9775	2700508.9806	−3.1	S12	X	2700510.8057	2700510.8021	−3.6
	Y	598153.9742	598153.9706	−3.6		Y	598153.4141	598153.4106	−3.5
	H	5.8193	5.8119	−7.4		H	6.1425	6.1336	−8.9

13.4 结构监测新技术与新趋势

自 20 世纪 90 年代以来，结构健康监测技术得到了快速发展。通过实时监测环境荷载和结构响应，包括加速度、速度、动位移和动应变等参数，以及获取结构频率、振型及阻尼比等动力参数，并进行结构系统识别、模型修正和参数更新，实现结构状态评估。尽管如此，目前结构健康监测技术仍存在传感器空间分辨率不足导致监测信息不完备、基于模态分析的识别方法对结构早期的微小损伤不敏感、环境因素的耦合效应（如温度作用）及测量噪声监测不成熟等诸多因素的制约。如今，人工智能为土木工程结构监测的发展带来新的机遇，随着物联网、建筑信息模型（building information model，BIM）技术、数字孪生技术、计算机视觉和机器学习算法等技术的发展，多种网络深度互联、不同参与方之间信息资源的协同共享和海量信息的智能处理成为可能。

13.4.1 物联网、BIM 和数字孪生融合

物联网（internet of things，IoT）是通过智能传感器、射频识别设备、卫星定位系统等信息传感设备，按照约定的协议，把各种物品与互联网连接起来，进行信息交换和通信，以实现对物品的智能化识别、定位、跟踪、监控和管理的一种网络，被业内认为是继计算机和互联网之后的第三次信息技术革命。BIM 技术是一种实现建设项目物理功能特性的数字描述和管理的技术，为结构全寿命周期提供完整的工程数据库，并实现项目数据的共享和运用，具有可视化、协调性、模拟性、优化性和可出图性五大特征，被认为是继 CAD 替代图板之后工程建设领域的第二次数字革命。数字孪生是指用数字化方式模拟复杂的物理系统，并以创新的方式干预、控制、引导系统运转过程。一方面，数字孪生能够实现运维过程的现实物理空间与虚拟数字空间之间的交互映射；另一方面，数字孪生能够将外界环境等现实信息与模型仿真等信息空间数据进行交互反馈与精准融合，从而增强现实世界与虚拟空间的同步性与一致性。采用数字孪生技术可以提高系统工作效率和安全性，降低成本，减少浪费和信息堆积。

智慧运维基于 BIM 技术，实现结构物三维可视化，并保留与现实标的一致的属性信息（材质、特性等）。基于物联网技术，通过移动终端、射频识别设备、传感器等智能化终端，实现设备信息和空间信息的远程采集，建立统一的数据库。最后，数字孪生空间模型将真实

世界的结构元数据完整地映射到计算机模型中，利用图形数据库形成一种类似图谱的关系管理，将每个结构元数据作为一个节点，节点之间根据真实世界的结构产生关联，同时叠加描述性的标签集，这样真实世界中结构的层次及空间关系就可以在计算机模型中被完整定义，还可通过人工手段对空间节点进行修正，从而建立符合用户实际应用场景的标准数字孪生空间模型，从而实现各个子系统的自动化、智能化、精确性控制，将静态信息和动态信息紧密结合，从而更准确、更快速地识别、诊断、处理故障。

13.4.2　计算机视觉

计算机视觉技术是人工智能领域的一个重要分支，研究如何让计算机学会看懂并理解真实世界，具体指通过相机获得图像或视频，由计算机代替人眼对目标进行图像识别、运动跟踪、场景重建、图像恢复、图像测量等任务处理，进一步通过理解图像来获取其中包含的信息和知识。计算机视觉技术在土木工程里的应用，主要包括裂缝识别、位移（应变）测量等方面。

1）裂缝识别（图 13-19）基于机器视觉的原理，利用 LabVIEW 等程序开发平台和程序，进行图像的采集和识别，并通过裂纹角度修正、图像标定、图像分割等步骤，完成裂缝的识别与处理。

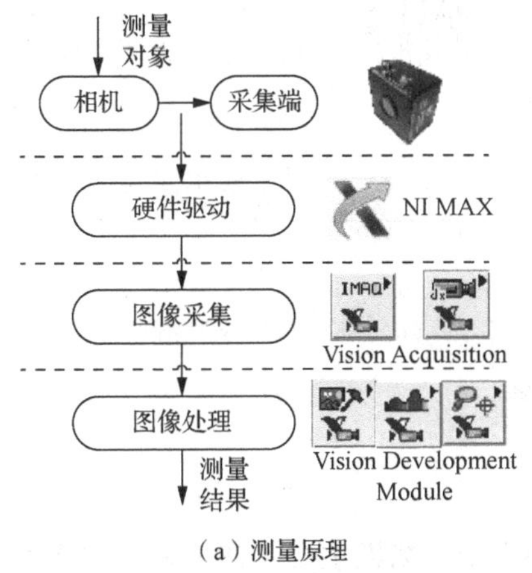

（a）测量原理

（b）处理前的裂缝

（c）处理后的裂缝

图 13-19　裂缝识别

2）采用高速相机进行位移测量（图 13-20），其原理主要是通过高速相机对目标点位置进行拍摄，直接得到或通过对连续动态的视频进行分割，可以得到一段关于目标位置随时间变化的模拟影像，再根据一定的采样频率对模拟影像进行离散化处理，将时间轴连续的模拟影像转换为时间轴离散的数字图像。通过对比不同时刻的数字图像，对包含目标测点信息的数字图像进行特征匹配和参数识别，计算得到目标测点空间位置的测量结果，并保存为数字文件。

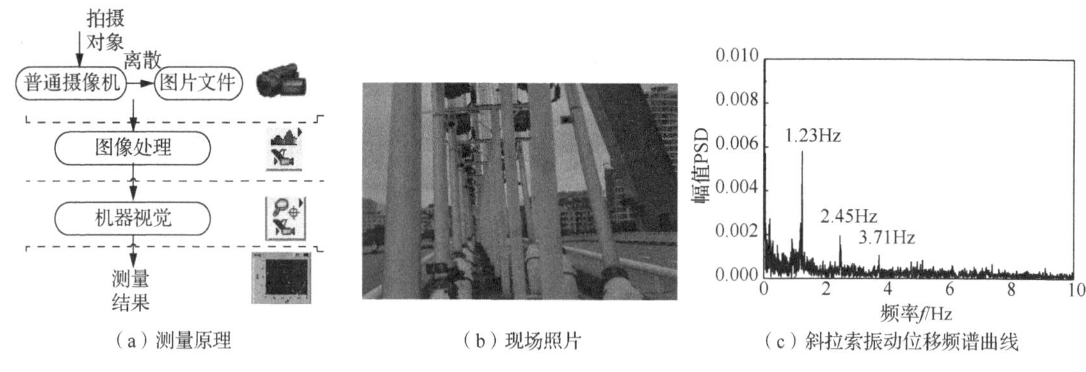

（a）测量原理　（b）现场照片　（c）斜拉索振动位移频谱曲线

图 13-20　高速相机位移测量

3）采用高速相机进行动应变测量（图 13-21），是利用高速相机拍摄被测物体表面固定的圆形标识点（不少于两个），得到一系列数字图像，经过摄影测量技术获取标识点在实际中的位置信息，再通过动应变计算式对位置信息进行处理，最终通过计算得到应变测量结果。

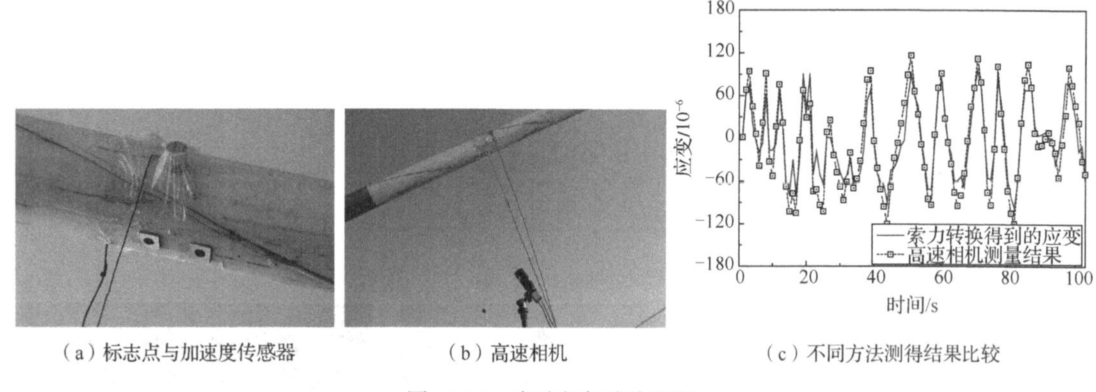

（a）标志点与加速度传感器　（b）高速相机　（c）不同方法测得结果比较

图 13-21　高速相机应变测量

13.4.3　机器学习算法

人工智能算法在土木工程领域的应用始于 20 世纪 90 年代。初期主要是研究基于机器学习（machine learning，ML）的结构损伤识别方法等。在结构的全寿命周期中，结构大部分的时间处于正常工作运营状态，极少出现极端条件下造成损伤模式的信息特征。如何快速通过结构监测系统采集损伤模式的信息特征，再通过数据处理程序及力学分析方法实时地识别结构当前的工作状态，对结构局部损伤的位置和程度进行识别，进而作出结构的安全性评估，已经成为研究结构监测及诊断方向所面临的核心问题。

1. 基于有限元模型修正的损伤识别方法

结构固有振动特性是结构参数，如质量、刚度、阻尼的函数，由损伤造成的刚度和质量改变会引起结构模态参数的变化，因此可以通过比较被监测结构的有限元模型参数与传感器在实际结构上的实时监测数据，判断结构的变异性。其大致思路为：首先，通过未受损伤的结构进行动、静力学测试，对有限元模型进行修正，得到结构健康状态下的准确有限元模型。其次，在结构产生实际损伤的情况下，对损伤结构进行动、静力学测试，得到其力学指标，利用其力学指标进行有限元模型修正，得到损伤状态下的准确有限元模型。最后，对比结构健康状态下的有限元模型与损伤状态下有限元模型的各项参数，从而判断结构损伤位置与损伤程度。对于土木工程而言，有限元模型修正方法通常分成两类，即非单元修正法和单元修正法。前者以优化矩阵修正法为代表，特点是精度高。但由于是对整体刚度和质量的修正，修正量扩散到每个矩阵元素，丧失了修正的物理意义，不适合在结构损伤识别中应用。后者以灵敏度法等为代表，其重要特点是能以单元或结构参数为修正目标，修正量具有物理意义。

2. 基于监测数据驱动的损伤识别方法

数据是整个评估过程中的重要参考依据，将人工智能等大数据分析方法与结构监测数据相结合，可以通过解决长期监测产生的海量数据分析问题，实现对结构影响机理的探究，更好地发挥结构监测作用的同时进行服役性能的评估。使用频率相关参数进行损伤识别的即频域法，采用时序信号进行损伤识别的即时域法。主要的算法包括模糊理论、神经网络算法和遗传算法等，通过建立类似人脑的一种机制来实现机器学习，使其具有自组织、自学习、自适应的特点。在实际应用中，一般用其来构建未知系统中已知输入参数与已知输出参数之间的非线性映射关系。例如，对于损伤识别问题，一般将结构的频率、模态向量等动力学参数作为输入参数，将结构的损伤量化指标作为输出参数，建立两者之间的联系，并根据实际的输入参数来评价结构的实际损伤状态。

思　考　题

1. 结构监测的目的是什么？施工期监测和健康监测的区别是什么？
2. 监测工作的主要内容是什么？
3. 结构监测新技术与传统结构监测相比，具有什么优势？

参考文献

风洞实验指南研究委员会，2011．建筑风洞实验指南[M]．孙瑛，武岳，曹正罡，译．北京：中国建筑工业出版社．

傅军，王贵美，2022．建筑结构试验基础[M]．2 版．北京：机械工业出版社．

全国钢标准化技术委员会，2010．金属材料 维氏硬度试验 第 1 部分：试验方法：GB/T 4340.1—2024[S]．北京：中国标准出版社．

全国钢标准化技术委员会，2015．金属材料 里氏硬度试验 第 1 部分：试验方法：GB/T 17394.1—2014[S]．北京：中国标准出版社．

全国钢标准化技术委员会，2018．金属材料 洛氏硬度试验 第 1 部分：试验方法：GB/T 230.1—2018[S]．北京：中国标准出版社．

全国钢标准化技术委员会，2018．金属材料 布氏硬度试验 第 1 部分：试验方法：GB/T 231.1—2018[S]．北京：中国标准出版社．

全国无损检测标准化技术委员会，2006．无损检测 磁粉检测 第 1 部分：总则：GB/T 15822.1—2024[S]．北京：中国标准出版社．

全国无损检测标准化技术委员会，2012．无损检测 渗透检测 第 1 部分：总则：GB/T 18851.1—2024[S]．北京：中国标准出版社．

全国无损检测标准化技术委员会，2016．无损检测 超声检测 相控阵超声检测方法：GB/T 32563—2016[S]．北京：中国标准出版社．

全国消防标准化技术委员会建筑构件耐火性能分技术委员会，2009．建筑构件耐火试验方法 第 1 部分：通用要求：GB/T 9978.1—2008[S]．北京：中国标准出版社．

石少卿，廖瑜，王文康，等，2022．结构在静动力荷载作用下的试验与数值模拟[M]．北京：科学出版社．

中国工程建设标准化协会，2019．火灾后工程结构鉴定标准：T/CECS 252—2019[S]．北京：中国建筑工业出版社．

中国工程建设标准化协会，2020．超声回弹综合法检测混凝土强度技术规程：T/CECS 02—2020[S]．北京：中国计划出版社．

中国通信工业协会物联网应用分会，2021．物联网+BIM：构建数字孪生的未来[M]．北京：电子工业出版社．

中国土木工程学会，2021．桥梁结构风洞试验标准：T/CCES 25—2021[S]．北京：中国建筑工业出版社．

中华人民共和国交通运输部，2011．公路桥梁承载能力检测评定规程：JTG/T J21—2011[S]．北京：人民交通出版社．

中华人民共和国交通运输部，2016．公路桥梁荷载试验规程：JTG/T J21-01—2015[S]．北京：人民交通出版社．

中华人民共和国住房和城乡建设部，2009．建筑抗震鉴定标准：GB 50023—2009[S]．北京：中国建筑工业出版社．

中华人民共和国住房和城乡建设部，2011．回弹法检测混凝土抗压强度技术规程：JGJ/T 23—2011[S]．北京：中国建筑工业出版社．

中华人民共和国住房和城乡建设部，2011．砌体结构工程施工质量验收规范：GB 50203—2011[S]．北京：中国建筑工业出版社．

中华人民共和国住房和城乡建设部，2012．混凝土结构试验方法标准：GB/T 50152—2012[S]．北京：中国建筑工业出版社．

中华人民共和国住房和城乡建设部，2015．混凝土结构工程施工质量验收规范：GB 50204—2015[S]．北京：中国建筑工业出版社．

中华人民共和国住房和城乡建设部，2015．建筑工程风洞试验方法标准：JGJ/T 338—2014[S]．北京：中国建筑工业出版社．

中华人民共和国住房和城乡建设部，2016．城市桥梁检测与评定技术规范：CJJ/T 233—2015[S]．北京：中国建筑工业出版社．

中华人民共和国住房和城乡建设部，2016．民用建筑可靠性鉴定标准：GB 50292—2015[S]．北京：中国建筑工业出版社．

中华人民共和国住房和城乡建设部，2016．危险房屋鉴定标准：JGJ 125—2016[S]．北京：中国建筑工业出版社．

中华人民共和国住房和城乡建设部，2019．工业建筑可靠性鉴定标准：GB 50144—2019[S]．北京：中国建筑工业出版社．

中华人民共和国住房和城乡建设部，2019．建筑结构可靠性设计统一标准：GB 50068—2018[S]．北京：中国建筑工业出版社．

中华人民共和国住房和城乡建设部，2020．钢结构工程施工质量验收标准：GB 50205—2020[S]．北京：中国计划出版社．

中华人民共和国住房和城乡建设部，2020．建筑结构检测技术标准：GB/T 50344—2019[S]．北京：中国建筑工业出版社．